René L. Schilling
Martingale und Prozesse
De Gruyter Studium

Weitere empfehlenswerte Titel

Das Lehrbuch-Set *Moderne Stochastik* umfasst die drei Bände *Maß und Integral*, *Wahrscheinlichkeit* sowie *Martingale und Prozesse* und behandelt damit detailliert aber kompakt den gesamten Lernstoff der Wahrscheinlichkeitstheorie nicht nur für Studierende der Mathematik, sondern auch der Natur-, Wirtschafts- und Ingenieurwissenschaften.

Moderne Stochastik. Eine Einführung für Bachelor-Studenten
Lehrbuch-Set
René L. Schilling, 2018
ISBN 978-3-11-053749-9

Maß und Integral
René L. Schilling, 2015
ISBN 978-3-11-034814-9, e-ISBN (PDF) 978-3-11-035064-7,
e-ISBN (EPUB) 978-3-11-038332-4

Wahrscheinlichkeit
René L. Schilling, 2017
ISBN 978-3-11-035065-4, e-ISBN (PDF) 978-3-11-035066-1,
e-ISBN (EPUB) 978-3-11-038750-6

Martingale und Prozesse
René L. Schilling, 2018
ISBN 978-3-11-035067-8, e-ISBN (PDF) 978-3-11-035068-5,
e-ISBN (EPUB) 978-3-11-038751-3

René L. Schilling

Martingale und Prozesse

Eine Einführung für Bachelor-Studenten

DE GRUYTER

Mathematics Subject Classification 2010
Primary: 60-01. Secondary: 60G42; 60G50; 60G40; 60J45; 60Fxx.

Autor

Prof. Dr. René L. Schilling
Technische Universität Dresden
Institut für Mathematische Stochastik
D-01062 Dresden
Germany

rene.schilling@tu-dresden.de
www.math.tu-dresden.de/sto/schilling

Weiterführendes Material

www.motapa.de/maps

ISBN 978-3-11-035067-8
e-ISBN (PDF) 978-3-11-035068-5
e-ISBN (EPUB) 978-3-11-038751-3

Library of Congress Control Number: 2018939058

Bibliografische Information der Deutschen Nationalbibliothek
Die Deutsche Nationalbibliothek verzeichnet diese Publikation in der Deutschen Nationalbibliografie; detaillierte bibliografische Daten sind im Internet über http://dnb.dnb.de abrufbar.

Einbandabbildung: »*Advantages of the Martingale*« – Holzstich eines unbekannten englischen Künstlers des 19. Jhdts. aus dem Privatbesitz des Autors
Druck und Bindung: CPI books GmbH, Leck

www.degruyter.com

Vorwort

Dieses Lehrbuch ist eine Einführung in die Theorie der Martingale und Irrfahrten (*random walk*) in diskreter Zeit. Es richtet sich an Studierende der Mathematik und Physik ab dem zweiten Studienjahr. Mein Ziel ist es, in kompakter und eingängiger Weise zentrale Techniken und Resultate der Stochastik darzustellen und so eine Grundlage für weiterführende Vorlesungen zu geben.

Der Text folgt meinen Vorlesungen an der TU Dresden, er kann als Grundlage oder Begleittext für eine Vorlesung aber auch zum Selbststudium verwendet werden. Voraussetzung für das Verständnis des vorliegenden Bandes sind Grundlagen der Maß- & Integrationstheorie und der Wahrscheinlichkeitsrechnung, wie ich sie in den ersten beiden Bänden dieser Reihe entwickelt habe. Relevant sind vor allem Kapitel 1–16 aus *Maß und Integral* und Kapitel 1–7 & 9 aus *Wahrscheinlichkeit*. Diese Bände werden im Text als MI und WT zitiert, zahlreiche Querverweise auf die entsprechenden Sätze vereinfachen die Lektüre.

In Kapitel 1–7 und 9 werden die Grundlagen der Theorie der diskreten Martingale entwickelt, die dann in Kapitel 8 auf klassische Sätze der Wahrscheinlichkeitstheorie (Null-Eins–Gesetze, Summen von unabhängigen Zufallsvariablen, zentraler Grenzwertsatz) mit Martingalmethoden bewiesen und für Folgen von Martingaldifferenzen erweitert. Zusammen mit WT Kapitel 1–7, 9 kann man so eine Einführung in die Wahrscheinlichkeitstheorie auf der Grundlage von Martingalen geben. Diesem Teil schließt sich das Studium zufälliger Irrfahrten (*random walks*) an, das exemplarisch in die Gedankenwelt von zeitdiskreten stochastischen Prozessen einführt. Der Schwerpunkt liegt auf der Untersuchung von Rekurrenz und Transienz sowie dem Zusammenhang mit (diskreten) Randwertproblemen.

Die Auswahl der Themen und Techniken ist natürlich subjektiv, dennoch will ich dem Leser ein breites Spektrum von klassischen und modernen Methoden vorstellen, das auf eine weitere Spezialisierung optimal vorbereitet. Dabei war mein Leitmotiv die Frage „Was wird später im Studium und in Anwendungen wirklich benötigt“, wobei meine eigenen Forschungsinteressen – die Theorie der stochastischen Prozesse – im Vordergrund stehen.

Für das tiefere Verständnis ist es wichtig, dass der Leser sich mit der Materie selbständig auseinandersetzt. Zum einen sind dafür die Übungsaufgaben gedacht (vollständige Lösungen gibt es unter www.motapa.de/maps), andererseits weise ich im laufenden Text mit dem Symbol [✍] auf (bisweilen nicht ganz so offensichtliche) Lücken hin, die der Leser selbst ausfüllen sollte. Auf

---

- wichtige Schreibweisen,
- Gegenbeispiele,
- typische Fallen und versteckte Schwierigkeiten

!

---

wird durch derart markierte Absätze aufmerksam gemacht.

Vom Umfang entsprechen die Kapitel 1–7 & 9, abgerundet um einige Wahlthemen, einer dreistündigen Vorlesung; etwa 4–5 Textseiten können in einer Vorlesungs-Doppelstunde durchgenommen werden. Die mit dem Symbol ♦ gekennzeichneten Abschnitte sind als Ergänzung gedacht und können je nach Zeit und Zielsetzung ausgewählt werden. Sie sind auch als Themen für ein Seminar geeignet. Eine Übersicht über die Abhängigkeit der einzelnen Kapitel findet sich auf Seite VII.

Dieser Text ist aus Vorlesungen entstanden, und ich danke meinen Studenten, Schülern und Kollegen für ihr Interesse und ihre Mitarbeit. Ich danke ganz besonders Dr. Wojciech Cygan, Dr. Victoria Knopova und Dr. Franziska Kühn für die genaue Durchsicht des Texts und ihre kritischen und hilfreichen Kommentare. Herr Dr. Böttcher hat in bewährter Weise die Grafiken erstellt und das Kapitel zur Kopplung gelesen. Herrn Prof. Jacob danke ich für zahlreiche Diskussionen und die Möglichkeit, seine Privatbibliothek zu nutzen.

Die Zusammenarbeit mit dem Verlag de Gruyter, allen voran Frau Schedensack und Herr Lindenhain, war wieder sehr angenehm und hat wesentlich zum Gelingen dieses Buchs beigetragen. Meine Frau machte es möglich, dass ich „ungezügelt“ an den Martingalen arbeiten konnte – danke!

Dresden, Februar 2018 René L. Schilling

Mathematische Grundlagen, weiterführende Literatur

Für die Lektüre dieses Texts werden Grundlagen der Maß- und Integrationstheorie und der Wahrscheinlichkeitstheorie benötigt, etwa im Umfang der Kapitel 1–16 meines Lehrbuchs *Maß und Integral* und Kapitel 1–7 und 9 meines Lehrbuchs *Wahrscheinlichkeit*. Beide Bände sind in gleicher Ausstattung wie dieses Buch beim Verlag de Gruyter erschienen.

Grundlagen

Schilling, R.L.: *Maß und Integral*. De Gruyter, Berlin 2015 (zitiert als MI).

Schilling, R.L.: *Measures, Integrals and Martingales*. Cambridge University Press, Cambridge [2]2017 (zitiert als MIMS).

Schilling, R.L.: *Wahrscheinlichkeit*. De Gruyter, Berlin 2017 (zitiert als WT).

Georgii, H.-O.: *Stochastik. Einführung in die Wahrscheinlichkeitstheorie und Statistik*. De Gruyter, Berlin [4]2009.

Krengel, U.: *Einführung in die Wahrscheinlichkeitstheorie und Statistik*. Vieweg, Wiesbaden [8]2007.

Weiterführende Literatur

Khoshnevisan, D., Schilling, R.L.: *From Lévy-Type Processes to Parabolic SPDEs*. Birkhäuser, Cham 2016.
Norris, J.: *Markov Chains*. Cambridge University Press, Cambridge 1997.
Schilling, R.L., Partzsch, L.: *Brownian Motion. An Introduction to Stochastic Processes*. De Gruyter, Berlin ^{2}2014.

Abhängigkeit der einzelnen Kapitel

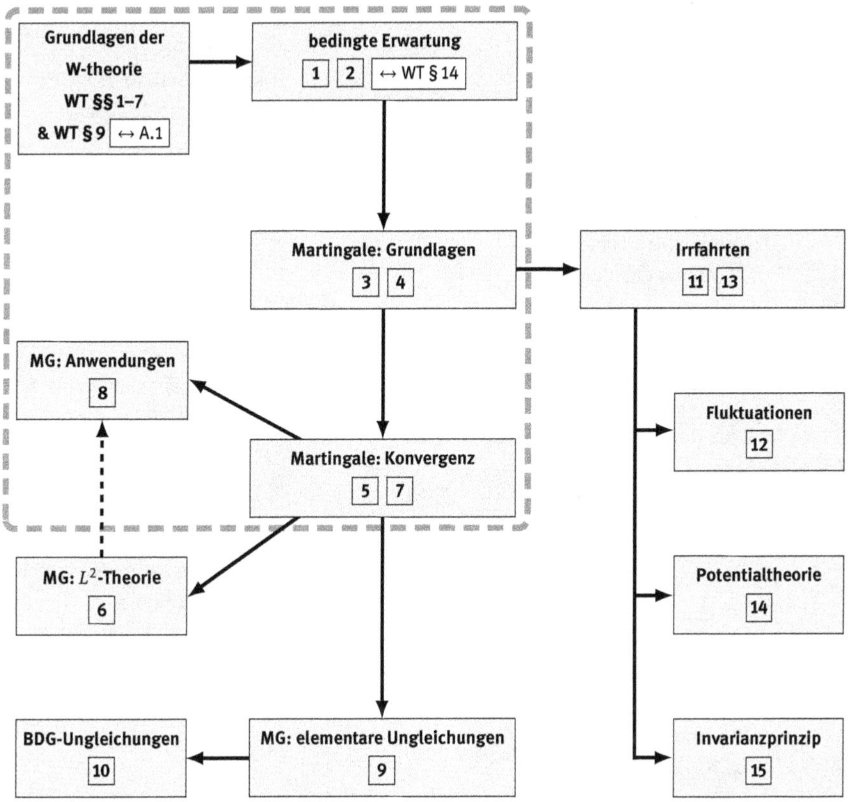

Abb. 1: Die Grafik zeigt die Abhängigkeit der Themen dieses Buchs, gestrichelte Pfeile stehen für kleinere oder indirekte Abhängigkeiten; „↔ WT n" bedeutet, dass das entsprechende Kapitel durch Kapitel n meines Lehrbuchs „Wahrscheinlichkeit" (WT) ersetzt werden kann. Vorkenntnisse aus der Wahrscheinlichkeitstheorie werden etwa im Umfang der Kapitel WT 1–7 vorausgesetzt, eine knappe Übersicht über die Konvergenzarten der Wahrscheinlichkeitstheorie (vgl. WT Kapitel 9) wird im Anhang A.1 & A.2 gegeben. Die mit der gestrichelten Linie zusammengefassten Kapitel sind eine „Einführung in die Stochastik" mit Martingalmethoden, die den klassischen Zugang (WT Kapitel 8–13) ersetzen können.

Bezeichnungen

Allgemeines & Konventionen

[MI, Satz $n.m$]	Verweis *Maß und Integral*
[WT, Satz $n.m$]	Verweis *Wahrscheinlichkeit*
positiv	stets im Sinne $\geqslant 0$
negativ	stets im Sinne $\leqslant 0$
$\mathbb{N}, \mathbb{N}_0$	$1, 2, 3, \ldots, \mathbb{N}_0 = \mathbb{N} \cup \{0\}$
$\inf \emptyset$	$\inf \emptyset = +\infty$
$a \vee b, a \wedge b$	$\max\{a, b\}, \min\{a, b\}$
$\lfloor x \rfloor$	$\max\{n \in \mathbb{Z} : n \leqslant x\}$
$\lvert x \rvert$	Euklidische Norm in $\mathbb{R}^d$

Mengen

$\# A, \lvert A \rvert$	Kardinalität der Menge A
$\subset$	Teilmenge (inkl. „=“)
$\dot\cup$	Vereinigung paarweise disjunkter Mengen
A^c	Komplement der Menge A
$\overline{A}$	Abschluss der Menge A
$A \overset{\text{f.s.}}{=} B$	$\mathbb{P}(A \setminus B) + \mathbb{P}(B \setminus A) = 0$, 48
$B_r(x)$	offene Kugel um x, Radius r
$A_n \uparrow A$	$A_n \subset A_{n+1} \subset \ldots \;\&\; A = \bigcup_n A_n$
$B_n \downarrow B$	$B_n \supset B_{n+1} \supset \ldots \;\&\; B = \bigcap_n B_n$
$\liminf_{n\to\infty} A_n$	$\bigcup_{k\in\mathbb{N}} \bigcap_{n\geqslant k} A_n$
$\limsup_{n\to\infty} B_n$	$\bigcap_{k\in\mathbb{N}} \bigcup_{n\geqslant k} B_n$
$A \perp\!\!\!\perp F$	A und F sind unabhängig (analog für Mengensysteme)
$\mathscr{A}, \mathscr{F}$	generische σ-Algebren
$\mathscr{A} \times \mathscr{F}$	$\{A \times F : A \in \mathscr{A}, F \in \mathscr{F}\}$ „Rechtecke“
$\mathscr{A} \otimes \mathscr{F}$	Produkt-σ-Algebra
$\mathscr{B}(E)$	Borelmengen in E
$\sigma(\mathscr{G}), \sigma(X)$	erzeugte σ-Algebra
$(\mathscr{F}_n)_{n\in\mathbb{N}_0}$	Filtration, 17
$\mathscr{F}_\infty$	$\sigma(\mathscr{F}_n, n \in \mathbb{N}_0) = \sigma(\bigcup_n \mathscr{F}_n)$

Maße & Verteilungen

$\mathbb{P}, \mathbb{E}$	W-Maß, Erwartungswert
$\mathbb{P}^x, \mathbb{E}^x$	–, – wenn $X_0 = x$, 147
$\mathbb{P}_X, \mathbb{P}(X \in \bullet)$	Verteilung der ZV X
$\mathbb{P}(\bullet \mid \mathscr{F})$	bedingte W-keit, 14
$\mathbb{E}(\bullet \mid \mathscr{F})$	bedingte Erwartung, 7
δ_x	Dirac-Maß in x
$\mu \otimes \nu$	Produkt von Maßen
$\mathsf{N}(\mu, \sigma^2)$	Normalverteilung, Mittel μ, Varianz σ^2
$\mathsf{N}(m, \Gamma)$	Normalverteilung in $\mathbb{R}^d$, Mittel m, Kovarianzmatrix Γ

Zufallsvariable & Funktionen

X, Y, Z, ξ	Zufallsvariable (ZV)
X^+, X^-	Positivteil, Negativteil
$\{X \in B\}$	$\{\omega : X(\omega) \in B\}$
$\{X \geqslant a\}$	$\{\omega : X(\omega) \geqslant a\}$ usw.
$X \perp\!\!\!\perp Y$	X, Y sind unabhängig
$X \sim Y$	X ist wie Y verteilt
$X \sim \mu$	X hat Verteilung μ
$X = (X_n)_{n\in\mathbb{N}_0}$	stochastischer Prozess, 109
$(X_n, \mathscr{F}_n)_{n\in\mathbb{N}_0}$	adaptierter stochastischer Prozess, 17
X^T	gestoppter Proz. $X_n^T := X_{n\wedge T}$, 31
$\langle X \rangle$	Kompensator, 25
$[X]$	quadratische Variation, 93
X^*	$\sup_n \lvert X_n \rvert$, 89
$C \bullet X$	Martingaltransformation, 26
T	Stoppzeit $\{T \leqslant n\} \in \mathscr{F}_n$, 31
T_x	$\inf\{n : X_n = x\}$, 113*f.*, 128
u_n	Rückkehrwahrscheinlichkeit $\mathbb{P}(X_n = 0)$, 116
f_n	$\mathbb{P}(T_0 = n)$, 116
$\mathbb{1}_A$	$\mathbb{1}_A(x) = \begin{cases} 1, & x \in A \\ 0, & x \notin A \end{cases}$
$C(E)$	stetige Funktionen auf E
$C_b(E)$	beschränkte stetige Funktionen
L^p, L^∞	ZV mit $\mathbb{E}[\lvert X \rvert^p] < \infty$
$L^p(\mathscr{F}), L^\infty(\mathscr{F})$	betont die $\mathscr{F}$-Messbarkeit

Abkürzungen

BL	Beppo Levi
CLT	zentraler Grenzwertsatz
f.s.	fast sicher
ggi	gleichgradig integrierbar
iid	unabhängig und identisch verteilt
MG	Martingal(e), 17
SLLN	starkes Gesetz d. großen Zahlen
(S)RW	(einfache) Irrfahrt, 110
W–	Wahrscheinlichkeit(s)–
ZV	Zufallsvariable(n)
$\cap/\cup$-stabil	Familie enthält endliche Schnitte/Vereinigungen
[✍]	selbst rechnen!

Inhalt

1 Fair Play

You have not played as yet? Do not do so; above all avoid a martingale, if you do. Play ought not to be an affair of calculation, but of inspiration. I have calculated infallibly, and what has been the effect?

William Makepeace Thackeray
The Newcomes, Chapter XXVIII

Die Theorie der Martingale gehört zu den bedeutendsten Entwicklungen der Wahrscheinlichkeitstheorie im 20. Jahrhundert. Ursprünglich wurden Martingale 1937 von Paul Lévy [30] für das Studium von nicht-unabhängigen Zufallsvariablen eingeführt, der Begriff *Martingal* geht auf Jean Ville [45] zurück, der auch den Zusammenhang von Martingalen mit der (mathematischen) Theorie von Spielen herstellte. Die zentrale Bedeutung von Martingalen für die Wahrscheinlichkeitstheorie hat Joseph Doob erkannt; viele der wichtigsten Sätze und Definitionen der Martingaltheorie gehen auf ihn zurück und finden sich bereits in seinem Buch [19] aus dem Jahr 1953.

Oft werden Martingale als Modelle für „faire" Spiele verwendet. Dabei stellen wir uns einen Spieler vor, der auf die Ausgänge von nacheinander ausgeführten Zufallsexperimenten („Spiele") wettet; die Auszahlungen können wir durch reelle Zufallsvariable (ZV) $\xi_1, \xi_2, \xi_3, \dots$ darstellen. Wir interessieren uns dafür, wie hoch der Einsatz $e_1, e_2, e_3, \dots$ jeweils sein muss, damit das Spiel „fair" ist.

Wir nehmen zunächst an, dass die Auszahlungen (und damit die Spiele) ξ_i unabhängig und identisch verteilt (iid) sind, wobei die Einsätze in jedem Spiel gleich bleiben $e = e_i$. Wenn die ZV ξ_i einen endlichen Erwartungswert $\mu = \mathbb{E}\xi_i$ haben, können wir das starke Gesetz der großen Zahlen [WT, Satz 12.4] anwenden, und erhalten für den Reingewinn des Spielers nach n Spielen

$$X_n - ne = \underbrace{(\xi_1 + \dots + \xi_n - n\mu)}_{\approx 0,\ \text{für } n \to \infty} + n(\mu - e).$$

Das zeigt, dass für $\mu > e$ das Spiel für den Spieler vorteilhaft, und für $\mu < e$ nachteilig ist. Traditionell nennt man das Spiel *fair*, wenn $\mu = e$ gilt.

Derartige „faire" Spiele können einen Spieler so benachteiligen, dass er nahezu mit Wahrscheinlichkeit 1 bis zum $n$ten Spiel einen Nettoverlust von $en/\log n$ erleidet, s.u. Typischerweise ist das der Fall, wenn wir die Fluktuation von $X_n - ne$ um den Nullpunkt nicht kontrollieren können, z.B. wenn der Zentrale Grenzwertsatz [WT, Kapitel 13] nicht greift, weil die Varianz $\sigma^2 = \mathbb{V}\xi_i$ unendlich ist.

Trotzdem ist dieser Begriff von *fairness* recht intuitiv, wie folgendes Beispiel zeigt: Beim Münzwurf mit einer fairen Münze

$$p = \mathbb{P}(\eta = 1) = \frac{1}{2} \quad \text{und} \quad q = 1 - p = \mathbb{P}(\eta = 0) = \frac{1}{2}$$

wettet Spieler A auf das Erscheinen von „1" und B auf „0"; die Einsätze sind e bzw. e', und der Gewinner erhält als Auszahlung $e + e'$. Weil die Fälle $\eta = 1$ und $\eta = 0$

https://doi.org/10.1515/9783110350685-001

gleich wahrscheinlich sind, sollte bei einem fairen Spiel $e = e'$ sein. Wir können auch die Wette auf eine unfaire Münze mit $\mathbb{P}(\eta = 1) = p \neq q = \mathbb{P}(\eta = 0)$ durch gewichtete Wetteinsätze zu einem fairen Spiel machen:

$$\text{Einsatz auf „1“} : \text{Einsatz auf „0“} = p : q = \mathbb{P}(\eta = 1) : \mathbb{P}(\eta = 0).$$

Das sieht man so: wenn z.B. $p = 1/4$ und $q = 3/4$, dann hat die Wette auf „0“ dreimal höhere Gewinnchancen. Wenn wir die unfaire Münze durch einen Tetraeder mit drei „0“ und einer „1“ ersetzen und uns vorstellen, dass Spieler B für drei Spieler mit Gewinnwahrscheinlichkeit von jeweils $p = 1/4$ steht, dann muss er auch drei Einsätze leisten. Daher verhalten sich die Einsätze wie

$$\text{Einsatz auf „1“} : \text{Einsatz auf „0“} = 1 : 3 = \frac{1}{4} : \frac{3}{4}.$$

Allgemein macht man sich schnell klar, dass das Verhältnis der Einsätze stets wie $p : q$ gewählt werden muss. Insbesondere ist die Auszahlung an Spieler A

$$\xi = \begin{cases} e + e', & \text{wenn } \eta = 1 \\ 0, & \text{wenn } \eta = 0 \end{cases} = (e + e')\eta \overset{e:e'=p:q}{=} \frac{e}{p}\eta,$$

und wir erhalten wiederum $e = \mathbb{E}\xi$. Für Spieler B gilt eine entsprechende Überlegung. Wiederholen wir die Wette mehrfach, dann ist der Reingewinn von Spieler A nach n Runden

$$R_n = \frac{e}{p}\sum_{i=1}^{n}(\eta_i - p) = \sum_{i=1}^{n}(\xi_i - e).$$

Für ein faires Spiel sollte außerdem gelten, dass kein Spieler durch...

!

- die Kenntnis des bisherigen Spielverlaufs (z.B. durch Kartenzählen beim „Black Jack“),
- eine geschickte Strategie (z.B. durch „Spielabbruch im richtigen Moment“),

---

Vorteile haben kann. Problematisch sind sehr unterschiedliche Vermögensverhältnisse der Spieler, die zum Ausscheiden durch Bankrott führen können, oder Restriktionen durch die Spielbank, etwa Tischlimits beim Roulette, die die Strategie der Spieler einschränken. Diese Betrachtungen werden wir hier zurückstellen.

Zumindest für Spiele mit endlich vielen verschiedenen Auszahlungen können wir die *Kenntnis der Vergangenheit* mit Hilfe der bedingten Wahrscheinlichkeiten modellieren:

$$\mathbb{P}(\xi_n = x \mid \xi_1 = x_1, \dots, \xi_{n-1} = x_{n-1})$$

gibt die Wahrscheinlichkeit für die Auszahlung x an, wenn wir die Auszahlungen (und damit die Ausgänge) $x_1, \dots, x_{n-1}$ der ersten $n - 1$ Spiele kennen. Wenn die Spiele $\xi_1, \dots, \xi_n$ unabhängig sind, dann ist das $\mathbb{P}(\xi_n = x)$.

Eine *Strategie* lässt sich durch variable Einsätze modellieren. Wir nehmen an, dass wir beim $n$ten Spiel den Einsatz μ mit

$$e_n = e_n(R_0, \xi_1, \dots, \xi_{n-1})$$

gewichten können, wobei auch die Auszahlung proportional zu e_n ist. Der Einsatz μe_n im $n$ten Spiel hängt vom Anfangskapital R_0 und den bisherigen Auszahlungen $e_1\xi_1, \dots, e_{n-1}\xi_{n-1}$ ab – insbesondere vom Vermögen

$$R_{n-1} = R_0 + \sum_{i=1}^{n-1} e_i \xi_i$$

vor dem $n$ten Spiel. Wir nehmen an, dass $e_n = e_n(r_0, x_1, \dots, x_{n-1})$ eine messbare Funktion ist.

Nun seien die ZV $\xi_1, \xi_2, \dots$ identisch verteilt mit Mittelwert $\mu = \mathbb{E}\xi_i$, aber nicht notwendigerweise unabhängig. Der Reingewinn im $n$ten Spiel ist

$$\Delta R_n = e_n(V_0, \xi_1, \dots, \xi_{n-1})(\xi_n - \mu)$$

und wir erhalten für ein festes Anfangskapital $R_0 = r_0$

$$\begin{aligned}
&\mathbb{E}\left[\Delta R_n \mid \xi_1 = x_1, \dots, \xi_{n-1} = x_{n-1}\right] \\
&= \mathbb{E}\left[e_n(R_0, \xi_1, \dots, \xi_{n-1})(\xi_n - \mu) \mid \xi_1 = x_1, \dots, \xi_{n-1} = x_{n-1}\right] \\
&= \mathbb{E}\left[e_n(r_0, x_1, \dots, x_{n-1})(\xi_n - \mu) \mid \xi_1 = x_1, \dots, \xi_{n-1} = x_{n-1}\right] \\
&= e_n(r_0, x_1, \dots, x_{n-1})\mathbb{E}\left[\xi_n - \mu \mid \xi_1 = x_1, \dots, \xi_{n-1} = x_{n-1}\right] \\
&= e_n(r_0, x_1, \dots, x_{n-1})\left(\mathbb{E}\left[\xi_n \mid \xi_1 = x_1, \dots, \xi_{n-1} = x_{n-1}\right] - \mu\right).
\end{aligned}$$

Diese Überlegung zeigt, dass wir für ein *faires* Spiel nicht nur $\mathbb{E}\xi_i = \mu = e$, sondern

$$\mathbb{E}\left[\xi_n \mid \xi_1 = x_1, \dots, \xi_{n-1} = x_{n-1}\right] = \mu \tag{1.1}$$

fordern sollten. Außerdem sehen wir, dass die Strategie die (ggf. fehlende) Fairness (1.1) nicht beeinflussen kann. Wir können die Bedingung (1.1) auch folgendermaßen ausdrücken

$$\begin{aligned}
&\mathbb{E}\left[R_n \mid \xi_1 = x_1, \dots, \xi_{n-1} = x_{n-1}\right] \\
&= \mathbb{E}\left[R_{n-1} \,\middle|\, \xi_1 = x_1, \dots, \xi_{n-1} = x_{n-1}\right] \\
&= \mathbb{E}\left[r_0 + \sum_{i=1}^{n-1} e_i(r_0, \xi_1, \dots, \xi_i)(\xi_i - \mu) \,\middle|\, \xi_1 = x_1, \dots, \xi_{n-1} = x_{n-1}\right] \\
&= \mathbb{E}\left[r_0 + \sum_{i=1}^{n-1} e_i(r_0, x_1, \dots, x_i)(x_i - \mu) \,\middle|\, \xi_1 = x_1, \dots, \xi_{n-1} = x_{n-1}\right] \\
&= r_0 + \sum_{i=1}^{n-1} e_i(r_0, x_1, \dots, x_i)(x_i - \mu).
\end{aligned}$$

Ein Spiel ist also genau dann *fair*, wenn das erwartete Vermögen R_n eines Spielers zum zukünftigen Zeitpunkt n gerade seinem derzeitigen Vermögen r_{n-1} entspricht. Weil für geeignete x_i bzw. r_i die Beziehung $\bigcap_{i=1}^{n-1}\{\xi_i = x_i\} = \bigcap_{i=1}^{n-1}\{R_i = r_i\}$ gilt, können wir (1.1) auch folgendermaßen schreiben:

$$\begin{aligned} &\mathbb{E}\left[R_n \mid R_1 = r_1, \ldots, R_{n-1} = r_{n-1}\right] \\ &\quad = r_{n-1} = \mathbb{E}\left[R_{n-1} \mid R_1 = r_1, \ldots, R_{n-1} = r_{n-1}\right]. \end{aligned} \tag{1.2}$$

Eine Familie von ZV $(R_n)_{n\in\mathbb{N}_0}$, die der Beziehung (1.2) genügt, ist ein *Martingal*. Martingale sind zentrale Objekte der modernen Stochastik, die es uns in vielen Fällen ermöglicht, Unabhängigkeitsannahmen abzuschwächen. In den folgenden Kapiteln werden wir erst den Begriff der bedingten Erwartung genauer untersuchen und darauf die Theorie der Martingale aufbauen.

Das klassische „Thackeraysche" Martingal

Das klassische Martingal ist eine Spielstrategie beim Roulette, bei der ein Spieler so lange auf „Rot" oder „Schwarz" setzt, bis er zum ersten Mal gewinnt. Bei jedem Verlust verdoppelt er seinen Einsatz und spielt weiter. Dieses Spielsystem war schon lange vor dem Erscheinen von William Makepeace Thackerays Roman *Pendennis* bekannt, aber Thackerays Roman brachte das Martingal und seine verheerenden Folgen einem breiten Leserkreis nahe.

Aufgrund der folgenden Überlegung gilt das Martingal als sichere Gewinnstrategie: Wenn ein Spieler mit einem Einsatz von 1 Euro beginnt und n Mal hintereinander verliert, ist der bis dahin aufgelaufene Verlust $1 + 2 + 2^2 + \cdots + 2^{n-1} = 2^n - 1$ Euro. Im nächsten Spiel beträgt der Einsatz 2^n Euro und, wenn der Spieler nun gewinnt, ist die Auszahlung $2 \cdot 2^n$ Euro. Damit ergibt sich ein Reingewinn von $2 \cdot 2^n - (2^n - 1) - 2^n = 1$ Euro. Weil das Eintreten des ersten Gewinns durch eine geometrische Verteilung beschrieben wird, vgl. [WT, Beispiel 2.4.f), S. 10], ist die Wahrscheinlichkeit des Eintretens eines Gewinns gleich eins:

$$\mathbb{P}(n\text{-mal hintereinander verlieren}) = (1-p)^n \xrightarrow[n\to\infty]{} 0,$$

wenn die Gewinnwahrscheinlichkeit $p > 0$ ist.

Das Problem ist, dass die Wartezeit n bis zum ersten Gewinn sehr groß werden kann, und dass der Verlust $2^n - 1$ bzw. der neue Einsatz 2^n das Vermögen des Spielers und das Tischlimit des Casinos übersteigen kann, vgl. hierzu den Abschnitt zu *gambler's ruin*: Beispiele 11.7–11.10. Daher kann die Martingalstrategie i.Allg. nicht durchgeführt werden – und die „sichere" Gewinnstrategie wird zur Illusion.

♦Ein unvorteilhaftes „faires“ Spiel[1]

Wir betrachten ein Spiel, dessen Auszahlungsprofil durch die folgende ZV ξ beschrieben wird:

$$\mathbb{P}(\xi = 2^k) = p_k = \frac{1}{2^k k(k+1)}, \quad k \in \mathbb{N}, \quad \text{und} \quad \mathbb{P}(\xi = 0) = p_0 = 1 - \sum_{k=1}^{\infty} p_k.$$

Offensichtlich gilt

$$\mathbb{E}\xi = \sum_{k=1}^{\infty} \frac{2^k}{2^k k(k+1)} = \sum_{k=1}^{\infty} \frac{1}{k(k+1)} = \left(1 - \tfrac{1}{2}\right) + \left(\tfrac{1}{2} - \tfrac{1}{3}\right) + \left(\tfrac{1}{3} - \tfrac{1}{4}\right) + \cdots = 1,$$

und das Spiel wird bei einem Einsatz von 1 Euro fair.

Wir bezeichnen mit $\xi_1, \xi_2, \xi_3, \ldots$ iid Wiederholungen des Spiels. Nach n Runden ist der Gewinn bzw. Verlust $\xi_1 + \cdots + \xi_n - n$, aber es gilt für alle $\epsilon > 0$

$$\lim_{n\to\infty} \mathbb{P}\left(X_n - n < -\frac{(1-\epsilon)n}{\log_2 n} \right) = 1 \tag{1.3}$$

($\log_2 x$ bezeichnet den Logarithmus zur Basis 2). Mit anderen Worten: Der Spieler erleidet durch wiederholtes Spielen fast sicher einen Verlust.

Um (1.3) zu zeigen, verwenden wir folgende Stutzungstechnik:

$$U_k := \xi_k \mathbb{1}_{\{\xi_k \leqslant n/\log_2 n\}} \quad \text{und} \quad V_k := \xi_k - U_k = \xi_k \mathbb{1}_{\{\xi_k > n/\log_2 n\}}.$$

Zunächst haben wir $\lim_{n\to\infty} \mathbb{P}(\xi_k = U_k \ \ \forall k \leqslant n) = 1$, weil für das Gegenereignis gilt

$$\mathbb{P}(V_1 + \cdots + V_n > 0) \leqslant n\mathbb{P}(V_1 > 0) = n\mathbb{P}(\xi_1 > n/\log_2 n) = n \sum_{k:2^k > \frac{n}{\log_2 n}} \frac{1}{2^k k(k+1)}.$$

Die auftretende Summe lässt sich folgendermaßen abschätzen

$$\sum_{2^k > \frac{n}{\log_2 n}} \frac{1}{2^k k(k+1)} \leqslant \frac{1}{\left[\log_2\left(\frac{n}{\log_2 n}\right)\right]^2} \sum_{k \geqslant \log_2 \frac{n}{\log_2 n}} \frac{1}{2^k} \leqslant \frac{1}{\left[\log_2\left(\frac{n}{\log_2 n}\right)\right]^2} \frac{(\log_2 n)/n}{1 - \frac{1}{2}},$$

woraus

$$\lim_{n\to\infty} \mathbb{P}(V_1 + \cdots + V_n > 0) = 0 \tag{1.4}$$

folgt.

Andererseits gilt wegen der Chebyshev-Markov Ungleichung für jedes $\epsilon > 0$

$$\mathbb{P}\left(|U_1 + \cdots + U_n - n\mathbb{E}U_1| > \frac{\epsilon n}{\log_2 n} \right) \leqslant \frac{(\log_2 n)^2 \mathbb{V} U_1}{\epsilon^2 n^2} \leqslant \frac{(\log_2 n)^2 \mathbb{E}(U_1^2)}{\epsilon^2 n^2}.$$

1 Dieses Beispiel geht auf William Feller [23] und [24, Problem 15, S. 262*f.*] zurück.

Weil aber

$$\mathbb{E}(U_1^2) = \sum_{2^k \leqslant \frac{n}{\log_2 n}} \frac{2^{2k}}{2^k k(k+1)} \leqslant \sum_{2^k \leqslant \frac{n}{\log_2 n}} \frac{2^k}{k(k+1)} \leqslant 1 + \sum_{2 \leqslant k \leqslant \log_2 \frac{n}{\log_2 n}} \frac{2^k}{k(k+1)}$$

ist, können wir die Monotonie des Summanden verwenden, und erhalten

$$\mathbb{E}(U_1^2) \leqslant 1 + \frac{\frac{n}{\log_2 n}}{\left[\log_2\left(\frac{n}{\log_2 n}\right)\right]^2}.$$

Daher gilt

$$\lim_{n\to\infty} \mathbb{P}\left(|U_1 + \cdots + U_n - n\mathbb{E}U_1| > \frac{\epsilon n}{\log_2 n}\right) = 0. \tag{1.5}$$

Schließlich rechnet man schnell nach, dass für hinreichend große Werte $n \in \mathbb{N}$

$$\mathbb{E}U_1 = \sum_{k \leqslant \log_2\left(\frac{n}{\log_2 n}\right)} \frac{2^k}{2^k k(k+1)} = \sum_{k=1}^{\log_2 \frac{n}{\log_2 n}} \left(\frac{1}{k} - \frac{1}{k+1}\right) \approx 1 - \frac{1}{\log_2 n - \log_2 \log_2 n + 1}$$

und somit auch für $\epsilon > 0$

$$1 - \frac{1+\epsilon}{\log_2 n} \leqslant \mathbb{E}U_1 \leqslant 1 - \frac{1}{\log_2 n} \tag{1.6}$$

gilt. Wenn wir die Beziehungen (1.4)–(1.6) kombinieren, folgt (1.3).

Aufgaben

1. Zeigen Sie die Gleichheit $\bigcap_{i=1}^{n-1}\{\xi_i = x_i\} = \bigcap_{i=1}^{n-1}\{R_i = r_i\}$, die in (1.2) verwendet wird.

2 Bedingte Erwartung

In der Einleitung (Kapitel 1) haben wir gesehen, dass bedingte Erwartungswerte zentral für die Definition von Martingalen sind. Vor allem benötigen wir bedingte Erwartungen von ZV, die nicht notwendig diskret sind. In diesem Kapitel betrachten wir ausschließlich reelle oder komplexwertige ZV auf einem W-Raum $(\Omega, \mathscr{A}, \mathbb{P})$. Für eine ZV $X \in L^1(\mathscr{A})$ gilt

$$\mathbb{E}(X \mid A) = \frac{\mathbb{E}[X\mathbb{1}_A]}{\mathbb{P}(A)}, \quad A \in \mathscr{A},\ \mathbb{P}(A) > 0, \tag{2.1}$$

d.h. die bedingte Erwartung ist eine Mittelung der ZV X relativ zu einer Menge $A \in \mathscr{A}$. Die Division durch $\mathbb{P}(A)$ dient der Normierung des Ausdrucks (2.1): wenn $X \equiv 1$, dann gilt $\mathbb{E}(1 \mid A) = \mathbb{E}(1 \cdot \mathbb{1}_A)/\mathbb{P}(A) = 1$.

Wenn $A_1, \dots, A_n \in \mathscr{A}$ eine Partition von Ω ist, $\Omega = A_1 \uplus A_2 \uplus \dots \uplus A_n$, $\mathbb{P}(A_i) > 0$, dann können wir der ZV X eine einfache ZV mit endlich vielen Werten zuordnen

$$Y := \sum_{i=1}^{n} \mathbb{E}(X \mid A_i)\mathbb{1}_{A_i} = \sum_{i=1}^{n} \frac{\mathbb{E}[X\mathbb{1}_{A_i}]}{\mathbb{P}(A_i)} \mathbb{1}_{A_i}, \tag{2.2}$$

und diese einfache Funktion hat offensichtlich folgende Eigenschaften

a) Y ist $\mathscr{F}$-messbar, wobei $\mathscr{F} := \sigma(A_1, \dots, A_n)$;
b) $\int_F Y \, d\mathbb{P} = \int_F X \, d\mathbb{P}$ für alle $F \in \mathscr{F}$ (vgl. auch Beispiel 2.3);
c) $Y(\omega) = \mathbb{E}(X \mid A_i)$ für alle $\omega \in A_i$ und $i = 1, \dots, n$.

Für allgemeine σ-Algebren können wir a), b) als Definition der bedingten Erwartung verwenden.

2.1 Definition. Es sei $X \in L^1(\mathscr{A})$ und $\mathscr{F} \subset \mathscr{A}$ eine σ-Algebra. Eine ZV $Y \in L^1(\mathscr{F})$, d.h. Y ist $\mathscr{F}$-messbar und $\mathbb{E}|Y| < \infty$, so dass gilt

$$\int_F X \, d\mathbb{P} = \int_F Y \, d\mathbb{P} \quad \forall F \in \mathscr{F}, \tag{2.3}$$

heißt (*Version* der) *bedingte(n) Erwartung* von X unter $\mathscr{F}$. Wir schreiben $Y = \mathbb{E}(X \mid \mathscr{F})$.

Im Gegensatz zur klassischen bedingten Erwartung $\mathbb{E}(X \mid A)$, die eine *reelle Zahl* ist, ist $\mathbb{E}(X \mid \mathscr{F})$ eine *Zufallsvariable*. **!**

2.2 Bemerkung. Wenn $\mathscr{F} = \sigma(\mathscr{G})$ für einen $\cap$-stabilen Erzeuger $\mathscr{G}$ gilt, der eine Folge $G_i \uparrow \Omega$ enthält (z.B. wenn $G_i = \Omega \in \mathscr{G}$ gilt), dann können wir (2.3) ersetzen durch

$$\int_G X \, d\mathbb{P} = \int_G Y \, d\mathbb{P} \quad \forall G \in \mathscr{G}. \tag{2.4}$$

https://doi.org/10.1515/9783110350685-002

Um das zu zeigen, zerlegen wir die ZV in Positiv- und Negativteil, $Y = Y^+ - Y^-$ und $X = X^+ - X^-$, und schreiben

$$\mu(F) := \int_F (X^+ + Y^-)\,d\mathbb{P}, \quad \nu(F) := \int_F (Y^+ + X^-)\,d\mathbb{P}, \quad F \in \mathscr{F}.$$

Offensichtlich sind μ, ν Maße auf $\mathscr{F}$, und (2.4) zeigt $\mu|\mathscr{G} = \nu|\mathscr{G}$. Weil $\mathscr{G}$ den Voraussetzungen des Eindeutigkeitssatzes für Maße [MI, Satz 4.5] genügt, folgt $\mu|\sigma(\mathscr{G}) = \nu|\sigma(\mathscr{G})$ und somit (2.3).

2.3 Beispiel. Es seien $B_1, \dots, B_N \in \mathscr{A}$, $N \in \mathbb{N} \cup \{\infty\}$, disjunkte Mengen, die Ω partitionieren, d.h. $\Omega = \dot{\bigcup}_{n=1}^N B_n$. Wir definieren $\mathscr{F} = \sigma(B_n, 1 \leqslant n \leqslant N)$. Wenn $\mathbb{P}(B_n) > 0$ für alle $1 \leqslant n \leqslant N$ gilt, dann ist für jede ZV $X \in L^1(\mathscr{A})$

$$\mathbb{E}(X \mid \mathscr{F}) = \sum_{n=1}^N \mathbb{E}(X \mid B_n)\mathbb{1}_{B_n}, \quad \mathbb{E}(X \mid B_n) := \frac{\mathbb{E}[X\mathbb{1}_{B_n}]}{\mathbb{P}(B_n)}.$$

Das sieht man so: Zunächst ist klar, dass die rechte Seite eine $\mathscr{F}$-messbare ZV ist. Weil $\mathscr{G} = \{B_n : 1 \leqslant n \leqslant N\} \cup \{\emptyset, \Omega\}$ ein $\cap$-stabiler Erzeuger von $\mathscr{F}$ ist, folgt die Behauptung aus (2.4) wegen

$$\begin{aligned}\int_{B_i} \mathbb{E}(X \mid \mathscr{F})\,d\mathbb{P} &= \int_{B_i} \sum_{n=1}^N \mathbb{E}(X \mid B_n)\mathbb{1}_{B_n}\,d\mathbb{P} \\ &= \sum_{n=1}^N \mathbb{E}(X \mid B_n) \int \mathbb{1}_{B_n \cap B_i}\,d\mathbb{P} \\ &= \mathbb{E}(X \mid B_i)\mathbb{P}(B_i) = \mathbb{E}(X\mathbb{1}_{B_i}), \quad 1 \leqslant i \leqslant N.\end{aligned}$$

Entsprechend zeigt man $\int_\Omega \mathbb{E}(X \mid \mathscr{F})\,d\mathbb{P} = \mathbb{E}X$.

Wenn $\mathbb{E}(X \mid B) := 0$ für $B \in \mathscr{A}$ mit $\mathbb{P}(B) = 0$ gesetzt wird, gilt die eben angestellte Rechnung sogar für *beliebige* abzählbare Partitionierungen von Ω.

Wir wollen nun die Existenz und Eindeutigkeit der bedingten Erwartung zeigen.

2.4 Lemma. *Die bedingte Erwartung $\mathbb{E}(X \mid \mathscr{F})$ einer ZV X ist bis auf Nullmengen eindeutig.*

Beweis. Es seien Y, Y' zwei Versionen von $\mathbb{E}(X \mid \mathscr{F})$. Dann ist $\{Y > Y'\} \in \mathscr{F}$ und

$$\int_{\{Y>Y'\}} \underbrace{(Y' - Y)}_{<0}\,d\mathbb{P} \overset{(2.3)}{=} 0 \implies \mathbb{P}(Y > Y') = 0 \implies Y \leqslant Y' \text{ f.s.}$$

Analog zeigt man $Y \geqslant Y'$ f.s., und es folgt $Y = Y'$ f.s. □

2.5 Satz. *Es sei $\mathscr{F} \subset \mathscr{A}$ eine σ-Algebra und $X \in L^1(\mathscr{A})$. Dann existiert die bedingte Erwartung $X \mapsto \mathbb{E}(X \mid \mathscr{F})$ und ist ein stetiger linearer Operator von $L^1(\mathscr{A})$ nach $L^1(\mathscr{F})$:*

$$\mathbb{E}\,|\mathbb{E}(X \mid \mathscr{F}) - \mathbb{E}(Z \mid \mathscr{F})| \leqslant \mathbb{E}|X - Z|, \quad X, Z \in L^1(\mathscr{A}). \tag{2.5}$$

Für $X \in L^2(\mathscr{A})$ ist $X \mapsto \mathbb{E}(X \mid \mathscr{F})$ die orthogonale Projektion $L^2(\mathscr{A}) \to L^2(\mathscr{F})$.

Beweis. 1° Wir nehmen zunächst an, dass $X \in L^2(\mathscr{A})$. Nach Satz A.14 existiert die orthogonale Projektion $Y \in L^2(\mathscr{F})$ von X auf den Raum $L^2(\mathscr{F})$. Nach Definition der Projektion gilt

$$\begin{aligned} X - Y \perp L^2(\mathscr{F}) &\overset{\text{Def.}}{\iff} \forall \Phi \in L^2(\mathscr{F}) \ : \ \mathbb{E}[(X-Y)\Phi] = 0 \\ &\iff \forall F \in \mathscr{F} \ : \ \mathbb{E}[(X-Y)\mathbb{1}_F] = 0. \end{aligned} \tag{2.6}$$

(für die Richtung „$\Leftarrow$“ approximieren wir Φ durch einfache ZV Φ_n, die $|\Phi_n| \leqslant |\Phi|$ erfüllen, vgl. [MI, (Sombrero-)Lemma 7.12]). Die letzte Äquivalenz von (2.6) entspricht (2.3), d.h. Y ist eine Version der bedingten Erwartung $\mathbb{E}(X \mid \mathscr{F})$.

2° Die Linearität von $X \mapsto \mathbb{E}(X \mid \mathscr{F})$, $X \in L^2(\mathscr{A})$, folgt entweder aus der Linearität der orthogonalen Projektion, oder durch direkte Rechnung: Für $X, Z \in L^2(\mathscr{A})$, $a, b \in \mathbb{R}$ und beliebige $F \in \mathscr{F}$ haben wir

$$\begin{aligned} \int_F [aX + bZ]\, d\mathbb{P} = a\int_F X\, d\mathbb{P} + b\int_F Z\, d\mathbb{P} &\overset{(2.3)}{=} a\int_F \mathbb{E}(X \mid \mathscr{F})\, d\mathbb{P} + b\int_F \mathbb{E}(Z \mid \mathscr{F})\, d\mathbb{P} \\ &= \int_F [a\mathbb{E}(X \mid \mathscr{F}) + b\mathbb{E}(Z \mid \mathscr{F})]\, d\mathbb{P}. \end{aligned}$$

Daher ist die ZV $a\mathbb{E}(X \mid \mathscr{F}) + b\mathbb{E}(Z \mid \mathscr{F})$ eine Version der bedingten Erwartung von $aX + bZ$. Wegen der Eindeutigkeit gilt $\mathbb{E}(aX + bZ \mid \mathscr{F}) = a\mathbb{E}(X \mid \mathscr{F}) + b\mathbb{E}(Z \mid \mathscr{F})$.

3° Für $X \in L^2(\mathscr{A})$ definieren wir $F^{\pm} := \{\pm\mathbb{E}(X \mid \mathscr{F}) > 0\} \in \mathscr{F}$, und beachten

$$\begin{aligned} \mathbb{E}\,|\mathbb{E}(X \mid \mathscr{F})| &= \int_{F^+} \mathbb{E}(X \mid \mathscr{F})\, d\mathbb{P} - \int_{F^-} \mathbb{E}(X \mid \mathscr{F})\, d\mathbb{P} \\ &\overset{(2.3)}{=} \int_{F^+} X\, d\mathbb{P} - \int_{F^-} X\, d\mathbb{P} \leqslant \int_{F^+} |X|\, d\mathbb{P} + \int_{F^-} |X|\, d\mathbb{P} \leqslant \mathbb{E}|X|. \end{aligned}$$

Indem wir X durch $X - Z$ ersetzen und $\mathbb{E}(X - Z \mid \mathscr{F}) = \mathbb{E}(X \mid \mathscr{F}) - \mathbb{E}(Z \mid \mathscr{F})$ beachten, folgt (2.5) für $X, Z \in L^2(\mathscr{A})$.

4° Wir approximieren schließlich $X \in L^1(\mathscr{A})$ mit $X_n := (-n) \vee X \wedge n \in L^2(\mathscr{A})$ fast sicher und in L^1. Mit Hilfe von Schritt 3° erhalten wir

$$\mathbb{E}\,|\mathbb{E}(X_m \mid \mathscr{F}) - \mathbb{E}(X_n \mid \mathscr{F})| \leqslant \mathbb{E}|X_m - X_n| \xrightarrow[m,n\to\infty]{\text{dom. Konvergenz}} 0,$$

d.h. $(\mathbb{E}(X_n \mid \mathscr{F}))_{n\in\mathbb{N}}$ ist eine $L^1(\mathscr{F})$-Cauchyfolge.

Daher existiert der L^1-Limes $Y = \lim_{n\to\infty} \mathbb{E}(X_n \mid \mathscr{F})$. Weil $\mathbb{1}_F X = \lim_{n\to\infty} \mathbb{1}_F X_n$ und $\mathbb{1}_F Y = \lim_{n\to\infty} \mathbb{1}_F \mathbb{E}(X_n \mid \mathscr{F})$ in L^1 für alle $F \in \mathscr{F}$ gilt, folgt

$$\forall F \in \mathscr{F} \ : \ \int_F Y\, d\mathbb{P} = \lim_{n\to\infty} \int_F \mathbb{E}(X_n \mid \mathscr{F})\, d\mathbb{P} \overset{(2.3)}{=} \lim_{n\to\infty} \int_F X_n\, d\mathbb{P} = \int_F X\, d\mathbb{P},$$

also ist Y eine Version von $\mathbb{E}(X \mid \mathscr{F})$ für $X \in L^1(\mathscr{A})$. Die Linearität und Stetigkeit (2.5) zeigt man nun genauso wie in 2° und 3°. □

2.6 Satz (Eigenschaften der bedingten Erwartung). *Es sei* $(\Omega, \mathscr{A}, \mathbb{P})$ *ein W-Raum und* $\mathscr{F} \subset \mathscr{A}$ *eine σ-Algebra. Dann gilt für* $X, Z \in L^1(\mathscr{A})$ *und* $a, b \in \mathbb{R}$*:*

a) $\mathbb{E}(X \mid \mathscr{F}) \in L^1(\mathscr{F})$ *und* $\|\mathbb{E}(X \mid \mathscr{F})\|_{L^1} \leqslant \|X\|_{L^1}$. (Kontraktion)

b) $\mathbb{E}(1 \mid \mathscr{F}) = 1$. (Konservativität)

c) $\mathbb{E}(aX + bZ \mid \mathscr{F}) = a\,\mathbb{E}(X \mid \mathscr{F}) + b\,\mathbb{E}(Z \mid \mathscr{F})$. (Linearität)

d) *Wenn* $X \in L^2(\mathscr{A})$*, dann ist* $\mathbb{E}(X \mid \mathscr{F})$ *das eindeutig bestimmte Element aus* $L^2(\mathscr{F})$ *mit* (Minimierer)

$$\inf_{\Phi \in L^2(\mathscr{F})} \|X - \Phi\|_{L^2} = \|X - \mathbb{E}(X \mid \mathscr{F})\|_{L^2}.$$

e) *Ist* $\mathscr{H} \subset \mathscr{F}$ *eine weitere σ-Algebra, dann gilt* (tower property)
$\mathbb{E}[\mathbb{E}(X \mid \mathscr{F}) \mid \mathscr{H}] = \mathbb{E}(X \mid \mathscr{H})$.

f) $\mathbb{E}(\Phi \cdot X \mid \mathscr{F}) = \Phi \cdot \mathbb{E}(X \mid \mathscr{F}) \quad \forall \Phi$ $\mathscr{F}$*-messbar und* $\mathbb{E}|\Phi \cdot X| < \infty$. (pull out)

g) $\mathbb{E}(\Phi \mid \mathscr{F}) = \Phi \quad \forall \Phi \in L^1(\mathscr{F})$. (pull out)

h) $0 \leqslant X \leqslant 1 \implies 0 \leqslant \mathbb{E}(X \mid \mathscr{F}) \leqslant 1$. (Markov-Eigenschaft)

j) $X \leqslant Z \implies \mathbb{E}(X \mid \mathscr{F}) \leqslant \mathbb{E}(Z \mid \mathscr{F})$. (Monotonie)

k) $|\mathbb{E}(X \mid \mathscr{F})| \leqslant \mathbb{E}(|X| \mid \mathscr{F})$. (Dreiecksungleichung)

l) $\mathbb{E}(X \mid \{\emptyset, \Omega\}) = \mathbb{E}X$.

m) $\mathbb{E}[\mathbb{E}(X \mid \mathscr{F})] = \mathbb{E}X$. (tower property)

---

i Die Eigenschaft 2.6.d hat eine sehr anschauliche Interpretation: $\mathbb{E}(X \mid \mathscr{F})$ ist der *least square predictor* für die $\mathscr{A}$-messbare ZV X, wenn nur die „Information" aus $\mathscr{F} \subset \mathscr{A}$ bekannt ist.

Beweis von Satz 2.6. a) und c) folgen aus Satz 2.5.

b) Weil die konstante ZV $X \equiv 1$ messbar bezüglich $\mathscr{F}$ ist, folgt die Behauptung direkt aus Definition 2.1 und der Eindeutigkeit (Lemma 2.4) der bedingten Erwartung.

d) Für $X \in L^2(\mathscr{A})$, $Y := \mathbb{E}(X \mid \mathscr{F}) \in L^2(\mathscr{F})$ und beliebiges $\Psi \in L^2(\mathscr{F})$ gilt

$$\begin{aligned}\mathbb{E}\left(|X - \Psi|^2\right) &= \mathbb{E}\left(|(X - Y) + (Y - \Psi)|^2\right)\\ &= \mathbb{E}\left(|X - Y|^2\right) + \mathbb{E}\left(|\Psi - Y|^2\right) + \underbrace{2\mathbb{E}((X - Y)\underbrace{(Y - \Psi)}_{=\Phi})}_{=0 \text{ wegen } (2.6)}\\ &\geqslant \mathbb{E}\left(|X - Y|^2\right).\end{aligned}$$

Das zeigt, dass Y der Minimierer des Funktionals $L^2(\mathscr{F}) \ni \Phi \mapsto \|X - \Phi\|_{L^2}$ ist.

e) Für $H \in \mathscr{H} \subset \mathscr{F}$ gilt

$$\int_H \underbrace{\mathbb{E}(X \mid \mathscr{F})}_{\text{originale ZV}}\, d\mathbb{P} \overset{(2.3)}{=} \int_H X\, d\mathbb{P} \overset{(2.3)}{=} \int_H \mathbb{E}(X \mid \mathscr{H})\, d\mathbb{P}.$$

Mithin ist die $\mathscr{H}$-messbare ZV $\mathbb{E}(X \mid \mathscr{H})$ eine Version der bedingten Erwartung (bezüglich der σ-Algebra $\mathscr{H}$) der ZV $\mathbb{E}(X \mid \mathscr{F})$.

f) & g) Zunächst nehmen wir an, dass $\Phi = \mathbb{1}_G$ für ein $G \in \mathscr{F}$ ist. Dann ist für alle $F \in \mathscr{F}$

$$\int_F \mathbb{1}_G \cdot X \, d\mathbb{P} = \int_{F\cap G} X \, d\mathbb{P} = \int_{F\cap G} \mathbb{E}(X \mid \mathscr{F}) \, d\mathbb{P} = \int_F \mathbb{1}_G \cdot \mathbb{E}(X \mid \mathscr{F}) \, d\mathbb{P}.$$

Wegen der Linearität des (bedingten) Erwartungswerts folgt daraus für $\mathscr{F}$-messbare einfache Funktionen Φ_n

$$\int_F \Phi_n \cdot X \, d\mathbb{P} = \int_F \Phi_n \cdot \mathbb{E}(X \mid \mathscr{F}) \, d\mathbb{P} \quad \forall F \in \mathscr{F} \implies \mathbb{E}(\Phi_n \cdot X \mid \mathscr{F}) = \Phi_n \cdot \mathbb{E}(X \mid \mathscr{F}).$$

Mit Hilfe des Sombrero-Lemmas [MI, Korollar 7.12] können wir jede $\mathscr{F}$-messbare ZV Φ durch eine Folge von einfachen, $\mathscr{F}$-messbaren Funktionen Φ_n approximieren, die zudem die Ungleichung $|\Phi_n| \leqslant |\Phi|$ erfüllen. Wegen $\mathbb{E}|\Phi \cdot X| < \infty$ folgt

$$\Phi_n \cdot X \xrightarrow[n\to\infty]{} \Phi \cdot X \quad \text{in } L^1 \text{ und fast sicher.}$$

Weil die bedingte Erwartung stetig in L^1 ist, vgl. Satz 2.5, erhalten wir dann

$$\mathbb{E}(\Phi \cdot X \mid \mathscr{F}) = \lim_{k\to\infty} \mathbb{E}(\Phi_{n(k)} \cdot X \mid \mathscr{F}) = \lim_{k\to\infty} \Phi_{n(k)} \cdot \mathbb{E}(X \mid \mathscr{F}) = \Phi \cdot \mathbb{E}(X \mid \mathscr{F}).$$

h) & j) Es sei $X \geqslant 0$. Wir betrachten die Menge $\{\mathbb{E}(X \mid \mathscr{F}) < 0\} \in \mathscr{F}$. Nach Definition der bedingten Erwartung gilt

$$0 \leqslant \int_{\{\mathbb{E}(X|\mathscr{F})<0\}} X \, d\mathbb{P} \overset{(2.3)}{=} \int_{\{\mathbb{E}(X|\mathscr{F})<0\}} \mathbb{E}(X \mid \mathscr{F}) \, d\mathbb{P} \leqslant 0,$$

und wir erhalten $\mathbb{P}(\mathbb{E}(X \mid \mathscr{F}) < 0) = 0$, also $\mathbb{E}(X \mid \mathscr{F}) \geqslant 0$ f.s.
Insbesondere gilt für $X \leqslant Z$, dass $Z - X \geqslant 0$, und wir sehen

$$\mathbb{E}(Z - X \mid \mathscr{F}) \geqslant 0 \implies \mathbb{E}(Z \mid \mathscr{F}) \geqslant \mathbb{E}(X \mid \mathscr{F}).$$

Schließlich folgt mit $Z \equiv 1$ wegen $\mathbb{E}(1 \mid \mathscr{F}) = 1$ die zweite Ungleichung von h).

k) Wegen $\pm X \leqslant |X|$ folgt $\pm\mathbb{E}(X \mid \mathscr{F}) \leqslant \mathbb{E}(|X| \mid \mathscr{F})$, mithin $|\mathbb{E}(X \mid \mathscr{F})| \leqslant \mathbb{E}(|X| \mid \mathscr{F})$.

l) Weil die konstante ZV $\mathbb{E}X$ messbar bezüglich der σ-Algebra $\{\emptyset, \Omega\}$ ist, folgt die Behauptung aus

$$\int_F X \, d\mathbb{P} = \begin{Bmatrix} 0, & F = \emptyset \\ \mathbb{E}X, & F = \Omega \end{Bmatrix} = \int_F \mathbb{E}X \, d\mathbb{P}.$$

m) Es gilt $\mathbb{E}(\mathbb{E}(X \mid \mathscr{F})) \overset{\text{l)}}{=} \mathbb{E}[\mathbb{E}(X \mid \mathscr{F}) \mid \{\emptyset, \Omega\}] \overset{\text{e)}}{=} \mathbb{E}(X \mid \{\emptyset, \Omega\}) \overset{\text{l)}}{=} \mathbb{E}X.$ □

Konvergenzsätze für bedingte Erwartungen

Für die bedingte Erwartung gelten Konvergenzsätze, die denen für Integrale entsprechen. Im Allgemeinen müssen wir aber sicherstellen, dass $\mathbb{E}(\cdots \mid \mathscr{F})$ *definiert* ist, d.h. wir müssen die Integrierbarkeit des Grenzwerts *voraussetzen* – selbst bei den Sätzen von Beppo Levi und Fatou.

2.7 Satz (Konvergenzsätze). *Es seien X, X_n reelle ZV und $\mathscr{F} \subset \mathscr{A}$ eine σ-Algebra.*

a) *(bed. Beppo Levi) Für $X_n \geqslant 0$, $X_n \in L^1(\mathbb{P})$, $X_n \uparrow X$ und $\sup_{n\in\mathbb{N}} \mathbb{E}X_n < \infty$ gilt*

$$\mathbb{E}(X_n \mid \mathscr{F}) \uparrow \mathbb{E}(X \mid \mathscr{F}) \quad \textit{fast sicher.}$$

b) *(bed. Fatou) Für $X_n \geqslant 0$, $X_n \in L^1(\mathbb{P})$ und $\liminf_{n\to\infty} \mathbb{E}X_n < \infty$ gilt*

$$\mathbb{E}\left(\liminf_{n\to\infty} X_n \mid \mathscr{F}\right) \leqslant \liminf_{n\to\infty} \mathbb{E}\left(X_n \mid \mathscr{F}\right) \quad \textit{fast sicher.}$$

c) *(bed. dom. Konvergenz) Wenn $X_n \xrightarrow{f.s.} X$ und $|X_n| \leqslant Y$ für ein $Y \in L^1(\mathbb{P})$, dann gilt*

$$\lim_{n\to\infty} \mathbb{E}(X_n \mid \mathscr{F}) = \mathbb{E}(\lim_{n\to\infty} X_n \mid \mathscr{F}) = \mathbb{E}(X \mid \mathscr{F}) \quad \textit{fast sicher.}$$

d) *(bed. Jensen) Für $V : \mathbb{R} \to \mathbb{R}$ konvex und $\mathbb{E}|V(X)| < \infty$ gilt*

$$V\left(\mathbb{E}(X \mid \mathscr{F})\right) \leqslant \mathbb{E}\left(V(X) \mid \mathscr{F}\right) \quad \textit{fast sicher.}$$

Insbesondere gilt für $V(x) = |x|^p$, $1 \leqslant p < \infty$: $\|\mathbb{E}(X \mid \mathscr{F})\|_{L^p} \leqslant \|X\|_{L^p}$.

Beweis. a) Der „normale“ Satz von Beppo Levi (BL) zeigt

$$\mathbb{E}X = \sup_{n\in\mathbb{N}} \mathbb{E}X_n < \infty \implies X \in L^1(\mathbb{P}) \implies \mathbb{E}(X \mid \mathscr{F}) \text{ ist definiert.}$$

Da nach 2.6.j $\mathbb{E}(X_n \mid \mathscr{F})$ für $n \to \infty$ aufsteigt, folgt für alle $F \in \mathscr{F}$

$$\int_F \sup_{n\in\mathbb{N}} \mathbb{E}(X_n \mid \mathscr{F})\, d\mathbb{P} \overset{\text{BL}}{=} \sup_{n\in\mathbb{N}} \int_F \mathbb{E}(X_n \mid \mathscr{F})\, d\mathbb{P} = \sup_{n\in\mathbb{N}} \int_F X_n\, d\mathbb{P} \overset{\text{BL}}{=} \int_F \sup_{n\in\mathbb{N}} X_n\, d\mathbb{P}.$$

Daher ist $\sup_{n\in\mathbb{N}} \mathbb{E}(X_n \mid \mathscr{F})$ eine Version von $\mathbb{E}(\sup_{n\in\mathbb{N}} X_n \mid \mathscr{F})$.

b) & c) [✍] Da sich die bedingte Erwartung $\mathbb{E}(X \mid \mathscr{F})$ wie ein Integral verhält, können wir die bedingten Versionen der Sätze von Fatou und von der dominierten Konvergenz mit Hilfe des bedingten Satzes von Beppo Levi zeigen. Als Blaupause dienen die entsprechenden Beweise aus der Integrationstheorie, vgl. MI Satz 8.11 bzw. MI Satz 11.3.

d) Auch diese Ungleichung folgt wie im „un-bedingten“ Fall: Wir approximieren die konvexe Funktion von unten durch affin-lineare Funktionen und erhalten so die Darstellung $V(x) = \sup\{\ell(x) := ax + b \,:\, \ell \leqslant V\}$, vgl. [MIMS, Lemma 13.12, S. 125*f.*],

$$\ell(\mathbb{E}(X \mid \mathscr{F})) \overset{\text{linear}}{=} \mathbb{E}(\ell(X) \mid \mathscr{F}) \underset{\ell\leqslant V}{\overset{\text{monoton}}{\leqslant}} \mathbb{E}(V(X) \mid \mathscr{F}).$$

Die Ungleichung folgt, indem wir auf der linken Seite das Supremum über alle affinlinearen Funktionen $\ell \leqslant V$ bilden. □

Bedingte Erwartung und Unabhängigkeit

Wenn die ZV X und die Menge F unabhängig sind, dann gilt für die klassische bedingte Wahrscheinlichkeit

$$\mathbb{P}(X \in B \mid F) = \frac{\mathbb{P}(\{X \in B\} \cap F)}{\mathbb{P}(F)} \overset{X \perp\!\!\!\perp F}{=} \frac{\mathbb{P}(X \in B)\,\mathbb{P}(F)}{\mathbb{P}(F)} = \mathbb{P}(X \in B),$$

d.h. F hat keinen Einfluss auf $\mathbb{P}(X \in B)$. Dies gilt auch für die abstrakte bedingte Erwartung. Wir verwenden folgende allgemein übliche Kurzschreibweisen: $X, \mathscr{H} \perp\!\!\!\perp \mathscr{F}$ bedeutet, dass die von $\sigma(X)$ und $\mathscr{H}$ erzeugte σ-Algebra $\sigma(\sigma(X), \mathscr{H})$ von $\mathscr{F}$ unabhängig ist, und $\mathbb{E}(X \mid \mathscr{H}, \mathscr{F})$ ist die Kurzschreibweise für $\mathbb{E}(X \mid \sigma(\mathscr{H}, \mathscr{F}))$.

2.8 Satz. *Es seien $X, Z \in L^1(\mathscr{A})$ reelle ZV und $\mathscr{F}, \mathscr{H} \subset \mathscr{A}$ σ-Algebren.*

a) $X \perp\!\!\!\perp \mathscr{F} \implies \mathbb{E}(X \mid \mathscr{F}) = \mathbb{E}X$

b) $X, \mathscr{H} \perp\!\!\!\perp \mathscr{F} \implies \mathbb{E}(X \mid \mathscr{H}, \mathscr{F}) = \mathbb{E}(X \mid \mathscr{H})$.

c) *Wenn $X \perp\!\!\!\perp \mathscr{F}$ und Z $\mathscr{F}$-messbar ist, dann gilt für jede messbare und beschränkte Funktion $g : \mathbb{R} \times \mathbb{R} \to \mathbb{R}$*

$$\mathbb{E}\left[g(X, Z) \mid \mathscr{F}\right](\omega) = \mathbb{E}(g(X, t))\big|_{t=Z(\omega)} \text{ für } \mathbb{P}\text{-fast alle } \omega.$$

Beweis. a) Weil die triviale σ-Algebra $\mathscr{H} = \{\emptyset, \Omega\}$ unabhängig von allen ZV und σ-Algebren ist, folgt a) unmittelbar aus b).

b) Die Familie $\{F \cap H : F \in \mathscr{F}\ H \in \mathscr{H}\}$ erzeugt $\sigma(\mathscr{F}, \mathscr{H})$. Daher gilt

$$\begin{aligned}
\int \mathbb{1}_F \mathbb{1}_H X\, d\mathbb{P} &\overset{\text{unabh.}}{=} \mathbb{P}(F) \int \mathbb{1}_H X\, d\mathbb{P} \\
&\overset{\text{tower}}{=} \mathbb{P}(F) \int \mathbb{E}(\mathbb{1}_H X \mid \mathscr{H})\, d\mathbb{P} \\
&\overset{\text{unabh.}}{=} \int \mathbb{1}_F \mathbb{E}(\mathbb{1}_H X \mid \mathscr{H})\, d\mathbb{P} \\
&\overset{\text{pull out}}{=} \int \mathbb{1}_F \mathbb{1}_H \mathbb{E}(X \mid \mathscr{H})\, d\mathbb{P} = \int_{F \cap H} \mathbb{E}(X \mid \mathscr{H})\, d\mathbb{P},
\end{aligned}$$

und mit Bemerkung 2.2 folgt, dass $\mathbb{E}(X \mid \mathscr{H})$ eine Version der bedingten Erwartung von X unter $\sigma(\mathscr{H}, \mathscr{F})$ ist.

c) *Schritt 1.* Wir zeigen die Formel erst für $g(x, z) = \mathbb{1}_A(x)\mathbb{1}_B(z)$ und $A, B \in \mathscr{B}(\mathbb{R})$. Aus

$$\begin{aligned}
\mathbb{E}\left(g(X, Z) \mid \mathscr{F}\right) = \mathbb{E}\left(\mathbb{1}_A(X)\mathbb{1}_B(Z) \mid \mathscr{F}\right) &\underset{Z\ \mathscr{F}\text{-mb.}}{\overset{\text{pull out}}{=}} \mathbb{1}_B(Z)\, \mathbb{E}\left(\mathbb{1}_A(X) \mid \mathscr{F}\right) \\
&\overset{\text{a}}{=} \mathbb{1}_B(Z)\, \mathbb{E}\left(\mathbb{1}_A(X)\right) \\
&= \mathbb{E}\left(\mathbb{1}_A(X)\mathbb{1}_B(t)\right)\big|_{t=Z} \\
&= \mathbb{E}(g(X, t))\big|_{t=Z}
\end{aligned}$$

folgt die Behauptung für solche Funktionen g.

Schritt 2. Nun sei $g(x,z) = \mathbb{1}_C(x,z)$ für $C \in \mathscr{B}(\mathbb{R}\times\mathbb{R})$. Wir definieren die Familie

$$\mathscr{D} := \left\{ C \in \mathscr{B}(\mathbb{R}\times\mathbb{R}) \;:\; \mathbb{E}(\mathbb{1}_C(X,Z) \mid \mathscr{F})(\omega) = \mathbb{E}(\mathbb{1}_C(X,t))\big|_{t=Z(\omega)} \right\}.$$

Mit den Rechenregeln für bedingte Erwartungen kann man schnell einsehen [✍], dass $\mathscr{D}$ ein Dynkin-System ist; im ersten Schritt haben wir außerdem gesehen, dass

$$\mathscr{B}(\mathbb{R})\times\mathscr{B}(\mathbb{R}) \subset \mathscr{D} \subset \mathscr{B}(\mathbb{R}\times\mathbb{R}).$$

Weil die Rechtecke $\mathscr{B}(\mathbb{R})\times\mathscr{B}(\mathbb{R})$ $\cap$-stabil sind, gilt für das davon erzeugte Dynkin-System[2]

$$\mathscr{B}(\mathbb{R}\times\mathbb{R}) = \sigma(\mathscr{B}(\mathbb{R})\times\mathscr{B}(\mathbb{R})) \overset{\text{MI Satz 4.4}}{=} \delta(\mathscr{B}(\mathbb{R})\times\mathscr{B}(\mathbb{R})) \subset \delta(\mathscr{D}).$$

Offensichtlich gilt $\delta(\mathscr{D}) = \mathscr{D} \subset \mathscr{B}(\mathbb{R}\times\mathbb{R})$, woraus unmittelbar $\mathscr{D} = \mathscr{B}(\mathbb{R}\times\mathbb{R})$ folgt.

Schritt 3. Schritt 2 erlaubt es uns, die Aussage c) für folgende Funktionen zu zeigen:

- positive $\mathscr{B}(\mathbb{R}\times\mathbb{R})$-messbare einfache Funktionen $g \geqslant 0$ (Linearität der bedingten Erwartung),
- beschränkte positive messbare Funktionen $g : \mathbb{R}\times\mathbb{R} \to [0,\infty)$ (Sombrero-Lemma & (bedingter) Satz von Beppo Levi),
- beschränkte messbare Funktionen $g : \mathbb{R}\times\mathbb{R} \to \mathbb{R}$ (Linearität der bedingten Erwartung). □

Bedingte Wahrscheinlichkeiten

Wir wollen schließlich die abstrakte Version der klassischen bedingten Wahrscheinlichkeit studieren.

2.9 Definition. Es sei $\mathscr{F} \subset \mathscr{A}$ eine σ-Algebra. Dann heißt

$$\mathbb{P}(A \mid \mathscr{F}) := \mathbb{E}(\mathbb{1}_A \mid \mathscr{F}), \quad A \in \mathscr{A},$$

die *bedingte Wahrscheinlichkeit* (bezüglich $\mathscr{F}$).

⚡ Der Ausdruck $\mathbb{P}(A \mid \mathscr{F})$, $A \in \mathscr{A}$, ist eine Zufallsvariable, d.h. er ist nur modulo $\mathbb{P}$-Nullmengen eindeutig, und alle Nullmengen dürfen von A abhängen.

Das bedeutet, dass die Mengenfunktion $A \mapsto \mathbb{P}(A \mid \mathscr{F})(\omega)$ nicht σ-additiv ist, wenn es überabzählbar viele Möglichkeiten gibt, eine Menge A als disjunkte Vereinigung zu schreiben. Mit anderen Worten: $A \mapsto \mathbb{P}(A \mid \mathscr{F})(\omega)$ ist i.Allg. **kein Maß**.

---

2 $\delta(\mathscr{H})$ ist das kleinste Dynkin-System, das die Familie $\mathscr{H}$ enthält, vgl. MI Kapitel 4.

2.10 Bemerkung. Aus der elementaren W-theorie kennen wir bereits eine „klassische" bedingte Wahrscheinlichkeit:

$$A \mapsto \mathbb{P}(A \mid B) := \begin{cases} \dfrac{\mathbb{P}(A \cap B)}{\mathbb{P}(B)}, & \mathbb{P}(B) > 0, \\ 0, & \mathbb{P}(B) = 0. \end{cases} \tag{2.7}$$

Wie in Beispiel 2.3 können wir einen Zusammenhang zwischen $\mathbb{P}(A \mid B)$ und $\mathbb{P}(A \mid \mathscr{F})$ herstellen. Dazu sei $\mathscr{F} = \sigma(B_1, \dots, B_N)$, $N \in \mathbb{N} \cup \{\infty\}$, für eine (höchstens) abzählbare Partitionierung $B_1 \uplus \dots \uplus B_N = \Omega$ von Ω. Aus Beispiel 2.3 wissen wir

$$\mathbb{P}(A \mid \mathscr{F}) \overset{\text{Def.}}{=} \mathbb{E}(\mathbb{1}_A \mid \mathscr{F}) \overset{2.3}{=} \sum_{n=1}^{N} \mathbb{E}(\mathbb{1}_A \mid B_n) \mathbb{1}_{B_n} = \sum_{n=1}^{N} \mathbb{P}(A \mid B_n) \mathbb{1}_{B_n},$$

und das ist äquivalent zu

$$\mathbb{P}(A \mid \mathscr{F})(\omega) = \mathbb{P}(A \mid B_n) \quad \text{für } \mathbb{P}\text{-fast alle } \omega \in B_n,\ 1 \leqslant n \leqslant N.$$

Wenn $\mathscr{F} = \sigma(X_1, \dots, X_k)$ für **diskrete** ZV X_i, dann können wir die Mengen $B_1, B_2, \dots$ als Abzählung von $(\{X_1 = x_1, \dots, X_k = x_k\} : x_i \in X_i(\Omega), 1 \leqslant i \leqslant k)$ wählen. Daher ist die ZV **!**

$$\begin{aligned} \mathbb{P}(A \mid X_1, \dots, X_k) := \mathbb{P}(A \mid \mathscr{F}) &\quad \text{eindeutig bestimmt durch die Werte} \\ \mathbb{P}(A \mid \{X_1 = x_1, \dots, X_k = x_k\}) &\quad \text{für alle } x_i \in X_i(\Omega),\ 1 \leqslant i \leqslant k. \end{aligned}$$

Aufgaben

1. Zeigen Sie die folgenden Aussagen für den Raum $L_0^2 := L_0^2(\mathscr{A}) := \{X \in L^2(\mathscr{A}) : \mathbb{E}X = 0\}$.
   (a) L_0^2 ist ein Hilbertraum ist, dessen Skalarprodukt die Kovarianz $\operatorname{Cov}(X, Z)$ ist.
   (b) Auf L_0^2 gilt $\mathbb{V}\left[\sum_{i=1}^n X_i\right] = \sum_{i=1}^n \mathbb{V}X_i + 2\sum_{i<k} \operatorname{Cov}(X_i, X_k)$.
   (c) Auf L_0^2 gilt $\mathbb{V}\left[\sum_{i=1}^n X_i\right] \leqslant \left(\sum_{i=1}^n \sqrt{\mathbb{V}X_i}\right)^2$. Finden Sie notwendige und hinreichende Bedingungen für die Gleichheit in dieser Ungleichung.
2. Es sei $X \in L^2(\mathscr{A})$ und $\mathscr{F} \subset \mathscr{A}$. Zeigen Sie, dass $\|\mathbb{E}(X \mid \mathscr{F})\|_{L^2} \leqslant \|X\|_{L^2}$, d.h. die bedingte Erwartung ist eine Kontraktion in L^2.
3. Zeigen Sie, dass die Abbildung $L^p \ni X \mapsto \mathbb{E}|X|^p$ für alle $p \geqslant 1$ stetig ist.
4. Charakterisieren Sie $L^2(\mathscr{F})$, wenn $\mathscr{F} = \sigma(\{A\})$ bzw. wenn $\mathscr{F} = \sigma(X)$ für eine diskrete ZV X.
5. Auf dem W-Raum $(\Omega, \mathscr{A}, \mathbb{P})$ seien $Z_1, \dots, Z_n$ diskrete reelle ZV. Wir setzen $\mathbf{Z} := (Z_1, \dots, Z_n)$ und definieren $\mathscr{F} := \sigma(Z_1, \dots, Z_n)$.
   (a) Zeigen Sie, dass für eine ZV X die bedingte Erwartung $\mathbb{E}(X \mid \mathbf{Z}) := \mathbb{E}(X \mid \mathscr{F})$ eindeutig durch die Werte $\mathbb{E}(X \mid \{Z_1 = t_1, \dots, Z_n = t_n\})$ bestimmt wird, wenn $t_i \in Z_i(\Omega)$.
   (b) Das Faktorisierungslemma Satz A.10 oder [MI, Lemma 7.17] besagt, dass $\mathbb{E}(X \mid \mathscr{F})$ als Funktion $\phi(Z_1, \dots, Z_n)$ der ZV $Z_1, \dots, Z_n$ geschrieben werden kann.
   Zeigen Sie, dass $\phi(t_1, \dots, t_n) = \mathbb{E}(X \mid \{Z_1 = t_1, \dots, Z_n = t_n\})$ gilt.

Bemerkung. Es ist üblich ϕ als $\mathbb{E}(X \mid Z_1 = t_1, \dots, Z_n = t_n)$ oder $\mathbb{E}(X \mid \mathbf{Z} = \mathbf{t})$ zu schreiben.

6. Es seien $X, Z \in L^1(\mathscr{A})$, $\mathscr{F} \subset \mathscr{A}$ und $F \in \mathscr{A}$. Wenn $X(\omega) = Z(\omega)$ für alle $\omega \in F$ gilt, dann gilt auch $\mathbb{E}(X \mid \mathscr{F})(\omega) = \mathbb{E}(Z \mid \mathscr{F})(\omega)$ f.s. für alle $\omega \in \Omega$.
7. Zeigen Sie die zweite Äquivalenz in (2.6).
Hinweis. Überlegen Sie sich, dass wir mit dem Sombrero-Lemma MI Satz 7.11, Korollar 7.12 $\mathscr{F}$-messbare ZV durch $\mathscr{F}$-messbare einfache Funktionen approximieren können.
8. Es seien $X, Z \in L^2(\mathscr{A})$, $\mathscr{F} \subset \mathscr{A}$ eine σ-Algebra und $\langle X, Z\rangle_{L^2} := \mathbb{E}(XZ)$. Zeigen Sie, dass die bedingte Erwartung ein symmetrischer Operator auf $L^2(\mathscr{A})$ ist, d.h. dass gilt
$$\langle \mathbb{E}(X \mid \mathscr{F}), Z\rangle = \langle X, \mathbb{E}(Z \mid \mathscr{F})\rangle = \langle \mathbb{E}(X \mid \mathscr{F}), \mathbb{E}(Z \mid \mathscr{F})\rangle.$$
9. Im Schritt 3° des Beweises von Satz 2.5 wurde mit Hilfe der L^1-Stetigkeit von $X \mapsto \mathbb{E}(X \mid \mathscr{F})$ gezeigt, dass für eine Folge von ZV mit $X = L^1\text{-}\lim_n X_n$ die ZV $Z := \lim_n \mathbb{E}(X_n \mid \mathscr{F})$ eine Version der bedingten Erwartung von X ist. Zeigen Sie diese Aussage direkt, indem Sie (2.3) direkt nachweisen.
10. Zeigen Sie Satz 2.8.a direkt, d.h. ohne Verwendung von Teil b).
11. Es seien $X, Y : \Omega \to \{0, 1\}$ unabhängige Bernoulli-ZV mit Erfolgswahrscheinlichkeit p. Wir definieren $Z := \mathbb{1}_{\{X+Y=0\}}$ und $\mathscr{F} = \sigma(Z)$. Berechnen Sie $\mathbb{E}(X \mid \mathscr{F})$ und $\mathbb{E}(Y \mid \mathscr{F})$. Sind diese ZV immer noch unabhängig?
12. Es sei $X \in L^2(\mathbb{P})$ eine reelle ZV. Die bedingte Varianz ist definiert als
$$\mathbb{V}(X \mid \mathscr{F}) := \mathbb{E}\left[(X - \mathbb{E}(X \mid \mathscr{F}))^2 \,\middle|\, \mathscr{F}\right].$$
Zeigen Sie, dass
$$\mathbb{V}(X) = \mathbb{E}(\mathbb{V}(X \mid \mathscr{F})) + \mathbb{V}(\mathbb{E}(X \mid \mathscr{F})).$$
13. Für ein festes $A \in \mathscr{A}$ definieren wir das Ereignis $B := \{\mathbb{P}(A \mid \mathscr{F}) = 0\} = \{\omega : \mathbb{P}(A \mid \mathscr{F})(\omega) = 0\}$. Zeigen Sie, dass – bis auf eine Nullmenge – $B \subset A^c$ gilt. **Hinweis.** Es gilt $\mathbb{1}_{A\cap B} = 0$ f.s.
14. Es sei $(\Omega, \mathscr{A}, \mathbb{P})$ ein W-Raum, $\mathscr{F} \subset \mathscr{A}$ eine σ-Algebra und $A \in \mathscr{A}$ mit $\mathbb{P}(A) > 0$. Zeigen Sie
$$\mathbb{P}(F \mid A) = \frac{\int_F \mathbb{P}(A \mid \mathscr{F})\, d\mathbb{P}}{\int_\Omega \mathbb{P}(A \mid \mathscr{F})\, d\mathbb{P}} \quad \forall F \in \mathscr{F}.$$
15. Für eine ZV $X \in L^1(\mathscr{A})$ gelte $\mathbb{E}(X \mid \mathscr{F}) \sim X$. Zeigen Sie, dass $X = \mathbb{E}(X \mid \mathscr{F})$ f.s. gilt.
16. Für eine ZV $X \in L^2(\mathscr{A})$ sei $\mathbb{E}(X \mid \mathscr{G})$ $\mathscr{F}$-messbar und $X \perp\!\!\!\perp \mathscr{F}$. Zeigen Sie, dass $\mathbb{E}(X \mid \mathscr{G}) = \mathbb{E}X$ f.s.
17. Es sei X eine ZV auf $(\Omega, \mathscr{A}, \mathbb{P})$ und $\mathbb{E}(X^2) < \infty$. Dann gilt für jede Unter-σ-Algebra $\mathscr{F} \subset \mathscr{A}$
$$\mathbb{P}(|X| \geqslant a \mid \mathscr{F}) \leqslant \frac{1}{a^2}\, \mathbb{E}(X^2 \mid \mathscr{F}).$$
18. Es seien $\mathscr{F} \subset \mathscr{A}$ eine σ-Algebra und $X \in L^p(\mathscr{A})$, $Z \in L^q(\mathscr{A})$ mit konjugierten Indices $p, q \in [0, \infty]$, d.h. $p^{-1} + q^{-1} = 1$. Zeigen Sie die *bedingte Höldersche Ungleichung*:
$$|\mathbb{E}(XZ \mid \mathscr{F})| \leqslant \left[\mathbb{E}(|X|^p \mid \mathscr{F})\right]^{1/p} \left[\mathbb{E}(|Z|^q \mid \mathscr{F})\right]^{1/q}.$$
19. Es seien $X, Z \in L^1(\mathbb{P})$ iid ZV. Zeigen Sie, dass $\mathbb{E}(X \mid \sigma(X + Z)) = \mathbb{E}(Z \mid \sigma(X + Z)) = \frac{1}{2}(X + Z)$ gilt.
20. Es seien X, Z ZV und $Z \in L^2(\mathbb{P})$. Dann gilt: $\mathbb{E}(Z^2 \mid \sigma(X)) = X^2$ & $\mathbb{E}(Z \mid \sigma(X)) = X \implies X = Z$ f.s.
21. Es seien $X, Z \in L^1(\mathbb{P})$. Dann gilt: $\mathbb{E}(X \mid \sigma(Z)) = Z$ & $\mathbb{E}(Z \mid \sigma(X)) = X \implies X = Z$ f.s.
Hinweis. Zeigen Sie $\mathbb{E}\left[(X - Z)(\mathbb{1}_{\{X>c\}\cap\{Z\leqslant c\}} + \mathbb{1}_{\{X\leqslant c\}\cap\{Z>c\}})\right] = 0$ und beachten Sie die Gleichheit $\{X > Z\} = \bigcup_{q\in\mathbb{Q}}\{Z \leqslant q\} \cap \{X > q\}$.

3 Martingale

In der Einleitung (1.2) haben wir uns überlegt, dass das Vermögen $(X_n)_{n\in\mathbb{N}_0}$ eines Spielers bei einem *fairen Spiel* mit endlich vielen Ausgängen der Beziehung

$$\mathbb{E}\,(X_n \mid X_0 = x_0, X_1 = x_1, X_2 = x_2, \dots, X_{n-1} = x_{n-1}) = x_{n-1}, \qquad n \in \mathbb{N}, \tag{3.1}$$

genügen sollte. Mit Hilfe der in Kapitel 2 eingeführten (abstrakten) bedingten Erwartung können wir diese Tatsache durch

$$\underbrace{\mathbb{E}\,(X_n \mid X_0, X_1, X_2, \dots, X_{n-1})}_{\text{kurz für: } \mathbb{E}\,(X_n \mid \sigma(X_0, X_1, X_2, \dots, X_{n-1}))} = X_{n-1}, \qquad n \in \mathbb{N}, \tag{3.2}$$

ausdrücken. Hierzu beachten wir, dass die σ-Algebra $\sigma(X_0, \dots, X_{n-1})$ von Mengen der Art $\bigcap_{i=0}^{n-1}\{X_i = x_i\}$ erzeugt wird, vgl. auch Aufg. 2.5. Weil die bedingte Erwartung für beliebige integrierbare ZV definiert ist, bleibt die Beziehung (3.2) auch für nicht-diskrete ZV auf einem W-Raum $(\Omega, \mathscr{A}, \mathbb{P})$ gültig.

Eine Indexmenge I heißt *aufsteigend geordnet* oder *aufsteigend filtrierend*, wenn auf I eine (nicht notwendig totale) Ordnungsrelation „$\leqslant$“ definiert ist, so dass

$$\forall s, t \in I \quad \exists u \in I \;:\; s \leqslant u \;\&\; t \leqslant u \tag{3.3}$$

gilt. Wir werden meistens Indexmengen $I \subset \mathbb{Z}$ betrachten, doch ist es sinnvoll die folgenden Definitionen etwas allgemeiner zu halten.

3.1 Definition. Eine *Filtration* ist eine aufsteigende Familie von σ-Algebren $(\mathscr{F}_t)_{t\in I}$, $\mathscr{F}_t \subset \mathscr{A}$, d.h.

$$\forall s, t \in I,\; s \leqslant t \;:\; \mathscr{F}_s \subset \mathscr{F}_t. \tag{3.4}$$

Wir schreiben $\mathscr{F}_\infty := \sigma\left(\bigcup_{t\in I}\mathscr{F}_t\right)$.

Eine Familie von ZV $(X_t)_{t\in I}$ auf dem W-Raum $(\Omega, \mathscr{A}, \mathbb{P})$ heißt *adaptiert* an $(\mathscr{F}_t)_{t\in I}$, wenn jedes X_t eine $\mathscr{F}_t$-messbare ZV ist. In diesem Fall schreiben wir $(X_t, \mathscr{F}_t)_{t\in I}$.

! Eine Familie von ZV $(X_t)_{t\in I}$ wird oft (*stochastischer*) *Prozess* genannt und die Indexmenge wird als „Zeit“ interpretiert. Wenn die Indexmenge klar ist, schreibt man auch kurz $X = (X_t)_{t\in I}$.

3.2 Definition. Es sei $(X_t)_{t\in I}$ eine Familie von ZV und $(\mathscr{F}_t)_{t\in I}$ eine Filtration. Wenn
a) $(X_t)_{t\in I}$ an $(\mathscr{F}_t)_{t\in I}$ adaptiert ist,
b) $\mathbb{E}|X_t| < \infty$ für alle $t \in I$ gilt,
c) $\mathbb{E}(X_t \mid \mathscr{F}_s) = X_s$ für alle $s \leqslant t$, $s, t \in I$ gilt,

dann heißt $(X_t)_{t\in I}$ *Martingal* (bezüglich der Filtration $(\mathscr{F}_t)_{t\in I}$). Gilt statt c)
c′) $\mathbb{E}(X_t \mid \mathscr{F}_s) \geqslant X_s$ für alle $s \leqslant t$, $s, t \in I$, dann heißt $(X_t)_{t\in I}$ *Submartingal.*
c″) $\mathbb{E}(X_t \mid \mathscr{F}_s) \leqslant X_s$ für alle $s \leqslant t$, $s, t \in I$, dann heißt $(X_t)_{t\in I}$ *Supermartingal.*

https://doi.org/10.1515/9783110350685-003

Im Text verwenden wir die Abkürzung „MG" für „Martingal". Wir werden von nun an meist Indexmengen $I \subset \mathbb{Z}$ mit der natürlichen Ordnung auf $\mathbb{Z}$ betrachten. Solche (Sub-/Super-)Martingale nennt man auch *diskrete (Sub/Super-)Martingale* oder *(Sub/Super-)Martingale in diskreter Zeit.*

▸ **Merkhilfe.** Ein ***Sub***martingal **„*wächst*"**, ein ***Super***martingal **„*fällt*"**:

!

$$(X_t)_{t\in I} \text{ Sub-MG } \underset{\forall s\leqslant t}{\Longrightarrow} \mathbb{E}(X_t \mid \mathscr{F}_s) \geqslant X_s \underset{\forall s\leqslant t}{\overset{\text{tower}}{\Longrightarrow}} \underbrace{\mathbb{E}\left[\mathbb{E}(X_t \mid \mathscr{F}_s)\right]}_{=\mathbb{E}X_t} \geqslant \mathbb{E}X_s .$$

▸ **Wichtig.** Die Eigenschaften c), c′), c″), eines (Sub-/Super-)Martingals kann man auch in Integralform schreiben, z.B. gilt

$$\mathbb{E}(X_t \mid \mathscr{F}_s) \geqslant X_s \iff \forall F \in \mathscr{F}_s : \int_F X_t \, d\mathbb{P} \geqslant \int_F X_s \, d\mathbb{P}.$$

▸ Die Bedingungen a) & b) fasst man häufig als $X_i \in L^1(\mathscr{F}_i)$, $i \in I$, zusammen.

▸ Wenn die Indexmenge bekannt ist, schreibt man oft nur $X = (X_t)_{t\in I}$, $X^2 = (X_t^2)_{t\in I}$ usw.

Ehe wir Beispiele für (Sub-/Super-)Martingale angeben, müssen wir ein technisches Detail klären.

3.3 Lemma. *Es seien $\xi_1, \dots, \xi_n$ reelle ZV und $X_k = \xi_1 + \dots + \xi_k$. Dann gilt*

$$\sigma(\xi_1, \dots, \xi_n) = \sigma(X_1, \dots, X_n).$$

Beweis. Wenn wir jedes X_k als messbare Funktion von $\xi_1, \dots, \xi_k$ und jedes ξ_k als messbare Funktion von $X_1, \dots, X_k$ darstellen können, folgt bereits die Behauptung.

Setze $X_0 = 0$. Die $k$te Partialsumme $X_k = \xi_1 + \dots + \xi_k$, $k = 1, 2, \dots, n$, ist offensichtlich $\sigma(\xi_1, \dots, \xi_k)$- und auch $\sigma(\xi_1, \dots, \xi_n)$-messbar. Das zeigt

$$\sigma(X_1, \dots, X_n) \subset \sigma(\xi_1, \dots, \xi_n).$$

Andererseits gilt $\xi_k = X_k - X_{k-1}$, $k = 1, 2, \dots, n$, woraus die Messbarkeit von ξ_k bezüglich $\sigma(X_1, \dots, X_k)$ und $\sigma(X_1, \dots, X_n)$ folgt. Also gilt auch

$$\sigma(X_1, \dots, X_n) \supset \sigma(\xi_1, \dots, \xi_n).$$ □

---

i Die von einer Folge $(S_n)_{n\in\mathbb{N}}$ erzeugte Filtration $\sigma(S_1, \dots, S_n)$ wird oft als *natürliche* oder *kanonische Filtration* bezeichnet.

Wir können nun Beispiele für (Sub-/Super-)Martingale angeben.

3.4 Beispiel. Es sei $(\Omega, \mathscr{A}, \mathbb{P})$ ein Wahrscheinlichkeitsraum.

a) Es sei $(a_n)_{n\in\mathbb{N}_0} \subset \mathbb{R}$ eine monoton wachsende Folge. Dann ist $(X_n)_{n\in\mathbb{N}_0} \equiv (a_n)_{n\in\mathbb{N}_0}$ ein Submartingal bezüglich *jeder* Filtration in $(\Omega, \mathscr{A}, \mathbb{P})$.

b) $(X_n, \mathscr{F}_n)_{n\in\mathbb{N}_0}$ ist genau dann ein Martingal, wenn $\mathbb{E}(X_n \mid \mathscr{F}_{n-1}) = X_{n-1}$ für alle $n \in \mathbb{N}$ gilt.

„$\Rightarrow$": Wähle $m = n - 1$ in Definition 3.2.c.

„$\Leftarrow$": Indem wir die tower property iterativ anwenden, erhalten wir für $m < n$

$$\mathbb{E}(X_n \mid \mathscr{F}_m) \overset{\text{tower}}{=} \mathbb{E}\left[\mathbb{E}(X_n \mid \mathscr{F}_{n-1}) \mid \mathscr{F}_m\right] \overset{\text{Annahme}}{=} \mathbb{E}\left[X_{n-1} \mid \mathscr{F}_m\right] = \cdots = X_m.$$

Eine entsprechende Aussage gilt für Sub- und Supermartingale.

c) **Random Walk/Summenmartingal.** Es sei $(\xi_i)_{i\in\mathbb{N}} \subset L^1(\mathscr{A})$ eine Folge von integrierbaren iid ZV und $\mathscr{F}_n = \sigma(\xi_1, \dots, \xi_n)$. Dann gilt für die Folge der Partialsummen $X_n = \xi_1 + \cdots + \xi_n$, $X_0 := 0$, $\mathscr{F}_0 := \{\emptyset, \Omega\}$

$$X_n \text{ ist ein } \begin{cases} \text{Martingal} & \iff \mathbb{E}\xi_1 = 0; \\ \text{Submartingal} & \iff \mathbb{E}\xi_1 \geqslant 0; \\ \text{Supermartingal} & \iff \mathbb{E}\xi_1 \leqslant 0. \end{cases}$$

Das folgt sofort aus

$$\begin{aligned} \mathbb{E}(X_n \mid \mathscr{F}_{n-1}) &= \mathbb{E}(X_{n-1} + \xi_n \mid \mathscr{F}_{n-1}) \\ &= \mathbb{E}(\underbrace{X_{n-1}}_{\mathscr{F}_{n-1}\text{-mb.}} \mid \mathscr{F}_{n-1}) + \mathbb{E}(\underbrace{\xi_n}_{\perp\!\!\!\perp \mathscr{F}_{n-1}} \mid \mathscr{F}_{n-1}) = X_{n-1} + \mathbb{E}\xi_n. \end{aligned}$$

d) **Produktmartingal.** Es sei $(\xi_i)_{i\in\mathbb{N}}$ eine Folge von positiven iid ZV mit $\mathbb{E}\xi_1 = 1$ und $\mathscr{F}_n = \sigma(\xi_1, \dots, \xi_n)$. Dann ist $X_n = \prod_{i=1}^n \xi_i$, $X_0 = 1$, $\mathscr{F}_0 = \{\emptyset, \Omega\}$ ein Martingal:

$$\begin{aligned} \mathbb{E}(X_n \mid \mathscr{F}_{n-1}) &= \mathbb{E}(X_{n-1} \cdot \xi_n \mid \mathscr{F}_{n-1}) \\ &\overset{\text{pull out}}{=} X_{n-1}\mathbb{E}(\underbrace{\xi_n}_{\perp\!\!\!\perp \mathscr{F}_{n-1}} \mid \mathscr{F}_{n-1}) = X_{n-1}\mathbb{E}\xi_n = X_{n-1}. \end{aligned}$$

e) **Lévysches Martingal.** Es sei $(\mathscr{F}_n)_{n\in\mathbb{N}_0}$ eine Filtration und $X \in L^1(\mathscr{A})$. Dann ist $X_n := \mathbb{E}(X \mid \mathscr{F}_n)$ ein Martingal.
Nach Definition ist X_n adaptiert und integrierbar:

$$\mathbb{E}|X_n| = \mathbb{E}|\mathbb{E}(X \mid \mathscr{F}_n)| \leqslant \mathbb{E}(\mathbb{E}(|X| \mid \mathscr{F}_n)) = \mathbb{E}|X| < \infty.$$

Wegen der tower property gilt

$$\mathbb{E}(X_{n+k} \mid \mathscr{F}_n) = \underbrace{\mathbb{E}(X \mid \mathscr{F}_{n+k} \mid \mathscr{F}_n)}_{\text{kurz für: } \mathbb{E}[\mathbb{E}(X \mid \mathscr{F}_{n+k}) \mid \mathscr{F}_n]} \overset{\text{tower}}{=} \mathbb{E}(X \mid \mathscr{F}_n) = X_n.$$

f) **Pólya-Urne.** Aus einer Urne mit anfänglich $r \in \mathbb{N}_0$ roten und $b \in \mathbb{N}_0$ blauen Kugeln ziehen wir mit Zurücklegen; außerdem fügen wir nach jeder Ziehung $a \in \mathbb{N}_0$ weitere Kugeln der jeweils gezogenen Farbe hinzu. Wir bezeichnen mit R_n bzw. B_n die Zahl der roten und blauen Kugeln in der Urne *nach Abschluss der nten Runde.*

$$Y_n := \begin{cases} 1, & \text{gezogene Kugel in Runde } n \text{ ist rot;} \\ 0, & \text{gezogene Kugel in Runde } n \text{ ist blau;} \end{cases} \qquad X_n := \frac{R_n}{R_n + B_n}.$$

Dann ist $(X_n)_{n\in\mathbb{N}_0}$ ein Martingal bezüglich $\mathscr{F}_n := \sigma(Y_1, \dots, Y_n)$, $\mathscr{F}_0 := \{\emptyset, \Omega\}$. Insbesondere gilt $\mathbb{E}X_n = \mathbb{E}X_0 = r/(r+b)$.
Zunächst machen wir uns klar, wie die ZV R_n, B_n berechnet werden: Wir legen aY_i rote und $a(1-Y_i)$ blaue Kugeln nach dem $i$ten Zug in die Urne, also gilt

$$\begin{aligned}
R_0 &= r, \quad B_0 = b,\\
R_n &= r + aY_1 + \cdots + aY_n,\\
B_n &= b + a(1-Y_1) + \cdots + a(1-Y_n),\\
R_n + B_n &= r + b + an.
\end{aligned}$$

Die Wahrscheinlichkeit, in der $(n+1)$ten Ziehung „rot" zu erhalten, hängt von allen vorangehenden Ziehungen ab:[3]

$$\mathbb{P}(Y_{n+1} = 1 \mid Y_1, \dots, Y_n) = \frac{R_n}{R_n + B_n} = \frac{R_n}{r+b+an}.$$

Offensichtlich ist $0 \leqslant X_n \leqslant 1$, d.h. X_n ist integrierbar. Weil sich X_n durch $Y_1, \dots, Y_n$ ausdrücken lässt (s.o.), ist X_n auch $\mathscr{F}_n$-messbar und es gilt

$$\begin{aligned}
&\mathbb{E}(X_{n+1} \mid Y_1, \dots, Y_n)\\
&= \mathbb{E}\left(\frac{R_{n+1}}{R_{n+1}+B_{n+1}} \,\middle|\, Y_1, \dots, Y_n\right)\\
&= \mathbb{E}\left(\frac{R_n + aY_{n+1}}{r+b+a(n+1)} \,\middle|\, Y_1, \dots, Y_n\right)\\
&= \mathbb{E}\left(\frac{R_n}{r+b+a(n+1)} \,\middle|\, Y_1, \dots, Y_n\right) + \mathbb{E}\left(\frac{aY_{n+1}}{r+b+a(n+1)} \,\middle|\, Y_1, \dots, Y_n\right)\\
&= \frac{R_n}{r+b+a(n+1)} + \frac{a}{r+b+a(n+1)} \mathbb{E}\left(Y_{n+1} \mid Y_1, \dots, Y_n\right)\\
&= \frac{R_n}{r+b+a(n+1)} + \frac{a}{r+b+a(n+1)} \mathbb{E}\left(\mathbb{1}_{\{Y_{n+1}=1\}} \mid Y_1, \dots, Y_n\right)\\
&= \frac{R_n}{r+b+a(n+1)} + \frac{a}{r+b+a(n+1)} \mathbb{P}(Y_{n+1} = 1 \mid Y_1, \dots, Y_n)\\
&= \frac{R_n}{r+b+a(n+1)} + \frac{a}{r+b+a(n+1)} \cdot \frac{R_n}{r+b+an}\\
&= \frac{(r+b+an)R_n + aR_n}{(r+b+a(n+1))(r+b+an)}\\
&= \frac{(r+b+a(n+1))R_n}{(r+b+a(n+1))(r+b+an)} = \frac{R_n}{R_n+B_n} = X_n.
\end{aligned}$$

g) **Waldsches Martingal.** Es seien $(\xi_n)_{n\in\mathbb{N}}$ iid ZV, so dass die *momentenerzeugende Funktion* $\phi(\theta) := \mathbb{E}\exp[\theta\xi_1]$ für ein $\theta \neq 0$ existiert. Dann ist

$$X_0 := 1 \quad \text{und} \quad X_n := \phi(\theta)^{-n} \exp\left[\theta S_n\right], \quad S_n := \sum_{i=1}^n \xi_i,$$

3 Vergleichen Sie folgende Aussage mit Bemerkung 2.10 und Aufg. 2.5

ein Martingal bezüglich $\mathscr{F}_n := \sigma(\xi_1, \dots, \xi_n)$. Das folgt so: Offensichtlich ist X_n adaptiert und $\mathbb{E}X_n = 1$. Weiterhin gilt

$$\begin{aligned}
\mathbb{E}(X_{n+1} \mid \mathscr{F}_n) &= \phi(\theta)^{-n-1}\mathbb{E}\left(\exp\left[\theta S_{n+1}\right] \mid \mathscr{F}_n\right) \\
&= \phi(\theta)^{-n-1}\mathbb{E}\left(\exp\left[\theta S_n\right]\exp\left[\theta \xi_{n+1}\right] \mid \mathscr{F}_n\right) \\
&\overset{\text{pull out}}{=} \phi(\theta)^{-n-1}\exp\left[\theta S_n\right]\mathbb{E}\left(\exp\left[\theta \xi_{n+1}\right] \mid \mathscr{F}_n\right) \\
&\overset{\xi_{n+1} \perp\!\!\!\perp \mathscr{F}_n}{=} \phi(\theta)^{-n-1}\exp\left[\theta S_n\right]\mathbb{E}\left(\exp\left[\theta \xi_{n+1}\right]\right) \\
&\overset{\text{iid}}{=} \phi(\theta)^{-n-1}\exp\left[\theta S_n\right]\mathbb{E}\left(\exp\left[\theta \xi_1\right]\right) \\
&= \phi(\theta)^{-n-1}\phi(\theta)\exp\left[\theta S_n\right] = X_n.
\end{aligned}$$

h) **Verzweigungsprozess.** Es seien $(N_{n,i})_{i,n\in\mathbb{N}}$ iid $\mathbb{N}_0$-wertige, integrierbare ZV. Die ZV $N_{n,i}$ ist die Nachkommenschaft eines Organismus zur Zeit n, wenn die Gesamtpopulation die Größe i hat. Es sei $\mu = \mathbb{E}N_{n,i}$. Wir stellen nun die Größe der Population als Folge von ZV $(X_n)_{n\in\mathbb{N}_0}$ dar:

$$X_0 := 1 \quad \text{und} \quad X_n := \begin{cases} N_{n,1} + \cdots + N_{n,X_{n-1}}, & \text{wenn } X_{n-1} > 0, \\ 0, & \text{wenn } X_{n-1} = 0. \end{cases}$$

Für die natürliche Filtration $\mathscr{F}_n := \sigma(X_0, \dots, X_n)$ erhalten wir

$$\begin{aligned}
\mathbb{E}(X_n \mid \mathscr{F}_{n-1}) &= \mathbb{E}\left(N_{n,1} + \cdots + N_{n,X_{n-1}} \mid \mathscr{F}_{n-1}\right) \\
&= \sum_{k=1}^{\infty} \mathbb{E}\big((N_{n,1} + \cdots + \underbrace{N_{n,X_{n-1}}}_{=N_{n,k}})\mathbb{1}_{\{X_{n-1}=k\}} \mid \mathscr{F}_{n-1}\big) \\
&\overset{\text{pull out}}{=} \sum_{k=1}^{\infty} \mathbb{1}_{\{X_{n-1}=k\}}\mathbb{E}\left((N_{n,1} + \cdots + N_{n,k}) \mid \mathscr{F}_{n-1}\right) \\
&\overset{N_{n,i} \perp\!\!\!\perp \mathscr{F}_{n-1}}{=} \sum_{k=1}^{\infty} \mathbb{1}_{\{X_{n-1}=k\}}\mathbb{E}\left(N_{n,1} + \cdots + N_{n,k}\right) \\
&\overset{\text{iid}}{=} \sum_{k=1}^{\infty} \mathbb{1}_{\{X_{n-1}=k\}} k\mu = \mu X_{n-1}.
\end{aligned}$$

Es folgt, dass $(X_n/\mu^n, \mathscr{F}_n)_{n\geqslant 0}$ ein Martingal ist.

i) **Likelihood ratios.** Sei $\mathbb{Q}$ ein weiteres W-Maß auf $(\Omega, \mathscr{A})$ und $\mathscr{F}_n = \sigma(Y_1, \dots, Y_n)$ für eine Folge von ZV $(Y_n)_{n\in\mathbb{N}}$. Wir nehmen an, dass

$$\begin{aligned}
\mathbb{P}_{Y_1,\dots,Y_n}(dy_1, \dots, dy_n) &= p_n(y_1, \dots, y_n)\, dy_1 \dots dy_n, \\
\mathbb{Q}_{Y_1,\dots,Y_n}(dy_1, \dots, dy_n) &= q_n(y_1, \dots, y_n)\, dy_1 \dots dy_n
\end{aligned}$$

gilt. Der Einfachheit halber sei $p_n > 0$. Wir definieren die *likelihood ratio*

$$X_n := \frac{q_n(Y_1, \dots, Y_n)}{p_n(Y_1, \dots, Y_n)}.$$

Dann ist X_n unter dem von $\mathbb{P}$ induzierten Erwartungswert $\mathbb{E}_{\mathbb{P}}$ ein Martingal bezüglich $\mathscr{F}_n$. Um das zu zeigen, wählen wir eine typische Erzeugermenge $F = \bigcap_{i=1}^n \{Y_i \in B_i\}$, $B_1, \dots, B_n \in \mathscr{B}(\mathbb{R})$, eines $\cap$-stabilen Erzeugers von $\mathscr{F}_n$. Es gilt

$$\begin{aligned}
&\int_F \mathbb{E}_{\mathbb{P}}(X_{n+1} \mid \mathscr{F}_n)\, d\mathbb{P} \\
&\overset{\text{Def}}{=} \int_F X_{n+1}\, d\mathbb{P} \\
&\overset{\text{Def}}{=} \int \frac{q_{n+1}(Y_1, \dots, Y_{n+1})}{p_{n+1}(Y_1, \dots, Y_{n+1})} \mathbb{1}_{B_1}(Y_1) \cdot \ldots \cdot \mathbb{1}_{B_n}(Y_n)\, d\mathbb{P} \\
&= \int \cdots \int \frac{q_{n+1}(y_1, \dots, y_{n+1})}{p_{n+1}(y_1, \dots, y_{n+1})} \mathbb{1}_{B_1}(y_1) \cdot \ldots \cdot \mathbb{1}_{B_n}(y_n) \times \\
&\qquad\qquad \times \mathbb{P}(Y_1 \in dy_1, \dots, Y_{n+1} \in dy_{n+1}) \\
&= \int \cdots \int \frac{q_{n+1}(y_1, \dots, y_{n+1})}{p_{n+1}(y_1, \dots, y_{n+1})} \mathbb{1}_{B_1}(y_1) \cdot \ldots \cdot \mathbb{1}_{B_n}(y_n)\, p_{n+1}(y_1, \dots, y_{n+1}) \times \\
&\qquad\qquad \times dy_1 \dots dy_n\, dy_{n+1} \\
&\overset{\text{Fubini}}{=} \int_{B_1} \cdots \int_{B_n} \int_{\mathbb{R}} q_{n+1}(y_1, \dots, y_n, y_{n+1})\, dy_{n+1}\, dy_n \dots dy_1 \\
&= \dots = \int_F X_n\, d\mathbb{P},
\end{aligned}$$

und es folgt $\mathbb{E}_{\mathbb{P}}(X_{n+1} \mid \mathscr{F}_n) = X_n$.

---

i Das vorangehende Beispiel hat folgende **Interpretation**: p_n, q_n sind konkurrierende W-Dichten und wir müssen auf Grund der Beobachtung $Y_1 = y_1, \dots, Y_n = y_n$ entscheiden, bezüglich welcher Dichte die ZV $(Y_n)_{n\in\mathbb{N}}$ verteilt sind. Je größer X_n ist, desto mehr favorisieren wir q_n gegenüber p_n. Die Hypothese ist, dass $\mathbb{P}$ die wahre Verteilung von $Y_1, Y_2, \dots$ ist, d.h. X_n ist ein Martingal unter $\mathbb{P}$, aber i.Allg. nicht unter $\mathbb{Q}$.

Wir kommen nun zu einigen grundlegenden Eigenschaften von Martingalen.

3.5 Satz. *Alle folgenden Aussagen gelten bezüglich derselben Filtration $(\mathscr{F}_n)_{n\in\mathbb{N}_0}$ auf dem W-Raum $(\Omega, \mathscr{A}, \mathbb{P})$.*

a) *Wenn $(X_n)_{n\in\mathbb{N}_0}$, $(Y_n)_{n\in\mathbb{N}_0}$ Martingale sind, dann ist auch $(aX_n + bY_n)_{n\in\mathbb{N}_0}$, $a, b \in \mathbb{R}$, ein Martingal.*
b) *Wenn $(X_n)_{n\in\mathbb{N}_0}$, $(Y_n)_{n\in\mathbb{N}_0}$ Submartingale [Supermartingale] sind, dann ist auch $(aX_n + bY_n)_{n\in\mathbb{N}_0}$, $a, b \geqslant 0$, ein Submartingal [Supermartingal].*
c) *Wenn $(X_n)_{n\in\mathbb{N}_0}$, $(Y_n)_{n\in\mathbb{N}_0}$ Supermartingale sind, dann ist auch $(X_n \wedge Y_n)_{n\in\mathbb{N}_0}$ ein Supermartingal.*

d) *Wenn* $(X_n)_{n\in\mathbb{N}_0}$ *ein Submartingal ist, dann ist auch* $(X_n^+)_{n\in\mathbb{N}_0}$ *ein Submartingal.*

e) *Es sei* $V : \mathbb{R} \to \mathbb{R}$ *eine konvexe Funktion. Wenn* $(X_n)_{n\in\mathbb{N}_0}$ *ein Martingal ist und* $\mathbb{E}|V(X_n)| < \infty$*, dann ist* $(V(X_n))_{n\in\mathbb{N}_0}$ *ein Submartingal.*

f) *Es sei* $V : \mathbb{R} \to \mathbb{R}$ *eine konvexe und monoton wachsende Funktion. Wenn* $(X_n)_{n\in\mathbb{N}_0}$ *ein Submartingal ist und* $\mathbb{E}|V(X_n)| < \infty$*, dann ist* $(V(X_n))_{n\in\mathbb{N}_0}$ *ein Submartingal.*

g) $(X_n)_{n\in\mathbb{N}_0}$ *ist genau dann ein Martingal, wenn* $(X_n)_{n\in\mathbb{N}_0}$ *sowohl ein Sub- als auch ein Supermartingal ist.*

h) $(X_n)_{n\in\mathbb{N}_0}$ *ist genau dann ein Submartingal, wenn* $(-X_n)_{n\in\mathbb{N}_0}$ *ein Supermartingal ist.*

Beweis. Die Aussagen von a), b), g), h) folgen unmittelbar aus der Definition eines Sub- oder Supermartingals und aus der Linearität der bedingten Erwartung.

c) Es gilt $X_n \wedge Y_n = \frac{1}{2}(X_n + Y_n - |X_n - Y_n|)$ und daraus lesen wir sofort ab, dass $X_n \wedge Y_n$ $\mathscr{F}_n$-messbar und integrierbar ist. Für $m \leqslant n$ gilt

$$\mathbb{E}(X_n \wedge Y_n \mid \mathscr{F}_m) \underset{\text{monoton}}{\overset{2.6.\text{j}}{\leqslant}} \begin{cases} \mathbb{E}(X_n \mid \mathscr{F}_m) \overset{\text{Super-MG}}{\leqslant} X_m \\ \mathbb{E}(Y_n \mid \mathscr{F}_m) \overset{\text{Super-MG}}{\leqslant} Y_m \end{cases}$$

und somit $\mathbb{E}(X_n \wedge Y_n \mid \mathscr{F}_m) \leqslant X_m \wedge Y_m$.

d) folgt mit $V(x) := x^+ = x \vee 0$ aus Teil e).

e) & f) Als konvexe Funktion ist V messbar, also gilt sogar $V(X_n) \in L^1(\mathscr{F}_n)$. Wir nehmen zunächst an, dass V monoton wächst und $(X_n)_{n\in\mathbb{N}_0}$ ein Submartingal ist. Die bedingte Jensensche Ungleichung (Satz 2.7.d) zeigt dann, dass

$$\mathbb{E}(V(X_n) \mid \mathscr{F}_m) \geqslant V(\underbrace{\mathbb{E}(X_n \mid \mathscr{F}_m)}_{\geqslant X_m}) \overset{V \text{ wachsend}}{\geqslant} V(X_m)$$

gilt. Der Martingal-Fall ist einfacher und benötigt nicht die Monotonie von V. □

Die Doob–Zerlegung

Wir wollen nun einen wichtigen Zusammenhang zwischen Martingalen und Submartingalen erklären.

3.6 Definition. Eine Folge von reellen ZV $(A_n)_{n\in\mathbb{N}}$ auf einem W-Raum $(\Omega, \mathscr{A}, \mathbb{P})$ heißt *vorhersagbar* (engl. *predictable*) bezüglich der Filtration $(\mathscr{F}_n)_{n\in\mathbb{N}_0}$, wenn jede ZV A_n messbar bezüglich $\mathscr{F}_{n-1}$ ist ($n \in \mathbb{N}$).

! Um die Sprechweise zu vereinfachen, definieren wir (wenn nötig) $\mathscr{F}_{-1} := \{\emptyset, \Omega\}$, d.h. ein vorhersagbarer Prozess $(A_n)_{n\in\mathbb{N}_0}$ muss mit einer konstanten ZV A_0 starten.

3.7 Satz (Doob-Zerlegung). *Es sei* $(X_n, \mathscr{F}_n)_{n\in\mathbb{N}_0} \subset L^1(\mathbb{P})$ *adaptiert. Dann gilt*

$$X_n = X_0 + M_n + A_n, \quad n \in \mathbb{N}_0, \tag{3.5}$$

$$(M_n)_{n\in\mathbb{N}_0} \subset L^1(\mathbb{P}),\ M_0 = 0 \quad \textit{ist ein Martingal,} \tag{3.6}$$

$$(A_n)_{n\in\mathbb{N}_0} \subset L^1(\mathbb{P}),\ A_0 = 0 \quad \textit{ist vorhersagbar.} \tag{3.7}$$

Die Darstellung (3.5) *ist bis auf* Ununterscheidbarkeit *eindeutig, d.h. für jede weitere derartige Darstellung* $X_n = X_0 + M_n' + A_n'$ *gilt*

$$\mathbb{P}(\forall n \in \mathbb{N} : M_n = M_n',\ A_n = A_n') = 1.$$

Zusatz: $(X_n)_{n\in\mathbb{N}_0}$ *ist genau dann ein Submartingal, wenn* $A_n \leqslant A_{n+1} \leqslant \cdots$ *f.s.*

Beweis. 1° Wir leiten zunächst notwendige Eigenschaften für die Familien $(M_n)_{n\in\mathbb{N}_0}$ und $(A_n)_{n\in\mathbb{N}_0}$ her, die wir dann zum Konstruktionsprinzip machen können. Angenommen, die Bedingungen (3.5)–(3.7) sind erfüllt, dann erhalten wir

$$\begin{aligned}\mathbb{E}(X_i - X_{i-1} \mid \mathscr{F}_{i-1}) &= \underbrace{\mathbb{E}(M_i - M_{i-1} \mid \mathscr{F}_{i-1})}_{=0,\ \text{da MG}} + \underbrace{\mathbb{E}(A_i - A_{i-1} \mid \mathscr{F}_{i-1})}_{=A_i - A_{i-1}\ \text{da vorhersagbar}} \\ &= A_i - A_{i-1}.\end{aligned} \tag{3.8}$$

Indem wir über i summieren, folgt

$$A_n = \sum_{i=1}^{n} \mathbb{E}(X_i - X_{i-1} \mid \mathscr{F}_{i-1}). \tag{3.9}$$

2° Nun sei $(X_n, \mathscr{F}_n)_{n\in\mathbb{N}_0}$ ein beliebiger adaptierter Prozess, und wir setzen (3.5)–(3.7) nicht voraus. Wir *definieren* jetzt A_n durch (3.9). Offensichtlich gilt dann

$$A_n \ \text{ist}\ \mathscr{F}_{n-1}\text{-messbar und}\ A_n \in L^1(\mathscr{F}_{n-1})$$

(beachte: $X \in L^1(\mathbb{P}) \implies \mathbb{E}(X \mid \mathscr{F}) \in L^1(\mathbb{P})$, vgl. Satz 2.5), d.h. (3.7) ist erfüllt.

Um auf die Darstellung (3.5) zu kommen, müssen wir

$$M_n := X_n - X_0 - A_n, \quad n \in \mathbb{N}_0, \tag{3.10}$$

setzen. Wir überprüfen (3.6). Klar ist $M_n \in L^1(\mathscr{F}_n)$ und es gilt

$$\mathbb{E}(M_n - M_{n-1} \mid \mathscr{F}_{n-1}) \overset{(3.10)}{=} \mathbb{E}(X_n - X_{n-1} \mid \mathscr{F}_{n-1}) - \underbrace{\mathbb{E}(A_n - A_{n-1} \mid \mathscr{F}_{n-1})}_{=\mathbb{E}(X_n - X_{n-1}\mid\mathscr{F}_{n-1})\ \text{wg. (3.9)}} = 0,$$

d.h. $(M_n)_{n\in\mathbb{N}_0}$ ist ein Martingal.

3° In Schritt 1° haben wir gesehen, dass (3.9) eine notwendige Bedingung ist, daher wird durch (3.10) $(M_n)_{n\in\mathbb{N}_0}$ eindeutig definiert: es sei $X_n = X_0 + A_n' + M_n'$ eine weitere Zerlegung, für die $(M_n')_{n\in\mathbb{N}_0}$ ein Martingal und $(A_n')_{n\in\mathbb{N}_0}$ vorhersagbar ist; dann gilt

$$\forall n \in \mathbb{N} : \mathbb{P}\left(M_n \neq M_n'\right) = \mathbb{P}\left(A_n \neq A_n'\right) = 0$$

$$\implies \mathbb{P}\left(\forall n \in \mathbb{N} : M_n = M_n',\ A_n = A_n'\right) = \mathbb{P}\left[\bigcap_{n\in\mathbb{N}} \{M_n = M_n'\} \cap \{A_n = A_n'\}\right] = 1.$$

4° Der **Zusatz** folgt unmittelbar aus (3.8), wonach

$$(X_n)_{n\in\mathbb{N}_0} \quad \text{Submartingal} \iff \forall n \in \mathbb{N} : A_n - A_{n-1} \geqslant 0 \text{ f.s.} \qquad \square$$

Die Doob-Zerlegung „in stetiger Zeit," d.h. für die Indexmenge $T = [0, \infty)$, heißt *Doob–Meyer-Zerlegung*; diese ist zentral für die stochastische Integration. Der Beweis ist, verglichen mit dem Beweis von Satz 3.7, allerdings relativ aufwendig, vgl. [BM, Appendix A.6]. **i**

Der Kompensator

Wir wollen noch einen besonders wichtigen Fall der Doob–Zerlegung studieren. Es sei $X = (X_n, \mathscr{F}_n)_{n\in\mathbb{N}_0}$ ein Martingal, so dass $X_n \in L^2(\mathbb{P})$ für alle $n \in \mathbb{N}_0$ gilt. Wegen 3.5.e ist $(X_n^2, \mathscr{F}_n)_{n\in\mathbb{N}_0}$ ein Submartingal, und die Doob-Zerlegung (Satz 3.7) zeigt, dass

$$X_n^2 = X_0^2 + M_n + A_n, \quad M \text{ Martingal}, \quad A \text{ vorhersagbar, wachsend.}$$

3.8 Definition. Ein Martingal $X = (X_n, \mathscr{F}_n)_{n\in\mathbb{N}_0}$ mit der Eigenschaft, dass $X_n \in L^2(\mathbb{P})$ für alle $n \in \mathbb{N}_0$ gilt, heißt *quadrat-integrierbar* oder *L^2-Martingal.*

Der eindeutig bestimmte vorhersagbare, wachsende Prozess, der in der Doob-Zerlegung des Submartingals $(X_n^2)_{n\in\mathbb{N}_0}$ auftritt, heißt *Kompensator* (engl. *angle bracket*) des Martingals X. Der Kompensator wird mit $\langle X\rangle = (\langle X\rangle_n)_{n\in\mathbb{N}_0}$ bezeichnet.

Der Kompensator $\langle X\rangle$ eines quadrat-integrierbaren Martingals X macht $X^2 - \langle X\rangle$ zu einem Martingal, „kompensiert" also den Defekt, dass X^2 kein Martingal ist. **!**

Manche Autoren nennen den Kompensator auch *vorhersagbare quadratische Variation* (engl. *predictable quadratic Variation*).

Wir fassen einige nützliche Eigenschaften des Kompensators zusammen.

3.9 Lemma. *Es sei $X = (X_n, \mathscr{F}_n)_{n\in\mathbb{N}_0}$ ein L^2-Martingal. Für den Kompensator $\langle X\rangle$ von X und alle $m < n$, $m, n \in \mathbb{N}_0$ gilt*

$$\mathbb{E}\left[(X_n - X_m)^2 \,\middle|\, \mathscr{F}_m\right] = \mathbb{E}\left[(X_n^2 - X_m^2) \,\middle|\, \mathscr{F}_m\right] = \mathbb{E}\left[\langle X\rangle_n - \langle X\rangle_m \,\middle|\, \mathscr{F}_m\right]. \tag{3.11}$$

Insbesondere erhalten wir für $m = n - 1$

$$\mathbb{E}\left[(X_n - X_{n-1})^2 \,\middle|\, \mathscr{F}_{n-1}\right] = \mathbb{E}\left[(X_n^2 - X_{n-1}^2) \,\middle|\, \mathscr{F}_{n-1}\right] = \langle X\rangle_n - \langle X\rangle_{n-1}. \tag{3.12}$$

Außerdem gilt

$$\langle X\rangle_n = \sum_{i=1}^n \mathbb{E}\left((X_i - X_{i-1})^2 \,\middle|\, \mathscr{F}_{i-1}\right) = \sum_{i=1}^n \mathbb{E}\left(X_i^2 - X_{i-1}^2 \,\middle|\, \mathscr{F}_{i-1}\right). \tag{3.13}$$

Beweis. Es genügt, die Gleichheit (3.11) zu zeigen.

$$\begin{aligned}\mathbb{E}\left[(X_n - X_m)^2 \,\middle|\, \mathscr{F}_m\right] &= \mathbb{E}\left[X_n^2 - 2X_nX_m + X_m^2 \,\middle|\, \mathscr{F}_m\right] \\ &\overset{\text{pull}}{\underset{\text{out}}{=}} \mathbb{E}\left[X_n^2 \,\middle|\, \mathscr{F}_m\right] - 2X_m \underbrace{\mathbb{E}\left[X_n \mid \mathscr{F}_m\right]}_{=X_m \text{ da MG}} + X_m^2 \qquad (3.14) \\ &= \mathbb{E}\left[X_n^2 \,\middle|\, \mathscr{F}_m\right] - X_m^2 = \mathbb{E}\left[X_n^2 - X_m^2 \,\middle|\, \mathscr{F}_m\right].\end{aligned}$$

Da $(X_n^2 - \langle X\rangle_n)_{n\in\mathbb{N}_0}$ ein Martingal ist, folgt

$$\mathbb{E}\left[X_n^2 - \langle X\rangle_n \,\middle|\, \mathscr{F}_m\right] = X_m^2 - \langle X\rangle_m,$$

was wir zu

$$\mathbb{E}\left[X_n^2 - X_m^2 \,\middle|\, \mathscr{F}_m\right] = \mathbb{E}\left[\langle X\rangle_n \mid \mathscr{F}_m\right] - \langle X\rangle_m = \mathbb{E}\left[\langle X\rangle_n - \langle X\rangle_m \mid \mathscr{F}_m\right]$$

umstellen können. Weil $\langle X\rangle$ vorhersagbar ist, ist für $m = n-1$ die ZV $\langle X\rangle_n - \langle X\rangle_{n-1}$ messbar bezüglich $\mathscr{F}_{n-1}$, und wir erhalten (3.12). Die Formel (3.13) ergibt sich durch Summation aus (3.12). □

Die Martingaltransformation

Wir kommen nun zu einem diskreten Analogon des stochastischen Integrals. Wie vorher verwenden wir die Kurzbezeichnungen $M = (M_n)_{n\in\mathbb{N}_0}$, $\langle M\rangle = (\langle M\rangle_n)_{n\in\mathbb{N}_0}$ usw., und wir betrachten alle Prozesse bezüglich derselben Filtration $(\mathscr{F}_n)_{n\in\mathbb{N}_0}$.

3.10 Definition. Es sei $(M_n, \mathscr{F}_n)_{n\in\mathbb{N}_0}$ ein Submartingal und $(C_n)_{n\in\mathbb{N}}$ ein vorhersagbarer Prozess. Dann heißt der durch

$$C \bullet M_0 := 0, \qquad C \bullet M_n := \sum_{i=1}^{n} C_i(M_i - M_{i-1}), \qquad n \in \mathbb{N}, \tag{3.15}$$

definierte Prozess $C \bullet M$ *Martingaltransformation.*

---

i Die Definition von $C \bullet M_n$ erinnert an eine Riemann- oder Riemann-Stieltjes Summe mit dem Integranden C und dem Integrator M.

In der Einleitung, Kapitel 1, sind wir der Martingaltransformation bereits im Zusammenhang mit dem Vermögen eines Spielers begegnet: $R_n = R_0 + e \bullet M_n$ war das Vermögen des Spielers nach dem $n$ten Spiel, wobei die iid ZV $(\xi_n)_{n\in\mathbb{N}}$ und $M_n = \xi_1 + \cdots + \xi_n$ das Auszahlungsprofil des Spiels darstellen und $C_n = e_n(R_0, \xi_1, \ldots, \xi_{n-1})$ der Einsatz im $n$ten Spiel ist.

Der folgende Satz besagt insbesondere, dass man den grundsätzlichen Charakter eines Spiels nicht durch den Einsatz einer (vorhersagbaren) Strategie ändern kann.

3.11 Satz. *Es sei $M = (M_n, \mathscr{F}_n)_{n\in\mathbb{N}_0}$ adaptiert, $C = (C_n)_{n\in\mathbb{N}}$ vorhersagbar und für alle $n \in \mathbb{N}$ gelte $C_n(M_n - M_{n-1}) \in L^1$.*

a) *Wenn M ein Martingal ist, dann ist auch $C \bullet M = (C \bullet M_n)_{n\in\mathbb{N}_0}$ ein Martingal.*
b) *Wenn M ein Submartingal und $C_n \geqslant 0$ ist, dann ist auch $C \bullet M = (C \bullet M_n)_{n\in\mathbb{N}_0}$ ein Submartingal.*

Die Voraussetzung $C_n(M_n - M_{n-1}) \in L^1$ ist typischerweise erfüllt, wenn $|C_n| \leqslant K$ und $M_n \in L^1$ oder $C_n, M_n \in L^2$ für alle $n \in \mathbb{N}_0$ gilt. **!**

Beweis von Satz 3.11. Wir zeigen nur die Aussage b), Teil a) folgt analog. Nach Voraussetzung ist $C \bullet M_n$ integrierbar und für $n \in \mathbb{N}$ gilt

$$\begin{aligned}
\mathbb{E}(C \bullet M_n \mid \mathscr{F}_{n-1}) &= \mathbb{E}\left(\sum_{i=1}^{n} C_i(M_i - M_{i-1}) \,\middle|\, \mathscr{F}_{n-1}\right) \\
&= \underbrace{\sum_{i=1}^{n-1} C_i(M_i - M_{i-1})}_{\mathscr{F}_{n-1}\text{-mb}} + \mathbb{E}\big(\underbrace{C_n}_{\mathscr{F}_{n-1}\text{-mb, da vorhersagbar}}(M_n - M_{n-1}) \mid \mathscr{F}_{n-1}\big) \\
&\overset{\text{pull out}}{=} \sum_{i=1}^{n-1} C_i(M_i - M_{i-1}) + C_n \underbrace{\mathbb{E}((M_n - M_{n-1}) \mid \mathscr{F}_{n-1})}_{=\mathbb{E}(M_n \mid \mathscr{F}_{n-1}) - M_{n-1} \geqslant 0 \text{ da Sub-MG}} \\
&\overset{C_i \geqslant 0}{\geqslant} \sum_{i=1}^{n-1} C_i(M_i - M_{i-1}) = C \bullet M_{n-1};
\end{aligned}$$

wenn $n = 1$ ist, dann bedeutet $\sum_{i=1}^{0}$ die „leere Summe", d.h. die Summation entfällt in diesem Fall. Das zeigt, dass $C \bullet M$ ein Submartingal ist. □

Wir werden nun die Martingaltransformation als Operator auf der Familie der quadratintegrierbaren Martingale (bezüglich derselben Filtration) betrachten.

3.12 Satz (Eigenschaften der Martingaltransformation). *Es seien $M = (M_n, \mathscr{F}_n)_{n\in\mathbb{N}_0}$ ein L^2-Martingal, $C = (C_n)_{n\in\mathbb{N}} \subset L^\infty$ vorhersagbar, und $\langle M\rangle = (\langle M\rangle_n)_{n\in\mathbb{N}_0}$ der Kompensator von M, vgl. Definition 3.8.*

a) $C\bullet : \mathcal{M}^2 \to \mathcal{M}^2$ ($\mathcal{M}^2$ sind alle L^2-Martingale bzgl. der Filtration $(\mathscr{F}_n)_{n\in\mathbb{N}_0}$);
b) *$M \mapsto C \bullet M$ und $C \mapsto C \bullet M$ sind lineare Abbildungen;*
c) $\langle C \bullet M\rangle_n = C^2 \bullet \langle M\rangle_n := \sum_{i=1}^{n} C_i^2(\langle M\rangle_i - \langle M\rangle_{i-1})$;
d) *$C\bullet$ ist eine L^2-Isometrie, d.h.:* $\mathbb{E}\left[(C \bullet M_n)^2\right] = \mathbb{E}\left[C^2 \bullet \langle M\rangle_n\right]$;
e) $\mathbb{E}\left[(C \bullet M_n - C \bullet M_m)^2 \mid \mathscr{F}_m\right] = \mathbb{E}\left(\langle C \bullet M\rangle_n - \langle C \bullet M\rangle_m \mid \mathscr{F}_m\right)$ *für alle $m \leqslant n$.*

Beweis. a) Nach Voraussetzung gilt $\sup_{n\in\mathbb{N}} |C_n| \leqslant K$ fast sicher, d.h. $C_n(M_n - M_{n-1})$ ist in L^2 und damit auch in L^1. Insbesondere folgt $C \bullet M_n \in L^2$. Aus Satz 3.11.a wissen wir, dass $C \bullet M$ ein Martingal ist.

b) Folgt sofort aus der Definition der Martingaltransformation.

c) Mit Hilfe von Lemma 3.9 erhalten wir für das Martingal $X = C \bullet M$

$$\begin{aligned}
\langle C \bullet M\rangle_n &\overset{(3.13)}{=} \sum_{i=1}^n \mathbb{E}\left((C \bullet M_i - C \bullet M_{i-1})^2 \mid \mathscr{F}_{i-1}\right)\\
&= \sum_{i=1}^n \mathbb{E}\left(C_i^2(M_i - M_{i-1})^2 \mid \mathscr{F}_{i-1}\right)\\
&\overset{\text{pull out}}{=} \sum_{i=1}^n C_i^2 \mathbb{E}\left((M_i - M_{i-1})^2 \mid \mathscr{F}_{i-1}\right)\\
&\overset{(3.12)}{=} \sum_{i=1}^n C_i^2\left(\langle M\rangle_i - \langle M\rangle_{i-1}\right)\\
&= C^2 \bullet \langle M\rangle_n .
\end{aligned}$$

d) Weil $(C \bullet M)^2 - \langle C \bullet M\rangle$ ein Martingal mit $(C \bullet M)_0^2 - \langle C \bullet M\rangle_0 = 0$ ist, folgt aus c)

$$\mathbb{E}[(C \bullet M_n)^2] \overset{\text{MG}}{=} \mathbb{E}[\langle C \bullet M\rangle_n] \overset{\text{c)}}{=} \mathbb{E}[C^2 \bullet \langle M\rangle_n], \qquad n \in \mathbb{N}.$$

e) entspricht (3.11) für das Martingal $X = C \bullet M$. □

Wir beenden dieses Kapitel mit einer Charakterisierung der Martingaltransformation. Für zwei L^2-Martingale $M = (M_n, \mathscr{F}_n)_{n\in\mathbb{N}_0}$ und $N = (N_n, \mathscr{F}_n)_{n\in\mathbb{N}_0}$ ist der Ausdruck

$$\langle M, N\rangle_n := \frac{1}{4}(\langle M + N\rangle_n - \langle M - N\rangle_n) \tag{3.16}$$

wohldefiniert und es gilt, dass

$$M_nN_n - \langle M, N\rangle_n \quad \text{ein } \mathscr{F}_n\text{-Martingal ist.} \tag{3.17}$$

Das folgt [✍] aus der „Polarisationsformel" $4ab = (a + b)^2 - (a - b)^2$ und der Tatsache, dass für zwei L^2-Martingale (bzw. derselben Filtration) M, N auch $M \pm N$ ein L^2-Martingal ist. Offensichtlich ist $\langle M, M\rangle = \langle M\rangle$.

3.13 Lemma. *Es seien $M = (M_n, \mathscr{F}_n)_{n\in\mathbb{N}_0}$, $N = (N_n, \mathscr{F}_n)_{n\in\mathbb{N}_0}$ L^2-Martingale und $(C_n)_{n\in\mathbb{N}} \subset L^\infty$ ein f.s. beschränkter vorhersagbarer Prozess. Dann gilt*

$$\langle C \bullet M, N\rangle_n = C \bullet \langle M, N\rangle_n := \sum_{i=1}^n C_i(\langle M, N\rangle_i - \langle M, N\rangle_{i-1}). \tag{3.18}$$

Beweis. Weil M, N L^2-Martingale sind, haben wir für $i = 1, \dots, n$

$$\mathbb{E}(M_{i-1}N_i \mid \mathscr{F}_{i-1}) \underset{\text{out}}{\overset{\text{pull}}{=}} M_{i-1}\mathbb{E}(N_i \mid \mathscr{F}_{i-1}) = M_{i-1}N_{i-1} = \dots = \mathbb{E}(M_iN_{i-1} \mid \mathscr{F}_{i-1}),$$

und damit erhalten wir

$$\begin{aligned}
\langle M, N\rangle_i - \langle M, N\rangle_{i-1} &\overset{(3.17)}{=} \mathbb{E}\left(M_iN_i - M_{i-1}N_{i-1} \mid \mathscr{F}_{i-1}\right)\\
&= \mathbb{E}\left(M_iN_i - M_{i-1}N_i - M_iN_{i-1} + M_{i-1}N_{i-1} \mid \mathscr{F}_{i-1}\right)\\
&= \mathbb{E}\left((M_i - M_{i-1})(N_i - N_{i-1}) \mid \mathscr{F}_{i-1}\right)
\end{aligned}$$

(vergleichen Sie diese Rechnung mit der Zeile (3.14) im Beweis von Lemma 3.9). Wenn wir nun M durch $C \bullet M$ ersetzen, ergibt sich

$$\begin{aligned}\langle C \bullet M, N\rangle_i - \langle C \bullet M, N\rangle_{i-1} &= \mathbb{E}\left((C \bullet M_i - C \bullet M_{i-1})(N_i - N_{i-1}) \mid \mathscr{F}_{i-1}\right) \\ &= \mathbb{E}\left(C_i(M_i - M_{i-1})(N_i - N_{i-1}) \mid \mathscr{F}_{i-1}\right) \\ &\overset{\text{pull}}{\underset{\text{out}}{=}} C_i \mathbb{E}\left((M_i - M_{i-1})(N_i - N_{i-1}) \mid \mathscr{F}_{i-1}\right) \\ &\overset{\text{oben}}{=} C_i\left(\langle M, N\rangle_i - \langle M, N\rangle_{i-1}\right).\end{aligned}$$

Indem wir über $i = 1, \dots, n$ summieren, erhalten wir (3.18). □

Wir kommen nun zur angekündigten Charakterisierung der Martingaltransformation.

3.14 Korollar. *Es seien $(M_n, \mathscr{F}_n)_{n\in\mathbb{N}_0}$ ein L^2-Martingal und $(C_n)_{n\in\mathbb{N}} \subset L^\infty$ vorhersagbar. Dann ist $I = C \bullet M$ das einzige L^2-Martingal, das folgender Beziehung genügt:*

$$\langle I, N\rangle = C \bullet \langle M, N\rangle \quad \textit{für alle } L^2\textit{-Martingale } (N_n, \mathscr{F}_n)_{n\in\mathbb{N}_0}. \tag{3.19}$$

Beweis. Für $I = C \bullet M$ folgt (3.19) aus Lemma 3.13.

Umgekehrt gelte (3.19). Weil $C \bullet M$ auch (3.19) erfüllt, gilt

$$\langle I - C \bullet M, N\rangle = 0 \quad \text{für alle } L^2\text{-Martingale } (N_n, \mathscr{F}_n)_{n\in\mathbb{N}_0}.$$

Wenn wir $N = I - C \bullet M$ wählen, folgt

$$\langle I - C \bullet M\rangle = 0 \implies \forall n : \mathbb{E}[(I_n - C \bullet M_n)^2] = \mathbb{E}[\langle I - C \bullet M\rangle_n] = 0,$$

also $I_n = C \bullet M_n$ f.s. für alle $n \in \mathbb{N}_0$, somit $I = C \bullet M$ f.s. □

Aufgaben

1. Es sei $\phi(\theta) = \mathbb{E}\, e^{\theta X}$ die momentenerzeugende Funktion einer reellen ZV X. Geben Sie Bedingungen für deren Existenz an und erklären Sie, warum diese Funktion „momentenerzeugend“ genannt wird. Bestimmen Sie die momentenerzeugende Funktion einer normalverteilten ZV.
2. Es sei $X_1 \sim \mathsf{U}[0,1]$ eine uniform auf $[0,1]$ verteilte ZV. Wir definieren eine Folge von ZV durch
$$\text{wenn } X_1 = x_1, \dots, X_{n-1} = x_{n-1}, \text{ dann ist } X_n \sim \mathsf{U}[0, x_{n-1}].$$
Zeigen Sie, dass $(X_n)_{n\in\mathbb{N}}$ ein Supermartingal bezüglich der Filtration $\sigma(X_1, X_2, \dots, X_n)$ ist.
3. Es seien $(\xi_n)_{n\in\mathbb{N}}$ unabhängige ZV mit $\mathbb{E}\xi_n = 0$ und $\mathbb{V}\xi_n = \sigma_n^2$. Dann ist $M_n := X_n^2 - \mathbb{V}X_n$, $X_n := \xi_1 + \dots + \xi_n$, $X_0 = 0$, ein Martingal bezüglich $\mathscr{F}_n := \sigma(X_0, \xi_1, \dots, \xi_n)$.
4. Es seien ξ_n, $n \in \mathbb{N}$, iid ZV mit $\mathbb{P}(\xi_n = 1) = p > 0$ und $\mathbb{P}(\xi_n = -1) = q$. Dann sind für $X_n := \xi_1 + \dots + \xi_n$, $X_0 = 0$,
$$M_n := X_n - n(p-q), \quad N_n := \left(\frac{q}{p}\right)^{X_n}, \quad \text{Martingale bezüglich } \mathscr{F}_n := \sigma(\xi_1, \dots, \xi_n).$$

5. Zeigen Sie, dass für einen adaptierten Prozess $(X_n, \mathscr{F}_n)_{n\in\mathbb{N}} \subset L^1$ gilt:

$$\forall n \in \mathbb{N} : \mathbb{E}(X_n \mid \mathscr{F}_{n-1}) = X_{n-1} \iff \forall k, n \in \mathbb{N},\ k < n : \mathbb{E}(X_n \mid \mathscr{F}_k) = X_k$$

Formulieren und beweisen Sie die analoge Aussage für Sub- und Supermartingale.

6. Es sei $(X_n, \mathscr{F}_n)_{n\in\mathbb{N}_0}$ ein Supermartingal, so dass $\mathbb{E}X_n \equiv \text{const}$. Zeigen Sie, dass $(X_n)_{n\in\mathbb{N}_0}$ ein Martingal ist.

7. Es seien M ein L^2-Martingal und C, D vorhersagbare und beschränkte Prozesse. Zeigen Sie, dass

$$D \bullet (C \bullet M) = (DC) \bullet M.$$

8. Es seien $(X_n, \mathscr{F}_n)_{n\in\mathbb{N}_0}$ und $(Y_n, \mathscr{F}_n)_{n\in\mathbb{N}_0}$ zwei L^2-Martingale. Zeigen Sie:
   (a) $\mathbb{E}(X_m Y_n \mid \mathscr{F}_m) = X_m Y_m$ fast sicher für alle $m \leqslant n$;
   (b) $\mathbb{E}(X_n Y_n) - \mathbb{E}(X_0 Y_0) = \sum_{i=1}^n \mathbb{E}((X_i - X_{i-1})(Y_i - Y_{i-1}))$;
   (c) $\mathbb{V}(X_n) = \mathbb{V}(X_0) + \sum_{i=1}^n \mathbb{V}(X_i - X_{i-1})$;
   (d) die ZV $X_0, X_1 - X_0, X_2 - X_1, \dots, X_i - X_{i-1}$ sind paarweise orthogonal;
   (e) $X_n Y_n - \langle X, Y\rangle_n$ ist ein Martingal.

9. Es sei $(\mathscr{F}_n)_{n\in\mathbb{N}}$ eine Filtration und $F_n \in \mathscr{F}_n$ eine Folge von Mengen. Bestimmen Sie die Doob-Zerlegung der Folge $X_n := \sum_{i=1}^n \mathbb{1}_{F_i}$.

10. Es seien $(X_n)_{n\in\mathbb{N}}$ iid ZV mit $\mathbb{P}(X = 1) = p$ und $\mathbb{P}(X = -1) = q := 1 - p$. Wir definieren

$$S_0 = a, \quad S_n = a + \sum_{i=1}^n X_{i-1}X_i \quad \text{und} \quad \mathscr{F}_n := \sigma(S_0, \dots, S_n).$$

   (a) Zeigen Sie, dass $\mathbb{P}(S_n > S_{n-1}) > \frac{1}{2}$ gilt, wenn $p \neq q$.
   (b) Bestimmen Sie die bedingte Erwartung $\mathbb{E}(S_n \mid \mathscr{F}_{n-1})$ sowie $\mathbb{E}S_n$.
   (c) Bestimmen Sie die bedingte Erwartung $\mathbb{E}(x^{S_n} \mid \mathscr{F}_{n-1})$ für ein $x > 0$. Zeigen Sie, dass $(x^{S_n}/y^n)_{n\in\mathbb{N}_0}$, $y := x + 1/x$, ein positives Supermartingal ist und bestimmen Sie den Grenzwert dieser Folge für $n \to \infty$.
   (d) Zeigen Sie, dass S in der Form $S = M + A$ für ein L^2-Martingal M und einen vorhersagbaren Prozess A geschrieben werden kann und bestimmen Sie den Kompensator von M.

11. Es sei $X = (X_n, \mathscr{F}_n)_{n\in\mathbb{N}_0}$ ein Supermartingal und $X_n \sim X_0$ für alle $n \in \mathbb{N}$.
   (a) Zeigen Sie, dass X ein Martingal ist.
   (b) Es sei $a \in \mathbb{R}$. Zeigen Sie, dass $(X_n \wedge a)_{n\in\mathbb{N}}$ und $(X_n \vee a)_{n\in\mathbb{N}}$ Martingale sind.
   (c) Zeigen Sie mit Hilfe von (b), dass $X_n(\omega) \geqslant a$ für $\mathbb{P}$-fast alle $\omega \in \{X_m \geqslant a\}$ und $m < n$.
   (d) Folgern Sie aus (c), dass $X_n = X_0$ f.s.

12. Es seien $(\xi_n)_{n\in\mathbb{N}}$ iid ZV mit $\xi_1 \sim p\delta_1 + (1-p)\delta_0$ und $\mathscr{F}_n = \sigma(\xi_1, \dots, \xi_n)$. Zeigen Sie, dass ein adaptierter Prozess $(M_n)_{n\in\mathbb{N}} \subset L^1$ genau dann ein Martingal ist, wenn eine Konstante $m \in \mathbb{R}$ und ein vorhersagbarer Prozess C existieren, so dass $M_n = m + \sum_{i=1}^n C_i(\xi_i - p)$ gilt.

13. Finden Sie einen Prozess $(X_n)_{n\in\mathbb{N}}$, der kein Martingal bzgl. der natürlichen Filtration ist, aber $\mathbb{E}(X_{n+1} \mid X_n) = X_n$ für alle $n \geqslant 1$ erfüllt.

4 Stoppen und Lokalisieren

In diesem Kapitel sei $(\mathscr{F}_n)_{n\in\mathbb{N}_0}$ eine fest gegebene Filtration im W-Raum $(\Omega, \mathscr{A}, \mathbb{P})$. Wir wollen nun eine Familie von ZV an einem *zufälligen Indexwert* auswerten, z.B. wenn man ein Spiel beenden will, sobald der Gesamtgewinn $(X_n)_{n\in\mathbb{N}_0}$ eine bestimmte Schwelle x erreicht hat:

$$T(\omega) = \inf\{i \,:\, X_i(\omega) \geqslant x\}, \quad \inf\emptyset := \infty.$$

4.1 Definition. Es sei $(\mathscr{F}_n)_{n\in\mathbb{N}_0}$ eine Filtration. Eine ZV $T : \Omega \to \mathbb{N}_0 \cup \{\infty\}$ heißt *Stoppzeit* (auch: *Optionszeit, Markovzeit*), wenn $\{T \leqslant n\} \in \mathscr{F}_n$ für alle $n \in \mathbb{N}_0$ gilt.

4.2 Bemerkung.

a) T ist Stoppzeit $\iff \forall n \,:\, \{T = n\} \in \mathscr{F}_n$.
Die Richtung „⇒“ folgt aus $\{T = n\} = \underbrace{\{T \leqslant n\}}_{\in\mathscr{F}_n} \setminus \underbrace{\{T \leqslant n-1\}}_{\in\mathscr{F}_{n-1}\subset\mathscr{F}_n} \in \mathscr{F}_n$.
„⇐“: Umgekehrt gilt $\{T \leqslant n\} = \bigcup_{i=0}^n \underbrace{\{T = i\}}_{\in\mathscr{F}_i\subset\mathscr{F}_n} \in \mathscr{F}_n$.

b) $T \equiv k$ ist Stoppzeit.
Das folgt aus der Tatsache, dass $\{T = n\} = \left\{\begin{matrix} \emptyset, & k \neq n \\ \Omega, & k = n \end{matrix}\right\} \in \mathscr{F}_n$.

c) S, T Stoppzeiten $\implies S \wedge T, S \vee T$ und $S + T$ sind Stoppzeiten.
Es gilt nämlich $\{S\wedge T \leqslant n\} = \{S \leqslant n\} \cup \{T \leqslant n\} \in \mathscr{F}_n$. Das Maximum $S \vee T$ behandelt man analog. Für die Summe gilt

$$\{S + T = n\} = \bigcup_{i=0}^n \underbrace{\{S = i\}}_{\in\mathscr{F}_i} \cap \underbrace{\{T = n - i\}}_{\in\mathscr{F}_{n-i}} \in \mathscr{F}_n$$

und die Behauptung folgt wegen Teil a).

d) $(T_i)_{i\in\mathbb{N}}$ Stoppzeiten $\implies \inf_{i\in\mathbb{N}} T_i, \ \sup_{i\in\mathbb{N}} T_i$ sind Stoppzeiten, vgl. Aufg. 4.4.

4.3 Definition. Es sei $(X_n, \mathscr{F}_n)_{n\in\mathbb{N}_0}$ adaptiert und T eine Stoppzeit. Dann setzen wir

$$X_T(\omega) := X_{T(\omega)}(\omega) \quad \forall\omega \in \{T < \infty\}; \tag{4.1}$$

$$X_n^T(\omega) := X_{n\wedge T(\omega)}(\omega) \tag{4.2}$$

$$= X_T(\omega)\, \underbrace{\mathbb{1}_{[0,n]}(T(\omega))}_{=\mathbb{1}_{\{T\leqslant n\}}(\omega)} + X_n(\omega)\, \underbrace{\mathbb{1}_{(n,\infty)}(T(\omega))}_{=\mathbb{1}_{\{T>n\}}(\omega)} \tag{4.3}$$

Wir verwenden die Schreibweise $X^T := (X_n^T)_{n\in\mathbb{N}_0}$ für den gestoppten Prozess.

4.4 Satz (Doob; optional sampling). *Es seien $(X_n, \mathscr{F}_n)_{n\in\mathbb{N}_0}$ ein Submartingal und T eine Stoppzeit. Dann ist der gestoppte Prozess $(X_n^T, \mathscr{F}_n)_{n\in\mathbb{N}_0}$ wieder ein Submartingal. Insbesondere gilt $\mathbb{E}X_{n\wedge T} \geqslant \mathbb{E}X_0$.*

Beweis 1. kombinieren Sie Aufg. 4.4 und Satz 3.11.b, vgl. auch Aufg. 4.13. □

https://doi.org/10.1515/9783110350685-004

Beweis 2. Zunächst zeigen wir $X_{n\wedge T} \in L^1$. Dazu beachten wir

$$X_{n\wedge T} = \sum_{i=0}^{n-1} X_i \mathbb{1}_{\{T=i\}} + X_n \underbrace{\mathbb{1}_{\{T\geqslant n\}}}_{\{T\geqslant n\}=\{T\leqslant n-1\}^c \in \mathscr{F}_{n-1}} \tag{4.4}$$

woraus sich die $\mathscr{F}_n$-Messbarkeit von $X_{n\wedge T}$ ablesen lässt, sowie

$$\mathbb{E}|X_{n\wedge T}| \leqslant \mathbb{E}|X_1| + \mathbb{E}|X_2| + \cdots + \mathbb{E}|X_n| < \infty.$$

Nunmehr können wir die Submartingaleigenschaft zeigen:

$$\begin{aligned}
\mathbb{E}(X_n^T \mid \mathscr{F}_{n-1}) &= \mathbb{E}(X_{n\wedge T} \mid \mathscr{F}_{n-1}) \\
&= \mathbb{E}\Big(\underbrace{\sum_{i=0}^{n-1} X_i \mathbb{1}_{\{T=i\}}}_{\mathscr{F}_{n-1}\text{-messbar}} + X_n \underbrace{\mathbb{1}_{\{T\geqslant n\}}}_{\mathscr{F}_{n-1}\text{-mb: } \{T\geqslant n\}=\{T\leqslant n-1\}^c} \,\Big|\, \mathscr{F}_{n-1} \Big) \\
&= \sum_{i=0}^{n-1} X_i \mathbb{1}_{\{T=i\}} + \mathbb{1}_{\{T\geqslant n\}} \underbrace{\mathbb{E}(X_n \mid \mathscr{F}_{n-1})}_{\geqslant X_{n-1}} \\
&\overset{(4.4)}{\geqslant} X_{(n-1)\wedge T}.
\end{aligned}$$

Der Zusatz folgt aus $\mathbb{E}(X_{n\wedge T} \mid \mathscr{F}_0) \geqslant X_{0\wedge T} = X_0$ und durch Integration dieser Ungleichung. □

Aus Satz 4.4 ergibt sich sofort folgender Spezialfall für Martingale.

4.5 Korollar. *Es seien $(X_n, \mathscr{F}_n)_{n\in\mathbb{N}_0}$ ein Martingal und T eine Stoppzeit. Dann ist der gestoppte Prozess $(X_n^T, \mathscr{F}_n)_{n\in\mathbb{N}_0}$ wieder ein Martingal und es gilt $\mathbb{E}X_{n\wedge T} = \mathbb{E}X_0$.*

4.6 Beispiel. Es seien $(\xi_i)_{i\in\mathbb{N}}$ iid ZV mit $\xi_i \sim \frac{1}{2}(\delta_{-1}+\delta_1)$ und $X_n := \xi_1 + \cdots + \xi_n$, $X_0 = 0$. Weiter sei $T := \inf\{n \geqslant 0 : X_n = 1\}$ der Zeitpunkt, an dem X_n zum ersten Mal die Position 1 erreicht. Dann ist T eine Stoppzeit und es gilt $\mathbb{P}(T < \infty) = 1$.

Offensichtlich gilt $\mathbb{P}(T = 0) = 0$. Dass T eine Stoppzeit ist, folgt aus

$$\{T \leqslant n\} = \bigcup_{i=1}^{n} \{T = i\} = \bigcup_{i=1}^{n} \underbrace{\{X_1 \leqslant 0, \dots, X_{i-1} \leqslant 0, X_i = 1\}}_{\in \mathscr{F}_i \subset \mathscr{F}_n} \in \mathscr{F}_n.$$

Für die zweite Behauptung verwenden wir Martingalargumente. Aus Beispiel 3.4.c und 3.4.g wissen wir, dass $(X_n)_{n\in\mathbb{N}_0}$ und

$$M_0 := 1 \quad \text{und} \quad M_n := \frac{\exp[\theta X_n]}{(\mathbb{E}\exp[\theta\xi_1])^n}, \qquad n \in \mathbb{N},$$

Martingale bezüglich der natürlichen Filtration von $(X_n)_{n\in\mathbb{N}_0}$ sind. Wir rechnen direkt nach, dass $\phi(\theta) = \mathbb{E}\exp[\theta\xi_1] = \frac{1}{2}(e^\theta + e^{-\theta}) = \cosh\theta$ gilt. Wegen Korollar 4.5 ist dann auch

$$M_n^T = \frac{\exp[\theta X_{n\wedge T}]}{(\mathbb{E}\exp[\theta\xi_1])^{n\wedge T}}, \qquad n \in \mathbb{N},$$

ein Martingal. Aufgrund der Definition von T gilt

$$0 \leqslant \frac{\exp[\theta X_{n\wedge T}]}{\cosh^{n\wedge T}\theta} \leqslant \exp[\theta X_{n\wedge T}] \leqslant e^{\theta}, \quad \theta > 0.$$

Auf der Menge $\{T < \infty\}$ ist $X_T = 1$, mithin

$$\lim_{n\to\infty} \frac{\exp[\theta X_{n\wedge T}]}{\cosh^{n\wedge T}\theta} = \begin{cases} \frac{\exp[\theta X_T]}{\cosh^T\theta} = \frac{e^\theta}{\cosh^T\theta}, & \text{wenn } T < \infty, \\ 0, & \text{wenn } T = \infty. \end{cases}$$

Weil Martingale konstante Erwartungswerte haben, erhalten wir mit dominierter Konvergenz

$$1 = \lim_{n\to\infty} \mathbb{E}\frac{\exp[\theta X_{n\wedge T}]}{\cosh^{n\wedge T}\theta} = e^\theta \mathbb{E}\left[\frac{\mathbb{1}_{\{T<\infty\}}}{\cosh^T\theta}\right] \leqslant e^\theta \mathbb{E}\mathbb{1}_{\{T<\infty\}},$$

und der Grenzwert $\theta \to 0$ zeigt dann $\mathbb{P}(T < \infty) = 1$. Dieses Beispiel wird in Beispiel 11.10 fortgeführt.

Zwar gilt für Martingale $\mathbb{E}X_{n\wedge T} = \mathbb{E}X_0$ für alle $n \in \mathbb{N}$, aber im Grenzwert haben wir i.Allg. $\mathbb{E}X_T \neq \mathbb{E}X_0$. ↯

Das klassische Gegenbeispiel ist das erste Erreichen der Position 1 durch eine einfache Irrfahrt: Es seien $X_n = \xi_1 + \cdots + \xi_n$, $X_0 = 0$ und $T = \inf\{n : X_n = 1\}$ wie in Beispiel 4.6. Dann wissen wir aus Korollar 4.5, dass $\mathbb{E}X_{n\wedge T} = \mathbb{E}X_0 = 0$ gilt. Andererseits ist wegen $\mathbb{P}(T < \infty) = 1$ der Ausdruck $X_T = X_T\mathbb{1}_{\{T<\infty\}}$ wohldefiniert, und es gilt $\mathbb{E}X_T = \mathbb{E}1 = 1 \neq \mathbb{E}X_0$.

Wann wir trotzdem $\mathbb{E}X_T = \mathbb{E}X_0$ haben, zeigt der folgende Satz.

4.7 Satz. *Es sei $(X_n, \mathscr{F}_n)_{n\in\mathbb{N}_0}$ ein [Sub-]Martingal und T eine Stoppzeit mit $T < \infty$ f.s. Dann gilt $X_T \in L^1$ und $\mathbb{E}X_T = \mathbb{E}X_0$ [bzw. $\mathbb{E}X_T \geqslant \mathbb{E}X_0$] in jedem der folgenden Fälle:*

a) *T ist beschränkt, d.h. $\exists N \in \mathbb{N} : \mathbb{P}(T \leqslant N) = 1$;*
b) *X ist beschränkt, d.h. $\exists K > 0 : \mathbb{P}(\sup_{n\in\mathbb{N}_0} |X_n| \leqslant K) = 1$;*
c) *$\mathbb{E}T < \infty$ und $\exists K > 0 : \mathbb{P}(\sup_{n\in\mathbb{N}} |X_n - X_{n-1}| \leqslant K) = 1$;*
d) *(♦) $\mathbb{E}T < \infty$ und $\exists K > 0 : \sup_{n\in\mathbb{N}} \mathbb{E}(|X_n - X_{n-1}| \mid \mathscr{F}_{n-1}) \leqslant K$.*

Beweis. Wir zeigen die Aussagen für Submartingale. Aus (dem Beweis von) Satz 4.4 wissen wir, dass $X_{n\wedge T} \in L^1$ und $\mathbb{E}X_{n\wedge T} \geqslant \mathbb{E}X_0$ gilt.

a) In diesem Fall folgt die Behauptung, indem wir $n \geqslant N$ wählen.

b) Weil $|X_{n\wedge T}| \leqslant K$ und $\lim_{n\to\infty} X_{n\wedge T} = X_T$ f.s. gelten, erhalten wir mit dem Satz von der dominierten Konvergenz $L^1\text{-}\lim_{n\to\infty} X_{n\wedge T} = X_T$. Insbesondere ist $X_T \in L^1$ und

$$EX_T = \lim_{n\to\infty} \underbrace{\mathbb{E}X_{n\wedge T}}_{\geqslant \mathbb{E}X_0} \geqslant \mathbb{E}X_0.$$

c) Weil die Zuwächse f.s. durch K beschränkt sind, gilt

$$|X_{n\wedge T} - X_0| = \left|\sum_{i=1}^{n\wedge T}(X_i - X_{i-1})\right| \leqslant \sum_{i=1}^{T} |X_i - X_{i-1}| \leqslant T\cdot K \in L^1.$$

Ähnlich wie im Teil b) erhalten wir nun mit dominierter Konvergenz

$$|X_{n\wedge T} - X_0| \xrightarrow[n\to\infty]{L^1} |X_T - X_0|$$

und insbesondere

$$X_T \in L^1 \quad \text{und} \quad \mathbb{E}X_T = \lim_{n\to\infty} \mathbb{E}X_{n\wedge T} \geqslant \mathbb{E}X_0.$$

d) Ähnlich wie im vorangehenden Teil sehen wir

$$|X_{n\wedge T} - X_0| \leqslant \sum_{i=1}^{n\wedge T} |X_i - X_{i-1}| = \sum_{i=1}^{n} \mathbb{1}_{\{T\geqslant i\}}|X_i - X_{i-1}|.$$

Weil $\{T \geqslant i\} = \{T \leqslant i-1\}^c \in \mathscr{F}_{i-1}$, erhalten wir mit der tower property und einem pull out Argument

$$\begin{aligned}\mathbb{E}|X_{n\wedge T} - X_0| &\leqslant \sum_{i=1}^{n} \mathbb{E}\left(\mathbb{1}_{\{T\geqslant i\}}|X_i - X_{i-1}|\right)\\ &= \sum_{i=1}^{n} \mathbb{E}\left(\mathbb{1}_{\{T\geqslant i\}}\mathbb{E}\left(|X_i - X_{i-1}| \mid \mathscr{F}_{i-1}\right)\right)\\ &\leqslant \sum_{i=1}^{n} K\mathbb{P}(T \geqslant i) \leqslant K\mathbb{E}T.\end{aligned}$$

In der letzten Abschätzung verwenden wir die Gleichheit $\mathbb{E}T = \sum_{i=1}^{\infty} \mathbb{P}(T \geqslant i)$. Mit Fatous Lemma folgt dann

$$\mathbb{E}|X_T - X_0| = \mathbb{E}\left(\liminf_{n\to\infty} |X_{n\wedge T} - X_0|\right) \leqslant \liminf_{n\to\infty} \mathbb{E}|X_{n\wedge T} - X_0| \leqslant K\mathbb{E}T,$$

also $X_T \in L^1$. Mit einer ganz ähnlichen Rechnung erhalten wir noch

$$\mathbb{E}|X_{n\wedge T} - X_T| \leqslant K \sum_{i=n+1}^{\infty} \mathbb{P}(T \geqslant i) \xrightarrow[n\to\infty]{} 0,$$

woraus dann die Behauptung wie im Beweis von Teil c) folgt. □

Gestoppte Prozesse sind sehr wichtige Objekte und wir wollen diese weiter untersuchen. Dazu benötigen wir den Begriff der zu einer Stoppzeit T assoziierten σ-Algebra. Wir erinnern noch an unsere Konvention, dass $\mathscr{F}_\infty = \sigma\left(\bigcup_{n=0}^{\infty} \mathscr{F}_n\right)$.

4.8 Definition. Es sei T eine Stoppzeit bezüglich der Filtration $(\mathscr{F}_n)_{n\in\mathbb{N}_0}$. Dann ist die *zu T assoziierte σ-Algebra* definiert als

$$\mathscr{F}_T = \{A \in \mathscr{F}_\infty \,:\, A \cap \{T \leqslant n\} \in \mathscr{F}_n \ \forall n \in \mathbb{N}_0\}. \tag{4.5}$$

4.9 Bemerkung. a) $\mathscr{F}_T$ ist eine σ-Algebra [✍]. Auch wenn die Notation nicht danach aussieht, ist $\mathscr{F}_T$ ein deterministisches (d.h. nicht von ω abhängendes) Mengensystem.

b) Für zwei Stoppzeiten $S \leqslant T$ gilt $\mathscr{F}_S \subset \mathscr{F}_T$.
Denn: Für beliebige $F \in \mathscr{F}_S$ und festes $i \in \mathbb{N}_0$ ist

$$F \cap \{T \leqslant i\} = F \cap \{S \leqslant T\} \cap \{T \leqslant i\} = \underbrace{F \cap \{S \leqslant i\}}_{\in \mathscr{F}_i} \cap \underbrace{\{T \leqslant i\}}_{\in \mathscr{F}_i} \in \mathscr{F}_i,$$

also $F \in \mathscr{F}_T$.

c) $\{S < T\}, \{S \leqslant T\}, \{S = T\} \in \mathscr{F}_S \cap \mathscr{F}_T$, vgl. Aufg. 4.9.

d) $\mathscr{F}_S \cap \mathscr{F}_T = \mathscr{F}_{S \wedge T}$.
Denn: Wegen $S \wedge T \leqslant S, T$ folgt aus Teil b) $\mathscr{F}_{S\wedge T} \subset \mathscr{F}_S \cap \mathscr{F}_T$.
Umgekehrt gilt für beliebiges $F \in \mathscr{F}_S \cap \mathscr{F}_T$ und alle $i \in \mathbb{N}_0$

$$\begin{aligned} F \cap \{S \wedge T \leqslant i\} &= F \cap \Big(\{S \leqslant i\} \cup \{T \leqslant i\}\Big) \\ &= \underbrace{\Big(F \cap \{S \leqslant i\}\Big)}_{\in \mathscr{F}_i} \cup \underbrace{\Big(F \cap \{T \leqslant i\}\Big)}_{\in \mathscr{F}_i} \in \mathscr{F}_i, \end{aligned}$$

also $F \in \mathscr{F}_{S\wedge T}$.

e) Es sei $(X_n)_{n\in\mathbb{N}_0}$ adaptiert. Dann ist $X_T \mathbb{1}_{\{T<\infty\}}$ messbar bezüglich $\mathscr{F}_T$. Das folgt aus

$$\{X_T \in B\} \cap \{T \leqslant n\} = \bigcup_{i=0}^{n} \{X_T \in B\} \cap \{T = i\} = \bigcup_{i=0}^{n} \underbrace{\{X_i \in B\}}_{\in \mathscr{F}_i \subset \mathscr{F}_n} \cap \underbrace{\{T = i\}}_{\in \mathscr{F}_i \subset \mathscr{F}_n} \in \mathscr{F}_n.$$

Wir kommen nun zu einer weitgehenden Verallgemeinerung von Satz 4.4. Eine mögliche Lesart ist, dass für ein [Sub-]Martingal und zwei beschränkte Stoppzeiten $S \leqslant T$ der Prozess $(X_i, \mathscr{F}_i)_{i\in\{S,T\}}$ wiederum ein [Sub-]Martingal ist.

4.10 Satz (Doob; optional stopping). *Es sei $(X_n, \mathscr{F}_n)_{n\in\mathbb{N}_0} \subset L^1$ adaptiert. Dann sind folgende Aussagen äquivalent:*
a) *$(X_n)_{n\in\mathbb{N}_0}$ ist ein Submartingal;*
b) *$\mathbb{E}X_S \leqslant \mathbb{E}X_T$ für alle f.s. beschränkten Stoppzeiten $S \leqslant T$;*
c) *$\int_F X_S \, d\mathbb{P} \leqslant \int_F X_T \, d\mathbb{P}$, $F \in \mathscr{F}_S$, für alle f.s. beschränkten Stoppzeiten $S \leqslant T$;*
d) *$X_S \leqslant \mathbb{E}(X_T \mid \mathscr{F}_S)$ für alle f.s. beschränkten Stoppzeiten $S \leqslant T$.*
Zusatz. *Wenn $(X_n)_{n\in\mathbb{N}_0}$ ein Martingal ist, gelten* b)–d) *mit „=."*

Beweis. Für eine f.s. beschränkte Stoppzeit T gibt es ein $N \in \mathbb{N}$, so dass $\mathbb{P}(T \leqslant N) = 1$ oder $\mathbb{P}(T > N) = 0$. Damit gilt aber

$$\underbrace{\mathbb{E}|X_T| = \sum_{i=0}^{N} \mathbb{E}(|X_i| \mathbb{1}_{\{T=i\}})}_{\text{denn } \mathbb{P}(T>N)=0} \leqslant \sum_{i=0}^{N} \mathbb{E}|X_i| < \infty.$$

Entsprechend zeigt man $\mathbb{E}|X_S| < \infty$.

a)⇒b): Auf Grund der Doob–Zerlegung für Submartingale (Satz 3.7) wissen wir

$$X_T - X_S = M_T + A_T - M_S - A_S \geqslant M_T - M_S,$$

wobei wir $A_T \geqslant A_S$ verwenden. Mithin ist

$$\mathbb{E}(X_T - X_S) \geqslant \mathbb{E}(M_T - M_S) = \mathbb{E}M_T - \mathbb{E}M_S \overset{4.7}{=} \mathbb{E}M_0 - \mathbb{E}M_0 = 0.$$

b)⇒c): Es sei $F \in \mathscr{F}_S \subset \mathscr{F}_T$ beliebig gewählt. Wir definieren $\rho := S\mathbb{1}_F + T\mathbb{1}_{F^c}$. Weil

$$\{\rho \leqslant i\} = \{\rho \leqslant i\} \cap (F \cup F^c) = \underbrace{(F \cap \{S \leqslant i\})}_{\in \mathscr{F}_i} \cup \underbrace{(F^c \cap \{T \leqslant i\})}_{\in \mathscr{F}_i} \in \mathscr{F}_i$$

für alle $i \in \mathbb{N}_0$ gilt, ist ρ eine Stoppzeit. Wegen $\rho \leqslant T\mathbb{1}_F + T\mathbb{1}_{F^c} = T$ haben wir

$$\mathbb{E}X_\rho = \mathbb{E}(X_S\mathbb{1}_F + X_T\mathbb{1}_{F^c}) \overset{\text{b}}{\leqslant} \mathbb{E}X_T,$$

und eine einfache Umformung zeigt wegen $\mathbb{1}_F = 1 - \mathbb{1}_{F^c}$

$$\mathbb{E}(X_S\mathbb{1}_F) \leqslant \mathbb{E}(X_T\mathbb{1}_F);$$

damit ist c) gezeigt.

c)⇒d): Das ist gerade die Definition der bedingten Erwartung, Definition 2.1.

d)⇒a): Betrachte die deterministischen Stoppzeiten $S \equiv n - 1$ und $T \equiv n$.

Der Zusatz folgt aus der Bemerkung, dass für ein Martingal $(X_n)_{n\in\mathbb{N}_0}$ sowohl $(X_n)_{n\in\mathbb{N}_0}$ also auch $(-X_n)_{n\in\mathbb{N}_0}$ Submartingale sind. □

Im Zusammenhang mit gleichgradig integrierbaren Martingalen werden wir in Kapitel 7, Satz 7.11, eine Verschärfung von Satz 4.10 kennenlernen.

♦Lokale Martingale

In Satz 3.12 haben wir die Martingaltransformation $C \bullet M$ eines L^2-Martingals M und eines *beschränkten* vorhersagbaren Prozesses C betrachtet. Oft können wir die Beschränktheit durch Stoppen erreichen, z.B. ist C_i^T bzw. $C_i\mathbb{1}_{[0,T]}(i)$ für die Stoppzeit $T := \inf\{n \in \mathbb{N}_0 : |C_{n+1}| > R\}$ beschränkt [✍]. Weil einerseits

$$(C \bullet M)_n^T = \sum_{i=1}^{n\wedge T} C_i(M_i - M_{i-1}) = \sum_{i=1}^{n} C_i(M_i - M_{i-1})\mathbb{1}_{\{i\leqslant T\}} = \sum_{i=1}^{n} C_i\mathbb{1}_{[0,T]}(i)(M_i - M_{i-1})$$

und andererseits

$$(C \bullet M)_n^T = \sum_{i=1}^{n\wedge T} C_i(M_i - M_{i-1}) = \sum_{i=1}^{n} C_i(M_i - M_{i-1})\mathbb{1}_{\{i\leqslant T\}} = \sum_{i=1}^{n} C_i(M_i^T - M_{i-1}^T)$$

gilt [✍], haben wir

$$(C \bullet M)^T = (C\mathbb{1}_{[0,T]}) \bullet M = C \bullet (M^T).$$

Weil $D_i := C_i\mathbb{1}_{[0,T]}(i)$ ein beschränkter vorhersagbarer Prozess ist, ist der gestoppte Prozess $(C \bullet M)^T$ ein L^2-Martingal, aber $C \bullet M$ muss selbst kein Martingal mehr sein. Diese Überlegung legt folgende Verallgemeinerung des Martingalbegriffs nahe.

4.11 Definition. Ein adaptierter Prozess $(X_n, \mathscr{F}_n)_{n\in\mathbb{N}_0}$ heißt *lokales Martingal*, wenn es eine aufsteigende Folge von Stoppzeiten $(T_k)_{k\in\mathbb{N}}$, $\lim_{k\to\infty} T_k = \infty$ f.s. gibt, so dass $X^{T_k}\mathbb{1}_{\{T_k>0\}} := (X_n^{T_k}\mathbb{1}_{\{T_k>0\}}, \mathscr{F}_n)_{n\in\mathbb{N}_0}$ für jedes $k \in \mathbb{N}$ ein Martingal ist.

Die Folge $(T_k)_{k\in\mathbb{N}}$ heißt *lokalisierende Folge* oder *Fundamentalfolge*.

4.12 Bemerkung. In Definition 4.11 wird der Prozess X^{T_k} nur deshalb mit $\mathbb{1}_{\{T_k>0\}}$ multipliziert, um die Integrabilitätsforderungen an X_0 abzuschwächen. Es gilt nämlich

$$X_0 \in L^1,\ X \text{ ist ein lokales MG} \iff X^{T_k} \text{ ist für alle } k \in \mathbb{N} \text{ ein MG.} \tag{4.6}$$

„$\Leftarrow$": Wenn X^{T_k} ein Martingal ist, dann ist insbesondere $X_0 = X_{0\wedge T_k}$ integrierbar. Weiter gilt für $F \in \mathscr{F}_n$

$$\begin{aligned}\int_F X_{(n+1)\wedge T_k}\mathbb{1}_{\{T_k>0\}}\,d\mathbb{P} &= \int_F X_{(n+1)\wedge T_k}\,d\mathbb{P} - \int_F X_{(n+1)\wedge T_k}\mathbb{1}_{\{T_k=0\}}\,d\mathbb{P}\\ &\overset{\text{MG}}{=} \int_F X_{n\wedge T_k}\,d\mathbb{P} - \int_F X_0\mathbb{1}_{\{T_k=0\}}\,d\mathbb{P}\\ &= \cdots = \int_F X_{n\wedge T_k}\mathbb{1}_{\{T_k>0\}}\,d\mathbb{P}\end{aligned}$$

was beweist, dass $X^{T_k}\mathbb{1}_{\{T_k>0\}}$ ein Martingal ist; also ist X ein lokales Martingal. Die Umkehrung „$\Rightarrow$" folgt mit fast derselben Rechnung.

4.13 Beispiel. a) Jedes Martingal $(X_n, \mathscr{F}_n)_{n\in\mathbb{N}}$ ist auch ein lokales Martingal. Das folgt aus Korollar 4.5 für die lokalisierende Folge $T_k \equiv k \in \mathbb{N}$.

b) Es gibt lokale Martingale, die keine Martingale sind.
Um das zu sehen, betrachten wir iid ZV $(\xi_i)_{i\in\mathbb{N}}$ mit $\mathbb{P}(\xi_1 = \pm 1) = \frac{1}{2}$ und das Martingal $X_0 := 0$, $X_n := \xi_1 + \cdots + \xi_n$ bezüglich der natürlichen Filtration $\mathscr{F}_n := \sigma(X_0, \dots, X_n)$. Weiterhin sei $(C_n)_{n\in\mathbb{N}}$, $C_n \geqslant 0$, ein vorhersagbarer Prozess, der nicht integrierbar ist, also $\mathbb{E}C_n = \infty$. Dann sind die Zufallszeiten

$$T_k := \inf\{n \in \mathbb{N} : C_1 + \cdots + C_{n+1} > k\}$$

Stoppzeiten [✍], und es gilt $T_k \uparrow \infty$ für $k \to \infty$. Für die Martingaltransformation $C \bullet X$ haben wir

$$(C\bullet X)_n^{T_k} = \sum_{i=1}^{n\wedge T_k} C_i\xi_i = \sum_{i=1}^{n} C_i\mathbb{1}_{[0,T_k]}(i)\xi_i = (C\mathbb{1}_{[0,T_k]})\bullet X_n.$$

Auf Grund der Definition der Stoppzeit T_k ist $C_i\mathbb{1}_{[0,T_k]}$ durch k beschränkt, d.h. $(C\bullet X)^{T_k}$ ist ein Martingal, vgl. Satz 3.12.
Andererseits gilt $C\bullet X_n - C\bullet X_{n-1} = C_n\xi_n$ und $\mathbb{E}|C_n\xi_n| = \mathbb{E}C_n = \infty$, d.h. $C\bullet X$ kann kein Martingal sein, da der Prozess nicht integrierbar ist. Zusammen mit Bemerkung 4.12 folgt, dass $C\bullet X$ ein lokales Martingal ist, das kein Martingal ist.

Der nächste Satz zeigt, dass das Gegenbeispiel 4.13.b typisch ist.

4.14 Satz. *Es sei $X = (X_n, \mathscr{F}_n)_{n\in\mathbb{N}_0}$ ein lokales Martingal mit $X_0 \in L^1$. X ist genau dann ein Martingal, wenn*

$$\forall n \in \mathbb{N}_0 \ : \ \mathbb{E}X_n^+ < \infty \quad \textit{oder} \quad \forall n \in \mathbb{N}_0 \ : \ \mathbb{E}X_n^- < \infty. \tag{4.7}$$

Beweis. In Beispiel 4.13.a haben wir gesehen, dass jedes Martingal X auch ein lokales Martingal ist. Für Martingale ist die Integrierbarkeitseigenschaft (4.7) trivial.

Umgekehrt seien X ein lokales Martingal und $(T_k)_{k\in\mathbb{N}}$ eine lokalisierende Folge. Weil auch $-X$ ein lokales Martingal ist, können wir o.E. annehmen, dass die Bedingung $\mathbb{E}X_n^- < \infty$, $n \in \mathbb{N}_0$, erfüllt ist.

Wegen $X_0 \in L^1$ ist X^{T_k} ein Martingal, vgl. Bemerkung 4.12, und es gilt

$$\begin{aligned}\mathbb{E}X_{n\wedge T_k}^+ = \mathbb{E}X_{n\wedge T_k} + \mathbb{E}X_{n\wedge T_k}^- &\overset{\text{MG}}{=} \mathbb{E}X_0 + \mathbb{E}\left(\sum_{i=0}^{n-1} X_i^- \mathbb{1}_{\{T_k=i\}} + X_n^- \mathbb{1}_{\{T_k\geqslant n\}}\right)\\ &\leqslant \mathbb{E}X_0 + \sum_{i=0}^{n} \mathbb{E}X_i^- .\end{aligned}$$

Mit Hilfe des Lemmas von Fatou erhalten wir

$$\mathbb{E}X_n^+ = \mathbb{E}\Big(\liminf_{k\to\infty} X_{n\wedge T_k}^+\Big) \leqslant \liminf_{k\to\infty} \mathbb{E}(X_{n\wedge T_k}^+) \leqslant \mathbb{E}X_0 + \sum_{i=0}^{n} \mathbb{E}X_i^-,$$

woraus sich $X_n \in L^1$ für alle $n \in \mathbb{N}$ ergibt.

Die Martingaleigenschaft folgt nun so: Einerseits gilt $\lim_{k\to\infty} X_n^{T_k} = X_n$ f.s., andererseits ist die Folge wegen

$$|X_n^{T_k}| = |X_{n\wedge T_k}| = \left|\sum_{i=0}^{n-1} X_i \mathbb{1}_{\{T_k=i\}} + X_n \mathbb{1}_{\{T_k\geqslant n\}}\right| \leqslant \sum_{i=0}^{n} |X_i| \in L^1$$

gleichmäßig in k durch eine integrierbare Majorante beschränkt. Mit dem Satz von der dominierten Konvergenz sehen wir, dass der Grenzwert $L^1\text{-}\lim_{k\to\infty} X_n^{T_k} = X_n$ existiert. Auf Grund der Stetigkeit der bedingten Erwartung, Satz 2.5, folgt

$$X_n = \lim_{k\to\infty} X_n^{T_k} = \lim_{k\to\infty} \mathbb{E}\left(X_{n+1}^{T_k} \mid \mathscr{F}_n\right) = \mathbb{E}\Big(\lim_{k\to\infty} X_{n+1}^{T_k} \;\Big|\; \mathscr{F}_n\Big) = \mathbb{E}(X_{n+1} \mid \mathscr{F}_n). \qquad \square$$

4.15 Bemerkung. Wir können die Bedingung (4.7) in Satz 4.14 durch die folgende Forderung ersetzen

$$\exists m \in \mathbb{N} \quad \forall n \geqslant m \ : \ \mathbb{E}X_n^+ < \infty \quad \text{oder} \quad \exists m \in \mathbb{N} \quad \forall n \geqslant m \ : \ \mathbb{E}X_n^- < \infty. \tag{4.8}$$

Offensichtlich folgt (4.8) aus (4.7). Umgekehrt gelte z.B. die erste Bedingung von (4.8). Wir wählen eine lokalisierende Folge $(T_k)_{k\in\mathbb{N}}$ und beachten, dass $(X^{T_k})^+$ ein Submartingal ist (Satz 3.5.f). Weil $\{T_k \geqslant m\} = \{T_k \leqslant m-1\}^c \in \mathscr{F}_{m-1}$ gilt, folgt

$$\begin{aligned}\mathbb{E}(X_{m-1}^+ \mathbb{1}_{\{T_k\geqslant m\}}) = \mathbb{E}(X_{(m-1)\wedge T_k}^+ \mathbb{1}_{\{T_k\geqslant m\}}) &\overset{\text{Sub-MG}}{\leqslant} \mathbb{E}(X_{m\wedge T_k}^+ \mathbb{1}_{\{T_k\geqslant m\}})\\ &= \mathbb{E}(X_m^+ \mathbb{1}_{\{T_k\geqslant m\}}) \leqslant \mathbb{E}X_m^+.\end{aligned}$$

Fatous Lemma zeigt nun

$$\mathbb{E}(X_{m-1}^+) = \mathbb{E}\Big(\liminf_{k\to\infty} X_{m-1}^+ \mathbb{1}_{\{T_k\geqslant m\}}\Big) \leqslant \liminf_{k\to\infty} \mathbb{E}(X_{m-1}^+ \mathbb{1}_{\{T_k\geqslant m\}}) \leqslant \mathbb{E}X_m^+,$$

und durch Iteration erhalten wir, dass $X_1^+, X_2^+, \dots, X_{m-1}^+ \in L^1$, d.h. die erste Bedingung aus (4.7) ist erfüllt.

Wir stellen nun einige technische Eigenschaften von lokalen Martingalen zusammen.

4.16 Satz. *Es seien X, Y lokale Martingale und T eine Stoppzeit. Dann gilt*

a) *$X + Y$ ist ein lokales Martingal.*

b) *Wenn $(R_k)_{k\in\mathbb{N}}$ und $(S_k)_{k\in\mathbb{N}}$ lokalisierende Folgen für X sind, dann sind auch die Folgen $T_k := R_k \wedge S_k$ und $U_k := R_k \vee S_k$ lokalisierend.*

c) *X^T und $X^T \mathbb{1}_{\{T>0\}}$ sind lokale Martingale.*

d) *Wenn $(T_m)_{m\in\mathbb{N}}$ eine Folge von Stoppzeiten mit $T_m \uparrow \infty$ f.s. ist, und wenn Z ein adaptierter Prozess ist, so dass $Z^{T_m}\mathbb{1}_{\{T_m>0\}}$ für jedes m ein lokales Martingal ist, dann ist Z ein lokales Martingal.*

Beweis. a) Wir wählen lokalisierende Folgen $(R_k)_{k\in\mathbb{N}}$ und $(S_k)_{k\in\mathbb{N}}$ für X bzw. Y und definieren $T_k := R_k \wedge S_k$. Offensichtlich gilt $T_k \uparrow \infty$ f.s. und es gilt

$$\begin{aligned}(X+Y)_n^{T_k}\mathbb{1}_{\{T_k>0\}} &= (X_{n\wedge S_k}^{R_k}\mathbb{1}_{\{R_k>0\}})\mathbb{1}_{\{S_k>0\}} + (Y_{n\wedge R_k}^{S_k}\mathbb{1}_{\{S_k>0\}})\mathbb{1}_{\{R_k>0\}}\\ &= (X^{R_k}\mathbb{1}_{\{R_k>0\}})_n^{S_k}\mathbb{1}_{\{S_k>0\}} + (Y^{S_k}\mathbb{1}_{\{S_k>0\}})_n^{R_k}\mathbb{1}_{\{R_k>0\}}.\end{aligned}$$

Nach Voraussetzung ist $X^{R_k}\mathbb{1}_{\{R_k>0\}}$ ein Martingal und gemäß Satz 4.4 sind dann auch $(X^{R_k}\mathbb{1}_{\{R_k>0\}})^{S_k}$ und, vgl. Bemerkung 4.12, $(X^{R_k}\mathbb{1}_{\{R_k>0\}})^{S_k}\mathbb{1}_{\{S_k>0\}}$ Martingale. Den Summanden $(Y^{S_k}\mathbb{1}_{\{S_k>0\}})^{R_k}\mathbb{1}_{\{R_k>0\}}$ behandelt man analog, und es folgt, dass $X + Y$ ein lokales Martingal ist.

b) Die Aussage für T_k folgt aus Teil a), wenn wir $X = Y$ wählen. Nach Voraussetzung ist

$$|X_0|\mathbb{1}_{\{U_k>0\}} \leqslant |X_0|\mathbb{1}_{\{R_k>0\}} + |X_0|\mathbb{1}_{\{S_k>0\}} \in L^1.$$

Wir betrachten nun $M_n := X_n - X_0$ und beachten $M^{R_k\vee S_k} = M^{R_k} + M^{S_k} - M^{R_k\wedge S_k}$. Die drei Terme auf der rechten Seite sind Martingale (vgl. Bemerkung 4.12) und daher ist

$$X^{R_k\vee S_k}\mathbb{1}_{\{R_k\vee S_k>0\}} = M^{R_k\vee S_k} + X_0\mathbb{1}_{\{R_k\vee S_k>0\}}$$

ein Martingal. Weil $U_k = R_k \vee S_k \uparrow \infty$, ist die Folge U_k lokalisierend.

c) Weil $(X^T)^{T_k}\mathbb{1}_{\{T_k>0\}} = (X^{T_k}\mathbb{1}_{\{T_k>0\}})^T$ und $(X^T\mathbb{1}_{\{T>0\}})^{T_k}\mathbb{1}_{\{T_k>0\}} = (X^{T_k}\mathbb{1}_{\{T_k>0\}})^T\mathbb{1}_{\{T>0\}}$ gilt, folgt die Behauptung unmittelbar aus Satz 4.4.

d) Nach Voraussetzung ist für jedes $m \in \mathbb{N}$ der gestoppte Prozess $M^m := Z^{T_m}\mathbb{1}_{\{T_m>0\}}$ ein lokales Martingal. Wir schreiben $(U_{m,k})_{k\in\mathbb{N}}$ für eine lokalisierende Folge. Weil $\lim_{k\to\infty} U_{m,k} = \infty$ f.s. gilt, gibt es eine Teilfolge mit

$$\mathbb{P}(U_{m,k(m)} < T_m \wedge m) < 2^{-m}, \qquad m \in \mathbb{N}.$$

Damit gilt $\lim_{m\to\infty} U_{m,k(m)} = \infty$ f.s. und $R_m := \max_{i\leqslant m}(U_{i,k(i)} \wedge T_i)$ ist eine lokalisierende Folge für Z: Weil $R_m \uparrow \infty$ f.s. und weil für jedes $i \leqslant m$ nach Konstruktion $Z^{U_{i,k(i)}\wedge T_i}\mathbb{1}_{\{U_{i,k(i)}\wedge T_i>0\}} = (Z^{T_i}\mathbb{1}_{\{T_i>0\}})^{U_{i,k(i)}}\mathbb{1}_{\{U_{i,k(i)}>0\}}$ ein Martingal ist, folgt mit Hilfe von Teil b), dass $Z^{R_m}\mathbb{1}_{\{R_m>0\}}$ ein Martingal ist. Das zeigt, dass Z ein lokales Martingal ist.

□

4.17 Satz. *Jedes positive lokale Martingal $X = (X_n)_{n\in\mathbb{N}_0}$ mit $X_0 \in L^1$ ist ein Supermartingal.*

Beweis. Es sei $(T_k)_{k\in\mathbb{N}}$ eine lokalisierende Folge. Weil $X^{T_k}\mathbb{1}_{\{T_k>0\}}$ ein Martingal ist, wissen wir

$$X_n^{T_k}\mathbb{1}_{\{T_k>0\}} = \mathbb{E}(X_{n+1}^{T_k}\mathbb{1}_{\{T_k>0\}} \mid \mathscr{F}_n), \qquad n \in \mathbb{N}_0.$$

Insbesondere gilt auf Grund der Positivität von X

$$\begin{aligned}\mathbb{E}|X_n| = \mathbb{E}X_n = \mathbb{E}\Big(\liminf_{k\to\infty} X_n^{T_k}\mathbb{1}_{\{T_k>0\}}\Big) &\overset{\text{Fatou}}{\leqslant} \liminf_{k\to\infty}\mathbb{E}(X_n^{T_k}\mathbb{1}_{\{T_k>0\}})\\ &\overset{\text{MG}}{=} \liminf_{k\to\infty}\mathbb{E}(X_0\mathbb{1}_{\{T_k>0\}}) \leqslant \mathbb{E}X_0,\end{aligned}$$

d.h. es gilt $(X_n)_{n\in\mathbb{N}_0} \subset L^1$. Wenn wir nun die bedingte Version von Fatous Lemma (Satz 2.7.b) verwenden, erhalten wir

$$\begin{aligned}X_n = \liminf_{k\to\infty} X_n^{T_k}\mathbb{1}_{\{T_k>0\}} &\overset{\text{MG}}{=} \liminf_{k\to\infty}\mathbb{E}(X_{n+1}^{T_k}\mathbb{1}_{\{T_k>0\}} \mid \mathscr{F}_n)\\ &\overset{\text{Fatou}}{\geqslant} \mathbb{E}\Big(\liminf_{k\to\infty} X_{n+1}^{T_k}\mathbb{1}_{\{T_k>0\}} \,\Big|\, \mathscr{F}_n\Big) = \mathbb{E}(X_{n+1} \mid \mathscr{F}_n).\end{aligned}$$

□

♦Verallgemeinerte Martingale

Die Konstruktion der bedingten Erwartung in Kapitel 2, insbesondere Satz 2.5, lässt sich auf positive, nicht notwendig integrierbare ZV erweitern, vgl. Aufg. 4.16. Wenn $\mathbb{E}(X^\pm \mid \mathscr{F}) < \infty$ f.s. für eine nicht-integrierbare ZV X gilt, kann man den Ausdruck $\mathbb{E}(X \mid \mathscr{F}) := \mathbb{E}(X^+ \mid \mathscr{F}) - \mathbb{E}(X^- \mid \mathscr{F})$ in $\mathbb{R}$ definieren. Die folgende Definition ist in diesem Sinne zu verstehen.

4.18 Definition. Ein adaptierter Prozess $(X_n, \mathscr{F}_n)_{n\in\mathbb{N}_0}$ heißt *verallgemeinertes Martingal*, wenn f.s. $\mathbb{E}(X_{n+1}^\pm \mid \mathscr{F}_n) < \infty$ und $\mathbb{E}(X_{n+1} \mid \mathscr{F}_n) = X_n$ für alle $n \in \mathbb{N}_0$ gilt.

Der folgende Satz zeigt den Zusammenhang zwischen lokalen Martingalen, verallgemeinerten Martingalen und der Martingaltransformation.

4.19 Satz. *Es sei $X = (X_n, \mathscr{F}_n)_{n\in\mathbb{N}_0}$ ein adaptierter Prozess mit $X_0 = 0$. Dann sind die folgenden Aussagen äquivalent.*

a) *X ist ein lokales Martingal.*

b) *X ist ein verallgemeinertes Martingal.*

c) *Es gibt einen vorhersagbaren Prozess* $C = (C_n, \mathscr{F}_n)_{n\in\mathbb{N}}$ *und ein Martingal* $M = (M_n, \mathscr{F}_n)_{n\in\mathbb{N}_0}$, *so dass* $X = C \bullet M$.

Beweis. a)⇒b): Wir wählen eine lokalisierende Folge $(T_k)_{k\in\mathbb{N}}$ und beachten, dass

$$\mathbb{E}(|X_{n+1}|\mathbb{1}_{\{T_k>n\}}) = \mathbb{E}(|X_{(n+1)\wedge T_k}|\mathbb{1}_{\{T_k>n\}}) \leqslant \mathbb{E}(|X_{(n+1)\wedge T_k}|\mathbb{1}_{\{T_k>0\}}) < \infty$$

gilt. Weil $\{T_k > n\} = \{T_k \leqslant n\}^c \in \mathscr{F}_n$, erhalten wir

$$\mathbb{E}(|X_{n+1}|\mathbb{1}_{\{T_k>n\}} \mid \mathscr{F}_n) \overset{\text{pull out}}{=} \mathbb{1}_{\{T_k>n\}}\mathbb{E}(|X_{n+1}| \mid \mathscr{F}_n) < \infty \quad \text{f.s.}$$

Wegen $\{T_k > n\} \uparrow \Omega$ für $k \to \infty$, folgt $\mathbb{E}(|X_{n+1}| \mid \mathscr{F}_n) < \infty$ f.s. und daher ist die (verallgemeinerte) bedingte Erwartung $\mathbb{E}(|X_{n+1}| \mid \mathscr{F}_n)$ wohldefiniert.

Wir zeigen noch die Martingaleigenschaft. Dazu beachten wir, dass X^{T_k} ein Martingal ist ($X_0 = 0$, vgl. Bemerkung 4.12) und $\{T_k > n\} \in \mathscr{F}_n$:

$$\begin{aligned}
\mathbb{1}_{\{T_k>n\}}\mathbb{E}(X_{n+1} \mid \mathscr{F}_n) &\overset{\text{pull out}}{=} \mathbb{E}(\mathbb{1}_{\{T_k>n\}}X_{n+1} \mid \mathscr{F}_n)\\
&= \mathbb{E}(\mathbb{1}_{\{T_k>n\}}X^{T_k}_{n+1} \mid \mathscr{F}_n)\\
&\overset{\text{pull out}}{=} \mathbb{1}_{\{T_k>n\}}\mathbb{E}(X^{T_k}_{n+1} \mid \mathscr{F}_n)\\
&\overset{\text{MG}}{=} \mathbb{1}_{\{T_k>n\}}X^{T_k}_n,
\end{aligned}$$

und für $k \to \infty$ ergibt sich daraus $\mathbb{E}(X_{n+1} \mid \mathscr{F}_n) = X_n$ f.s., also b).

b)⇒c): Wir definieren $C_0 := 0$ und $C_n := \mathbb{E}(|X_n - X_{n-1}| \mid \mathscr{F}_{n-1})$ sowie $M_0 := 0$ und $M_n := C^\# \bullet X_n$ wobei $C^\#_i = C_i^{-1}\mathbb{1}_{(0,\infty)}(C_i)$ ist. C ist vorhersagbar, und es gilt

$$\begin{aligned}
\mathbb{E}(|M_n - M_{n-1}| \mid \mathscr{F}_{n-1}) &= \mathbb{E}(|C^\#_n(X_n - X_{n-1})| \mid \mathscr{F}_{n-1}) \leqslant 1\\
\mathbb{E}(M_n - M_{n-1} \mid \mathscr{F}_{n-1}) &= 0.
\end{aligned}$$

Das zeigt, dass M ein Martingal ist. Außerdem ist $C \bullet M_n - C \bullet M_{n-1} = X_n - X_{n-1}$, was dann wegen $X_0 = 0$ die Gleichheit $X = C \bullet M$ ergibt.

c)⇒a): Wir definieren die Stoppzeiten $T_k := \inf\{n \in \mathbb{N}_0 : |C_{n+1}| > k\}$ ([✍]– beachte, dass C vorhersagbar ist) und bemerken, wie zu Beginn des Abschnitts über lokale Martingale, dass

$$(C \bullet M)^{T_k} = (C\mathbb{1}_{[0,T_k]}) \bullet (M^{T_k}).$$

Wegen Satz 4.4 ist M^{T_k} ein Martingal und Satz 3.11 zeigt, dass $(C\mathbb{1}_{[0,T_k]}) \bullet (M^{T_k})$ ein Martingal ist. Weil $C \bullet M_0 = 0$ gilt, folgt die Behauptung aus Bemerkung 4.12. □

Aufgaben

1. Es seien $(\xi_i)_{i\in\mathbb{N}}$ iid ZV mit $\mathbb{P}(\xi_1 = \pm 1) = \frac{1}{2}$ und $X_n := \xi_1 + \cdots + \xi_n$. Zeigen Sie, dass die Zufallszeit $T := \inf\{n \in \mathbb{N} : X_n = \sup_{k\leqslant 100} X_k\}$ keine Stoppzeit bezüglich der kanonischen Filtration ist.

2. Es sei $(X_n, \mathscr{F}_n)_{n\in\mathbb{N}_0}$ ein adaptierter Prozess und $B \in \mathscr{B}(\mathbb{R})$. Zeigen Sie, dass die (erste) Trefferzeit $\tau_B^\circ := \inf\{n \in \mathbb{N}_0 : X_n \in B\}$ und die (erste) Eintrittszeit $\tau_B := \inf\{n \in \mathbb{N} : X_n \in B\}$ Stoppzeiten sind. **Bemerkung.** Wie üblich vereinbaren wir $\inf\emptyset := \infty$.
3. Es sei $(X_n, \mathscr{F}_n)_{n\in\mathbb{N}_0}$ ein adaptierter Prozess, $B \in \mathscr{B}(\mathbb{R})$ und $N \in \mathbb{N}$. Zeigen Sie, dass die letzte Besuchszeit der Menge B im Zeitraum $i = 0, \dots, N$, $\sigma_B := \max\{i \in [0, N] : X_i \in B\}$ i.Allg. keine Stoppzeit ist.
4. Es sei $(\mathscr{F}_n)_{n\in\mathbb{N}_0}$ eine Filtration und $T, T_i, i \in \mathbb{N}$, Stoppzeiten.
   (a) Zeigen Sie, dass $\{T \geqslant n\}, \{T < n\} \in \mathscr{F}_{n-1}$;
   (b) Zeigen Sie, dass $C_n(\omega) := \mathbb{1}_{[0,T(\omega)]}(n)$ messbar bezüglich $\mathscr{F}_{n-1}$ ist;
   (c) Zeigen Sie, dass $\inf_{i\in\mathbb{N}} T_i$ und $\sup_{i\in\mathbb{N}} T_i$ Stoppzeiten sind.
5. Es sei T eine Stoppzeit. Bestimmen Sie den Grenzwert $\lim_{c\downarrow 0} \mathbb{E}(e^{-cT})$.
6. Berechnen Sie die Verteilung der Stoppzeit T in Beispiel 4.6.
   Hinweis. Die Rechnung in 4.6 gibt $\mathbb{E}\cosh^{-T}\xi = e^{-\xi}$; mit einer geeigneten Substitution können wir die momentenerzeugende Funktion von T und damit die Verteilung von T ableiten.
7. Geben Sie einen direkten Beweis dafür, dass in Beispiel 4.6 $\mathbb{P}(T < \infty) = 1$ gilt.
   Hinweis. T ist ungerade und $\mathbb{P}(T = 2n+1) \leqslant \binom{2n-1}{n-1}2^{-2n-1}$.
8. Es sei T eine Stoppzeit. Zeigen Sie, dass $\mathscr{F}_T := \{A \in \mathscr{F}_\infty : A \cap \{T \leqslant n\} \in \mathscr{F}_n \ \forall n \in \mathbb{N}_0\}$ eine σ-Algebra ist.
9. Es seien S, T zwei Stoppzeiten. Zeigen Sie, dass $\{S < T\}, \{S \leqslant T\}, \{S = T\} \in \mathscr{F}_S \cap \mathscr{F}_T$.
   Hinweis. $\{S < T\} \cap \{S \leqslant k\} = \dot{\bigcup}_{i=0}^\infty \{S < T\} \cap \{S \leqslant k\} \cap \{S = i\}$.
10. Es sei X eine integrierbare ZV und T eine Stoppzeit bezüglich der Filtration $(\mathscr{F}_n)_{n\in\mathbb{N}_0}$. Zeigen Sie
$$\mathbb{E}(X \mid \mathscr{F}_T) = \sum_{n\in\mathbb{N}_0\cup\{\infty\}} \mathbb{1}_{\{T=n\}}\mathbb{E}(X \mid \mathscr{F}_n),$$
   m.a.W. ist $\mathbb{E}(X \mid \mathscr{F}_T) = \mathbb{E}(X \mid \mathscr{F}_n)$ für alle $\omega \in \{T = n\}$.
11. Es sei $(X_n, \mathscr{F}_n)_{n\in\mathbb{N}_0}$ ein Submartingal und T eine f.s. endliche Stoppzeit. Zeigen Sie, dass $(X_n^T, \mathscr{F}_{n\wedge T})_{n\in\mathbb{N}_0}$ wieder ein Submartingal ist.
12. Zeigen Sie die Gleichheit $\mathbb{E}T = \sum_{k=1}^\infty \mathbb{P}(T \geqslant k)$ für die ZV $T : \Omega \to \mathbb{N}_0$.
13. Es sei T eine f.s. endliche $(\mathscr{F}_n)_{n\in\mathbb{N}_0}$-Stoppzeit und $\mathscr{F}_T$ die zu T assoziierte σ-Algebra. Wir definieren für eine adaptierte Folge von ZV $(X_n)_{n\in\mathbb{N}_0}$ die gestoppte Folge $X_n^T(\omega) := X_{n\wedge T(\omega)}(\omega)$ und $X_T(\omega) = X_{T(\omega)}(\omega)$.
    (a) Zeigen Sie, dass X_T eine $\mathscr{F}_T$-messbare ZV ist.
    (b) Finden Sie eine bezüglich $(\mathscr{F}_n)_{n\in\mathbb{N}_0}$ vorhersagbare Folge $(C_n)_{n\in\mathbb{N}}$ so dass $X_n^T - X_0 = C \bullet X_n$.
    Hinweis. Aufg. 4.4. **Bemerkung.** Diese Aufgabe beweist Satz 4.4.
14. Formulieren und beweisen Sie eine Version von Satz 4.10 für Martingale.
15. Es sei X ein lokales Martingal, das auch lokal in L^2 ist, d.h. für eine lokalisierende Folge $(T_k)_{k\in\mathbb{N}}$ ist $X^{T_k}\mathbb{1}_{\{T_k>0\}}$ ein L^2-Martingal. Zeigen Sie, dass es einen eindeutig bestimmten, vorhersagbaren Prozess $\langle M\rangle$ gibt, so dass $M^2 - \langle M\rangle$ ein lokales Martingal ist. Zeigen Sie außerdem, dass für jede Stoppzeit T die Beziehung $\langle M\rangle^T = \langle M^T\rangle$ gilt.
16. Es sei $X \notin L^1(\mathscr{A})$, $X \geqslant 0$ und $X_n \in L^1(\mathscr{A})$ mit $X_n \uparrow X$ f.s. Zeigen Sie, dass für jede σ-Algebra $\mathscr{F} \subset \mathscr{A}$ der Grenzwert $\lim_{n\to\infty} \mathbb{E}(X_n \mid \mathscr{F})$ in $[0, \infty]$ existiert und nicht von der Wahl der approximierenden Folge abhängt.
    Bemerkung. Wir können durch $\mathbb{E}(X \mid \mathscr{F}) := \sup_{n\in\mathbb{N}} \mathbb{E}(X \wedge n \mid \mathscr{F})$ die bedingte Erwartung fortsetzen.

5 Konvergenz von Martingalen

Ein wichtiger Aspekt der Theorie der Martingale sind einfach anwendbare Konvergenzsätze für Martingale. In diesem Kapitel werden wir uns mit fast sicherer Konvergenz beschäftigen. Wir beginnen mit einer deterministischen Vorüberlegung. Es sei $(x_n)_{n\in\mathbb{N}_0} \subset \mathbb{R}$ eine Zahlenfolge. Dann gilt (vgl. Abbildung 5.1)

$$\begin{aligned}
&\lim_{n\to\infty} x_n \text{ existiert } \textbf{nicht} \text{ in } [-\infty, \infty]\\
&\quad\iff -\infty \leqslant \liminf_{n\to\infty} x_n < \limsup_{n\to\infty} x_n \leqslant \infty\\
&\quad\iff \exists a, b \in \mathbb{Q} : -\infty \leqslant \liminf_{n\to\infty} x_n < a < b < \limsup_{n\to\infty} x_n \leqslant \infty\\
&\quad\iff \exists a, b \in \mathbb{Q} : \text{unendlich viele Folgenglieder liegen unterhalb}\\
&\qquad\qquad\qquad\qquad \text{und oberhalb des Streifens } [a, b] \times \mathbb{N}_0\\
&\quad\iff \exists a, b \in \mathbb{Q} : \text{die Folge } (x_n)_{n\in\mathbb{N}_0} \text{ „überquert" den Streifen}\\
&\qquad\qquad\qquad\qquad [a, b] \times \mathbb{N}_0 \text{ unendlich oft von unten nach oben}
\end{aligned}$$

Für eine Folge von ZV $X_n : \Omega \to \mathbb{R}$, $n \in \mathbb{N}_0$, gilt daher

$$\begin{aligned}
&\{\omega : \lim_{n\to\infty} X_n(\omega) \text{ existiert nicht in } \overline{\mathbb{R}}\}\\
&= \bigcup_{a<b,a,b\in\mathbb{Q}} \{\omega : \liminf_{n\to\infty} X_n(\omega) < a < b < \limsup_{n\to\infty} X_n(\omega)\}\\
&= \bigcup_{a<b,a,b\in\mathbb{Q}} \{\omega : U([a, b], \omega) = \infty\},
\end{aligned}$$

wobei $U([a, b], \omega)$ die Anzahl der aufsteigenden Überquerungen (engl. *upcrossings*) der zufälligen Folge $(X_n(\omega))_{n\in\mathbb{N}_0}$ über den Streifen $[a, b] \times \mathbb{N}_0$ bedeutet.

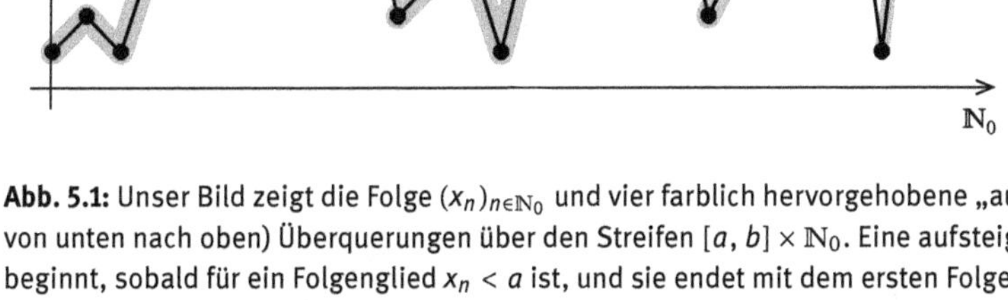

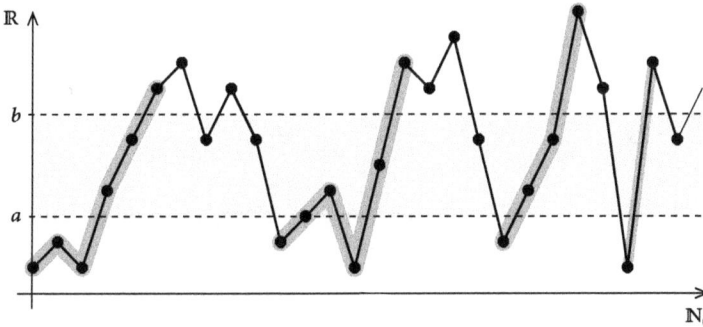

Abb. 5.1: Unser Bild zeigt die Folge $(x_n)_{n\in\mathbb{N}_0}$ und vier farblich hervorgehobene „aufsteigende" (d.h. von unten nach oben) Überquerungen über den Streifen $[a, b] \times \mathbb{N}_0$. Eine aufsteigende Überquerung beginnt, sobald für ein Folgenglied $x_n < a$ ist, und sie endet mit dem ersten Folgenglied $x_{n+k} > b$.

https://doi.org/10.1515/9783110350685-005

5.1 Definition. Es sei $(X_n, \mathscr{F}_n)_{n\in\mathbb{N}_0}$ ein adaptierter Prozess, $a < b$ und $N \in \mathbb{N}$. Dann ist

$$U_N([a,b],\omega) := \max\left\{k \geqslant 0 \;\middle|\; \begin{array}{c} \exists\, 0 \leqslant \sigma_1 < \tau_1 < \cdots < \sigma_k < \tau_k \leqslant N \\ \text{mit } X_{\sigma_i}(\omega) < a,\ X_{\tau_i}(\omega) > b,\ 1 \leqslant i \leqslant k \end{array}\right\}$$
$$U([a,b],\omega) := \sup_{N\in\mathbb{N}} U_N([a,b],\omega)$$

($\max\emptyset = 0$) die Zahl der *aufsteigenden Überquerungen* (*upcrossings*) über den Streifen $[a,b]\times\{0,1,\dots,N\}$ bzw. $[a,b]\times\mathbb{N}_0$.

Wenn die Folge $(X_n(\omega))_{n\in\mathbb{N}_0}$ von einem (Sub-/Super-)Martingal erzeugt wird, dann können wir die Zahl der aufsteigenden Überquerungen abschätzen.

5.2 Lemma (Doob; upcrossing estimate). *Es sei $X = (X_n, \mathscr{F}_n)_{n\in\mathbb{N}_0}$ ein Submartingal. Dann gilt für alle $a < b$, $N \in \mathbb{N}$*

$$(b-a)\mathbb{E}U_N[a,b] \leqslant \mathbb{E}(X_N - a)^+.$$

Beweis. Wir definieren rekursiv Stoppzeiten [✍] σ_i und τ_i durch $\tau_0 := 0$ und

$$\sigma_l := \inf\{i \geqslant \tau_{l-1} : X_i < a\} \wedge N \quad\text{und}\quad \tau_l := \inf\{i \geqslant \sigma_l : X_i > b\} \wedge N, \quad l \in \mathbb{N}$$

($\inf\emptyset := \infty$). Die Stoppzeiten σ_l und τ_l beschreiben den Beginn und das Ende der $l$ten aufsteigenden Überquerung.

Wir schreiben $u = U_N[a,b]$; offensichtlich gilt $\tau_0 = 0 < \sigma_1 \leqslant \tau_1 \leqslant \cdots \leqslant N$ sowie $\tau_{u+1} = \sigma_{u+2} = \tau_{u+2} = \tau_N = \sigma_N = N$. Der Abbildung 5.2 entnehmen wir die beiden folgenden Ungleichungen

$$(b-a)U_N[a,b] \leqslant \underbrace{\overbrace{(X_{\tau_1} - a)}^{\geqslant b-a}}_{\text{erste Überquerung}} + \cdots + \underbrace{\overbrace{(X_{\tau_u} - X_{\sigma_u})}^{\geqslant b-a}}_{\text{letzte Überquerung}},$$
$$-(X_N - a)^- \leqslant X_N - X_{\sigma_{u+1}} \qquad [\text{beachte: } \tau_{u+1} = N].$$

Indem wir diese Ungleichungen addieren, folgt

$$\begin{aligned}(b-a)U_N[a,b] - (X_N - a)^- &\leqslant (X_{\tau_1} - a) + \sum_{i=2}^{u+1}(X_{\tau_i} - X_{\sigma_i}) \\ &= (X_{\tau_1} - a) + \sum_{i=2}^{N}(X_{\tau_i} - X_{\sigma_i}).\end{aligned} \tag{5.1}$$

Wir bilden nun den Erwartungswert auf beiden Seiten von (5.1), formen um und verwenden die Tatsache, dass X ein Submartingal ist

$$\begin{aligned}(b-a)\mathbb{E}U_N[a,b] - \mathbb{E}(X_N - a)^- &\leqslant -a + \sum_{i=1}^{N-1} \overbrace{(\mathbb{E}X_{\tau_i} - \mathbb{E}X_{\sigma_{i+1}})}^{\leqslant 0 \ (\text{Satz } 4.10)} + \overbrace{\mathbb{E}X_{\tau_N}}^{= \mathbb{E}X_N} \\ &\leqslant \mathbb{E}(X_N - a).\end{aligned}$$

Wegen $\mathbb{E}(X_N - a)^+ = \mathbb{E}(X_N - a) + \mathbb{E}(X_N - a)^-$ folgt die Behauptung. □

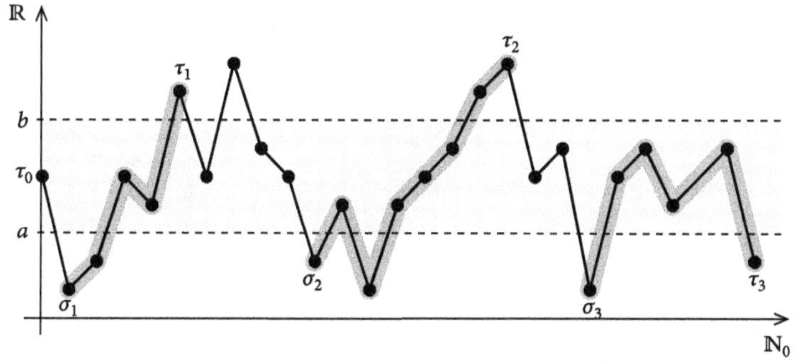

Abb. 5.2: Die Abbildung zeigt zwei ($u = 2$) aufsteigende Überquerungen; der letzte „upcrossing-Versuch" endet im Bild mit dem ungünstigsten Fall: X_N ist kleiner als $X_{\sigma_{u+1}}$.

Die Doobsche upcrossing Ungleichung ist die Grundlage für alle f.s. Konvergenzaussagen für Martingale.

5.3 Satz (Martingalkonvergenzsatz). *Es sei* $(X_n, \mathscr{F}_n)_{n\in\mathbb{N}_0}$ *ein Submartingal. Wenn* $\sup_{n\in\mathbb{N}_0} \mathbb{E}X_n^+ < \infty$, *dann existiert der Grenzwert* $\lim_{n\to\infty} X_n \in \overline{\mathbb{R}}$ *fast sicher und definiert eine* $\mathscr{F}_\infty$*-messbare ZV* $X_\infty \in L^1(\mathscr{F}_\infty)$.

Beweis. Wegen der Vorüberlegung zu Beginn dieses Kapitels genügt es zu zeigen, dass

$$\forall a, b \in \mathbb{Q},\ a < b\ :\ \mathbb{P}(U[a,b] = \infty) = 0.$$

Daraus folgt nämlich sofort

$$\mathbb{P}\Big(\bigcup_{a,b\in\mathbb{Q}, a<b} \{U[a,b] = \infty\}\Big) = 0.$$

Mit Hilfe der Doobschen upcrossing-Abschätzung (Lemma 5.2) und der elementaren Ungleichung $(x-a)^+ \leqslant x^+ + |a|$ sehen wir, dass

$$\begin{aligned}\mathbb{E}U[a,b] \stackrel{\text{BL}}{=} \sup_{N\in\mathbb{N}} \mathbb{E}U_N[a,b] &\stackrel{5.2}{\leqslant} \frac{1}{b-a} \sup_{N\in\mathbb{N}} \mathbb{E}(X_N - a)^+ \\ &\leqslant \frac{1}{b-a}\Big(\sup_{N\in\mathbb{N}} \mathbb{E}X_N^+ + |a|\Big) < \infty\end{aligned}$$

gilt. Mithin folgt $\mathbb{P}(U[a,b] = \infty) = 0$, d.h.

$$\lim_{n\to\infty} X_n(\omega) \quad \text{existiert fast sicher in } \overline{\mathbb{R}}.$$

Wir definieren nun $X_\infty := \liminf_{n\to\infty} X_n \in \overline{\mathbb{R}}$; offensichtlich ist X_∞ eine $\mathscr{F}_\infty$-messbare ZV. Mit dem Fatouschen Lemma erhalten wir

$$\begin{aligned}\mathbb{E}\Big(\liminf_{n\to\infty} |X_n|\Big) \stackrel{\text{Fatou}}{\leqslant} \liminf_{n\to\infty} \mathbb{E}|X_n| &= \liminf_{n\to\infty} (2\mathbb{E}X_n^+ - \mathbb{E}X_n) \\ &\leqslant \underbrace{2\liminf_{n\to\infty} \mathbb{E}X_n^+}_{\leqslant 2\sup_n \mathbb{E}X_n^+} \underbrace{- \mathbb{E}X_1}_{\text{Sub-MG}} < \infty.\end{aligned}$$

Damit folgt $|X_\infty| \leqslant \liminf_{n\to\infty} |X_n| < \infty$ f.s. und $\mathbb{E}|X_\infty| < \infty$. □

5.4 Bemerkung. Für ein (Sub-)Martingal lässt sich die Momentenbedingung aus Satz 5.3 auch folgendermaßen ausdrücken:

$$\sup_{n\in\mathbb{N}_0} \mathbb{E}X_n^+ < \infty \iff \sup_{n\in\mathbb{N}_0} \mathbb{E}|X_n| < \infty. \tag{5.2}$$

Die Richtung „$\Leftarrow$" ist wegen $X_n^+ \leqslant |X_n|$ trivial. Umgekehrt gilt

$$\mathbb{E}|X_n| = 2\mathbb{E}X_n^+ - \mathbb{E}X_n \overset{\text{Sub-MG}}{\leqslant} 2\mathbb{E}X_n^+ - \mathbb{E}X_0 \leqslant 2 \sup_{n\in\mathbb{N}_0} \mathbb{E}X_n^+ - \mathbb{E}X_0.$$

5.5 Korollar. *Unter jeder der folgenden Bedingungen existiert* $\lim_{n\to\infty} X_n$ *f.s. in* $\mathbb{R}$:

a) $(X_n, \mathscr{F}_n)_{n\in\mathbb{N}_0}$ *ist ein Supermartingal und* $\sup_{n\in\mathbb{N}_0} \mathbb{E}X_n^- < \infty$.

b) $(X_n, \mathscr{F}_n)_{n\in\mathbb{N}_0}$ *ist ein positives Supermartingal, d.h.* $X_n \geqslant 0$, $n \in \mathbb{N}_0$.

c) $(X_n, \mathscr{F}_n)_{n\in\mathbb{N}_0}$ *ist ein Martingal und* $\sup_{n\in\mathbb{N}_0} \mathbb{E}|X_n| < \infty$.

Beweis. Die Aussage a) folgt, indem wir Satz 5.3 auf $-X$ anwenden; b) ist ein Spezialfall von a), und c) folgt unmittelbar aus Satz 5.3. □

Die Konvergenzaussagen von Satz 5.3 und Korollar 5.5 gelten i.Allg. **nicht** für L^1-Konvergenz, d.h. wir können i.Allg. **nicht** $X_n \xrightarrow[n\to\infty]{L^1} X_\infty$ erwarten, vgl. Beispiel 5.6.

5.6 Beispiel (vgl. Beispiel 4.6). Es seien $(\xi_i)_{i\in\mathbb{N}}$ iid Bernoulli-ZV mit $\xi_i \sim \frac{1}{2}(\delta_{-1} + \delta_1)$ und $X_n := \xi_1 + \dots + \xi_n$, $X_0 := 0$. Wir definieren die (f.s. endliche – vgl. Beispiel 4.6) Stoppzeit $T := \inf\{n \geqslant 0 : X_n = 1\}$. Dann sind $X^T := (X_{n\wedge T})_{n\in\mathbb{N}_0}$ und $Y := 1 - X^T$ wiederum Martingale. Weil Y positiv ist, folgt aus Korollar 5.5.b

$$Y_\infty = \lim_{n\to\infty} Y_n = \lim_{n\to\infty} (1 - X_{n\wedge T}) = 1 - X_T = 0 \text{ f.s.}$$

Andererseits gilt $\mathbb{E}Y_n = \mathbb{E}(1 - X_{n\wedge T}) = \mathbb{E}(1 - X_0) = 1$, d.h. die Konvergenz kann nicht im L^1-Sinn gelten. Wenn nämlich der L^1-limes überhaupt existiert, muss er mit dem fast sicheren Grenzwert Y_∞ übereinstimmen [✍], was dann wegen

$$0 = \mathbb{E}Y_\infty = \lim_{n\to\infty} \mathbb{E}X_n = 1$$

zum Widerspruch führt.

Wir werden in den Kapiteln 6 und 7 notwendige und hinreichende Kriterien für die L^1- und L^2-Konvergenz von Martingalen studieren.

Rückwärtsmartingale

Ein Rückwärts-(Sub-)Martingal ist ein Martingal mit nach links laufender, d.h. „rückwärts gerichteter" Indexmenge:

$$(\mathscr{F}_\nu)_{\nu\in-\mathbb{N}_0} \text{ ist eine Filtration, d.h. } \mathscr{F}_{-\infty} := \bigcap_{\mu\in-\mathbb{N}_0} \mathscr{F}_\mu \subset \mathscr{F}_{\nu-1} \subset \mathscr{F}_\nu \subset \mathscr{F}_0, \quad \nu \in -\mathbb{N},$$

und ein adaptierter Prozess $X_\nu \in L^1(\mathscr{F}_\nu)$ ist ein Submartingal, wenn gilt

$$\forall \nu \in -\mathbb{N} : \mathbb{E}(X_\nu \mid \mathscr{F}_{\nu-1}) \geqslant X_{\nu-1} \iff \forall \nu, \mu \in -\mathbb{N}, \mu \leqslant \nu : \mathbb{E}(X_\nu \mid \mathscr{F}_\mu) \geqslant X_\mu .$$

Weil es sich hier um genau dieselbe Definition wie Definition 3.2 handelt, ist die neue Bezeichnung *Rückwärts-(Sub-)Martingal* eigentlich überflüssig; wir werden sie dennoch verwenden, da sie sich so eingebürgert hat.

In vielen Anwendungen treten Rückwärts-(Sub-)Martingale $(X_\nu, \mathscr{F}_\nu)_{\nu \in -\mathbb{N}_0}$ in folgender transformierter Gestalt auf:

$$Y_n := X_\nu \quad \text{und} \quad \mathscr{G}_n := \mathscr{F}_\nu \quad \text{mit} \quad n = |\nu|, \ \nu \in -\mathbb{N}_0 .$$

Dann ist $(\mathscr{G}_n)_{n \in \mathbb{N}_0}$ eine absteigende Folge von σ-Algebren

$$\mathscr{G}_0 \supset \mathscr{G}_1 \supset \mathscr{G}_2 \supset \cdots \supset \mathscr{G}_\infty = \bigcap_{n \in \mathbb{N}_0} \mathscr{G}_n$$

und die ZV Y_n genügen der Beziehung

$$Y_{n+1} \leqslant \mathbb{E}(Y_n \mid \mathscr{G}_{n+1}).$$

Weil Rückwärts-Submartingale den „rechten Endpunkt“ X_0 haben, gilt stets

$$\forall \nu \in -\mathbb{N}_0 : \mathbb{E}X_\nu^+ \leqslant \mathbb{E}X_0^+ \implies \sup_{\nu \in -\mathbb{N}_0} \mathbb{E}X_\nu^+ \leqslant \mathbb{E}X_0^+ < \infty ,$$

d.h. die Bedingungen von Satz 5.3 sind trivialerweise erfüllt.

5.7 Korollar (Rückwärtskonvergenzsatz). *Es sei $(X_\nu, \mathscr{F}_\nu)_{\nu \in -\mathbb{N}_0}$ ein Rückwärts-Submartingal. Dann existiert $\lim_{\nu \to -\infty} X_\nu \in \mathbb{R}$ fast sicher und ist eine $\mathscr{F}_{-\infty}$-messbare ZV $X_{-\infty}$.*

5.8 Beispiel. Ein typisches Beispiel für das Auftreten eines Rückwärtsmartingals ist die folgende Situation: Es seien $(\xi_n)_{n \in \mathbb{N}} \subset L^1$ iid ZV und $S_n := \xi_1 + \cdots + \xi_n$. Wir definieren für $n \in \mathbb{N}$

$$X_{-n} = \frac{1}{n} S_n \quad \text{und} \quad \mathscr{F}_{-n} = \sigma(S_n, S_{n+1}, \dots) \overset{\text{wie 3.3}}{=} \sigma(S_n, \xi_{n+1}, \xi_{n+2}, \dots).$$

Nun gilt für alle $i \leqslant n$ – vgl. Aufgabe 5.6 –

$$\mathbb{E}(\xi_i \mid \mathscr{F}_{-n}) \overset{\text{Def.}}{=} \mathbb{E}(\xi_i \mid S_n, \xi_{n+1}, \xi_{n+2}, \dots) \underset{2.8.b}{\overset{\text{unabh.}}{=}} \mathbb{E}(\xi_i \mid S_n) \overset{\text{iid}}{=} \mathbb{E}(\xi_1 \mid S_n).$$

Durch Summation über $i = 1, \dots, n$ erhalten wir

$$S_n = \mathbb{E}(S_n \mid S_n) = \sum_{i=1}^n \mathbb{E}(\xi_i \mid S_n) = n\, \mathbb{E}(\xi_1 \mid S_n),$$

und daher

$$X_{-n} = \frac{1}{n} S_n = \mathbb{E}(\xi_1 \mid S_n) = \mathbb{E}(\xi_1 \mid S_n, \xi_{n+1}, \xi_{n+2}, \dots) = \mathbb{E}(X_{-1} \mid \mathscr{F}_{-n}).$$

Das zeigt, dass $(X_{-n}, \mathscr{F}_{-n})_{n \in \mathbb{N}} = (X_\nu, \mathscr{F}_\nu)_{\nu \in -\mathbb{N}}$ ein Rückwärtsmartingal ist.

Anwendung. Korollar 5.7 zeigt, dass der Grenzwert $L = \lim_{n\to\infty} \frac{1}{n} S_n$ f.s. existiert und eine $\mathscr{F}_{-\infty} = \bigcap_{n=1}^{\infty} \sigma(S_n, S_{n+1}, \dots)$-messbare ZV ist. Wir werden in Satz 8.6 (vgl. auch [WT, Satz 10.9]) sehen, dass $\mathscr{F}_{-\infty}$ trivial ist, d.h. L ist f.s. konstant. Weil das Rückwärtsmartingal auch in L^1 konvergiert (Satz 7.13), gilt $L = \mathbb{E}L = \mathbb{E}X_1$, und wir haben einen Martingalbeweis für Kolmogorovs starkes Gesetz der großen Zahlen (SLLN) gefunden.

♦Konvergenzmengen von Martingalen und Submartingalen

Wir interessieren uns nun für die Mengen derjenigen $\omega \in \Omega$, für die ein Submartingal $(X_n, \mathscr{F}_n)_{n\in\mathbb{N}_0}$ konvergiert bzw. oszilliert:

$$C := \left\{\omega \in \Omega \,:\, \lim_{n\to\infty} X_n(\omega) \text{ existiert und ist endlich}\right\},$$
$$D := \left\{\omega \in \Omega \,:\, \liminf_{n\to\infty} X_n(\omega) = -\infty\right\} \cap \left\{\omega \in \Omega \,:\, \limsup_{n\to\infty} X_n(\omega) = +\infty\right\}.$$

Um die Sprechweise zu vereinfachen, sagen wir, dass für zwei Ereignisse $A, B \in \mathscr{A}$ gilt

$$A \overset{\text{f.s.}}{=} B \overset{\text{Def.}}{\iff} \mathbb{1}_A \overset{\text{f.s.}}{=} \mathbb{1}_B \iff \mathbb{P}(A \setminus B) + \mathbb{P}(B \setminus A) = 0. \tag{5.3}$$

Entsprechend schreiben wir $A \subset B$ f.s., wenn $\mathbb{1}_A \leqslant \mathbb{1}_B$ f.s. gilt.

5.9 Satz. *Wenn ein Submartingal $(X_n, \mathscr{F}_n)_{n\in\mathbb{N}_0}$ die Eigenschaft*

$$\begin{aligned} &\mathbb{E}\left(\left|X_{T(r)} - X_{T(r)-1}\right| \mathbb{1}_{\{T(r)<\infty\}}\right) < \infty \\ &\textit{für alle } \; T(r) := \inf\{n \in \mathbb{N} \,:\, X_n > r\},\; r > 0, \end{aligned} \tag{5.4}$$

besitzt, dann gilt für die Konvergenzmenge

$$C = \{\exists \lim_n X_n \in \mathbb{R}\} \overset{f.s.}{=} \{\sup_n X_n < \infty\}.$$

Die Eigenschaft (5.4) dient dazu, den Zuwachs zu kontrollieren, der zum Überschreiten der Schranke r führt. Typischerweise ist diese Bedingung erfüllt, wenn das Submartingal f.s. oder im Mittel beschränkte Zuwächse hat, d.h. wenn gilt

$$\sup_{n\in\mathbb{N}} |X_n - X_{n-1}| < \infty \quad \text{oder} \quad \mathbb{E}\left(\sup_{n\in\mathbb{N}} |X_n - X_{n-1}|\right) < \infty.$$

Beweis von Satz 5.9. Wenn $\lim_{n\to\infty} X_n(\omega)$ existiert und endlich ist, gilt offensichtlich $\sup_{n\in\mathbb{N}_0} X_n(\omega) < \infty$, d.h. die Inklusion „$\subset$" ist klar.

Für die Umkehrung betrachten wir das gestoppte Submartingal $(X_n^{T(r)}, \mathscr{F}_n)_{n\in\mathbb{N}_0}$ (vgl. Satz 4.4). Auf Grund der Definition von $T(r)$ gilt

$$\begin{aligned} X_{n\wedge T(r)} &= X_n \mathbb{1}_{\{T(r)>n\}} + X_{T(r)-1} \mathbb{1}_{\{T(r)\leqslant n\}} + (X_{T(r)} - X_{T(r)-1}) \mathbb{1}_{\{T(r)\leqslant n\}} \\ &\leqslant r + \left|X_{T(r)} - X_{T(r)-1}\right| \mathbb{1}_{\{T(r)<\infty\}}, \end{aligned}$$

mithin $X^+_{n\wedge T(r)} \leqslant r + |X_{T(r)} - X_{T(r)-1}| \mathbb{1}_{\{T(r)<\infty\}}$, weil die rechte Seite positiv ist. Wegen (5.4) erhalten wir durch Integration

$$\mathbb{E}X^+_{n\wedge T(r)} \leqslant r + \mathbb{E}\left[|X_{T(r)} - X_{T(r)-1}| \mathbb{1}_{\{T(r)<\infty\}}\right] \implies \sup_{n\in\mathbb{N}_0} \mathbb{E}X^+_{n\wedge T(r)} < \infty.$$

Aus Satz 5.3 wissen wir, dass der Grenzwert $\lim_{n\to\infty} X_n^{T(r)}$ f.s. existiert und endlich ist, also gilt $\{T(r) = \infty\} \subset C$ f.s., und die Behauptung folgt aus

$$\{\sup_n X_n < \infty\} \subset \bigcup_{r\in\mathbb{N}} \{T(r) = \infty\} \overset{\text{f.s.}}{\subset} C. \qquad \square$$

5.10 Korollar. *Es sei $(X_n, \mathscr{F}_n)_{n\in\mathbb{N}_0}$ ein Martingal, das die Eigenschaft (5.4) besitzt. Dann gilt $C \cup D = \Omega$ f.s., d.h. es gilt für $\mathbb{P}$-fast alle ω entweder*

$$\lim_{n\to\infty} X_n(\omega) \quad \textit{existiert und ist endlich},$$

oder das Martingal divergiert oszillierend

$$-\infty = \liminf_{n\to\infty} X_n(\omega) < \limsup_{n\to\infty} X_n(\omega) = +\infty.$$

Beweis. Weil sowohl X als auch $-X$ Submartingale sind, die die Eigenschaft (5.4) besitzen, können wir Satz 5.9 auf beide Prozesse anwenden und erhalten

$$\{\limsup_n X_n < \infty\} = \{\sup_n X_n < \infty\} \underset{5.9}{\overset{\text{f.s.}}{=}} C = \{\exists \lim_n X_n \in \mathbb{R}\},$$

$$\{\liminf_n X_n > -\infty\} = \{\inf_n X_n > -\infty\} \underset{5.9}{\overset{\text{f.s.}}{=}} C = \{\exists \lim_n X_n \in \mathbb{R}\},$$

und es folgt $D^c = C$ f.s. $\square$

Aufgaben

1. Zeigen Sie, dass die im Beweis von Lemma 5.2 definierten Zufallszeiten τ_l, σ_l Stoppzeiten sind.
2. Es gelte $Z = \lim_{n\to\infty} X_n$ f.s., aber $\lim_{n\to\infty} \mathbb{E}X_n$ konvergiere nicht bzw. nicht gegen $\mathbb{E}Z$. Zeigen Sie, dass $(X_n)_{n\in\mathbb{N}_0}$ nicht im L^1-Sinn konvergieren kann.
3. Auf dem W-Raum $([0,1), \mathscr{B}[0,1), d\omega)$ – $d\omega$ ist das Lebesgue-Maß – seien die Zufallsvariablen $X_n(\omega) := \sum_{i=1}^{2^n}(i-1)2^{-n}\mathbb{1}_{[(i-1)2^{-n}, i2^{-n})}(t)$, $n \in \mathbb{N}_0$ gegeben.
   (a) Bestimmen Sie die Verteilung von X_n und beschreiben Sie $\mathscr{F}_n := \sigma(X_1, \dots, X_n)$.
   (b) Es sei $f : [0,1) \to \mathbb{R}$ und $M_n := 2^n\,(f(X_n + 2^{-n}) - f(X_n))$. Zeigen Sie, dass $(M_n, \mathscr{F}_n)_{n\in\mathbb{N}_0}$ ein Martingal ist.
   (c) Nun sei f Lipschitz-stetig. Zeigen Sie, dass $\lim_{n\to\infty} M_n$ f.s. existiert und interpretieren Sie diesen Befund.
4. Es sei $(M_n, \mathscr{F}_n)_{n\in\mathbb{N}_0}$ ein L^2-Martingal, $(\langle M\rangle_n)_{n\in\mathbb{N}_0}$ der Kompensator und $\langle M\rangle_\infty := \sup_{n\in\mathbb{N}} \langle M\rangle_n$.
   (a) Es sei T eine Stoppzeit. Dann ist $(M_n^T, \mathscr{F}_n)_{n\in\mathbb{N}_0}$ ein L^2-Martingal und $(\langle M\rangle_{n\wedge T})_{n\in\mathbb{N}_0}$ ist der zugehörige Kompensator. **Bemerkung.** Das beweist insbesondere $\langle M^T\rangle_n = \langle M\rangle_n^T$.

(b) Zeigen Sie, dass $T_a := \inf\{n \in \mathbb{N}_0 : \langle M\rangle_{n+1} > a\}$ eine Stoppzeit ist.

(c) Zeigen Sie, dass das Martingal $(M_n^{T_a})_{n\in\mathbb{N}_0}$ f.s. und in L^2 konvergiert.

(d) Zeigen Sie, dass das Martingal $(M_n)_{n\in\mathbb{N}_0}$ auf der Menge $\{\omega : \langle M\rangle_\infty(\omega) < \infty\}$ fast sicher konvergiert.

5. Es sei $(Y_n)_{n\in\mathbb{N}}$ eine Folge von iid ZV und $Y_1 \sim \mathsf{N}(0, \sigma^2)$, d.h. Y_1 ist normalverteilt mit Mittelwert 0 und Varianz $\sigma^2 > 0$. Weiter seien $\mathscr{F}_n = \sigma(Y_1, \dots, Y_n)$ und $X_n = Y_1 + \dots + Y_n$.
   (a) Zeigen Sie, dass $\mathbb{E}\, e^{uY_1} = e^{\sigma^2 u^2/2}$ für alle $u \in \mathbb{R}$ gilt.

   (b) Zeigen Sie für festes $u \in \mathbb{R}$, dass $Z_n^u := \exp\left(uX_n - n\,\sigma^2 u^2/2\right)$, $n \in \mathbb{N}$, ein Martingal ist.

   (c) Zeigen Sie, dass $Z_\infty^u := \lim_{n\to\infty} Z_n^u$ f.s. existiert. Bestimmen Sie den Grenzwert. Für welche Werte von $u \in \mathbb{R}$ ist $(Z_n^u)_{n\in\mathbb{N}\cup\{\infty\}}$ wieder ein Martingal?

6. Es seien $(\xi_n)_{n\in\mathbb{N}}$ iid Zufallsvariablen in L^1. Definiere $S_n := \xi_1 + \dots + \xi_n$ und die *tail σ-Algebren* $\mathscr{G}_n := \sigma(S_n, S_{n+1}, S_{n+2}, \dots)$. Zeigen Sie:
   (a) $\mathscr{G}_n = \sigma(S_n, \xi_{n+1}, \xi_{n+2}, \dots)$;

   (b) $\mathbb{E}(\xi_1 \mid \mathscr{G}_n) = \mathbb{E}(\xi_1 \mid S_n)$;

   (c) $\mathbb{E}(\xi_1 \mathbb{1}_B(S_n)) = \mathbb{E}(\xi_i \mathbb{1}_B(S_n))$ für alle $i = 1, \dots, n$ und $B \in \mathscr{B}(\mathbb{R})$;

   (d) $\mathbb{E}(\xi_i \mid S_n) = \frac{1}{n} S_n$ für alle $i = 1, \dots, n$.
   Hinweis. Folgern Sie aus (c), dass $\mathbb{E}(\xi_i \mid S_n) = \mathbb{E}(\xi_k \mid S_n)\ \forall i, k$ gilt.

7. Es seien $(X_n, \mathscr{F}_n)_{n\in\mathbb{N}_0}$ ein Submartingal und $(T_k)_{k\in\mathbb{N}}$ Stoppzeiten mit $\sup_{n\in\mathbb{N}_0} \mathbb{E} X_{n\wedge T_k}^+ < \infty$, $k \in \mathbb{N}$. Dann haben wir
$$\bigcup_{k\in\mathbb{N}} \{T_k = \infty\} \overset{\text{f.s.}}{\subset} \{\exists \lim_n X_n \in \mathbb{R}\}.$$

8. Überlegen Sie sich, dass man in Satz 5.9 und Korollar 5.10 die Menge $\{\sup_n X_n < \infty\}$ durch $\{\sup_n |X_n| < \infty\}$ ersetzen kann.

9. Es sei $(X_n, \mathscr{F}_n)_{n\in\mathbb{N}_0}$ ein positives Martingal mit f.s. beschränkten Zuwächsen. Zeigen Sie, dass das Submartingal $(X_n^2)_{n\in\mathbb{N}_0}$ die Eigenschaft (5.4) für die Stoppzeiten $T(r) = \inf\{n \in \mathbb{N} : X_n^2 > r\}$ besitzt.

10. Konstruieren Sie ein Martingal $(X_n, \mathscr{F}_n)_{n\in\mathbb{N}_0}$, so dass f.s. $\lim_{n\to\infty} X_n = \infty$ gilt.
    Hinweis. Betrachten Sie z.B. $X_0 = 0$, $X_n = X_{n-1} - (n-1) + Y_n$ und $\mathscr{F}_n = \sigma(Y_1, \dots, Y_n)$, wobei die Y_n unabhängige ZV mit $\mathbb{P}(Y_n = 0) = 1/n$ und $\mathbb{P}(Y_n = n) = 1 - 1/n$ sind.

11. Finden Sie ein Martingal $(X_n, \mathscr{F}_n)_{n\in\mathbb{N}_0}$, das f.s. konvergiert, aber nicht $\sup_{n\in\mathbb{N}_0} \mathbb{E}|X_n| < \infty$ erfüllt.
    Hinweis. Betrachten Sie z.B. unabhängige ZV X_n, $n \geqslant 2$, mit
$$\mathbb{P}(X_n = n^4) = \mathbb{P}(X_n = -n^2(n^2 - 1)) = n^{-2} \quad \text{und} \quad \mathbb{P}(X_n = 0) = 1 - 2n^{-2}$$
    und das davon erzeugte Produktmartingal.

6 ♦L^2-Martingale

In Kapitel 5, Satz 5.3, haben wir gesehen, dass ein Submartingal $(X_n, \mathscr{F}_n)_{n\in\mathbb{N}_0}$ einen f.s. Grenzwert $X_\infty = \lim_{n\to\infty} X_n$ besitzt, wenn es L^1-beschränkt ist, d.h.

$$\sup_{n\in\mathbb{N}_0} \mathbb{E}|X_n| = \sup_{n\in\mathbb{N}_0} \|X_n\|_{L^1} < \infty. \tag{6.1}$$

Auch wenn unter dieser Bedingung $X_\infty \in L^1$ gilt, folgt i.Allg. **nicht** die L^1-Konvergenz $X_n \to X_\infty$. Wenn wir aber die Bedingung (6.1) durch die stärkere Beschränktheit in L^2 ersetzen,

$$\sup_{n\in\mathbb{N}_0} \mathbb{E}(|X_n|^2) = \sup_{n\in\mathbb{N}_0} \|X_n\|_{L^2}^2 < \infty, \tag{6.2}$$

ändert sich die Situation grundlegend. Ausschlaggebend sind die folgenden „trivialen“ Beobachtungen

---

- L^2 ist „besser“ als L^1, weil L^2 ein Hilbertraum ist.
- L^2-Beschränktheit (6.2) impliziert L^1-Beschränktheit (6.1).

!

6.1 Definition. Ein (Sub-/Super-)Martingal $(X_n, \mathscr{F}_n)_{n\in\mathbb{N}_0}$ heißt L^2-*(Sub-/Super-)Martingal* oder *quadrat-integrierbares (Sub-/Super-)Martingal*, wenn $\mathbb{E}(|X_n|^2) < \infty$ für alle $n \in \mathbb{N}_0$ gilt.

Wenn sogar $\sup_{n\in\mathbb{N}_0} \mathbb{E}(|X_n|^2) < \infty$ gilt, nennen wir das (Sub-/Super-)Martingal L^2-*beschränkt.*

6.2 Lemma. *Es sei $(X_n, \mathscr{F}_n)_{n\in\mathbb{N}_0}$ ein L^2-Martingal. Dann gilt für die* Zuwächse

$$X_n - X_m \perp L^2(\mathscr{F}_m) \quad \textit{für alle} \quad n \geqslant m$$

(„$\perp$“ bezeichnet die Orthogonalität im Hilbertraum L^2, vgl. A.4). Insbesondere haben wir

$$\langle X_k - X_i,\ X_n - X_m\rangle = 0 \quad \textit{für alle } i \leqslant k \leqslant m \leqslant n.$$

Beweis. Wähle $Z \in L^2(\mathscr{F}_m)$. Dann ist

$$\begin{aligned}\langle X_n - X_m,\ Z\rangle = \mathbb{E}((X_n - X_m)Z) &\overset{\text{tower}}{=} \mathbb{E}(\mathbb{E}[(X_n - X_m)Z \mid \mathscr{F}_m]) \\ &\overset{\text{pull out}}{=} \mathbb{E}(Z \underbrace{\mathbb{E}[X_n - X_m \mid \mathscr{F}_m]}_{=0 \text{ da MG}}) = 0.\end{aligned}$$

Der Zusatz folgt, weil $Z = X_k - X_i \in L^2(\mathscr{F}_k) \subset L^2(\mathscr{F}_m)$ gilt. □

Wenn wir das Martingal als Teleskopsumme $X_n - X_0 = \sum_{i=1}^n (X_i - X_{i-1})$ schreiben, erhalten wir aus Lemma 6.2 sofort folgendes Korollar.

https://doi.org/10.1515/9783110350685-006

6.3 Korollar. *Es sei $(X_n, \mathscr{F}_n)_{n\in\mathbb{N}_0}$ ein L^2-Martingal. Dann gilt*

$$\mathbb{E}X_n^2 = \mathbb{E}X_0^2 + \sum_{i=1}^{n} \mathbb{E}((X_i - X_{i-1})^2). \tag{6.3}$$

Wir kommen nun zur Verschärfung des Martingalkonvergenzsatzes (Satz 5.3) für L^2-beschränkte Martingale.

6.4 Satz (Konvergenzsatz für L^2-Martingale). *Es sei $(X_n, \mathscr{F}_n)_{n\in\mathbb{N}_0}$ ein L^2-Martingal. Dann gilt*

$$(X_n)_{n\in\mathbb{N}_0} \text{ ist } L^2\text{-beschränkt} \iff \sum_{i=1}^{\infty} \mathbb{E}((X_i - X_{i-1})^2) < \infty. \tag{6.4}$$

In diesem Fall existiert eine ZV $X_\infty \in L^2(\mathscr{F}_\infty)$, so dass

$$X_n \xrightarrow{n\to\infty} X_\infty \quad \text{f.s. und in } L^2.$$

Zusatz: *$(X_n, \mathscr{F}_n)_{n\in\mathbb{N}_0\cup\{\infty\}}$ ist wieder ein Martingal.*

Beweis. Die Äquivalenz (6.4) folgt unmittelbar aus Korollar 6.3.

Wir nehmen an, dass $(X_n)_{n\in\mathbb{N}_0}$ L^2-beschränkt ist. Wegen $\mathbb{E}|X_n| \leqslant \sqrt{\mathbb{E}(|X_n|^2)}$ ist $(X_n)_{n\in\mathbb{N}_0}$ auch L^1-beschränkt, und Korollar 5.5.c zeigt die Existenz des f.s. Grenzwerts $X_\infty = \lim_{n\to\infty} X_n$.

Andererseits gilt für $m < n$

$$\mathbb{E}[(X_n - X_m)^2] = \mathbb{E}\left[\left(\sum_{i=m+1}^{n} (X_i - X_{i-1})\right)^2\right] \overset{6.2}{\underset{6.3}{=}} \mathbb{E}\left[\sum_{i=m+1}^{n} (X_i - X_{i-1})^2\right] \xrightarrow[(6.4)]{m,n\to\infty} 0.$$

Es folgt, dass $(X_n)_{n\in\mathbb{N}_0}$ eine L^2-Cauchyfolge ist, und daher existieren eine ZV $Z \in L^2$ und eine Teilfolge $(n(i))_{i\in\mathbb{N}}$, so dass

$$Z = L^2\text{-}\lim_{n\to\infty} X_n \quad \text{und} \quad Z = \lim_{i\to\infty} X_{n(i)} \text{ f.s.}$$

Weil wir die f.s. Grenzwerte identifizieren können, folgt $X_\infty = Z$ f.s. und $X_\infty \in L^2(\mathscr{F}_\infty)$.

Zusatz: Weil $X_n \xrightarrow{L^1} X_\infty$ aus $X_n \xrightarrow{L^2} X_\infty$ folgt, erhalten wir wegen der L^1-Stetigkeit der bedingten Erwartung (Satz 2.5)

$$\mathbb{E}(X_\infty \mid \mathscr{F}_m) = \lim_{n\to\infty} \mathbb{E}(X_n \mid \mathscr{F}_m) = X_m, \qquad m \in \mathbb{N}_0.$$ □

6.5 Bemerkung. Es sei $(X_n, \mathscr{F}_n)_{n\in\mathbb{N}_0}$ ein L^2-beschränktes Martingal. Die Beziehung $\mathbb{E}(X_\infty \mid \mathscr{F}_n) = X_n$, $n \in \mathbb{N}_0$, erlaubt es uns, $(X_n)_{n\in\mathbb{N}_0}$ aus X_∞ und der Filtration $(\mathscr{F}_n)_{n\in\mathbb{N}_0}$ zu rekonstruieren – vgl. auch Beispiel 3.4.e. Wir sagen in diesem Fall, dass die ZV X_∞ das Martingal $(X_n)_{n\in\mathbb{N}_0}$ *(nach rechts) abschließt*. Offenbar ist dann auch $(X_n)_{n\in\mathbb{N}_0\cup\{\infty\}}$ ein L^2-beschränktes Martingal.

Selbst wenn X_∞ als f.s. Grenzwert existiert, ist es im Allgemeinen **ohne weitere Integrierbarkeitsbedingung falsch**, dass $(X_n)_{n\in\mathbb{N}_0} \cup (X_\infty)$ ein Martingal ist.

Als Anwendung zeigen wir einen Martingalbeweis für ein klassisches Resultat aus der W-theorie, vgl. [WT, Korollar 11.3 und Satz 11.4].

6.6 Satz. *Es seien $(\xi_n)_{n\in\mathbb{N}} \subset L^2$ unabhängige ZV mit Erwartungswert $\mathbb{E}\xi_i = 0$ und Varianz $\mathbb{V}\xi_i = \sigma_i^2$. Dann gilt*

$$\sum_{i=1}^{\infty} \mathbb{V}\xi_i < \infty \implies \sum_{i=1}^{\infty} \xi_i \text{ konvergiert f.s.} \tag{6.5}$$

Ist $\sup_{i\in\mathbb{N}} |\xi_i| \leqslant \kappa < \infty$ f.s., dann gilt auch die Umkehrung:

$$\sum_{i=1}^{\infty} \mathbb{V}\xi_i < \infty \impliedby \sum_{i=1}^{\infty} \xi_i \text{ konvergiert f.s.} \tag{6.6}$$

Beweis. Wir wissen, dass $X_n = \xi_1 + \dots + \xi_n$, $X_0 = 0$, $\mathscr{F}_n = \sigma(\xi_1, \dots, \xi_n)$ ein Martingal ist. Weil $\mathbb{E}\xi_i = 0$ ist, haben wir $\mathbb{V}\xi_i = \mathbb{E}\xi_i^2$ und

$$\mathbb{E}(X_k - X_{k-1})^2 = \mathbb{E}\xi_k^2 = \sigma_k^2 \tag{6.7}$$

$$\mathbb{E}X_n^2 \overset{(6.3)}{=} \sum_{i=1}^{n} \sigma_i^2 =: A_n. \tag{6.8}$$

Die erste Behauptung, (6.5), folgt aus

$$\sum_{i=1}^{\infty} \sigma_i^2 < \infty \overset{(6.8)}{\implies} \sup_{n\in\mathbb{N}} \mathbb{E}X_n^2 < \infty \overset{\text{Satz 6.4}}{\implies} (X_n)_{n\in\mathbb{N}} \text{ konvergiert f.s.}$$

Die Umkehrung (6.6) folgt so: Lemma 3.9 zeigt

$$\langle X\rangle_n = \sum_{i=1}^{n} \mathbb{E}((X_i - X_{i-1})^2 \mid \mathscr{F}_{i-1}) = \sum_{i=1}^{n} \mathbb{E}(\xi_i^2 \mid \mathscr{F}_{i-1}) \overset{\xi_i \perp\!\!\!\perp \mathscr{F}_{i-1}}{=} \sum_{i=1}^{n} \mathbb{E}\xi_i^2 = A_n,$$

d.h. $M_n := X_n^2 - A_n$ ist ein Martingal.

Für $c \in (0, \infty)$ definieren wir die Stoppzeiten

$$T := T_c := \inf\{k : |X_k| > c\}.$$

Gemäß Satz 4.4 ist $(M_n^T)_{n\in\mathbb{N}_0}$ ein Martingal. Daher gilt für alle $n \in \mathbb{N}_0$

$$0 = \mathbb{E}M_0^T = \mathbb{E}M_n^T = \mathbb{E}X_{n\wedge T}^2 - \mathbb{E}A_{n\wedge T}. \tag{6.9}$$

Nun ist

$$|X_n^T| = |X_{n\wedge T}| \leqslant \begin{Bmatrix} c, & \text{wenn } T > n \\ |X_T|, & \text{wenn } T \leqslant n \end{Bmatrix} = c\mathbb{1}_{\{T>n\}} + |X_T|\mathbb{1}_{\{n\geqslant T\}},$$

und wir erhalten

$$|X_n^T| \leqslant c\mathbb{1}_{\{T>n\}} + \underbrace{|X_T - X_{T-1}|}_{=|\xi_T|\leqslant\kappa} \underbrace{\mathbb{1}_{\{T\leqslant n\}}}_{\leqslant 1} + \underbrace{|X_{T-1}|}_{\leqslant c} \mathbb{1}_{\{T\leqslant n\}} \leqslant c + \kappa.$$

Wenn wir (6.9) umstellen, ergibt sich $\mathbb{E}A_{n\wedge T} \leqslant (c+\kappa)^2$ für alle $n \in \mathbb{N}$. Da nach Voraussetzung $\sum_{i=1}^{\infty} \xi_i$ f.s. konvergiert, gibt es ein c_0 mit $\mathbb{P}(T := T_{c_0} = \infty) > 0$. Weiterhin gilt

$$\mathbb{P}(T=\infty)A_n = \mathbb{E}(\mathbb{1}_{\{T=\infty\}}A_{n\wedge T}) \leqslant \mathbb{E}A_{n\wedge T} \leqslant (c_0+\kappa)^2.$$

Wenn wir durch $\mathbb{P}(T=\infty)$ dividieren, ergibt sich schließlich

$$\sum_{i=1}^{\infty} \sigma_i^2 = \sup_{n\in\mathbb{N}} A_n \leqslant \frac{(c_0+\kappa)^2}{\mathbb{P}(T=\infty)} < \infty. \qquad \square$$

6.7 Bemerkung. Wir haben in Satz 6.6 sogar gezeigt, dass für eine Folge von unabhängigen und gleichmäßig beschränkten ZV $(\xi_i)_{i\in\mathbb{N}}$ gilt

$$\mathbb{P}\left[\text{Partialsummen von } \sum_{i=1}^{\infty}(\xi_i - \mathbb{E}\xi_i) \text{ beschränkt}\right] > 0 \implies \sum_{i=1}^{\infty} \xi_i \text{ konvergiert f.s.}$$

Wir schließen dieses Kapitels mit einer Verallgemeinerung des L^2-SLLN. Als Vorbereitung benötigen wir das Lemma von Kronecker, vgl. auch [WT, Lemma 12.7].

6.8 Lemma (Kronecker). *Es sei $(a_i)_{i\in\mathbb{N}_0} \subset (0,\infty)$ eine monoton wachsende Folge mit $a_i \uparrow \infty$ und $(x_i)_{i\in\mathbb{N}} \subset \mathbb{R}$ eine Folge. Für die Partialsummen $s_n := x_1 + x_2 + \cdots + x_n$, $n \in \mathbb{N}$, gilt*

$$\sum_{i=1}^{\infty} \frac{x_i}{a_i} \text{ konvergiert} \implies \lim_{n\to\infty} \frac{s_n}{a_n} = 0.$$

Beweis. Wir bezeichnen mit $\sigma_n := \sum_{i=1}^{n} x_i/a_i$ die Partialsummen und mit $\sigma := \lim_{n\to\infty}\sigma_n$ den Grenzwert der Reihe $\sum_{i=1}^{\infty} x_i/a_i$. Mit dem Abelschen Summationsverfahren erhalten wir

$$\frac{1}{a_n}\sum_{i=1}^{n} x_i = \frac{1}{a_n}\sum_{i=1}^{n} a_i\frac{x_i}{a_i} = \frac{1}{a_n}\sum_{i=1}^{n} a_i(\sigma_i - \sigma_{i-1}) = \sigma_n - \frac{1}{a_n}\sum_{i=1}^{n-1}(a_{i+1}-a_i)\sigma_i.$$

Indem wir auf der rechten Seite unter der Summe σ subtrahieren und wieder addieren, folgt

$$\begin{aligned}\frac{1}{a_n}\sum_{i=1}^{n} x_i &= \sigma_n - \frac{1}{a_n}\sum_{i=1}^{n-1}(a_{i+1}-a_i)\sigma - \frac{1}{a_n}\sum_{i=1}^{n-1}(a_{i+1}-a_i)(\sigma_i-\sigma)\\ &= \sigma_n - \frac{a_n-a_0}{a_n}\sigma - \frac{1}{a_n}\sum_{i=1}^{n-1}(a_{i+1}-a_i)(\sigma_i-\sigma).\end{aligned}$$

Weil $a_n \uparrow \infty$, konvergiert $\sigma_n - \frac{a_n-a_0}{a_n}\sigma \to \sigma - \sigma = 0$ und die Behauptung folgt, wenn die verbleibende Summe gegen Null strebt. Für festes $\epsilon > 0$ wählen wir $m = m(\epsilon) \in \mathbb{N}$, so dass $|\sigma_i - \sigma| \leqslant \epsilon$ für alle $i \geqslant m$ gilt. Auf Grund der Monotonie der Folge a_n ergibt sich

$$\begin{aligned}\left|\frac{1}{a_n}\sum_{i=1}^{n}(a_{i+1}-a_i)(\sigma_i-\sigma)\right| &\leqslant \frac{1}{a_n}\sum_{i=1}^{m-1}|(a_{i+1}-a_i)(\sigma_i-\sigma)| + \frac{1}{a_n}\sum_{i=m}^{n-1}|(a_{i+1}-a_i)(\sigma_i-\sigma)| \\ &\leqslant \frac{1}{a_n}\sum_{i=1}^{m-1}|(a_{i+1}-a_i)(\sigma_i-\sigma)| + \frac{1}{a_n}\sum_{i=m}^{n-1}(a_{i+1}-a_i)\epsilon \\ &= \frac{1}{a_n}\sum_{i=1}^{m-1}|(a_{i+1}-a_i)(\sigma_i-\sigma)| + \frac{a_n-a_m}{a_n}\epsilon.\end{aligned}$$

Die Grenzübergänge $n \to \infty$ und anschließend $\epsilon \to 0$ zeigen die Behauptung. □

6.9 Satz (SLLN für L^2-Martingale). *Es sei $(X_n, \mathscr{F}_n)_{n\in\mathbb{N}}$ ein L^2-Martingal mit Kompensator $\langle X\rangle$ und $\langle X\rangle_\infty := \sup_{n\in\mathbb{N}}\langle X\rangle_n \in [0,\infty]$. Dann gilt*

$$\lim_{n\to\infty}\frac{X_n}{\langle X\rangle_n} = 0 \quad \textit{f.s. auf der Menge } \{\langle X\rangle_\infty = \infty\} \tag{6.10}$$

$$\lim_{n\to\infty} X_n^2 \in \mathbb{R} \quad \textit{existiert f.s. auf der Menge } \{\langle X\rangle_\infty < \infty\}. \tag{6.11}$$

Beweis. Beweis von (6.10). Wir betrachten die Martingaltransformation $Y := \frac{1}{1+\langle X\rangle} \bullet X$. Weil der vorhersagbare Prozess $(1+\langle X\rangle)^{-1}$ beschränkt ist, folgt mit Satz 3.12, dass Y ein L^2-Martingal ist. Für alle $n \in \mathbb{N}$ gilt zudem

$$\begin{aligned}\mathbb{E}Y_n^2 &\overset{3.12.d}{=} \mathbb{E}\left[\frac{1}{(1+\langle X\rangle)^2}\bullet\langle X\rangle_n\right] \overset{3.12.c}{=} \mathbb{E}\left[\sum_{i=1}^{n}\frac{\langle X\rangle_i - \langle X\rangle_{i-1}}{(1+\langle X\rangle_i)^2}\right] \\ &\leqslant \mathbb{E}\left[\sum_{i=1}^{n}\int_{\langle X\rangle_{i-1}}^{\langle X\rangle_i}\frac{dx}{(1+x)^2}\right] \leqslant \int_0^\infty \frac{dx}{(1+x)^2} < \infty.\end{aligned}$$

Daher ist Y ein L^2-beschränktes Martingal, und wir können den L^2-Martingalkonvergenzsatz 6.4 anwenden:

$$\lim_{n\to\infty}\sum_{i=1}^{n}\frac{X_i - X_{i-1}}{1+\langle X\rangle_i} \quad \text{konvergiert f.s.}$$

Die Behauptung folgt aus Kroneckers Lemma 6.8 mit $s_n = X_n(\omega)$ und $a_n = \langle X\rangle_n(\omega)$, wobei wir beachten, dass $a_n \uparrow \infty$ nur auf der Menge $\{\langle X\rangle_\infty = \infty\}$ gilt.

Beweis von (6.11). Es sei $\langle X\rangle$ der Kompensator des L^2-Martingals X, vgl. Definition 3.8. Wegen der Vorhersagbarkeit von $\langle X\rangle$ ist $T_c := \inf\{n : \langle X\rangle_{n+1} > c\}$, $c > 0$, eine Stoppzeit. Wenn wir die Doob-Zerlegung von X^2 stoppen und dann integrieren, erhalten wir

$$\mathbb{E}X_{n\wedge T_c}^2 = \mathbb{E}X_0^2 + \mathbb{E}M_{n\wedge T_c} + \mathbb{E}\langle X\rangle_{n\wedge T_c} \leqslant \mathbb{E}X_0^2 + c \quad \text{für alle } n \in \mathbb{N}_0,$$

weil der gestoppte Prozess M^{T_c} ein Martingal ist, vgl. Satz 4.4. Der Martingalkonvergenzsatz 5.3 zeigt, dass $\lim_{n\to\infty} X_{n\wedge T_c}^2$ f.s. existiert und endlich ist; mithin

$$\{\langle X\rangle_\infty \leqslant c\} \subset \{T_c = \infty\} \subset \left\{\exists \lim_n X_n^2 \in \mathbb{R}\right\}$$

und wir erhalten schließlich $\{\langle X\rangle_\infty < \infty\} = \bigcup_{c>0}\{\langle X\rangle_\infty \leqslant c\} \subset \{\exists \lim_n X_n^2 \in \mathbb{R}\}$. □

Das folgende Korollar erklärt, warum Satz 6.9 das starke Gesetz der großen Zahlen (vgl. [WT, Satz 12.8]) verallgemeinert.

6.10 Korollar (L^2-SLLN). *Es seien* $(\xi_n)_{n\in\mathbb{N}} \subset L^2$ *iid ZV mit* $\mathbb{E}\xi_i = 0$ *und* $\mathbb{V}\xi_i = \sigma^2 > 0$. *Dann gilt*

$$\lim_{n\to\infty} \frac{\xi_1 + \xi_2 + \cdots + \xi_n}{n} = 0.$$

Beweis. Der Prozess $X_n := \xi_1 + \cdots + \xi_n$ ist ein L^2-Martingal und der Beweis von Satz 6.6 zeigt, dass

$$\langle X\rangle_n = \sum_{i=1}^n \mathbb{E}\xi_i^2 = n\sigma^2, \qquad n \in \mathbb{N};$$

daher folgt die Behauptung aus Satz 6.9. □

Aufgaben

1. Es seien $(\xi_i)_{i\in\mathbb{N}}$ iid ZV mit $\mathbb{E}\xi_1 = 0$ und $\mathbb{E}\xi_1^2 = 1$. Wir setzen $X_n := \xi_1 + \cdots + \xi_n$ und $X_0 = 0$.
   (a) Zeigen Sie, dass $(X_n)_{n\in\mathbb{N}_0}$ ein L^2-Martingal (bezüglich welcher Filtration?) ist.
   (b) Zeigen Sie, dass $(X_n^2 - n)_{n\in\mathbb{N}_0}$ ein Martingal ist.
   (c) Zeigen Sie, dass $(X_n^2 - A_n)_{n\in\mathbb{N}_0}$, $A_n := \xi_1^2 + \cdots + \xi_n^2$, $A_0 := 0$ ein Martingal ist.
   (d) Vergleichen Sie das Ergebnis der letzten Teilaufgabe mit der Doob-Zerlegung eines Submartingals. Ergibt sich hier möglicherweise ein Widerspruch?

   Bemerkung. Der in Teil (c) definierte Prozess wird oft als $[X]_n := \sum_{i=1}^n (X_i - X_{i-1})^2$ geschrieben. Er heißt *square bracket* oder *quadratische Variation* von X. Der Prozess $[X] - \langle X\rangle$ ist ein Martingal.
2. Es sei $(X_n)_{n\in\mathbb{N}_0}$ der in Beispiel 3.4.h definierte Verzweigungsprozess. Wir nehmen an, dass die iid ZV $N_{n,i}$, die die Nachkommenschaft der Population modellieren, Mittelwert $\mu = \mathbb{E}N_{n,i}$ und Varianz $0 < \sigma^2 = \mathbb{V}N_{n,i}$ haben.
   (a) Zeigen Sie, dass $(X_n/\mu^n)_{n\in\mathbb{N}_0}$ ein Martingal (bezüglich der natürlichen Filtration $\mathscr{F}_n$) ist.
   (b) Zeigen Sie, dass $\mathbb{E}(X_{n+1}^2 \mid \mathscr{F}_n) = \mu^2 X_n^2 + \sigma^2 X_n$ gilt.
   (c) Folgern Sie aus Teil (b), dass $(X_n/\mu^n)_{n\in\mathbb{N}_0}$ genau dann L^2-beschränkt ist, wenn $\mu > 1$.
   (d) Zeigen Sie im Falle $\mu > 1$, dass $\lim_{n\to\infty} X_n/\mu^n = \sigma^2/(\mu(\mu-1))$ gilt.
3. Zeigen Sie, dass man in Korollar 6.10 die Bedingung „iid" abschwächen kann zur „unabhängig und $\sum_{n=1}^\infty \mathbb{V}\xi_n = \infty$."
4. Es seien $(\xi_i)_{i\in\mathbb{N}} \subset L^2$ unabhängige ZV. Verwenden Sie Kroneckers Lemma und Satz 6.6 für die unabhängigen ZV ξ_i/i, $i \in \mathbb{N}$, um folgende Version des L^2-SLLN zu zeigen (vgl. [WT, Satz 12.8]):
$$\sum_{i=1}^\infty \frac{\mathbb{V}\xi_i}{i^2} < \infty \implies \lim_{n\to\infty} \frac{1}{n}\sum_{i=1}^n (\xi_i - \mathbb{E}\xi_i) = 0 \text{ f.s.}$$
5. Geben Sie einen neuen Beweis von Satz 6.6 mit Hilfe von Korollar 5.10.
6. Es sei $Y = Y_0 + M + A$ die Doob-Zerlegung des positiven Submartingals Y. Zeigen Sie, analog zu (6.11), dass $\{A_\infty < \infty\} \subset \{\exists \lim_n Y_n \in \mathbb{R}\}$.
7. Es seien $(\epsilon_n)_{n\in\mathbb{N}}$ iid ZV mit $\mathbb{P}(\epsilon_n = \pm 1) = \frac{1}{2}$. Zeigen Sie, dass die „zufällig alternierende" harmonische Reihe $\sum_{n=1}^\infty \epsilon_n/n$ f.s. konvergiert.

7 Gleichgradig integrierbare Martingale

Wir haben in Satz 6.4 gesehen, dass L^2-beschränkte Martingale $(X_n, \mathscr{F}_n)_{n\in\mathbb{N}_0}$ abschließbar sind, d.h. es gibt eine $\mathscr{F}_\infty$-messbare ZV X_∞, so dass $(X_n)_{n\in\mathbb{N}_0\cup\{\infty\}}$ wiederum ein Martingal ist; insbesondere gilt dann $X_n = \mathbb{E}(X_\infty \mid \mathscr{F}_n)$ für alle $n \in \mathbb{N}_0$. Die ZV X_∞ ist der „rechte Endpunkt" des Martingals $(X_n)_{n\in\mathbb{N}_0}$. In diesem Kapitel wollen wir notwendige und hinreichende Bedingungen für die Abschließbarkeit von (Sub-)Martingalen finden.

Ein wesentliches Hilfsmittel ist der Begriff der gleichgradigen Integrierbarkeit und der Konvergenzsatz von Vitali (Satz 7.9), der den Lebesgueschen Satz von der dominierten Konvergenz [MI, Satz 11.3] um notwendige und hinreichende Bedingungen ergänzt.

7.1 Definition. Es sei I eine beliebige Indexmenge. Eine Familie von Zufallsvariablen $X_\lambda : \Omega \to \mathbb{R}$, $\lambda \in I$ heißt *gleichgradig integrierbar* (kurz: ggi; engl.: *uniformly integrable, equi-integrable*), wenn gilt

$$\lim_{R\to\infty} \sup_{\lambda\in I} \int_{\{|X_\lambda|>R\}} |X_\lambda| \, d\mathbb{P} = 0. \tag{7.1}$$

7.2 Bemerkung. Die gleichgradige Integrierbarkeit verhindert, dass die Familie der Verteilungen $\mathbb{P}(X_\lambda \in \bullet)$ gleichmäßig für alle $\lambda \in I$ (zu viel) Masse nach $\pm\infty$ verschiebt. Außerdem impliziert die gleichgradige Integrierbarkeit die L^1-Beschränktheit, vgl. Aufg. 7.1(a). Wir werden in Satz 7.9 sehen, dass die gleichgradige Integrierbarkeit im Wesentlichen eine L^1-Kompaktheitsbedingung ist.

Unsere Formulierung der gleichgradigen Integrierbarkeit ist auf *endliche* Maße zugeschnitten. Allgemeinere Definitionen finden Sie z.B. in [MIMS, Kapitel 22]. **i**

7.3 Lemma. *Es sei $X \in L^1(\mathscr{A})$ eine integrierbare ZV.*

a) *$\{X\}$ ist gleichgradig integrierbar.*

b) *$\{\mathbb{E}(X \mid \mathscr{F}) : \mathscr{F} \subset \mathscr{A}$ ist σ-Algebra$\}$ ist gleichgradig integrierbar.*

Beweis. a) Weil X integrierbar ist, haben wir $\mathbb{P}(|X| = \infty) = 0$, und somit gilt $\lim_{R\to\infty} \mathbb{1}_{\{|X|>R\}} = 0$ f.s. Es folgt

$$\int_{\{|X|>R\}} |X| \, d\mathbb{P} = \int \underbrace{\mathbb{1}_{\{|X|>R\}} \cdot |X|}_{\leqslant |X| \in L^1} \, d\mathbb{P} \xrightarrow[R\to\infty]{\text{dom. Konv.}} 0.$$

b) Es sei $\mathscr{F} \subset \mathscr{A}$ eine σ-Algebra und $Y := \mathbb{E}(X \mid \mathscr{F})$. Die Dreiecksungleichung für die bedingte Erwartung (Satz 2.6.k) zeigt

$$|Y| = |\mathbb{E}(X \mid \mathscr{F})| \leqslant \mathbb{E}(|X| \mid \mathscr{F}),$$

https://doi.org/10.1515/9783110350685-007

so dass für alle $R > 0$ wegen $\{|Y| > R\} \in \mathscr{F}$ gilt

$$\begin{aligned}\int_{\{|Y|>R\}} |Y|\,d\mathbb{P} &\leqslant \int_{\{|Y|>R\}} \mathbb{E}(|X| \mid \mathscr{F})\,d\mathbb{P} \overset{(2.3)}{=} \int_{\{|Y|>R\}} |X|\,d\mathbb{P} \\ &= \int_{\{|Y|>R\}\cap\{|X|>R/2\}} |X|\,d\mathbb{P} + \int_{\{|Y|>R\}\cap\{|X|\leqslant R/2\}} |X|\,d\mathbb{P} \\ &\overset{(*)}{\leqslant} \int_{\{|Y|>R\}\cap\{|X|>R/2\}} |X|\,d\mathbb{P} + \int_{\{|Y|>R\}\cap\{|X|\leqslant R/2\}} \frac{1}{2}|Y|\,d\mathbb{P} \\ &\leqslant \int_{\{|X|>R/2\}} |X|\,d\mathbb{P} + \frac{1}{2}\int_{\{|Y|>R\}} |Y|\,d\mathbb{P}.\end{aligned}$$

Im vorletzten, mit $(*)$ gekennzeichneten Schritt verwenden wir, dass $|X| \leqslant \frac{1}{2}R < \frac{1}{2}|Y|$ auf der Menge $\{|Y| > R\} \cap \{|X| \leqslant R/2\}$ gilt. Durch Umstellen erhalten wir

$$\int_{\{|Y|>R\}} |Y|\,d\mathbb{P} \leqslant 2 \int_{\{|X|>R/2\}} |X|\,d\mathbb{P} \xrightarrow[R\to\infty]{\text{dom. Konv.}} 0$$

gleichmäßig für alle $Y = \mathbb{E}(X \mid \mathscr{F})$, $\mathscr{F} \subset \mathscr{A}$. □

I.Allg. ist es schwer, die gleichgradige Integrierbarkeit mit Hilfe der Definition 7.1 nachzuweisen. Praktischer sind folgende hinreichende Kriterien.

7.4 Satz. *Es sei $(X_\lambda)_{\lambda\in I}$ eine Familie reeller ZV.*

a) *Wenn für ein $p > 1$ die Familie $(X_\lambda)_{\lambda\in I}$ L^p-*beschränkt *ist, d.h.* $\sup_{\lambda\in I} \mathbb{E}(|X_\lambda|^p) < \infty$, *dann ist $(X_\lambda)_{\lambda\in I}$ gleichgradig integrierbar.*
b) *Wenn für ein $Y \in L^1$ und alle $\lambda \in I$ gilt $|X_\lambda| \leqslant Y$, dann ist $(X_\lambda)_{\lambda\in I}$ gleichgradig integrierbar.*

Beweis. a) Für jedes feste $R > 0$ haben wir

$$\int_{\{|X_\lambda|>R\}} |X_\lambda|\,d\mathbb{P} \leqslant \int_{\{|X_\lambda|>R\}} |X_\lambda| \frac{|X_\lambda|^{p-1}}{R^{p-1}}\,d\mathbb{P} = R^{1-p} \int_{\{|X_\lambda|>R\}} |X_\lambda|^p\,d\mathbb{P} \leqslant \underbrace{R^{1-p}}_{\to 0} \underbrace{\sup_{\lambda\in I} \mathbb{E}(|X_\lambda|^p)}_{<\infty}$$

gleichmäßig für alle $\lambda \in I$.

b) Wegen $|X_\lambda| \leqslant Y$ folgt $\{|X_\lambda| > R\} \subset \{Y > R\}$, und daher gilt

$$\int_{\{|X_\lambda|>R\}} |X_\lambda|\,d\mathbb{P} \leqslant \int_{\{|X_\lambda|>R\}} Y\,d\mathbb{P} \leqslant \int_{\{Y>R\}} Y\,d\mathbb{P} \xrightarrow[R\to\infty]{\text{dom. Konv.}} 0$$

gleichmäßig für alle $\lambda \in I$. □

ϟ Satz 7.4.a ist für $p = 1$ falsch: Aus der L^1-Beschränktheit $\sup_{\lambda\in I} \mathbb{E}|X_\lambda| < \infty$ folgt i.Allg. **nicht** die gleichgradige Integrierbarkeit.

7.5 Beispiel. Wir definieren auf dem W-Raum $((0,1], \mathscr{B}(0,1], dt)$ die Zufallsvariablen $X_n(t) := n\mathbb{1}_{(0,1/n]}(t)$, $n \in \mathbb{N}$. Dann gilt

- $(X_n)_{n\in\mathbb{N}}$ ist nicht ggi (Aufg. 7.2);
- $\sup_{n\in\mathbb{N}} \mathbb{E}|X_n| = 1 < \infty$;
- $\lim_{n\to\infty} X_n = 0$ f.s., aber $\mathbb{E}X_n \not\to 0$.

7.6 Bemerkung. Es gilt der folgende

Satz (de la Vallée-Poussin). *Eine Familie von ZV $(X_\lambda)_{\lambda\in I}$ ist genau dann gleichgradig integrierbar, wenn es eine konvexe Funktion $\phi : \mathbb{R}_+ \to \mathbb{R}_+$ gibt, so dass*

$$\lim_{t\to\infty} \frac{\phi(t)}{t} = \infty \quad \textit{und} \quad \sup_{\lambda\in I} \mathbb{E}\phi(|X_\lambda|) < \infty.$$

Die Richtung „$\Leftarrow$“ ist einfach zu zeigen, „$\Rightarrow$“ ist deutlich aufwendiger, vgl. [MIMS, Kapitel 22, S. 266]. In Satz 7.4.a verwenden wir die konvexe Funktion $\phi(t) = t^p$, $p > 1$.

Für spätere Anwendungen, aber auch um das Gegenbeispiel 7.5 besser verstehen zu können, beweisen wir eine „optimale“ Version des Satzes von der dominierten Konvergenz (Satz 7.9). Wir beginnen mit einigen Vorbereitungen.

7.7 Scholium (Konvergenz in Wahrscheinlichkeit[4]). Es sei $(X_n)_{n\in\mathbb{N}}$ eine Folge von ZV, die alle auf demselben W-Raum $(\Omega, \mathscr{A}, \mathbb{P})$ definiert sind. Wir sagen, dass X_n *gegen eine ZV X in Wahrscheinlichkeit* (auch: *stochastisch*) *konvergiert*, wenn

$$\forall \epsilon > 0 \ : \ \lim_{n\to\infty} \mathbb{P}(|X_n - X| > \epsilon) = 0.$$

Wir verwenden die Notation $X_n \xrightarrow{\mathbb{P}} X$.

Mit Hilfe der Markov Ungleichung [MI, Korollar 10.5] sieht man schnell, dass $\mathbb{P}$-Konvergenz sowohl aus der L^p-Konvergenz als auch aus der f.s. Konvergenz folgt. Umgekehrt gilt, dass eine $\mathbb{P}$-konvergente Folge eine f.s. konvergente Teilfolge besitzt.

7.8 Lemma. *Es seien $X, X_i : \Omega \to \mathbb{R}$, $i \in \mathbb{N}$, ZV mit $X_i \xrightarrow{\mathbb{P}} X$. Dann gilt*

$$f(X_i) \xrightarrow[i\to\infty]{L^1} f(X)$$

für alle gleichmäßig stetigen $f \in C_b(\mathbb{R})$.

Mit einem etwas komplizierteren Beweis kann man Lemma 7.8 für beliebige $f \in C_b(\mathbb{R})$ zeigen, vgl. [WT, Satz 9.7].

Beweis von Lemma 7.8. Es sei $f \in C_b(\mathbb{R})$ gleichmäßig stetig. Für jedes ϵ gibt es daher ein $\delta > 0$, so dass

$$|f(x) - f(y)| \leqslant \epsilon \quad \text{für alle } |x - y| \leqslant \delta.$$

---

4 Wenn Sie den Begriff der Konvergenz in Wahrscheinlichkeit nicht kennen, sollten Sie den Anhang A.1 oder [WT, Kapitel 9] lesen.

Daher gilt

$$\begin{aligned}\mathbb{E}|f(X_i)-f(X)| &= \int_{\{|X_i-X|\leqslant\delta\}} \underbrace{|f(X_i)-f(X)|}_{\leqslant\epsilon}\,d\mathbb{P} + \int_{\{|X_i-X|>\delta\}} |f(X_i)-f(X)|\,d\mathbb{P}\\ &\leqslant \epsilon + 2\|f\|_\infty \mathbb{P}(|X_i-X|>\delta) \xrightarrow[i\to\infty]{} \epsilon.\end{aligned}$$

Weil ϵ frei gewählt werden kann, folgt die Behauptung. □

7.9 Satz (Vitali). *Es sei $(X_i)_{i\in\mathbb{N}} \subset L^1$ eine Folge von reellen ZV, die in Wahrscheinlichkeit gegen eine ZV X konvergiert. Dann sind folgende Aussagen äquivalent.*

a) *$(X_i)_{i\in\mathbb{N}}$ ist gleichgradig integriebar.*
b) *$X_i \xrightarrow{L^1} X$; insbesondere gilt dann $X \in L^1$.*
c) *$\mathbb{E}|X_i| \xrightarrow{i\to\infty} \mathbb{E}|X| < \infty$.*

Beweis. a)⇒b): Die Funktion $\chi_n(x) := (-n) \vee (x \wedge n)$ ist offensichtlich gleichmäßig stetig und beschränkt (vgl. Abb. 7.1). Weiterhin gilt $|x - \chi_n(x)| \leqslant |x|\mathbb{1}_{\{|x|\geqslant n\}}$, und wir

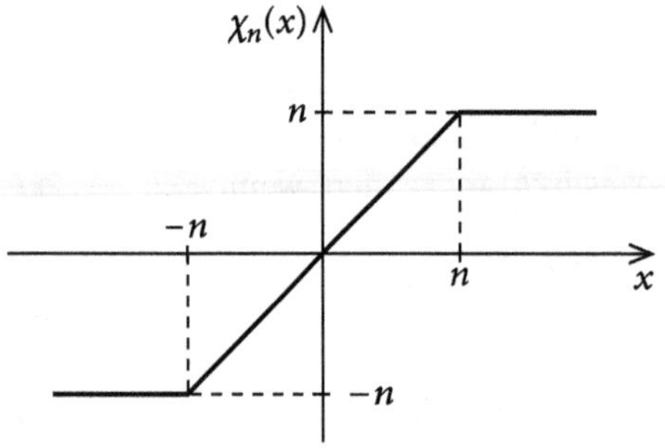

Abb. 7.1: Die Funktion $\chi_n(x) := (-n) \vee (x \wedge n)$.

erhalten für beliebige $i, k \in \mathbb{N}$

$$\begin{aligned}|X_i - X_k| &\leqslant |X_i - \chi_n(X_i)| + |\chi_n(X_i) - \chi_n(X_k)| + |\chi_n(X_k) - X_k|\\ &\leqslant |X_i|\cdot\mathbb{1}_{\{|X_i|\geqslant n\}} + |\chi_n(X_i) - \chi_n(X_k)| + |X_k|\cdot\mathbb{1}_{\{|X_k|\geqslant n\}}.\end{aligned}$$

Indem wir auf beiden Seiten den Erwartungswert bilden, ergibt sich

$$\begin{aligned}\mathbb{E}|X_i - X_k| &\leqslant 2\sup_{l\in\mathbb{N}} \mathbb{E}\left(|X_l|\cdot\mathbb{1}_{\{|X_l|\geqslant n\}}\right) + \mathbb{E}|\chi_n(X_i) - \chi_n(X_k)|\\ &\xrightarrow[\text{Lemma 7.8}]{i,k\to\infty} \underbrace{2\sup_{l\in\mathbb{N}} \mathbb{E}\left(|X_l|\cdot\mathbb{1}_{\{|X_l|\geqslant n\}}\right)}_{\to 0 \text{ für } n\to\infty \text{ wg. ggi}} + \underbrace{\mathbb{E}|\chi_n(X) - \chi_n(X)|}_{=0}.\end{aligned}$$

Weil die Familie $(X_i)_{i\in\mathbb{N}}$ gleichgradig integrierbar ist, konvergiert der erste Ausdruck auf der rechten Seite für $n\to\infty$ gegen 0, und wir erhalten $\limsup_{i,k\to\infty}\mathbb{E}|X_i - X_k| = 0$. Das zeigt, dass $(X_i)_{i\in\mathbb{N}}$ eine L^1-Cauchyfolge ist, und auf Grund der Vollständigkeit von L^1 existiert der Grenzwert $Y = L^1\text{-}\lim_{i\to\infty} X_i$; insbesondere gilt dann $X_i \to Y$

in Wahrscheinlichkeit. Weil $\mathbb{P}$-Limiten eindeutig sind, ist $X = Y$ f.s. und wir haben $X = L^1\text{-}\lim_{i\to\infty} X_i$.

b)⇒c): folgt sofort aus der Dreiecksungleichung im Raum L^1.

c)⇒a): Für $S > 0$ konstruieren wir eine stetige Funktion ψ_S mit der Eigenschaft, dass $\mathbb{1}_{[-S+1,S-1]} \leqslant \psi_S \leqslant \mathbb{1}_{[-S,S]}$, z.B. wie in Abb. 7.2. Weiterhin seien $f_S(x) := |x|\psi_S(x)$ und $\epsilon > 0$ fest gewählt.

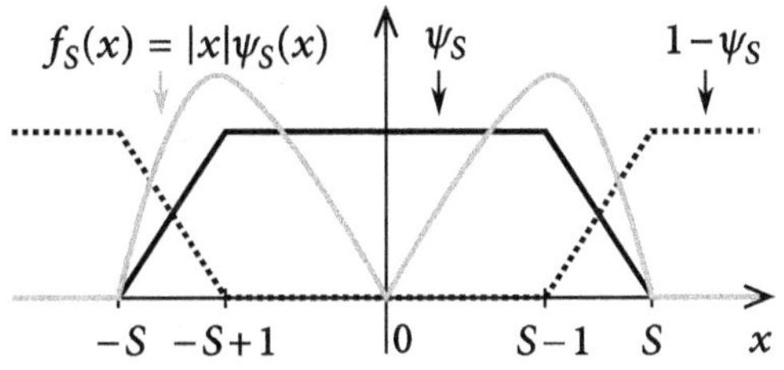

Abb. 7.2: Darstellung der Funktionen $\psi_S(x)$ und $f_S(x) = |x|\psi_S(x)$.

1° Weil $f_S(x) \leqslant |x|$ ist, können wir dominierte Konvergenz verwenden und sehen

$$\lim_{S\to\infty} \int f_S(X)\,d\mathbb{P} = \mathbb{E}|X| \implies \exists S_\epsilon > 0 \quad \forall S \geqslant S_\epsilon \;:\; 0 \leqslant \mathbb{E}|X| - \int f_S(X)\,d\mathbb{P} \leqslant \epsilon.$$

2° Wir wählen nun $S = S_\epsilon$. Als stetige Funktion mit kompaktem Träger ist f_S gleichmäßig stetig. Gemäß Lemma 7.8 gilt $\lim_{i\to\infty} \int f_S(X_i)\,d\mathbb{P} = \int f_S(X)\,d\mathbb{P}$, und weil wir nach Voraussetzung $\lim_{i\to\infty} \mathbb{E}|X_i| = \mathbb{E}|X|$ haben, folgt

$$\exists N_\epsilon = N(\epsilon, S_\epsilon) \quad \forall i \geqslant N_\epsilon \;:\; \mathbb{E}|X_i| - \int f_S(X_i)\,d\mathbb{P} \leqslant \epsilon + \mathbb{E}|X| - \int f_S(X)\,d\mathbb{P} \leqslant 2\epsilon.$$

3° Für $R > S = S_\epsilon$ und $i \geqslant N_\epsilon$ gilt

$$\int_{\{|X_i|>R\}} |X_i|\,d\mathbb{P} \leqslant \int (1 - \psi_S(X_i))|X_i|\,d\mathbb{P} = \mathbb{E}|X_i| - \int f_S(X_i)\,d\mathbb{P} \leqslant 2\epsilon,$$

und somit

$$\limsup_{R\to\infty} \sup_{i\geqslant N_\epsilon} \int_{\{|X_i|>R\}} |X_i|\,d\mathbb{P} \leqslant 2\epsilon.$$

4° Da $X_1, X_2, \ldots, X_{N_\epsilon-1} \in L^1(\mathbb{P})$, sehen wir mit dem Satz von der dominierten Konvergenz, dass

$$\lim_{R\to\infty} \max_{i<N_\epsilon} \int_{\{|X_i|>R\}} |X_i|\,d\mathbb{P} = 0 \overset{3°}{\implies} \limsup_{R\to\infty} \sup_{i\in\mathbb{N}} \int_{\{|X_i|>R\}} |X_i|\,d\mathbb{P} \leqslant 2\epsilon.$$

Weil $\epsilon > 0$ beliebig ist, folgt a). □

Mit Hilfe von Vitalis Konvergenzsatz 7.9 können wir das Hauptresultat dieses Kapitels zeigen.

7.10 Satz (Konvergenz von ggi Martingalen). *Es sei* $(X_n, \mathscr{F}_n)_{n\in\mathbb{N}_0}$ *ein [Sub-]Martingal. Dann sind folgende Aussagen äquivalent:*

a) $(X_n)_{n\in\mathbb{N}_0}$ *ist gleichgradig integrierbar.*

b) $X_\infty = \lim_{n\to\infty} X_n$ *existiert f.s. und in* L^1 *für ein* $X_\infty \in L^1(\mathscr{F}_\infty)$.

c) $(X_n, \mathscr{F}_n)_{n\in\mathbb{N}_0\cup\{\infty\}}$ *ist ein [Sub-]Martingal und es gilt* $\lim_{n\to\infty} \mathbb{E}X_n = \mathbb{E}X_\infty$. *Insbesondere ist* $X_n \leqslant \mathbb{E}(X_\infty \mid \mathscr{F}_n)$, $n \in \mathbb{N}_0$; *für Martingale gilt „=".*

Beweis. a)⇔b): Sowohl die gleichgradige Integrierbarkeit als auch die L^1-Konvergenz implizieren $\sup_{n\in\mathbb{N}_0} \mathbb{E}|X_n| < \infty$ [✍], vgl. Aufg. 7.1(a). Nach dem Martingalkonvergenzsatz 5.3 existiert daher der f.s. Grenzwert $X_\infty := \lim_{n\to\infty} X_n$ und X_∞ ist eine $\mathscr{F}_\infty$-messbare ZV; weil der f.s. Grenzwert auch ein Grenzwert in Wahrscheinlichkeit ist, folgt die Äquivalenz von a) und b) aus Vitalis Satz 7.9.

b)⇒c): Für festes n, alle $F \in \mathscr{F}_n$ und $N > n$ gilt

$$\int_F X_n \, d\mathbb{P} \overset{\text{sub-MG}}{\leqslant} \int_F X_N \, d\mathbb{P} \xrightarrow[N\to\infty]{} \int_F X_\infty \, d\mathbb{P},$$

wobei wir für Martingale sogar Gleichheit haben. Im letzten Schritt verwenden wir, dass wegen $X_N \xrightarrow{L^1} X_\infty$ insbesondere

$$|\mathbb{E}[X_N \mathbb{1}_F] - \mathbb{E}[X_\infty \mathbb{1}_F]| \leqslant \mathbb{E}\,|X_N \mathbb{1}_F - X_\infty \mathbb{1}_F| \leqslant \mathbb{E}|X_N - X_\infty| \xrightarrow[N\to\infty]{} 0, \quad F \in \mathscr{F}_n,$$

ergibt. Der erste Teil der Behauptung c) folgt nun aus den Definitionen 3.2 und 2.1. Für $F = \Omega$ erhalten wir außerdem $\lim_{n\to\infty} \mathbb{E}X_n = \mathbb{E}X_\infty$.

c)⇒a): Für Martingale folgt die Behauptung unmittelbar aus Lemma 7.3.b.

Für Submartingale müssen wir etwas aufwendiger argumentieren.[5] Nach Voraussetzung gilt $\lim_{n\to\infty} \mathbb{E}X_n = \mathbb{E}X_\infty$, d.h.

$$\forall \epsilon > 0 \quad \exists m = m(\epsilon) \in \mathbb{N} \quad \forall n \geqslant m \; : \; \mathbb{E}X_n \geqslant \mathbb{E}X_\infty - \epsilon. \tag{7.2}$$

Nun sei $R > 0$ fest gewählt. Für alle $n \geqslant m = m(\epsilon)$ gilt

$$\begin{aligned}
\int_{\{|X_n|>R\}} |X_n| \, d\mathbb{P} &= \int_{\{X_n<-R\}} (-X_n) \, d\mathbb{P} + \int_{\{X_n>R\}} X_n \, d\mathbb{P} \\
&= \int_{\{X_n\geqslant -R\}} X_n \, d\mathbb{P} - \mathbb{E}X_n + \int_{\{X_n>R\}} X_n \, d\mathbb{P} \\
&\underset{(7.2)}{\overset{\text{Sub-MG}}{\leqslant}} \int_{\{X_n\geqslant -R\}} X_\infty \, d\mathbb{P} - \mathbb{E}X_\infty + \epsilon + \int_{\{X_n>R\}} X_\infty \, d\mathbb{P}
\end{aligned}$$

5 Vergleichen Sie den folgenden Beweis mit dem Beweis von Lemma 7.3.b.

$$
\begin{aligned}
&\leqslant \int_{\{|X_n|>R\}} |X_\infty|\,d\mathbb{P} + \epsilon \\
&= \int_{\{|X_n|>R\}\cap\{|X_\infty|>R/2\}} |X_\infty|\,d\mathbb{P} + \int_{\{|X_n|>R\}\cap\{|X_\infty|\leqslant R/2\}} |X_\infty|\,d\mathbb{P} + \epsilon \\
&\leqslant \int_{\{|X_\infty|>R/2\}} |X_\infty|\,d\mathbb{P} + \frac{1}{2}\int_{\{|X_n|>R\}} |X_n|\,d\mathbb{P} + \epsilon.
\end{aligned}
$$

Für die letzte Ungleichung beachten wir, dass auf der Menge $\{|X_n| > R\} \cap \{|X_\infty| \leqslant R/2\}$ die Abschätzung $|X_\infty| \leqslant \frac{1}{2}R < \frac{1}{2}|X_n|$ gilt. Durch Umstellen ergibt sich

$$
\sup_{n\geqslant m(\epsilon)} \int_{\{|X_n|>R\}} |X_n|\,d\mathbb{P} \leqslant 2\int_{\{|X_\infty|>R/2\}} |X_\infty|\,d\mathbb{P} + 2\epsilon.
$$

Mit Hilfe des Satzes von der dominierten Konvergenz können wir ein $R = R(\epsilon)$ finden, so dass

$$
\int_{\{|X_\infty|>R/2\}} |X_\infty|\,d\mathbb{P} \leqslant \epsilon \quad \text{und} \quad \forall 0 \leqslant i < m(\epsilon) : \int_{\{|X_i|>R\}} |X_i|\,d\mathbb{P} \leqslant \epsilon.
$$

Insgesamt gilt dann

$$
\sup_{n\in\mathbb{N}} \int_{\{|X_n|>R\}} |X_n|\,d\mathbb{P} \leqslant 4\epsilon \quad \text{für alle } R \geqslant R_\epsilon,
$$

und die Behauptung folgt. □

Gleichgradige Integrierbarkeit und *optional stopping*

Mit Hilfe des Begriffs der gleichgradigen Integrierbarkeit können wir im *optional stopping theorem* von Doob (Satz 4.10) auf die Voraussetzung der Beschränktheit der Stoppzeiten verzichten.

7.11 Satz (optional stopping). *Es seien $(X_n, \mathscr{F}_n)_{n\in\mathbb{N}_0}$ ein gleichgradig integrierbares Submartingal und S, T nicht notwendig endliche Stoppzeiten mit $\mathbb{P}(S \leqslant T \leqslant \infty) = 1$. Dann sind $X_S, X_T \in L^1$ und es gilt*

$$
\mathbb{E}(X_T \mid \mathscr{F}_S) \geqslant X_S. \tag{7.3}
$$

Insbesondere gilt für $S = 0$ die Ungleichung $\mathbb{E}X_T \geqslant \mathbb{E}X_0$. Wenn $(X_n)_{n\in\mathbb{N}_0}$ ein gleichgradig integrierbares Martingal ist, dann gelten diese Aussagen mit „=“ an Stelle von „$\geqslant$“.

Beweis. Zunächst bemerken wir, dass $(X_n)_{n\in\mathbb{N}_0\cup\{\infty\}}$ und $(X_n^+)_{n\in\mathbb{N}_0}$ Submartingale sind, vgl. Satz 7.10 bzw. Satz 3.5. Nach Satz 4.4 ist dann auch $(X_{n\wedge T}^+, \mathscr{F}_n)_{n\in\mathbb{N}_0}$ ein Submartingal. Weiterhin gilt

$$
\mathbb{E}|X_{n\wedge T}| = 2\mathbb{E}X_{n\wedge T}^+ - \mathbb{E}X_{n\wedge T} \overset{\text{sub-MG}}{\leqslant} 2\mathbb{E}X_n^+ - \mathbb{E}X_0 \leqslant 3\sup_{n\in\mathbb{N}_0} \mathbb{E}|X_n| \overset{\text{ggi}}{<} \infty.
$$

Weil $(X_n)_{n\in\mathbb{N}_0}$ gleichgradig integrierbar ist, ist dieses Supremum endlich. Mit Hilfe des Fatouschen Lemmas folgt

$$\mathbb{E}|X_T| = \mathbb{E}\left(\liminf_{n\to\infty}|X_{n\wedge T}|\right) \leqslant \liminf_{n\to\infty}\mathbb{E}\left(|X_{n\wedge T}|\right) \leqslant 3\sup_{n\in\mathbb{N}_0}\mathbb{E}|X_n| < \infty.$$

Also haben wir $X_T \in L^1(\mathbb{P})$, und ganz analog folgt $X_S \in L^1(\mathbb{P})$.

Die Abschätzungen

$$|X_{n\wedge T}| = |X_n\mathbb{1}_{\{T\geqslant n\}} + X_T\mathbb{1}_{\{T<n\}}| \leqslant |X_n| + |X_T| \quad \text{und analog} \quad |X_{n\wedge S}| \leqslant |X_n| + |X_S|$$

sowie die gleichgradige Integrierbarkeit der Familie $(X_n)_{n\in\mathbb{N}_0}$ und $X_S, X_T \in L^1$ zeigen, dass $(X_{n\wedge T})_{n\in\mathbb{N}_0}$ und $(X_{n\wedge S})_{n\in\mathbb{N}_0}$ gleichgradig integrierbar sind [✍] (Aufg. 7.8). Daher folgt aus Satz 7.10, dass

$$X_{n\wedge T} \xrightarrow{L^1} X_T \quad \text{und} \quad X_{n\wedge S} \xrightarrow{L^1} X_S. \tag{7.4}$$

Für alle $F \in \mathscr{F}_S$ und $k \leqslant n \in \mathbb{N}_0$ gilt

$$F \cap \{S \leqslant k\} \in \mathscr{F}_k \subset \mathscr{F}_n \quad \text{und} \quad F \cap \{S \leqslant k\} \in \mathscr{F}_S.$$

Wegen Bemerkung 4.9.d wissen wir auch $F \cap \{S \leqslant k\} \in \mathscr{F}_S \cap \mathscr{F}_n = \mathscr{F}_{n\wedge S}$, und daher können wir Satz 4.10.d verwenden:

$$\int_{F\cap\{S\leqslant k\}} X_T\,d\mathbb{P} \overset{(7.4)}{=} \lim_{n\to\infty}\int_{F\cap\{S\leqslant k\}} X_{n\wedge T}\,d\mathbb{P} \overset{4.10.d}{\geqslant} \lim_{n\to\infty}\int_{F\cap\{S\leqslant k\}} X_{n\wedge S}\,d\mathbb{P} \overset{(7.4)}{=} \int_{F\cap\{S\leqslant k\}} X_S\,d\mathbb{P}.$$

Indem wir den Grenzwert $k \to \infty$ bilden, erhalten wir $\int_F X_T\,d\mathbb{P} \geqslant \int_F X_S\,d\mathbb{P}$ für alle $F \in \mathscr{F}_S$. □

7.12 ♦ Bemerkung. Wenn wir in (7.3) $X'_S := X_S\mathbb{1}_{\{S<\infty\}}$ und $X'_T := X_T\mathbb{1}_{\{T<\infty\}}$ betrachten, können wir die Voraussetzungen von Satz 7.11 weiter abschwächen und die gleichgradige Integrierbarkeit durch die Forderungen

$$X'_S, X'_T \in L^1 \quad \text{und} \quad \liminf_{n\to\infty}\int |X_n|\mathbb{1}_{\{T>n\}}\,d\mathbb{P} = 0 \tag{7.5}$$

ersetzen. Dazu argumentieren wir wie im Beweis des Satzes: Für $k \leqslant n$ und $F \in \mathscr{F}_S$ ist $F \cap \{S \leqslant k\} \in \mathscr{F}_{n\wedge S}$ und es gilt

$$\begin{aligned}\int_{F\cap\{S\leqslant k\}} X_S\,d\mathbb{P} &\overset{k\leqslant n}{=} \int_{F\cap\{S\leqslant k\}} X_{n\wedge S}\,d\mathbb{P} \overset{4.10}{\leqslant} \int_{F\cap\{S\leqslant k\}} X_{n\wedge T}\,d\mathbb{P} \\ &\leqslant \int_{F\cap\{S\leqslant k\}} X_T\mathbb{1}_{\{T\leqslant n\}}\,d\mathbb{P} + \int_{F\cap\{S\leqslant k\}} X_n\mathbb{1}_{\{T>n\}}\,d\mathbb{P}.\end{aligned}$$

Nach Voraussetzung konvergiert das zweite Integral auf der r.S. für $n \to \infty$ gleichmäßig in F und k nach Null, während das erste Integral für $n \to \infty$ wegen dominierter Konvergenz (Majorante $|X'_T|$) gegen $\int_{F\cap\{S\leqslant k\}\cap\{T<\infty\}} X_T\,d\mathbb{P} = \int_{F\cap\{S\leqslant k\}} X'_T\,d\mathbb{P}$ strebt. Die Behauptung folgt, wenn wir den Grenzwert $k \to \infty$ bilden.

Rückwärtsmartingale und gleichgradige Integrierbarkeit

In Kapitel 5, S. 47 haben wir „Rückwärtsmartingale" betrachtet, d.h. Martingale $(X_\nu, \mathscr{F}_\nu)_{\nu\in-\mathbb{N}_0}$ mit „nach links laufender" Indexmenge und der Filtration

$$\mathscr{F}_{-\infty} := \bigcap_{\mu\in-\mathbb{N}_0} \mathscr{F}_\mu \subset \cdots \subset \mathscr{F}_{\nu-1} \subset \mathscr{F}_\nu \subset \cdots \subset \mathscr{F}_{-1} \subset \mathscr{F}_0.$$

Weil für ein Rückwärtsmartingal $X_\nu = \mathbb{E}(X_0 \mid \mathscr{F}_\nu)$, $\nu \in -\mathbb{N}_0$, gilt, zeigt Lemma 7.3.b, dass $(X_\nu)_{\nu\in-\mathbb{N}_0}$ **ohne weitere Voraussetzungen** gleichgradig integrierbar ist. Daher verallgemeinert Vitalis Konvergenzsatz 7.9 die f.s. Konvergenz von Rückwärsmartingalen (Korollar 5.7).

7.13 Satz (L^1-Konvergenzsatz für Rückwärtsmartingale). *Für ein Rückwärtsmartingal $(X_\nu, \mathscr{F}_\nu)_{\nu\in-\mathbb{N}_0}$ existiert der Grenzwert $X_{-\infty} = \lim_{\nu\to-\infty} X_\nu$ f.s. und in L^1. Insbesondere gilt $X_{-\infty} = \mathbb{E}(X_\nu \mid \mathscr{F}_{-\infty})$ f.s. für alle $\nu \in -\mathbb{N}_0$.*

Beweis. Wir müssen nur noch die letzte Aussage zeigen. Für $F \in \mathscr{F}_{-\infty} \subset \mathscr{F}_\nu$ und $\nu \in -\mathbb{N}_0$ gilt

$$\int_F X_{-\infty}\,d\mathbb{P} \overset{L^1\text{-Konv.}}{=} \lim_{\mu\to-\infty} \int_F X_\mu\,d\mathbb{P} \underset{\text{MG}}{\overset{\mathscr{F}_\mu\subset\mathscr{F}_\nu}{=}} \lim_{\mu\to-\infty} \int_F X_\nu\,d\mathbb{P} = \int_F X_\nu\,d\mathbb{P};$$

die Behauptung folgt aus der Definition der bedingten Erwartung, Definition 2.1. □

Wir werden im nächsten Kapitel einigen Anwendungen von Satz 7.13 begegnen.

Die L^1-Konvergenz bzw. gleichgradige Integrierbarkeit von Rückwärts-Submartingalen ist schwieriger zu beweisen. Die Situation (und Beweismethode) ist vergleichbar mit der von Satz 7.10, Schritt c)⇒a).

7.14 ♦ Satz (L^1-Konvergenzsatz für Rückwärts-Submartingale). *Es sei $(X_\nu, \mathscr{F}_\nu)_{\nu\in-\mathbb{N}_0}$ ein Rückwärts-Submartingal.*

a) *$X_{-\infty} = \lim_{\nu\to-\infty} X_\nu \in \mathbb{R}$ existiert f.s.*
b) *Wenn $\sup_{\nu\in-\mathbb{N}_0} \mathbb{E}|X_\nu| < \infty$, dann gilt*

$$X_{-\infty} = L^1\text{-}\lim_{\nu\to-\infty} X_\nu \quad \textit{und} \quad X_{-\infty} \leqslant \mathbb{E}(X_\nu \mid \mathscr{F}_{-\infty}) \textit{ für alle } \nu \in -\mathbb{N}_0.$$

Beweis. Behauptung a) folgt aus Korollar 5.7, den zweiten Teil von b) zeigt man wie die entsprechende Aussage in Satz 7.13.

Für die L^1-Konvergenz verwenden wir Vitalis Konvergenzsatz 7.9, d.h. wir müssen die gleichgradige Integrierbarkeit von $(X_\nu)_{\nu\in-\mathbb{N}_0}$ zeigen. Zunächst bemerken wir, dass

$$\sup_{\nu\in-\mathbb{N}_0} \mathbb{E}|X_\nu| < \infty \iff \lim_{\mu\to-\infty} \mathbb{E}X_\mu > -\infty.$$

Das folgt sofort aus

$$|\mathbb{E}X_\nu| \leqslant \mathbb{E}|X_\nu| = 2\mathbb{E}X_\nu^+ - \mathbb{E}X_\nu \overset{(*)}{\leqslant} 2\mathbb{E}X_0^+ - \mathbb{E}X_\nu \overset{(**)}{\leqslant} 2\mathbb{E}X_0^+ - \lim_{\nu\to-\infty} \mathbb{E}X_\nu,$$

weil $(*)$ $(X_\nu^+)_{\nu\in-\mathbb{N}_0}$ wieder ein Rückwärts-Submartingal ist – vgl. Satz 3.5.d – und $(**)$ $\mathbb{E}X_\mu$ für $\mu\downarrow-\infty$ monoton fällt. Daher erhalten wir

$$\forall\epsilon>0\quad\exists\mu=\mu_\epsilon\quad\forall\nu\leqslant\mu\;:\;\mathbb{E}X_\nu\geqslant\mathbb{E}X_\mu-\epsilon.$$

Die gleichgradige Integrierbarkeit der Familie $(X_\nu)_{\nu\in-\mathbb{N}_0}$ folgt fast wörtlich wie im Beweis von Satz 7.10 „c)⇒a)," wobei X_μ die Rolle von X_∞ übernimmt. □

Aufgaben

1. Es seien $(X_i)_{i\in I}$ und $(Y_i)_{i\in I}$ zwei Familien von Zufallsvariablen und $J\subset I$. Zeigen Sie:
   (a) $(X_i)_{i\in I}$ ggi $\implies$ $\sup_{i\in I}\mathbb{E}(|X_i|)<\infty$;
   (b) $(X_i)_{i\in I}$ ggi $\implies$ $(X_i)_{i\in I\setminus J}$ ggi;
   (c) $X_1,\dots,X_n\in L^1$ $\implies$ $\{X_1,\dots,X_n\}$ ggi;
   (d) $(X_i)_{i\in I},(Y_i)_{i\in I}$ ggi $\implies$ $\{X_i,Y_i\;:\;i\in I\}$ und $\{X_i+Y_i\;:\;i\in I\}$ ggi;
   (e) $(X_i)_{i\in I}$ ggi $\implies$ $\{tX_i+(1-t)Y_i\;:\;i\in I,t\in(0,1)\}$ ggi;
   (f) Der L^1-Abschluss der Menge auf der rechten Seite von (e) ist ggi;
   (g) $(Y_i)_{i\in I}$ ggi und $|X_i|\leqslant Y_i$ für alle $i\in I$ $\implies$ $(X_i)_{i\in I}$ ggi.
2. Warum ist die Familie $(X_n)_{n\in\mathbb{N}}$ aus Beispiel 7.5 nicht ggi?
3. Es sei $(X_i)_{i\in I}$ eine Familie von Zufallsvariablen und $\phi\;:\;[0,\infty)\to\mathbb{R}$ eine konvexe, wachsende Funktion mit $\lim_{x\to\infty}\phi(x)/x=\infty$. Zeigen Sie, dass aus $\sup_{i\in I}\mathbb{E}(\phi(|X_i|))<\infty$ die gleichgradige Integrierbarkeit von $(X_i)_{i\in I}$ folgt.
   Hinweis. O.B.d.A. ist $\phi(0)=0$; dann gilt $\phi(a)/a\leqslant\phi(b)/b$, $a<b$.
4. Es seien $\xi_1,\xi_2,\xi_3,\dots$ unabhängige, positive ZV. Weiter sei $\mathscr{F}_n=\sigma(\xi_1,\dots,\xi_n)$ und $\mathbb{E}\xi_n=1$, $n\in\mathbb{N}$. Wir setzen $M_0=1$, $M_n=\xi_1\cdot\ldots\cdot\xi_n$. Zeigen Sie:
   (a) $(M_n,\mathscr{F}_n)_{n\in\mathbb{N}_0}$ ist ein Martingal und $M_\infty=\lim_n M_n$ existiert f.s.
   (b) Folgende Aussagen sind äquivalent;
   $$\mathbb{E}M_\infty=1\iff M_n\xrightarrow{L^1}M_\infty\iff(M_n)_{n\in\mathbb{N}_0}\text{ ist ggi.}$$
   (c) Nun seien die ξ_i iid ZV mit $\mathbb{P}(\xi_i=0)=\mathbb{P}(\xi_i=2)=\frac{1}{2}$. Zeigen Sie, dass es keine ZV M und keine Filtration $(\mathscr{F}_n)_n$ geben kann, für die $\mathbb{E}(M\mid\mathscr{F}_n)=M_n$ gilt.
5. Es seien $(\xi_n)_{n\in\mathbb{N}}$ iid ZV mit $\mathbb{P}(\xi_1=\pm1)=\frac{1}{2}$. Zeigen Sie: $X_n:=\xi_1+\dots+\xi_n$, $\mathscr{F}_n=\sigma(\xi_1,\dots,\xi_n)$ ist ein Martingal, das nicht gleichgradig integrierbar ist.
6. Formulieren Sie den Satz von der dominierten Konvergenz und erklären Sie, warum dieser im Satz von Vitali enthalten ist.
7. Zeigen Sie: $(X_n)_{n\in\mathbb{N}_0}$ Super-MG, $X_n\xrightarrow{L^1}Z$, dann ist $(X_n)_{n\in\mathbb{N}_0}\cup\{Z\}$ wieder ein Super-MG.
8. Es sei T eine Stoppzeit und $(X_n,\mathscr{F}_n)_{n\in\mathbb{N}_0}$ eine adaptierte Familie von ZV, die ggi ist. Weiter sei $T<\infty$ f.s. und es gelte $X_T\in L^1$. Zeigen Sie, dass $(X_{n\wedge T})_{n\in\mathbb{N}_0}$ ggi ist.
9. Es seien S,T f.s. endliche Stoppzeiten, $S\leqslant T$ und $(X_n,\mathscr{F}_n)_{n\in\mathbb{N}_0}$ ein ggi Sub-MG. Zeigen Sie, dass die Bedingungen (7.5) gelten.
10. Der Beweis von Satz 7.11 kann für Martingale etwas vereinfacht werden. Untersuchen Sie, an welcher Stelle das möglich ist.
11. Es sei $(X_n,\mathscr{F}_n)_{n\in\mathbb{N}_0}$ ein Martingal oder ein positives Submartingal und $\mathscr{S}$ die Familie aller $\mathscr{F}_t$-Stoppzeiten. Zeigen Sie, dass für jedes n die Familie $\{X_{n\wedge S}\;:\;S\in\mathscr{S}\}$ ggi ist.

8 ♦Einige klassische Resultate der W-Theorie

Ein zentrales Thema der Wahrscheinlichkeitstheorie ist das Studium von Summen $X_n = \xi_1 + \cdots + \xi_n$ unabhängiger ZV $(\xi_n)_{n\in\mathbb{N}}$, vgl. zum Beispiel [WT, Kapitel 10–13]. In diesem Kapitel werden wir einige wichtige Resultate mit Hilfe von Martingaltechniken beweisen. Oft können wir die Unabhängigkeit der ξ_n durch die Annahme ersetzen, dass $(X_n)_{n\in\mathbb{N}_0}$ ein Martingal ist, und erhalten weitgehende Verallgemeinerungen der klassischen Resultate. Für die Lektüre dieses Kapitels wird die Kenntnis der klassischen Resultate nicht vorausgesetzt.

8.1 Lévys Konvergenzsatz und Kolmogorovs 0-1–Gesetz

In Satz 7.10 haben wir gesehen, dass alle gleichgradig integrierbaren Martingale von der Form $X_n = \mathbb{E}(X \mid \mathscr{F}_n)$ sind. Der folgende Konvergenzsatz von Lévy macht eine Aussage über die Konvergenz „entlang der Filtration."

8.1 Satz (Lévy 1935). *Es seien $X \in L^1(\mathscr{A})$ eine integrierbare ZV, $(\mathscr{F}_n)_{n\in\mathbb{N}_0}$ eine Filtration und $\mathscr{F}_\infty = \sigma(\mathscr{F}_n, n \in \mathbb{N}_0)$. Dann gilt*

$$\lim_{n\to\infty} \mathbb{E}(X \mid \mathscr{F}_n) = \mathbb{E}(X \mid \mathscr{F}_\infty) \quad \textit{f.s. und in } L^1. \tag{8.1}$$

Beweis. Wir definieren $X_n := \mathbb{E}(X \mid \mathscr{F}_n)$, $n \in \mathbb{N}_0$, und $X_\infty := \mathbb{E}(X \mid \mathscr{F}_\infty)$. Dann ist $(X_n, \mathscr{F}_n)_{n\in\mathbb{N}_0}$ ein Martingal, das wegen Lemma 7.3.b gleichgradig integrierbar ist und daher nach Satz 7.10 f.s. und in L^1 gegen eine ZV $Y := \lim_{n\to\infty} X_n \in L^1(\mathscr{F}_\infty)$ konvergiert. Wir müssen noch $X_\infty = Y$ f.s. zeigen. Nach Definition gilt

$$\mathbb{E}(Y \mid \mathscr{F}_n) \overset{\text{Satz 7.10}}{=} X_n \overset{\text{Def.}}{=} \mathbb{E}(X \mid \mathscr{F}_n) \overset{\text{tower}}{=} \mathbb{E}\big(\underbrace{\mathbb{E}[X \mid \mathscr{F}_\infty]}_{=X_\infty} \mid \mathscr{F}_n\big).$$

Daher haben wir

$$\int_F Y \, d\mathbb{P} = \int_F X_\infty \, d\mathbb{P} \quad \text{für alle } F \in \mathscr{F}_n \text{ und } n \in \mathbb{N}_0, \text{ d.h. für alle } F \in \bigcup_{n\in\mathbb{N}_0} \mathscr{F}_n.$$

Weil $\bigcup_{n\in\mathbb{N}_0} \mathscr{F}_n$ ein $\cap$-stabiler Erzeuger von $\mathscr{F}_\infty$ ist, der Ω enthält, folgt mit Bemerkung 2.2

$$Y \overset{\text{Bem. 2.2}}{=} \mathbb{E}(X_\infty \mid \mathscr{F}_\infty) \overset{\mathscr{F}_\infty\text{-mb.}}{=} X_\infty \quad \text{f.s.} \qquad \square$$

Wenn wir Satz 8.1 auf die ZV $X = \mathbb{1}_F$ mit $F \in \mathscr{F}_\infty$ anwenden, erhalten wir Lévys 0-1–Gesetz.

8.2 Korollar (Lévy 1935; 0-1–Gesetz). *Es sei $(\mathscr{F}_n)_{n\in\mathbb{N}_0}$ eine Filtration. Für alle Mengen $F \in \mathscr{F}_\infty = \sigma(\mathscr{F}_n,\ n \in \mathbb{N}_0)$ gilt $\lim_{n\to\infty} \mathbb{P}(F \mid \mathscr{F}_n) = \mathbb{1}_F$ f.s.*

https://doi.org/10.1515/9783110350685-008

Auf den ersten Blick erscheint die Aussage von Korollar 8.2 sehr natürlich, weil wegen $\mathscr{F}_n \uparrow \mathscr{F}_\infty$ die $\mathscr{F}_\infty$-messbare ZV $\mathbb{1}_F$ aus den Projektionen $\mathbb{P}(F \mid \mathscr{F}_n) = \mathbb{E}(\mathbb{1}_F \mid \mathscr{F}_n)$ rekonstruiert werden kann.

Auf den zweiten Blick sagt das Korollar, dass der Grenzwert $\lim_{n\to\infty} \mathbb{P}(F \mid \mathscr{F}_n)$ f.s. nur die Werte „Null" oder „Eins" haben kann. Wenn zum Beispiel $F \in \mathscr{F}_\infty$ unabhängig von allen $\mathscr{F}_n$ ist, dann haben wir

$$\mathbb{P}(F) \overset{\text{unabh.}}{=} \lim_{n\to\infty} \underbrace{\mathbb{P}(F \mid \mathscr{F}_n)}_{=\mathbb{P}(F)} \overset{\text{Kor. 8.2}}{=} \mathbb{1}_F,$$

und es folgt, dass F entweder eine Nullmenge ist oder volles Maß hat.

8.3 Beispiel. Eine typische Situation, in der $F \in \mathscr{F}_\infty$ und $F \perp\!\!\!\perp \mathscr{F}_n$ für alle $n \in \mathbb{N}$ auftritt, ist die von einer Folge von unabhängigen ZV $(\xi_n)_{n\in\mathbb{N}}$ erzeugte *terminale σ-Algebra* (engl. *tail σ-algebra*)

$$\mathscr{G}_\infty := \bigcap_{n\in\mathbb{N}} \mathscr{G}_n \quad \text{wobei} \quad \mathscr{G}_n := \sigma(\xi_n, \xi_{n+1}, \dots).$$

Wegen der Unabhängigkeit der $(\xi_n)_{n\in\mathbb{N}}$ gilt $\mathscr{G}_{n+1} \perp\!\!\!\perp \sigma(\xi_1, \dots, \xi_n) = \mathscr{F}_n$ und somit $\mathscr{F}_\infty \supset \mathscr{G}_\infty \perp\!\!\!\perp \mathscr{F}_n$ für alle $n \in \mathbb{N}$.

Wenn wir Korollar 8.2 und Beispiel 8.3 kombinieren, erhalten wir das klassische Kolmogorovsche 0-1–Gesetz.

8.4 Satz (Kolmogorovsches 0-1–Gesetz). *Es seien $(\xi_n)_{n\in\mathbb{N}}$ unabhängige reelle ZV und F ein Element der terminalen σ-Algebra $\mathscr{G}_\infty$. Dann gilt $\mathbb{P}(F) = 0$ oder $\mathbb{P}(F) = 1$.*

8.2 Rückwärtsmartingale und Kolmogorovs L^1-SLLN

Wir beginnen mit dem Rückwärtskonvergenzsatz von Lévy, der die f.s. und L^1-Konvergenz von Rückwärtsmartingalen der Form $\mathbb{E}(X \mid \mathscr{F}_\nu)$ für eine absteigende Filtration $\mathscr{F}_0 \supset \mathscr{F}_{-1} \supset \mathscr{F}_{-2} \supset \cdots \supset \mathscr{F}_{-\infty} := \bigcap_{\nu\in-\mathbb{N}} \mathscr{F}_\nu$ behandelt.

8.5 Satz (Lévy; Rückwärtstheorem). *Es sei $X \in L^1(\mathscr{A})$ und $(\mathscr{F}_\nu)_{\nu\in-\mathbb{N}_0}$ eine Filtration. Dann gilt*

$$\lim_{\nu\to-\infty} \mathbb{E}(X \mid \mathscr{F}_\nu) = \mathbb{E}(X \mid \mathscr{F}_{-\infty}) \quad \textit{f.s. und in } L^1.$$

Beweis. Wir wenden den Konvergenzsatz für Rückwärtsmartingale (Satz 7.13) auf das (Rückwärts-)Martingal $(X_\nu)_{\nu\in-\mathbb{N}_0}$, $X_\nu := \mathbb{E}(X \mid \mathscr{F}_\nu)$ an, und erhalten für eine $\mathscr{F}_{-\infty}$-messbare ZV

$$X_{-\infty} = \lim_{\nu\to-\infty} X_\nu \quad \text{f.s. und in } L^1.$$

Außerdem gilt

$$X_{-\infty} \overset{\text{Satz 7.13}}{=} \mathbb{E}(X_0 \mid \mathscr{F}_{-\infty}) \overset{\text{Def.}}{=} \mathbb{E}(\mathbb{E}[X \mid \mathscr{F}_0] \mid \mathscr{F}_{-\infty}) \overset{\text{tower}}{=} \mathbb{E}(X \mid \mathscr{F}_{-\infty}). \qquad \square$$

Wir können nun einen Martingalbeweis für das Kolmogorovsche L^1-SLLN führen.

8.6 Satz (L^1-SLLN; Kolmogorov 1933). *Es seien $(\xi_n)_{n\in\mathbb{N}} \subset L^1(\mathscr{A})$ unabhängige, identisch verteilte ZV. Dann gilt*

$$\lim_{n\to\infty} \frac{1}{n}(\xi_1 + \cdots + \xi_n) = \mathbb{E}\xi_1 \quad f.s.$$

Beweis. Wir schreiben $S_n := \xi_1 + \cdots + \xi_n$. In Beispiel 5.8 haben wir gesehen, dass

$$X_{-n} := \frac{S_n}{n} \quad \text{und} \quad \mathscr{F}_{-n} := \sigma(S_n, \xi_{n+1}, \xi_{n+2}, \dots)$$

ein Rückwärtsmartingal ist. Daher existiert der Grenzwert

$$L = \lim_{n\to\infty} X_{-n} = \lim_{n\to\infty} \frac{S_n}{n} = \lim_{n\to\infty} \mathbb{E}(\xi_1 \mid \mathscr{F}_{-n})$$

in L^1 und f.s. Für die ZV L gilt

$$L = \underbrace{\lim_{n\to\infty} \frac{\xi_1 + \cdots + \xi_k}{n}}_{=0, \quad \text{für festes } k} + \lim_{n\to\infty} \frac{\xi_{k+1} + \xi_{k+2} + \cdots + \xi_n}{n}$$

d.h. L ist für alle $k \in \mathbb{N}$ messbar bezüglich $\mathscr{G}_{k+1} := \sigma(\xi_{k+1}, \xi_{k+2}, \dots)$, also $\mathscr{G}_\infty = \bigcap_{k\in\mathbb{N}} \mathscr{G}_k$-messbar. Weil $\mathscr{G}_\infty$ die terminale σ-Algebra ist, können wir Kolmogorovs 0-1–Gesetz anwenden, vgl. Beispiel 8.3, und folgern, dass L f.s. konstant ist. Mithin gilt

$$L = \mathbb{E}L = \mathbb{E}\xi_1 \quad \text{f.s.}$$

□

8.3 Das 0-1–Gesetz von Hewitt–Savage

Eine Folge von ZV $(X_n)_{n\in\mathbb{N}}$ heißt *permutierbar*, wenn die folgenden ZV

$$\mathbb{X} := (X_1, \dots, X_m, X_{m+1}, \dots) \quad \text{und} \quad \pi\mathbb{X} := (X_{\pi(1)}, \dots, X_{\pi(m)}, X_{m+1}, \dots)$$

für beliebige endliche Permutationen $\pi : \{1, \dots, m\} \to \{1, \dots, m\}$, $m \in \mathbb{N}$, dieselbe Verteilung haben, vgl. auch [WT, p. 110].

Eine Funktion $\phi : \mathbb{R}^{\mathbb{N}} \to \mathbb{R}$ heißt *symmetrisch*, wenn

$$\phi(x_1, \dots, x_m, x_{m+1}, \dots) = \phi(x_{\pi(1)}, \dots, x_{\pi(m)}, x_{m+1}, \dots), \qquad x_n \in \mathbb{R},$$

für alle endlichen Permutationen $\pi : \{1, \dots, m\} \to \{1, \dots, m\}$, $m \in \mathbb{N}$, gilt. Typische Beispiele für symmetrische Funktionen sind Ausdrücke der Art

$$\frac{1}{n}\sum_{i=1}^{n} x_i \quad \text{oder} \quad \sum_{i=1}^{\infty} x_i \quad \text{oder} \quad \#\{i \in \mathbb{N} : x_i \in B\}.$$

8.7 Satz (Hewitt & Savage). *Es sei $\mathbb{X} = (X_n)_{n\in\mathbb{N}}$ eine permutierbare Folge von iid ZV. Für jede messbare, beschränkte symmetrische Funktion $\phi : \mathbb{R}^{\mathbb{N}} \to \mathbb{R}$ ist die ZV $\phi(X_1, X_2, \dots)$ f.s. konstant.*
Zusatz. *Für symmetrische Funktionen $\phi = \mathbb{1}_\Gamma$, $\Gamma \in \mathscr{B}(\mathbb{R}^d)^{\otimes\mathbb{N}}$ gilt $\mathbb{P}(\mathbb{X} \in \Gamma) \in \{0, 1\}$.*

Beweis. Setze $\mathbb{X}_n := (X_1, \dots, X_n)$, $\mathbb{X}'_n := (X_{n+1}, \dots, X_{2n})$ und $\Phi := \phi(X_1, X_2, \dots)$. Weiterhin seien

$$\mathscr{F}_n := \sigma(X_1, \dots, X_n) = \sigma(\mathbb{X}_n) \quad \text{und} \quad \mathscr{G}_n := \sigma(X_{n+1}, X_{n+2}, \dots)$$

die von der Folge $(X_n)_{n\in\mathbb{N}}$ induzierte natürliche Filtration $(\mathscr{F}_n)_{n\in\mathbb{N}}$ bzw. die absteigende Familie $(\mathscr{G}_n)_{n\in\mathbb{N}_0}$ der *tail-σ*-Algebren. Offensichtlich ist dann

$$M_n := \mathbb{E}(\Phi \mid \mathscr{F}_n) \quad \text{und} \quad R_n := \mathbb{E}(\Phi \mid \mathscr{G}_n)$$

ein Martingal bzw. Rückwärtsmartingal, und wir wissen aus Satz 8.1 bzw. 8.5, dass die Grenzwerte $M_n \to \mathbb{E}(\Phi \mid \mathscr{F}_\infty)$ und $R_n \to \mathbb{E}(\Phi \mid \mathscr{G}_\infty)$ f.s. und in L^1 existieren. Aufgrund unserer Konstruktion ist Φ eine $\mathscr{F}_\infty$-messbare ZV und wegen des Kolmogorovschen 0-1–Gesetzes (Satz 8.4) gilt $\mathbb{E}(\Phi \mid \mathscr{G}_\infty) = \mathbb{E}\Phi$. Daher haben wir

$$\forall \epsilon > 0 \quad \exists N(\epsilon) \in \mathbb{N} \quad \forall n \geqslant N(\epsilon) : \mathbb{E}|M_n - \Phi| + \mathbb{E}|R_n - \mathbb{E}\Phi| \leqslant \epsilon. \tag{8.2}$$

Nun seien $\epsilon > 0$ und $n \geqslant N(\epsilon)$ fest gewählt. Mit dem Faktorisierungslemma Korollar A.11 können wir $M_n = \mathbb{E}(\Phi \mid \mathscr{F}_n)$ als Funktion $g : \mathbb{R}^n \to \mathbb{R}$ der ZV $\mathbb{X}_n$ schreiben, d.h. wir haben

$$\mathbb{E}\left|g(\mathbb{X}_n) - \phi(\mathbb{X}_n, \mathbb{X}'_n, X_{2n+1}, X_{2n+2}, \dots)\right| \leqslant \epsilon.$$

Weil die Folge $(X_n)_{n\in\mathbb{N}}$ permutierbar ist, gilt insbesondere

$$(\mathbb{X}_n, \mathbb{X}'_n, X_{2n+1}, X_{2n+2}, \dots) \sim (\mathbb{X}'_n, \mathbb{X}_n, X_{2n+1}, X_{2n+2}, \dots),$$

und wir erhalten

$$\mathbb{E}\left|g(\mathbb{X}'_n) - \phi(\mathbb{X}'_n, \mathbb{X}_n, X_{2n+1}, X_{2n+2}, \dots)\right| \leqslant \epsilon.$$

Weil ϕ symmetrisch ist, folgt $\phi(\mathbb{X}'_n, \mathbb{X}_n, X_{2n+1}, \dots) = \phi(\mathbb{X}_n, \mathbb{X}'_n, X_{2n+1}, \dots) = \Phi$, d.h.

$$\mathbb{E}\left|g(\mathbb{X}'_n) - \Phi\right| \leqslant \epsilon. \tag{8.3}$$

Die ZV $g(\mathbb{X}'_n)$ ist $\mathscr{G}_n$-messbar; daher erhalten wir mit der tower property

$$\begin{aligned} \mathbb{E}\left|g(\mathbb{X}'_n) - R_n\right| &= \mathbb{E}\left|\mathbb{E}(g(\mathbb{X}'_n) \mid \mathscr{G}_n) - \mathbb{E}(\Phi \mid \mathscr{G}_n)\right| \\ &\leqslant \mathbb{E}\left[\mathbb{E}\left(\left|g(\mathbb{X}'_n) - \Phi\right| \mid \mathscr{G}_n\right)\right] \\ &= \mathbb{E}\left|g(\mathbb{X}'_n) - \Phi\right| \overset{(8.3)}{\leqslant} \epsilon. \end{aligned} \tag{8.4}$$

Indem wir die Abschätzungen (8.2)–(8.4) kombinieren, folgt schließlich

$$\mathbb{E}|\Phi - \mathbb{E}\Phi| \leqslant \mathbb{E}|\Phi - g(\mathbb{X}'_n)| + \mathbb{E}|g(\mathbb{X}'_n) - R_n| + \mathbb{E}|R_n - \mathbb{E}\Phi| \leqslant 3\epsilon$$

für beliebige $\epsilon > 0$, und somit die Behauptung.

Der Zusatz folgt aus der Beobachtung, dass aufgrund der schon bewiesenen Aussage $\mathbb{P}(\mathbb{X} \in \Gamma) = \mathbb{E}\mathbb{1}_\Gamma(\mathbb{X}) \overset{\text{f.s.}}{=} \mathbb{1}_\Gamma(\mathbb{X}) \in \{0, 1\}$ gilt. □

8.4 Variationen zu einem Thema von Borel–Cantelli

Es sei $(A_n)_{n\in\mathbb{N}} \subset \mathscr{A}$ eine Folge von Ereignissen. Das klassische Borel–Cantelli Lemma besagt in seiner „einfachen" Richtung, dass

$$\sum_{n=1}^{\infty} \mathbb{P}(A_n) < \infty \implies \mathbb{P}\left(\sum_{n=1}^{\infty} \mathbb{1}_{A_n} = \infty\right) = 0, \tag{8.5}$$

während die Umkehrung die Unabhängigkeit der Ereignisse $(A_n)_{n\in\mathbb{N}}$ voraussetzt

$$\left.\begin{array}{r}\sum_{n=1}^{\infty} \mathbb{P}(A_n) = \infty \\ (A_n)_{n\in\mathbb{N}} \text{ unabhängig}\end{array}\right\} \implies \mathbb{P}\left(\sum_{n=1}^{\infty} \mathbb{1}_{A_n} = \infty\right) = 1. \tag{8.6}$$

Die Richtung (8.5) folgt unmittelbar mit dem Satz von Beppo Levi (für Reihen) oder dem Satz von Tonelli, [MI, Lemma 8.9 bzw. Satz 16.1]. Einen Standardbeweis der Umkehrung findet man in [WT, Satz 10.1].

! Meist wird das Borel–Cantelli Lemma für die Menge $\limsup_{n\to\infty} A_n = \bigcap_{k=1}^{\infty}\bigcup_{n=k}^{\infty} A_n = \{A_n \text{ u.o.}\}$ (u.o.=„unendlich oft") formuliert. Offensichtlich gilt $\omega \in \limsup_{n\to\infty} A_n \iff \sum_{n=1}^{\infty} \mathbb{1}_{A_n}(\omega) = \infty$.

Im Folgenden geben wir zwei Verallgemeinerungen von (8.6) an. Grundlage ist die Charakterisierung der Konvergenzmenge eines Martingals, vgl. Korollar 5.10: Für ein Martingal $(X_n, \mathscr{F}_n)_{n\in\mathbb{N}_0}$, dessen Zuwächse $|X_n - X_{n-1}| \leqslant c < \infty$ f.s. gleichmäßig beschränkt sind, gilt

$$\{\exists \lim_n X_n \in \mathbb{R}\} \uplus \{-\infty = \liminf_n X_n < \limsup_n X_n = +\infty\} \overset{\text{f.s.}}{=} C \uplus D = \Omega. \tag{8.7}$$

Wir können nun die erste Verallgemeinerung von (8.6) formulieren.

8.8 Korollar (Lévy; Borel–Cantelli–Lévy Lemma). *Es sei* $(\mathscr{F}_n)_{n\in\mathbb{N}}$, $\mathscr{F}_0 := \{\emptyset, \Omega\}$ *eine Filtration und* $A_n \in \mathscr{F}_n$ *eine Folge von Ereignissen. Es gilt*

$$\left\{\sum_{n=1}^{\infty} \mathbb{1}_{A_n} = \infty\right\} \overset{f.s.}{=} \left\{\sum_{n=1}^{\infty} \mathbb{E}\left(\mathbb{1}_{A_n} \mid \mathscr{F}_{n-1}\right) = \infty\right\}.$$

Beweis. Der folgendermaßen definierte Prozess

$$X_0 := 0 \quad \text{und} \quad X_n := \sum_{i=1}^{n} \left[\mathbb{1}_{A_i} - \mathbb{E}\left(\mathbb{1}_{A_i} \mid \mathscr{F}_{i-1}\right)\right]$$

ist offensichtlich ein Martingal. Die Zuwächse sind wegen

$$|X_n - X_{n-1}| = \left|\mathbb{1}_{A_n} - \mathbb{E}\left(\mathbb{1}_{A_n} \mid \mathscr{F}_{n-1}\right)\right| \leqslant 2$$

gleichmäßig beschränkt. Auf den Mengen C, D aus (8.7) gilt, wenn

▸▸ $\omega \in C$– in diesem Fall haben wir $\sum_{i=1}^{\infty}\left[\mathbb{1}_{A_i}(\omega) - \mathbb{E}\left(\mathbb{1}_{A_i} \mid \mathscr{F}_{i-1}\right)(\omega)\right] \in \mathbb{R}$, d.h.

$$\sum_{i=1}^{\infty} \mathbb{1}_{A_i}(\omega) = \infty \iff \sum_{i=1}^{\infty} \mathbb{E}\left(\mathbb{1}_{A_i} \mid \mathscr{F}_{i-1}\right)(\omega) = \infty.$$

▸▸ $\omega \in D$– in diesem Fall ist $\liminf_{n\to\infty} \sum_{i=1}^{n}\left[\mathbb{1}_{A_i}(\omega) - \mathbb{E}\left(\mathbb{1}_{A_i} \mid \mathscr{F}_{i-1}\right)(\omega)\right] = -\infty$ und $\limsup_{n\to\infty} \sum_{i=1}^{n}\left[\mathbb{1}_{A_i}(\omega) - \mathbb{E}\left(\mathbb{1}_{A_i} \mid \mathscr{F}_{i-1}\right)(\omega)\right] = +\infty$, was nur möglich ist, wenn

$$\sum_{i=1}^{\infty} \mathbb{1}_{A_i}(\omega) = \infty \quad \text{und} \quad \sum_{i=1}^{\infty} \mathbb{E}\left(\mathbb{1}_{A_i} \mid \mathscr{F}_{i-1}\right)(\omega) = \infty.$$

Weil f.s. $C \cup D = \Omega$ gilt, folgt die Behauptung. □

Wir nehmen an, dass die Mengen $(A_n)_{n\in\mathbb{N}}$ in Korollar 8.8 unabhängig sind und definieren $\mathscr{F}_n = \sigma(A_1, \dots, A_n)$. Dann folgt $\mathbb{E}(\mathbb{1}_{A_n} \mid \mathscr{F}_{n-1}) = \mathbb{P}(A_n)$. Wenn $\sum_{n=1}^{\infty} \mathbb{P}(A_n) = \infty$ gilt, ist

$$\Omega = \left\{\sum_{n=1}^{\infty} \mathbb{E}\left(\mathbb{1}_{A_n} \mid \mathscr{F}_{n-1}\right) = \infty\right\} \overset{\text{Kor. 8.8}}{=} \left\{\sum_{n=1}^{\infty} \mathbb{1}_{A_n} = \infty\right\}.$$

Das ist der Martingalbeweis von

8.9 Korollar (Borel–Cantelli Lemma). *Es seien $(A_n)_{n\in\mathbb{N}} \subset \mathscr{A}$ unabhängige Ereignisse. Wenn $\sum_{n=1}^{\infty} \mathbb{P}(A_n) = \infty$, dann gilt $\sum_{n=1}^{\infty} \mathbb{1}_{A_n} = \infty$ f.s.*

Mit dem L^2-SLLN für Martingale (Satz 6.9) können wir eine weitere Verallgemeinerung des Borel–Cantelli Lemmas zeigen.

8.10 Korollar (Dubins & Freedman 1965). *Es sei $(\mathscr{F}_n)_{n\in\mathbb{N}}$, $\mathscr{F}_0 := \{\emptyset, \Omega\}$ eine Filtration und $A_n \in \mathscr{F}_n$ eine Folge von Ereignissen. Es gilt*

$$\lim_{n\to\infty} \frac{\sum_{i=1}^{n} \mathbb{1}_{A_i}}{\sum_{i=1}^{n} \mathbb{E}\left(\mathbb{1}_{A_i} \mid \mathscr{F}_{i-1}\right)} = 1 \quad \textit{f.s. auf der Menge} \quad \left\{\sum_{i=1}^{\infty} \mathbb{E}\left(\mathbb{1}_{A_i} \mid \mathscr{F}_{i-1}\right) = \infty\right\}.$$

Beweis. Wir schreiben $\Sigma_n := \sum_{i=1}^{n} \mathbb{E}\left(\mathbb{1}_{A_i} \mid \mathscr{F}_{i-1}\right)$, $n \in \mathbb{N} \cup \{\infty\}$. Wie im Beweis von Korollar 8.8 betrachten wir das Martingal

$$X_0 := 0 \quad \text{und} \quad X_n := \sum_{i=1}^{n} \left[\mathbb{1}_{A_i} - \mathbb{E}\left(\mathbb{1}_{A_i} \mid \mathscr{F}_{i-1}\right)\right].$$

Es gilt $X_n/\Sigma_n = \sum_{i=1}^{n} \mathbb{1}_{A_i}/\Sigma_n - 1$. Weil $(X_n)_{n\in\mathbb{N}}$ ein L^2-Martingal ist, haben wir

$$\begin{aligned}
\langle X\rangle_n &\overset{(3.13)}{=} \sum_{i=1}^{n} \mathbb{E}\left[(X_i - X_{i-1})^2 \mid \mathscr{F}_{i-1}\right] \\
&= \sum_{i=1}^{n} \mathbb{E}\left[\left\{\mathbb{1}_{A_i} - \mathbb{E}\left(\mathbb{1}_{A_i} \mid \mathscr{F}_{i-1}\right)\right\}^2 \mid \mathscr{F}_{i-1}\right] \\
&= \sum_{i=1}^{n} \left(\mathbb{E}\left[\mathbb{1}_{A_i} \mid \mathscr{F}_{i-1}\right] - \left\{\mathbb{E}\left[\mathbb{1}_{A_i} \mid \mathscr{F}_{i-1}\right]\right\}^2\right) \leqslant \Sigma_n.
\end{aligned}$$

Wir unterscheiden zwei Fälle

1°—$\omega \in \{\langle X\rangle_\infty = \infty\}$. Dann gilt auch $\Sigma_\infty(\omega) = \infty$, und wir wissen aus Satz 6.9

$$\left|\frac{X_n(\omega)}{\Sigma_n(\omega)}\right| = \left|\frac{X_n(\omega)}{\langle X\rangle_n(\omega)}\right| \cdot \left|\frac{\langle X\rangle_n(\omega)}{\Sigma_n(\omega)}\right| \leqslant \left|\frac{X_n(\omega)}{\langle X\rangle_n(\omega)}\right| \xrightarrow[n\to\infty]{\text{Satz 6.9}} 0.$$

2°—$\omega \in \{\langle X\rangle_\infty < \infty\} \cap \{\Sigma_\infty = \infty\}$. In diesem Fall existiert $\lim_{n\to\infty} |X_n(\omega)| < \infty$, vgl. Satz 6.9, und wir erhalten

$$\lim_{n\to\infty}\left|\frac{X_n(\omega)}{\langle X\rangle_n(\omega)}\right| = \frac{\lim_{n\to\infty}|X_n(\omega)|}{\langle X\rangle_\infty(\omega)} = 0.$$

Insgesamt haben wir, dass $\lim_{n\to\infty} \sum_{i=1}^n \mathbb{1}_{A_i}/\Sigma_n = 1$ auf der Menge $\{\Sigma_\infty = \infty\}$. □

8.5 Lévys Konvergenzsatz für Reihen von unabhängigen ZV

Wir erinnern zunächst an die Definition der Konvergenz in Verteilung. Wie üblich bezeichnen wir mit $\phi_X(\theta) := \mathbb{E}\, e^{i\theta X}$ die charakteristische Funktion der ZV X. Eine Folge von reellen ZV $(X_n)_{n\in\mathbb{N}}$ heißt *konvergent in Verteilung* gegen eine ZV X, wenn $\lim_{n\to\infty} \mathbb{E}f(X_n) = \mathbb{E}f(X)$ für alle $f \in C_b(\mathbb{R})$ gilt.[6] In diesem Fall schreiben wir $X_n \xrightarrow{\text{d}} X$. Wir können die Verteilungskonvergenz auch folgendermaßen charakterisieren

$$X_n \xrightarrow[n\to\infty]{\text{d}} X \iff \forall\theta \in \mathbb{R} : \lim_{n\to\infty} \mathbb{E}\, e^{i\theta X_n} = \mathbb{E}\, e^{i\theta X}, \tag{8.8}$$

$$\iff \forall\epsilon > 0 : \lim_{n\to\infty} \sup_{|\theta|\leqslant\epsilon} \left|\mathbb{E}\, e^{i\theta X_n} - \mathbb{E}\, e^{i\theta X}\right| = 0, \tag{8.9}$$

$$\iff \forall x \in \mathbb{R},\ \mathbb{P}(X = x) = 0 : \lim_{n\to\infty} \mathbb{P}(X_n \leqslant x) = \mathbb{P}(X \leqslant x), \tag{8.10}$$

vgl. [WT, Satz 9.14, Satz 9.18] und Anhang A.2.

Die Konvergenz in Verteilung ist eine relativ schwache Konvergenzart, die aus allen anderen bisher betrachteten Konvergenzarten – f.s. Konvergenz, Konvergenz in L^p und Konvergenz in Wahrscheinlichkeit – folgt, wenn die ZV auf demselben W-Raum definiert sind [WT, Satz 9.7]. Nur unter Zusatzbedingungen, z.B. wenn der Grenzwert f.s. konstant ist, fallen die Begriffe „Konvergenz in Verteilung" und „Konvergenz in Wahrscheinlichkeit" zusammen, vgl. [WT, Lemma 9.12]. Daher ist folgender Satz über die Konvergenz einer Reihe von unabhängigen ZV einigermaßen überraschend.

8.11 Satz (Lévy). *Es sei $(\xi_n)_{n\in\mathbb{N}}$ eine Folge von unabhängigen Zufallsvariablen. Die Reihe $\sum_{n=1}^\infty \xi_n$ konvergiert genau dann f.s. wenn sie in Wahrscheinlichkeit oder in Verteilung konvergiert.*

---

6 Bei dieser Konvergenzart könnten die ZV X_n auf unterschiedlichen W-Räumen $(\Omega_n, \mathscr{A}_n, \mathbb{P}_n)$ definiert sein. In der Regel schreibt man aber trotzdem $\mathbb{E}f(X_n)$ an Stelle der korrekten Bezeichnung $\mathbb{E}_n f(X_n)$, vgl. [WT, Definition 9.3].

Da wir die Charakterisierung der Verteilungskonvergenz mit Hilfe der charakteristischen Funktionen (8.8) verwenden, benötigen wir eine Vorbereitung, die den Zusammenhang von Folgenkonvergenz auf der Kreislinie und in $\mathbb{R}$ erklärt.

8.12 Lemma. *Es sei* $(x_n)_{n\in\mathbb{N}} \subset \mathbb{R}$ *eine Folge von reellen Zahlen, so dass der Grenzwert* $\lim_{n\to\infty} e^{i\theta x_n}$ *für alle* $\theta \in (-\epsilon, \epsilon)$ *existiert. Dann existiert der Grenzwert* $\lim_{n\to\infty} x_n$ *und ist endlich.*

Beweis. Wir schreiben $L(\theta) := \lim_{n\to\infty} e^{i\theta x_n}$ und erhalten mit dem Satz von der dominierten Konvergenz für alle $r < \epsilon$

$$\frac{1}{r}\int_{-r}^{r} L(\theta)\,d\theta = \lim_{n\to\infty} \frac{1}{r}\int_{-r}^{r} e^{i\theta x_n}\,d\theta = \lim_{n\to\infty} \frac{e^{irx_n} - e^{-irx_n}}{irx_n} = \lim_{n\to\infty} \frac{2\sin(rx_n)}{rx_n}.$$

Weil $L(0) = 1$ ist, ist für hinreichend kleine $r < \epsilon$ das Integral auf der linken Seite nicht Null. Daher sieht man aus dieser Gleichheit, dass die Folge $(x_n)_{n\in\mathbb{N}}$ beschränkt ist. Wir schreiben $x = \liminf_{n\to\infty} x_n$ und $x' = \limsup_{n\to\infty} x_n$. Indem wir diese Grenzwerte durch Teilfolgen realisieren, erhalten wir mit der oben gemachten Überlegung, dass

$$\forall r < \epsilon : \frac{\sin(rx)}{rx} = \frac{\sin(rx')}{rx'}.$$

Die Funktion $t^{-1}\sin t$ ist gerade und für kleine positive bzw. negative Werte monoton. Daher folgt $|x| = |x'|$. Andererseits muss $x = x'$ gelten, da der Limes $\lim_{n\to\infty} e^{i\theta x_n}$ existiert, mithin folgt $x = x' = \lim_{n\to\infty} x_n$. □

Beweis von Satz 8.11. Wir schreiben $X_n := \xi_1 + \cdots + \xi_n$, $X = \sum_{n=1}^{\infty} \xi_n$. Weil f.s. Konvergenz sowohl die Konvergenz in Verteilung als auch die Konvergenz in Wahrscheinlichkeit nach sich zieht, reicht es aus zu zeigen, dass $X_n \xrightarrow{\text{d}} X$ in Verteilung die fast sichere Konvergenz impliziert.

Nach Voraussetzung, vgl. (8.9), gilt $\lim_{n\to\infty} \mathbb{E}e^{i\theta X_n} = \mathbb{E}\,e^{i\theta X}$ lokal gleichmäßig. Weil $\phi_X(0) = 1$ und $\phi_X(\theta) = \mathbb{E}\,e^{i\theta X}$ stetig ist, gilt $\inf_{|\theta|<\epsilon} |\phi_X(\theta)| > 2c > 0$ für ein $c \in (0, 1/2)$ und hinreichend kleines $\epsilon = \epsilon(c)$. Aufgrund der lokal-gleichmäßigen Konvergenz in (8.9) gilt dann auch $\inf_{|\theta|<\epsilon} |\phi_{X_n}(\theta)| > c > 0$ für alle $n \geqslant N(c, \epsilon)$.

Wir betrachten nun das Waldsche Martingal $\left(e^{i\theta X_n}/\phi_{X_n}(\theta), \mathscr{F}_n\right)_{n\geqslant N}$ mit der natürlichen Filtration $\mathscr{F}_n := \sigma(\xi_1, \dots, \xi_n)$, vgl. Beispiel 3.4.g. Es gilt

$$\forall|\theta| < \epsilon \quad \forall n \geqslant N = N(c, \epsilon) : \left|\frac{e^{i\theta X_n}}{\phi_{X_n}(\theta)}\right| \leqslant \frac{1}{c} \implies \sup_{n\geqslant N} \mathbb{E}\left|\frac{e^{i\theta X_n}}{\phi_{X_n}(\theta)}\right| < \infty.$$

Daher können wir den Martingalkonvergenzsatz 5.3 anwenden und sehen, dass $\lim_{n\to\infty} e^{i\theta X_n}/\phi_{X_n}(\theta)$ f.s. existiert. Weil nach Voraussetzung $\lim_{n\to\infty} \phi_{X_n}(\theta) = \phi_X(\theta)$ gilt, folgt auch, dass $\lim_{n\to\infty} e^{i\theta X_n}$ f.s. existiert. Schließlich erhalten wir mit Hilfe von Lemma 8.12, dass $\lim_{n\to\infty} X_n$ f.s. endlich ist. □

8.6 Kolmogorovs Drei-Reihen-Satz

Kolmogorovs Drei-Reihen Satz ist ein notwendiges und hinreichendes Kriterium für die f.s. Konvergenz einer Reihe von unabhängigen Summanden. Wir werden eine Martingalversion dieses Kriteriums beweisen, das im Wesentlichen auf dem in Kapitel 5 begonnenen Studium der Konvergenzmengen von Submartingalen basiert. Als Vorbereitung benötigen wir eine Verschärfung von Satz 5.9 und Korollar 5.10.

Wir schreiben $\mathbb{V}(X \mid \mathscr{F}) := \mathbb{E}\left[(X - \mathbb{E}(X \mid \mathscr{F}))^2 \mid \mathscr{F}\right]$ für die bedingte Varianz einer ZV, vgl. auch Aufg. 2.12.

8.13 Lemma. *Es seien $(\xi_n)_{n\in\mathbb{N}}$ gleichmäßig beschränkte ZV, $\mathscr{F}_n := \sigma(\xi_1, \dots, \xi_n)$ und $\mathscr{F}_0 = \{\emptyset, \Omega\}$. Dann ist $X_0 := 0$, $X_n := \sum_{i=1}^n (\xi_i - \mathbb{E}(\xi_i \mid \mathscr{F}_{i-1}))$ ein L^2-Martingal, und es gilt*

$$\langle X\rangle_n = \sum_{i=1}^n \mathbb{V}(\xi_i \mid \mathscr{F}_{i-1}) \tag{8.11}$$

sowie

$$\begin{aligned}\{\omega : \exists \lim_n X_n(\omega) \in \mathbb{R}\} &= \left\{\omega : \exists \lim_n X_n^2(\omega) \in \mathbb{R}\right\} \\ &= \{\omega : \langle X\rangle_\infty(\omega) := \lim_n \langle X\rangle_n(\omega) < \infty\}.\end{aligned} \tag{8.12}$$

Beweis. Nach Voraussetzung gilt $\sup_{i\in\mathbb{N}} |\xi_i| \leqslant K < \infty$ für eine Konstante K. Daher ist $|X_n| \leqslant 2nK$, insbesondere $X_n \in L^2$ für alle $n \in \mathbb{N}$. Weil X_n $\mathscr{F}_n$-messbar ist, folgt aus

$$\begin{aligned}\mathbb{E}\left[X_n - X_{n-1} \mid \mathscr{F}_{n-1}\right] &= \mathbb{E}\left[\xi_n - \mathbb{E}(\xi_n \mid \mathscr{F}_{n-1}) \mid \mathscr{F}_{n-1}\right] \\ &= \mathbb{E}\left[\xi_n \mid \mathscr{F}_{n-1}\right] - \mathbb{E}(\xi_n \mid \mathscr{F}_{n-1}) = 0,\end{aligned}$$

dass $(X_n, \mathscr{F}_n)_{n\in\mathbb{N}}$ ein L^2-Martingal ist. Mit der Formel (3.13) für den Kompensator $\langle X\rangle$ erhalten wir sofort (8.11).

Die erste Gleichheit in (8.12) folgt unmittelbar aus Korollar 5.10. Um die zweite Gleichheit zu sehen, bemerken wir zunächst, dass das Submartingal X^2 die Bedingung (5.4) aus Satz 5.9 erfüllt. Dazu sei $T := T(r) := \inf\{n \in \mathbb{N} : X_n^2 > r\}$. Auf der Menge $\{T < \infty\}$ gilt dann

$$\begin{aligned}\left|X_T^2 - X_{T-1}^2\right| &= |(X_T - X_{T-1})(X_T + X_{T-1})| \\ &= |(X_T - X_{T-1})(X_T - X_{T-1} + 2X_{T-1})| \\ &\leqslant |X_T - X_{T-1}|\left(|X_T - X_{T-1}| + 2\,|X_{T-1}|\right).\end{aligned}$$

Weil die Zuwächse von X durch $2K$ beschränkt sind und weil $|X_{T-1}| \leqslant \sqrt{r}$ gilt, folgt $\left|X_T^2 - X_{T-1}^2\right| \mathbb{1}_{\{T<\infty\}} \leqslant 4K(K + \sqrt{r})$, und damit (5.4).

Das Martingal $M_n := X_n^2 - \langle X\rangle_n$ erfüllt wegen $\langle X\rangle_n - \langle X\rangle_{n-1} \leqslant 4K^2$ ebenso die Bedingung (5.4), d.h. gemäß Korollar 5.10 konvergiert die Folge $(M_n(\omega))_{n\in\mathbb{N}}$ oder sie divergiert oszillierend gegen $\pm\infty$. Weil $\langle X\rangle_n(\omega)$ monoton wachsend ist, ergibt sich aus der Gleichheit $X_n^2 = M_n + \langle X\rangle_n$

$$\{\exists \lim_n X_n^2 \in \mathbb{R}\} = \{\exists \lim_n M_n \in \mathbb{R}\} \cap \left\{\langle X\rangle_\infty = \lim_n \langle X\rangle_n < \infty\right\}.$$

Wenn wir Korollar 5.10 auf das Martingal $(X_n)_{n\in\mathbb{N}}$ anwenden, folgt, dass $(X_n^2)_{n\in\mathbb{N}}$ entweder konvergiert oder der Beziehung $0 \leqslant \liminf_{n\to\infty} X_n^2 < \limsup_{n\to\infty} X_n^2 = \infty$ genügt. Daher folgt aus $M_n = X_n^2 - \langle X\rangle_n$, dass

$$\{\exists \lim_n M_n \in \mathbb{R}\} \subset \{\langle X\rangle_\infty < \infty\},$$

und wir erhalten $\{\exists \lim_n X_n^2 \in \mathbb{R}\} = \{\langle X\rangle_\infty < \infty\}$. □

Wir kommen nun zu einem notwendigen und hinreichenden Kriterium für die Konvergenz einer zufälligen Reihe. Dazu benutzen wir folgende Stutzungstechnik (engl. *truncation argument*): Für eine ZV Z setzen wir

$$Z^K(\omega) := Z(\omega)\mathbb{1}_{\{|Z|\leqslant K\}}(\omega) = \begin{cases} Z(\omega), & \text{wenn } |Z(\omega)| \leqslant K; \\ 0, & \text{sonst.} \end{cases}$$

8.14 Satz. *Es sei $(\xi_n)_{n\in\mathbb{N}}$ eine Folge von ZV, $\mathscr{F}_n := \sigma(\xi_1, \dots, \xi_n)$ und $\mathscr{F}_0 = \{\emptyset, \Omega\}$. Für fast alle $\omega \in \Omega$ gilt, dass die zufällige Reihe $\sum_{n=1}^\infty \xi_n(\omega)$ genau dann konvergiert, wenn für ein $K > 0$ die folgenden drei Reihen konvergent sind:*

$$\sum_{n=1}^\infty \mathbb{P}\left(|\xi_n| > K \mid \mathscr{F}_{n-1}\right)(\omega); \qquad \sum_{n=1}^\infty \mathbb{E}\left(\xi_n^K \mid \mathscr{F}_{n-1}\right)(\omega); \qquad \sum_{n=1}^\infty \mathbb{V}\left(\xi_n^K \mid \mathscr{F}_{n-1}\right)(\omega).$$

Beweis. Es sei $K > 0$ fest. Wir bezeichnen mit $C = C_K$ die Menge aller $\omega \in \Omega$, für die die drei Reihen gleichzeitig konvergieren, und wir schreiben $X_n := \xi_1 + \dots + \xi_n$. Für $\omega \in C$ gilt nach dem Borel–Cantelli Lemma (Korollar 8.8) mit $A_n := \{|\xi_n| > K\}$, dass $\sum_{n=1}^\infty \mathbb{1}_{\{|\xi_n|>K\}}(\omega)$ und somit auch $\sum_{n=1}^\infty \xi_n(\omega)\mathbb{1}_{\{|\xi_n|>K\}}(\omega)$ f.s. endlich ist. Daher folgt aus

$$\sum_{n=1}^\infty \xi_n(\omega) = \sum_{n=1}^\infty \xi_n^K(\omega) + \sum_{n=1}^\infty \xi_n(\omega)\mathbb{1}_{\{|\xi_n|>K\}}(\omega),$$

dass für fast alle $\omega \in C$ die Reihen $\sum_{n=1}^\infty \xi_n(\omega)$ und $\sum_{n=1}^\infty \xi_n^K(\omega)$ gleichzeitig konvergieren oder divergieren. Andererseits gilt auf C, dass auch die Reihen

$$\sum_{n=1}^\infty \xi_n^K(\omega) \quad \text{und} \quad \sum_{n=1}^\infty \left[\xi_n^K(\omega) - \mathbb{E}\left(\xi_n^K \mid \mathscr{F}_{n-1}\right)(\omega)\right]$$

dasselbe Konvergenzverhalten haben.

Wenn wir nun Lemma 8.13 auf das Martingal $\sum_{i=1}^n \left[\xi_i^K - \mathbb{E}(\xi_i^K \mid \mathscr{F}_{i-1})\right]$ anwenden, sehen wir, dass die Bedingung $\sum_{n=1}^\infty \mathbb{V}\left(\xi_n^K \mid \mathscr{F}_{n-1}\right)(\omega) < \infty$ die Konvergenz der Reihe $\sum_{n=1}^\infty \xi_n(\omega)$ garantiert.

Für die umgekehrte Richtung bezeichnen wir mit Γ die $\omega \in \Omega$, für die $\sum_{n=1}^\infty \xi_n(\omega)$ konvergiert. Weil für $\omega \in \Gamma$ und festes $K > 0$ höchstens endlich viele $|\xi_n(\omega)| > K$ sein können, gilt $\sum_{n=1}^\infty \mathbb{1}_{\{|X_n|>K\}}(\omega) < \infty$, und mit dem Borel–Cantelli–Lévy Lemma (Korollar 8.8) sehen wir $\Gamma \subset \left\{\sum_{n=1}^\infty \mathbb{P}(|\xi_n| > K \mid \mathscr{F}_{n-1}) < \infty\right\}$ f.s.

Wie im ersten Teil des Beweises folgt aus dem Borel–Cantelli Lemma auch, dass

$$\Gamma \stackrel{\text{f.s.}}{=} \left\{\omega \in \Omega : \sum_{n=1}^{\infty} \xi_n^K(\omega) \text{ konvergiert}\right\}$$

gilt. Wir betrachten eine identische Kopie $(\Omega', \mathscr{A}', \mathbb{P}')$ des W-Raums $(\Omega, \mathscr{A}, \mathbb{P})$. Auf dem Produktraum $(\Omega'', \mathscr{A}'', \mathbb{P}'') := (\Omega \times \Omega', \mathscr{A} \otimes \mathscr{A}', \mathbb{P} \otimes \mathbb{P}')$ sind dann die Folgen $(\xi_n^K(\omega))_{n\in\mathbb{N}}$ und $(\xi_n^K(\omega'))_{n\in\mathbb{N}}$ unabhängig und sie haben dieselbe Verteilung. Wenn wir mit Γ' die Entsprechung von Γ im neuen Raum Ω' und die Erwartungswerte bzw. Varianzen in den jeweiligen Räumen mit $\mathbb{E}, \mathbb{V}, \mathbb{E}', \mathbb{V}'$ und $\mathbb{E}'', \mathbb{V}''$ bezeichnen, gilt

$$\Gamma \times \Gamma' \subset \left\{(\omega, \omega') : \sum_{n=1}^{\infty} \left(\xi_n^K(\omega) - \xi_n^K(\omega')\right) \text{ konvergiert}\right\}.$$

Für die ZV $\eta_n^K(\omega, \omega') := \xi_n^K(\omega) - \xi_n^K(\omega')$ gilt $\mathbb{E}''(\eta_n^K \mid \mathscr{F}_{n-1} \otimes \mathscr{F}'_{n-1}) = 0$, und wir können Lemma 8.13 auf die Reihe $\sum_{n=1}^{\infty} \eta_n^K$ anwenden. Es folgt

$$\begin{aligned}\Gamma \times \Gamma' &\subset \left\{(\omega, \omega') : \sum_{n=1}^{\infty} \mathbb{V}''\left(\eta_n^K \mid \mathscr{F}_{n-1} \otimes \mathscr{F}'_{n-1}\right) < \infty\right\} \\ &= \left\{(\omega, \omega') : \sum_{n=1}^{\infty} \left[\mathbb{V}\left(\xi_n^K \mid \mathscr{F}_{n-1}\right)(\omega) + \mathbb{V}'\left(\xi_n^K \mid \mathscr{F}'_{n-1}\right)(\omega')\right] < \infty\right\}.\end{aligned}$$

Daher gilt $\Gamma \subset \left\{\sum_{n=1}^{\infty} \mathbb{P}(|\xi_n| > K \mid \mathscr{F}_{n-1}) < \infty\right\} \cap \left\{\sum_{n=1}^{\infty} \mathbb{V}\left(\xi_n^K \mid \mathscr{F}_{n-1}\right) < \infty\right\}$. Andererseits gilt für $\omega \in \Gamma$

$$\sum_{n=1}^{\infty} \left[\xi_n^K(\omega) - \mathbb{E}\left(\xi_n^K \mid \mathscr{F}_{n-1}\right)(\omega)\right] \text{ konvergiert} \iff \sum_{n=1}^{\infty} \mathbb{E}\left(\xi_n^K \mid \mathscr{F}_{n-1}\right)(\omega) \text{ konvergiert},$$

und wegen Lemma 8.13 haben wir

$$\left\{\sum_{n=1}^{\infty} \mathbb{V}\left(\xi_n^K \mid \mathscr{F}_{n-1}\right) < \infty\right\} = \left\{\sum_{n=1}^{\infty} \left[\xi_n^K - \mathbb{E}\left(\xi_n^K \mid \mathscr{F}_{n-1}\right)\right] \text{ konvergiert}\right\}.$$

Daraus ergibt sich schließlich, dass für fast alle $\omega \in \Gamma$ die drei im Satz genannten Reihen konvergieren. □

Wir können aus Satz 8.14 den klassischen Drei-Reihen Satz herleiten. Dazu nehmen wir an, dass die ZV $(\xi_n)_{n\in\mathbb{N}}$ unabhängig sind. Offensichtlich gilt dann

$$\mathbb{P}(|\xi_n| > K \mid \mathscr{F}_{n-1}) = \mathbb{P}(|\xi_n| > K), \quad \mathbb{E}(\xi_n^K \mid \mathscr{F}_{n-1}) = \mathbb{E}\xi_n^K \text{ und } \mathbb{V}(\xi_n^K \mid \mathscr{F}_{n-1}) = \mathbb{V}\xi_n^K,$$

d.h. die Konvergenzmenge für die drei Reihen in Satz 8.14 ist entweder $\emptyset$ oder Ω.

8.15 Korollar (Drei-Reihen Satz; Kolmogorov). *Es seien $(\xi_n)_{n\in\mathbb{N}}$ unabhängige reelle ZV. Die Reihe $\sum_{n=1}^{\infty} \xi_n$ konvergiert f.s. genau dann, wenn für ein $K > 0$ die folgenden drei Reihen konvergieren:*

$$\text{a) } \sum_{n=1}^{\infty} \mathbb{P}(|\xi_n| > K); \qquad \text{b) } \sum_{n=1}^{\infty} \mathbb{E}\xi_n^K; \qquad \text{c) } \sum_{n=1}^{\infty} \mathbb{V}\xi_n^K.$$

8.7 Ein einfacher zentraler Grenzwertsatz

Eine wesentliche Voraussetzung für die Gültigkeit des zentralen Grenzwertsatzes (CLT) ist die Unabhängigkeit der Zufallsvariablen, vgl. [WT, Kapitel 13]. In der zweiten Hälfte des vergangenen Jahrhunderts wurde eine ganze Reihe von CLTs für Folgen und *arrays* von abhängigen ZV gezeigt. Wir zeigen hier den gemeinsamen Vorfahren dieser Sätze, der auf Lévy 1935 zurückgeht, vgl. auch [30, Théorème 67.1]; unser Beweis folgt Doobs Beweisskizze von 1953 [19, S. 383].

8.16 Satz (Lévy). *Es sei* $(X_n, \mathscr{F}_n)_{n\in\mathbb{N}_0}$ *ein* L^2*-Martingal, so dass* $X_0 = 0$ *und*

$$\mathbb{E}\left(\Delta_k^2 \mid \mathscr{F}_{k-1}\right) = \sigma_k^2, \quad \Delta_k := X_k - X_{k-1},\ k \in \mathbb{N}, \tag{8.13}$$

deterministisch ist. Setze $s_n^2 := \sum_{i=1}^n \sigma_i^2$. *Wenn die folgende „bedingte" Lindeberg-Bedingung erfüllt ist*

$$\forall \epsilon > 0 : \lim_{n\to\infty} \frac{1}{s_n^2} \sum_{k=1}^n \mathbb{E}\left[\Delta_k^2 \mathbb{1}_{\{|\Delta_k|>\epsilon s_n\}} \mid \mathscr{F}_{k-1}\right] = 0, \tag{8.14}$$

dann konvergiert die Folge $s_n^{-1}X_n$ *in Verteilung gegen eine standard-normalverteilte ZV.*

Für den Beweis von Satz 8.16 benötigen wir die folgenden technischen Hilfsaussagen.

8.17 Lemma. *Die „bedingte" Lindeberg-Bedingung* (8.14) *impliziert die* Feller-Bedingung

$$\lim_{n\to\infty} \max_{1\leqslant k\leqslant n} \frac{\sigma_k}{s_n} = 0. \tag{8.15}$$

Beweis. Für $1 \leqslant k \leqslant n$ und $\epsilon > 0$ gilt

$$\begin{aligned}\sigma_k^2 = \mathbb{E}\left[\Delta_k^2 \mid \mathscr{F}_{k-1}\right] &= \mathbb{E}\left[\Delta_k^2 \mathbb{1}_{\{|\Delta_k|\leqslant\epsilon s_n\}} \mid \mathscr{F}_{k-1}\right] + \mathbb{E}\left[\Delta_k^2 \mathbb{1}_{\{|\Delta_k|>\epsilon s_n\}} \mid \mathscr{F}_{k-1}\right]\\ &\leqslant \epsilon^2 s_n^2 + \mathbb{E}\left[\Delta_k^2 \mathbb{1}_{\{|\Delta_k|>\epsilon s_n\}} \mid \mathscr{F}_{k-1}\right],\end{aligned}$$

und das zeigt dann, dass

$$\max_{1\leqslant k\leqslant n} \frac{\sigma_k^2}{s_n^2} \leqslant \epsilon^2 + \frac{1}{s_n^2} \sum_{k=1}^n \mathbb{E}\left[\Delta_k^2 \mathbb{1}_{\{|\Delta_k|>\epsilon s_n\}} \mid \mathscr{F}_{k-1}\right] \xrightarrow[n\to\infty]{(8.14)} \epsilon^2 \xrightarrow{\epsilon\to 0} 0. \qquad \square$$

8.18 Lemma. *Für das Restglied der Taylorentwicklung* $e^{ix} = 1 + ix - \frac{1}{2}x^2 + R(x)$ *zweiter Ordnung gilt*

$$|R(x)| \leqslant x^2 \wedge \frac{1}{6}|x|^3, \quad x \in \mathbb{R}.$$

Beweis. Es gilt, mit der für Riemann-Integrale üblichen Konvention $\int_0^a = -\int_a^0$,

$$\left|e^{ix} - 1 - ix - \tfrac{1}{2}(ix)^2\right| = \left|\int_0^x \int_0^t (1 - e^{is})\,ds\,dt\right| \leqslant \int_0^{|x|} \int_0^{|t|} |1 - e^{is}|\,ds\,dt.$$

Wir können den Integranden mit 2 oder mit $|1 - e^{is}| = \left|\int_0^s e^{iu}\,du\right| \leqslant |s|$ abschätzen, mithin

$$\left|e^{ix} - 1 - ix - \tfrac{1}{2}(ix)^2\right| \leqslant x^2 \wedge \frac{1}{6}|x|^3. \qquad \square$$

Beweis von Satz 8.16. Wir bezeichnen mit $\Gamma_k \sim \mathsf{N}(0, \sigma_k^2)$, $1 \leqslant k \leqslant n$, unabhängige Gauß-ZV, die dieselben ersten und zweiten Momente wie die Δ_k haben, und schreiben $G_k := \Gamma_1 + \cdots + \Gamma_k$.[7] Wir wollen $\lim_{n\to\infty} \mathbb{E} e^{i\xi X_n/s_n} = \mathbb{E} e^{i\xi G}$ für eine ZV $G \sim \mathsf{N}(0,1)$ zeigen.

1° Wenn wir die (bedingten) charakteristischen Funktionen der ZV Δ_k und Γ_k an der Stelle θ in eine Taylorreihe entwickeln, erhalten wir

$$\mathbb{E}\left[e^{i\theta\Delta_k} \mid \mathscr{F}_{k-1}\right] = 1 + i\theta \underbrace{\mathbb{E}(\Delta_k \mid \mathscr{F}_{k-1})}_{=0} - \frac{1}{2}\theta^2 \underbrace{\mathbb{E}(\Delta_k^2 \mid \mathscr{F}_{k-1})}_{=\sigma_k^2} + \mathbb{E}\left(R(\theta\Delta_k) \mid \mathscr{F}_{k-1}\right),$$

$$\mathbb{E}\, e^{i\theta\Gamma_k} = 1 + i\theta \underbrace{\mathbb{E}\Gamma_k}_{=0} - \frac{1}{2}\theta^2 \underbrace{\mathbb{E}\Gamma_k^2}_{=\sigma_k^2} + \mathbb{E}R(\theta\Gamma_k).$$

Mit Hilfe von Lemma 8.18 sehen wir

$$\begin{aligned}\left|\mathbb{E}\left[e^{i\theta\Delta_k} \mid \mathscr{F}_{k-1}\right] - \mathbb{E}\, e^{i\theta\Gamma_k}\right| &\leqslant \mathbb{E}\left(|R(\theta\Delta_k)| \mid \mathscr{F}_{k-1}\right) + \mathbb{E}|R(\theta\Gamma_k)| \\ &\leqslant \theta^2\left[\mathbb{E}\left(|\Delta_k|^2 \wedge \frac{|\theta|}{6}|\Delta_k|^3 \,\middle|\, \mathscr{F}_{k-1}\right) + \mathbb{E}\left(|\Gamma_k|^2 \wedge \frac{|\theta|}{6}|\Gamma_k|^3\right)\right].\end{aligned}$$

Wenn Z entweder Δ_k oder Γ_k bedeutet, dann haben wir

$$\begin{aligned}|Z|^2 \wedge \frac{|\theta|}{6}|Z|^3 &\leqslant |Z|^2 \mathbb{1}_{\{|Z|>\epsilon s_n\}} + \frac{|\theta|}{6}|Z|^3 \mathbb{1}_{\{|Z|\leqslant\epsilon s_n\}} \\ &\leqslant |Z|^2 \mathbb{1}_{\{|Z|>\epsilon s_n\}} + \frac{|\theta|\epsilon s_n}{6}|Z|^2 \mathbb{1}_{\{|Z|\leqslant\epsilon s_n\}} \\ &\leqslant |Z|^2 \mathbb{1}_{\{|Z|>\epsilon s_n\}} + \frac{|\theta|\epsilon s_n}{6}|Z|^2.\end{aligned}$$

Es folgt wegen $\mathbb{E}\Gamma_k^2 = \sigma_k^2 = \mathbb{E}(\Delta_k^2 \mid \mathscr{F}_{k-1})$

$$\mathbb{E}\left(|\Gamma_k|^2 \wedge \frac{|\theta|}{6}|\Gamma_k|^3\right) \leqslant \mathbb{E}\left(|\Gamma_k|^2 \mathbb{1}_{\{|\Gamma_k|>\epsilon s_n\}}\right) + \frac{\epsilon}{6}|\theta|\, s_n\, \sigma_k^2$$

$$\mathbb{E}\left(|\Delta_k|^2 \wedge \frac{|\theta|}{6}|\Delta_k|^3 \,\middle|\, \mathscr{F}_{k-1}\right) \leqslant \mathbb{E}\left(|\Delta_k|^2 \mathbb{1}_{\{|\Delta_k|>\epsilon s_n\}} \mid \mathscr{F}_{k-1}\right) + \frac{\epsilon}{6}|\theta|\, s_n\, \sigma_k^2.$$

Damit erhalten wir die Abschätzung

$$\begin{aligned}&\left|\mathbb{E}\left(e^{i\theta\Delta_k} \mid \mathscr{F}_{k-1}\right) - \mathbb{E}\, e^{i\theta\Gamma_k}\right| \\ &\quad\leqslant \theta^2 \mathbb{E}\left(|\Delta_k|^2 \mathbb{1}_{\{|\Delta_k|>\epsilon s_n\}} \mid \mathscr{F}_{k-1}\right) + \theta^2 \mathbb{E}\left(|\Gamma_k|^2 \mathbb{1}_{\{|\Gamma_k|>\epsilon s_n\}}\right) + \frac{\epsilon}{3}|\theta|^3\, s_n\, \sigma_k^2.\end{aligned} \tag{8.16}$$

7 Die ZV Γ_k müssen nicht auf demselben W-Raum wie die Δ_k definiert sein.

2^0 Weil die ZV $\Gamma_1, \dots, \Gamma_n$ unabhängig sind, gilt

$$G_n = \Gamma_1 + \dots + \Gamma_n \sim \mathsf{N}(0, \sigma_1^2) * \dots * \mathsf{N}(0, \sigma_n^2) = \mathsf{N}(0, s_n^2) \implies G_n/s_n \sim \mathsf{N}(0,1)$$

also $\mathbb{E}\, e^{i\xi G_n/s_n} = e^{-\xi^2/2}$. Mit Hilfe der tower property erhalten wir

$$\begin{aligned}
&\left|\mathbb{E}\, e^{i\theta X_n} - \mathbb{E}\, e^{i\theta G_n}\right| \\
&\quad = \left|\mathbb{E}\left[e^{i\theta X_{n-1}}\mathbb{E}\left(e^{i\theta\Delta_n} \mid \mathscr{F}_{n-1}\right) - \mathbb{E}\, e^{i\theta G_{n-1}}\mathbb{E}\, e^{i\theta\Gamma_n}\right]\right| \\
&\quad \leqslant \left|\mathbb{E}\left[e^{i\theta X_{n-1}}\left\{\mathbb{E}\left(e^{i\theta\Delta_n} \mid \mathscr{F}_{n-1}\right) - \mathbb{E}\, e^{i\theta\Gamma_n}\right\}\right]\right| + \left|\mathbb{E}\left[\left\{e^{i\theta X_{n-1}} - \mathbb{E}\, e^{i\theta G_{n-1}}\right\}\mathbb{E}\, e^{i\theta\Gamma_n}\right]\right| \\
&\quad \leqslant \mathbb{E}\left|\mathbb{E}\left(e^{i\theta\Delta_n} \mid \mathscr{F}_{n-1}\right) - \mathbb{E}\, e^{i\theta\Gamma_n}\right| + \left|\mathbb{E}\left[e^{i\theta X_{n-1}} - \mathbb{E}\, e^{i\theta G_{n-1}}\right]\right|\left|\mathbb{E}\, e^{i\theta\Gamma_n}\right| \\
&\quad \leqslant \mathbb{E}\left|\mathbb{E}\left(e^{i\theta\Delta_n} \mid \mathscr{F}_{n-1}\right) - \mathbb{E}\, e^{i\theta\Gamma_n}\right| + \left|\mathbb{E}\, e^{i\theta X_{n-1}} - \mathbb{E}\, e^{i\theta G_{n-1}}\right|.
\end{aligned}$$

Indem wir diesen Schritt iterieren, folgt

$$\left|\mathbb{E}\, e^{i\theta X_n} - \mathbb{E}\, e^{i\theta G_n}\right| \leqslant \sum_{k=1}^n \mathbb{E}\left|\mathbb{E}\left(e^{i\theta\Delta_k} \mid \mathscr{F}_{k-1}\right) - \mathbb{E}\, e^{i\theta\Gamma_k}\right|.$$

Nun können wir die Abschätzung (8.16) aus dem ersten Schritt des Beweises verwenden und $\theta = \xi/s_n$ einsetzen:

$$\begin{aligned}
&\left|\mathbb{E}\, e^{i\xi X_n/s_n} - \mathbb{E}\, e^{i\xi G_n/s_n}\right| \\
&\leqslant \underbrace{\mathbb{E}\left[\frac{\xi^2}{s_n^2}\sum_{k=1}^n \mathbb{E}\left(|\Delta_k|^2 \mathbb{1}_{\{|\Delta_k|>\epsilon s_n\}} \mid \mathscr{F}_{k-1}\right)\right]}_{\substack{\to 0 \text{ wg. (8.14) \& dom. Konvergenz; Majorante:} \\ \xi^2 s_n^{-2}\sum_{k=1}^n \mathbb{E}(\Delta_k \mid \mathscr{F}_{k-1}) = \xi^2 s_n^{-2}\sum_{k=1}^n \sigma_k^2 = \xi^2}} + \underbrace{\frac{\xi^2}{s_n^2}\sum_{k=1}^n \mathbb{E}\left(|\Gamma_k|^2 \mathbb{1}_{\{|\Gamma_k|>\epsilon s_n\}}\right)}_{\to 0 \text{ siehe Schritt } 3^0} + \underbrace{\sum_{k=1}^n \frac{\epsilon}{3}|\xi|^3\frac{\sigma_k^2}{s_n^2}}_{=\epsilon|\xi|^3/3} \\
&\xrightarrow[n\to\infty]{} \frac{1}{3}\epsilon|\xi|^3 \xrightarrow[\epsilon\to 0]{} 0.
\end{aligned}$$

3^0 Wir müssen noch die Konvergenz des Γ_k-Ausdrucks zeigen. Weil die Γ_k normalverteilt sind, gilt

$$\begin{aligned}
\mathbb{E}\left(|\Gamma_k|^2 \mathbb{1}_{\{|\Gamma_k|>\epsilon s_n\}}\right) &= \int\limits_{|x|>\epsilon s_n} |x|^2\, e^{-x^2/2\sigma_k^2}\,\frac{dx}{\sigma_k\sqrt{2\pi}} = \frac{\sigma_k^2}{\sqrt{2\pi}} \int\limits_{|y|>\epsilon s_n/\sigma_k} y^2\, e^{-y^2/2}\,dy \\
&\leqslant \frac{\sigma_k^2}{\sqrt{2\pi}} \int\limits_{|y|>\epsilon \min_{k\leqslant n} s_n/\sigma_k} y^2\, e^{-y^2/2}\,dy.
\end{aligned}$$

Indem wir über $k = 1, 2, \dots, n$ summieren und $\sum_{k=1}^n \sigma_k^2 = s_n^2$ beachten, folgt mit dominierter Konvergenz

$$\frac{1}{s_n^2}\sum_{k=1}^n \mathbb{E}\left(|\Gamma_k|^2 \mathbb{1}_{\{|\Gamma_k|>\epsilon s_n\}}\right) \leqslant \frac{1}{\sqrt{2\pi}} \int\limits_{|y|>\epsilon \min_{k\leqslant n} s_n/\sigma_k} y^2\, e^{-y^2/2}\,dy \xrightarrow[n\to\infty]{\text{dom. Konv.}} 0,$$

denn wir wissen wegen der Feller-Bedingung (8.15), dass $\min_{1\leqslant k\leqslant n} s_n/\sigma_k \to \infty$ und somit $\{|y| > \epsilon \min_{k\leqslant n} s_n/\sigma_k\} \to \emptyset$ gilt. □

8.8 Martingale mit allgemeiner Indexmenge

Bisweilen benötigen wir Aussagen über die Konvergenz von Martingalen mit allgemeinen (z.B. überabzählbaren und/oder nicht total geordneten) Indexmengen. Es sei I eine *aufsteigend geordnete* Indexmenge, d.h. I hat eine Ordnung „$\leqslant$", und es gilt

$$\forall s, t \in I \quad \exists u \in I \;:\; s \leqslant u \,\&\, t \leqslant u.$$

Derartigen Mengen sind wir bereits in der Definition 3.1 von (Sub-/Super-)Martingalen begegnet.

8.19 Definition. Eine Familie $(X_t)_{t\in I} \subset L^1$ von integrierbaren ZV $X_t : \Omega \to \mathbb{R}$ *konvergiert in L^1 entlang von I* gegen den Grenzwert X, wenn gilt

$$X = L^1\text{-}\lim_{t\in I} X_t \overset{\text{Def.}}{\iff} \forall \epsilon > 0 \quad \exists s_\epsilon \in I \quad \forall t \geqslant s_\epsilon \;:\; \int |X - X_t|\, d\mathbb{P} < \epsilon.$$

Nun können wir den Satz über gleichgradig integrierbare Martingale erweitern.

8.20 Satz. *Es sei $(X_t, \mathscr{F}_t)_{t\in I}$ ein Martingal auf dem W-Raum $(\Omega, \mathscr{A}, \mathbb{P})$. Dann gilt*

$$(X_t)_{t\in I} \text{ gleichgradig integrierbar} \implies \exists X_\infty \in L^1(\mathscr{F}_\infty) \;:\; X_\infty = L^1\text{-}\lim_{t\in I} X_t.$$

Der Grenzwert X_∞ ist f.s. eindeutig und $(X_t, \mathscr{F}_t)_{t\in I\cup\{\infty\}}$ ist ein Martingal.

Beweis. 1°– Eindeutigkeit. Wenn $X, Z \in L^1(\mathscr{F}_\infty)$ zwei ZV sind, die $(X_t)_{t\in I}$ abschließen, dann gilt

$$\int_F X\, d\mathbb{P} \overset{\text{MG}}{=} \int_F X_t\, d\mathbb{P} \overset{\text{MG}}{=} \int_F Z\, d\mathbb{P} \quad \text{für alle } F \in \mathscr{F}_t,\; t \in I.$$

Daher folgt $\int_F X\, d\mathbb{P} = \int_F Z\, d\mathbb{P}$ für alle $F \in \bigcup_{t\in I} \mathscr{F}_t$. Weil $\bigcup_{t\in I} \mathscr{F}_t$ ein $\cap$-stabiler Erzeuger von $\mathscr{F}_\infty$ ist [✍], der auch Ω enthält, folgt $X = Z$ f.s. aus Bemerkung 2.2.

2°– Existenz. Wir zeigen zunächst, dass

$$\forall \epsilon > 0 \quad \exists s_\epsilon \in I \quad \forall t, u \geqslant s_\epsilon \;:\; \int |X_t - X_u|\, d\mathbb{P} < \epsilon \tag{8.17}$$

gilt. Angenommen (8.17) wäre falsch, dann würde eine Folge $(t_n)_{n\in\mathbb{N}} \subset I$ existieren, so dass

$$\int |X_{t_n} - X_{t_{n+1}}|\, d\mathbb{P} > \epsilon \quad \text{für alle } n \in \mathbb{N}.$$

Weil I aufsteigend geordnet ist, können wir o.E. t_n als monoton wachsend annehmen. Da $(X_t)_{t\in I}$ gleichgradig integrierbar ist, ist $(X_{t_n})_{n\in\mathbb{N}}$ ein gleichgradig integrierbares Martingal mit Indexmenge $\mathbb{N}$, das *keine* L^1-Cauchyfolge ist. Das steht im Widerspruch zu Satz 7.10.

Wir wählen in (8.17) $\epsilon = 1/n$ und bestimmen $s_{1/n}$. Weil I aufsteigend geordnet ist, können wir o.E. annehmen, dass die Folge $s_{1/n}$ für $n \uparrow \infty$ aufsteigt. Insbesondere gilt

$$(X_{s_{1/n}})_{n\in\mathbb{N}} \quad \text{ist eine } L^1\text{-Cauchyfolge,}$$

und wegen der Vollständigkeit von L^1 existiert $L^1\text{-}\lim_{n\to\infty} X_{s_{1/n}} =: X_\infty$. Weiter gilt für $F \in \mathscr{F}_\infty$ und $t \geqslant s_{1/n}$

$$\int_F |X_t - X_\infty|\,d\mathbb{P} \leqslant \underbrace{\int_F |X_t - X_{s_{1/n}}|\,d\mathbb{P}}_{\leqslant 1/n \text{ wegen (8.17)}} + \underbrace{\int_F |X_{s_{1/n}} - X_\infty|\,d\mathbb{P}}_{\leqslant 1/n} \leqslant \frac{2}{n},$$

d.h. $\mathbb{1}_F X_t \xrightarrow{L^1} \mathbb{1}_F X_\infty$, woraus die Behauptung folgt. □

Die Aussage von Satz 8.20 gilt i.Allg. **nicht für f.s. Konvergenz**, wenn die Indexmenge nicht linear geordnet ist. Ein Gegenbeispiel findet man bei Dieudonné [17].

8.9 Der Satz von Radon-Nikodým

Es sei $\mathbb{P}$ ein W-Maß auf dem Messraum $(\Omega, \mathscr{A})$. Wenn $X : \Omega \to [0,\infty)$ messbar ist, dann wissen wir aus der Maß- und Integrationstheorie, dass

$$\mathbb{Q}(A) := \int_A X(\omega)\,\mathbb{P}(d\omega), \qquad A \in \mathscr{A},$$

wieder ein Maß ist. Wir schreiben dafür $\mathbb{Q} = X \cdot \mathbb{P}$, [MI, Lemma 9.8, Bemerkung 9.9]. Wenn $\int_\Omega X\,d\mathbb{P} = 1$, dann ist $\mathbb{Q}$ auch ein W-Maß. Andererseits gilt

$$\mathbb{P}(N) = 0 \implies \mathbb{Q}(N) = \int_N X\,d\mathbb{P} = 0$$

d.h. $\{\mathbb{P}\text{-Nullmengen}\} \subset \{\mathbb{Q}\text{-Nullmengen}\}$.

8.21 Definition. Es seien $\mathbb{P}$, $\mathbb{Q}$ zwei Maße auf $(\Omega, \mathscr{A})$. Wenn

$$\mathbb{P}(N) = 0 \implies \mathbb{Q}(N) = 0$$

dann heißt $\mathbb{Q}$ *absolutstetig* bezüglich $\mathbb{P}$. Wir schreiben in diesem Fall $\mathbb{Q} \ll \mathbb{P}$.

Offensichtlich ist jedes Maß $\mathbb{Q} = X \cdot \mathbb{P}$ mit einer Dichte bzgl. $\mathbb{P}$ absolutstetig bezüglich $\mathbb{P}$. Der folgende tiefe Satz besagt, dass die Umkehrung auch gilt.

8.22 Satz (Radon–Nikodým). *Es seien μ, ν zwei W-Maße auf $(\Omega, \mathscr{A})$. Dann sind folgendes Aussagen äquivalent:*

a) $\nu(A) = \int_A Z(\omega)\,\mu(d\omega)$ *für alle* $A \in \mathscr{A}$ *und eine* (μ*-f.s. eindeutige) positive ZV* Z.
b) $\nu \ll \mu$.

Die Dichte Z heißt Radon-Nikodým-Ableitung *und wird oft als* $Z = \dfrac{d\nu}{d\mu}$ *geschrieben.*

Beweis. Die Richtung „a)⇒b)" folgt aus der vorangehenden Diskussion. Die Umkehrung „b)⇒a)" sieht man so:

1° Wir definieren eine Indexmenge bestehend aus Partitionen von Ω

$$I = \left\{\alpha = \{A_1, \dots, A_n\} \;:\; n \in \mathbb{N}, A_i \in \mathscr{A}, \; \dot{\bigcup_{i=1}^{n}} A_i = \Omega\right\}$$

und eine Ordnungsrelation, die die „Feinheit" der Partitionen vergleicht

$$\alpha \leqslant \alpha' \iff \forall A \in \alpha \;:\; A = A'_1 \,\dot\cup \cdots \dot\cup\, A'_l \;\text{ für } A'_i \in \alpha', l \in \mathbb{N}.$$

Für $\alpha, \alpha' \in I$ gilt:

$$\beta := \left\{A \cap A' \;:\; A \in \alpha, A' \in \alpha'\right\} \in I \implies \alpha \leqslant \beta, \; \alpha' \leqslant \beta$$

insbesondere ist $(\mathscr{F}_\alpha)_{\alpha \in I}$, $\mathscr{F}_\alpha := \sigma(A \;:\; A \in \alpha)$ eine Filtration [✍]. Die durch

$$X_\alpha := \sum_{A \in \alpha} \frac{\nu(A)}{\mu(A)} \mathbb{1}_A, \; \alpha \in I, \qquad \left[\frac{0}{0} := 0\right]$$

definierte Familie von ZV ist ein Martingal bezüglich $(\mathscr{F}_\alpha)_\alpha$. In der Tat: Für $\alpha \leqslant \beta$ ist

$$\int_A X_\alpha \, d\mu = \frac{\nu(A)}{\mu(A)} \mu(A) = \begin{Bmatrix} \nu(A), & \mu(A) > 0 \\ 0, & \mu(A) = 0 \end{Bmatrix} \overset{\nu \ll \mu}{=} \nu(A).$$

Ganz ähnlich folgt für $A \in \alpha$ und $A = B_1 \,\dot\cup \cdots \dot\cup\, B_l$, $B_k \in \beta \geqslant \alpha$,

$$\int_A X_\beta \, d\mu = \sum_{k=1}^{l} \int_{B_k} X_\beta \, d\mu = \sum_{k=1}^{l} \frac{\nu(B_k)}{\mu(B_k)} \mu(B_k) = \sum_{k,\, \mu(B_k) > 0} \nu(B_k) \overset{\nu \ll \mu}{=} \sum_{k=1}^{l} \nu(B_k) = \nu(A).$$

Insgesamt haben wir also gezeigt, dass

$$\int_A X_\alpha \, d\mu = \int_A X_\beta \, d\mu \quad \text{für alle } \alpha \leqslant \beta, \; A \in \alpha.$$

Weil $\sigma(\alpha) = \mathscr{F}_\alpha$ gilt, folgt, dass $(X_\alpha)_\alpha$ ein Martingal ist.

2° Wir können die Aussage von Schritt 1° auch so formulieren:

$$\nu(F) = \int_F X_\alpha \, d\mu \quad \text{für alle } F \in \mathscr{F}_\alpha, \qquad \text{also gilt} \quad X_\alpha = \frac{d(\nu|\mathscr{F}_\alpha)}{d(\mu|\mathscr{F}_\alpha)}.$$

3⁰ Wir zeigen nun, dass der Grenzwert $X_\infty = L^1\text{-}\lim_{\alpha\in I} X_\alpha$ existiert.
Dazu reicht der Nachweis, dass die Familie $(X_\alpha)_{\alpha\in I}$ gleichgradig integrierbar ist (vgl. Satz 8.20). Für beliebige $R > 0$ gilt

$$\int_{\{|X_\alpha|>R\}} |X_\alpha|\, d\mu = \int_{\{X_\alpha>R\}} X_\alpha\, d\mu = \nu\{X_\alpha > R\},$$

und wir müssen zeigen, dass

$$\forall\epsilon > 0 \quad \exists R_\epsilon > 0 \quad \forall R > R_\epsilon \,:\, \sup_{\alpha\in I} \nu\{X_\alpha > R\} \leqslant \epsilon.$$

Angenommen, das wäre falsch, dann

$$\exists\epsilon_0 > 0 \quad \forall n \in \mathbb{N} \quad \exists\alpha_n \in I \,:\, \nu\{X_{\alpha_n} > 2^n\} > \epsilon_0.$$

Auf Grund der Maßstetigkeit gilt

$$\nu\Bigg(\bigcap_{k\in\mathbb{N}}\bigcup_{n\geqslant k}\{X_{\alpha_n} > 2^n\}\Bigg) = \lim_{k\to\infty} \nu\Bigg(\bigcup_{n\geqslant k}\{X_{\alpha_n} > 2^n\}\Bigg) \geqslant \epsilon_0 > 0.$$

Andererseits haben wir

$$\mu\Bigg(\bigcap_{k\in\mathbb{N}}\bigcup_{n\geqslant k}\{X_{\alpha_n} > 2^n\}\Bigg) \leqslant \sum_{n\geqslant k} \mu\{X_{\alpha_n} > 2^n\} \leqslant \sum_{n\geqslant k} 2^{-n} \int X_{\alpha_n}\, d\mu = 2^{-k+1}\,\nu(\Omega) \xrightarrow[k\to\infty]{} 0,$$

was wegen $\nu \ll \mu$ nicht möglich ist.

4⁰ X_∞ ist die gesuchte Radon–Nikodým Dichte. Weil für eine Teilfolge $X_{\alpha_n} \to X_\infty$ f.s. gilt, ist X_∞ f.s. positiv. Weiterhin haben wir

$$\nu(F) = \int_F X_\alpha\, d\mu \xrightarrow[\alpha\in I]{} \int_F X_\infty\, d\mu \quad \text{für alle } F \in \bigcup_{\alpha\in I} \mathscr{F}_\alpha.$$

Daher stimmen die Maße $F \mapsto \nu(F)$ und $F \mapsto \int_F X_\infty\, d\mu$ auf einem ∩-stabilen Erzeuger von $\mathscr{F}_\infty$ überein, d.h. die Maße stimmen auf $\mathscr{F}_\infty$ überein.
Weil auch noch

$$\forall A \in \mathscr{A} \,:\, \{A, A^c\} \in I \implies \sigma(A, A^c) \subset \mathscr{F}_\infty \implies \mathscr{F}_\infty = \mathscr{A}$$

gilt, haben wir die Behauptung vollständig gezeigt. □

8.23 Bemerkung. Der Satz von Radon–Nikodým gilt nicht nur für W-Maße, sondern für beliebige Maße ν und σ-endliche Maße μ. Allerdings ist die Betrachtung von endlichen Maßen der erste und schwierigste Schritt, die Erweiterung auf den allgemeinen Fall ist eine rein technische Angelegenheit, vgl. MI Korollar 19.3, Korollar 19.4.

Aufgaben

1. Eine σ-Algebra heißt *trivial*, wenn sie nur Mengen des Maßes Null oder Eins enthält. Zeigen Sie: Wenn eine ZV X bezüglich einer trivialen σ-Algebra $\mathscr{T}$ messbar ist, dann ist X fast sicher konstant.

2. Es sei $(\Omega, \mathscr{A}, \mathbb{P})$ ein W-Raum mit einer Filtration $(\mathscr{F}_n)_{n\in\mathbb{N}_0}$ und $\mathscr{F}_\infty := \sigma(\bigcup_n \mathscr{F}_n)$; weiterhin seien X_n ZV, die f.s. gegen eine ZV X konvergieren und es gelte $|X_n| \leqslant Z$ für eine positive ZV $Z \in L^1$. Zeigen Sie folgende Aussage, die den Satz von der dominierten Konvergenz und den Martingal-Konvergenzsatz von Lévy kombiniert:

$$\lim_{n\to\infty} \mathbb{E}(X_n \mid \mathscr{F}_n) = \mathbb{E}(X \mid \mathscr{F}_\infty) \quad \text{f.s. und in } L^1.$$

Anleitung: Prüfen Sie folgende Schritte
(a) $\mathbb{E}(X \mid \mathscr{F}_n) \to \mathbb{E}(X \mid \mathscr{F}_\infty)$.
(b) $\Delta_n := \sup_{i\geqslant n} |X_i - X|$ kann durch (ein Vielfaches von) Z beschränkt werden.
(c) Verwende die Dreiecksungleichung und eine Nullergänzung für $|\mathbb{E}(X_n \mid \mathscr{F}_n) - \mathbb{E}(X \mid \mathscr{F}_\infty)|$.

3. Formulieren und zeigen Sie eine „Rückwärtsversion" der Aufg. 8.2.

4. Es sei $(X_n)_{n\in\mathbb{N}_0}$, $X_0 = 0$, eine zufällige Irrfahrt mit der Schrittfolge $\xi_n := X_n - X_{n-1}$. Zeigen Sie folgende Aussagen:
(a) Wenn die ZV ξ_n unabhängig, zentriert und f.s. gleichmäßig beschränkt sind, dann gilt entweder $\mathbb{P}(\lim_n X_n \in \mathbb{R}) = 1$ oder $\mathbb{P}(\liminf_n X_n = -\infty \;\&\; \limsup_n X_n = +\infty) = 1$.
(b) Wenn die ZV ξ_n iid, $Y_1 \neq 0$, zentriert und f.s. gleichmäßig beschränkt sind, dann gilt $\mathbb{P}(\liminf_n X_n = -\infty \;\&\; \limsup_n X_n = +\infty) = 1$
(c) Wenn die ZV ξ_n iid mit $\mathbb{P}(\xi_1 = \pm 1) = \frac{1}{2}$ sind, dann gilt $\mathbb{P}\left(\limsup_{n\to\infty}\{X_n = x\}\right) = 1$ für alle $x \in \mathbb{R}$.
(d) Wenn die ZV ξ_n iid mit $\mathbb{P}(\xi_1 = \pm 1) = \frac{1}{2}$ sind, dann ist $T := \inf\{n \in \mathbb{N} : X_n > 0\}$ eine f.s. endliche Stoppzeit.

5. Es sei $(Y_i)_{i\in\mathbb{N}_0}$ eine Folge von iid ZV mit $\mathbb{P}(Y_1 = 1) = \mathbb{P}(Y_1 = -1) = \frac{1}{2}$. Wir setzen $\mathscr{F}_0 = \{\emptyset, \Omega\}$ und $\mathscr{F}_n = \sigma(Y_1, \dots, Y_n)$, $S_0 = 0$ und $S_n = Y_1 + \dots + Y_n$. Weiter sei $x \mapsto \operatorname{sgn}(x)$ die Vorzeichenfunktion: $\operatorname{sgn}(x) = +1 \iff x > 0$, $\operatorname{sgn}(x) = -1 \iff x < 0$ und $\operatorname{sgn}(0) = 0$. Wir definieren den folgenden Prozess:

$$M_0 := 0 \quad \text{und} \quad M_n := \sum_{i=1}^{n} \operatorname{sgn}(S_{i-1}) Y_i, \quad n \in \mathbb{N}.$$

(a) Zeigen Sie, dass $(S_n^2)_{n\in\mathbb{N}_0}$ ein Submartingal ist und finden Sie den Kompensator (vgl. Lemma 3.9) $(\langle S\rangle_n)_{n\in\mathbb{N}_0}$.
(b) Zeigen Sie, dass $(M_n)_{n\in\mathbb{N}_0}$ ein Martingal ist und bestimme den Kompensator $(\langle M\rangle_n)_{n\in\mathbb{N}_0}$.
(c) Bestimmen Sie die Doob-Zerlegung von $(|S_n|)_{n\in\mathbb{N}_0}$. Zeigen Sie, dass M_n messbar bezüglich $\sigma(|S_1|, \dots, |S_n|)$ ist.

6. Es sei $(\Omega, \mathscr{A}, \mathbb{P})$ ein W-Raum mit einer Filtration $(\mathscr{F}_n)_{n\in\mathbb{N}_0}$; weiterhin sei ν ein endliches Maß auf $\mathscr{F}_\infty$. Wir nehmen an, dass $\nu(F) \leqslant \mathbb{P}(F)$ für alle $F \in \mathscr{F}_n$, $n \in \mathbb{N}$. Wir schreiben $\nu|\mathscr{F}$ für die Einschränkung von ν auf die σ-Algebra $\mathscr{F} \subset \mathscr{F}_\infty$.
(a) Begründen Sie, weshalb $\nu(F) = \int_F M_n \, d\mathbb{P}$ für $F \in \mathscr{F}_n$ gilt.
(b) Zeigen Sie, dass $(M_n)_{n\in\mathbb{N}_0}$ ein Martingal ist.
(c) Zeigen Sie, dass $\lim_{n\to\infty} M_n = M_\infty$ f.s. mit $M_\infty \in L^1(\mathscr{F}_\infty)$.

(d) Zeigen Sie, dass $\nu \ll \mathbb{P}$ auf der σ-Algebra $\mathscr{F}_\infty$ genau dann gilt, wenn das Martingal $(M_n)_{n\in\mathbb{N}_0}$ abschließbar ist. In diesem Fall ist $\frac{d(\nu|\mathscr{F}_\infty)}{d(\mathbb{P}|\mathscr{F}_\infty)} = M_\infty$.

(e) Nun sei angenommen, dass die Maße $\mathbb{P}$ und ν *orthogonal* sind, d.h. es gibt ein $S \in \mathscr{F}_\infty$ mit $\mathbb{P}(S) = 1$ und $\nu(S) = 0$. Zeigen Sie, dass dann $\frac{d\nu}{d\mathbb{P}}\big|_{\mathscr{F}_\infty} =: M_\infty = 0$ f.s. gilt.

(f) Nun sei $\Omega = \mathbb{R}^{\mathbb{N}} = \{\omega = (\omega_n)_{n\in\mathbb{N}} : \omega_n \in \mathbb{R}\}$ ein unendliches Produkt und $X_n(\omega) := \omega_n$ ist die Projektion auf die $n$te Koordinate. Wir setzen $\mathscr{F}_n := \sigma(X_1, \dots, X_n)$ und $\mathbb{P} = \nu_{0,1}^{\otimes\mathbb{N}}$ ist das unendliche Produkt von eindimensionalen Standard-Normalverteilungen; $\mathbb{P}$ lebt auf $(\Omega, \mathscr{F}_\infty)$. Nun sei mit $\nu := \nu_{m_n,1}^{\otimes\mathbb{N}}$ ein weiteres W-Maß auf $(\Omega, \mathscr{F}_\infty)$ gegeben wobei $(m_n)_{n\in\mathbb{N}_0} \subset \mathbb{R}$ eine beliebige Folge ist. Zeigen Sie:
   i) Unter $\mathbb{P}$ sind die $X_n \sim \nu_{0,1}$ iid, unter ν sind die $X_n \sim \nu_{m_n,1}$ unabhängig.
   ii) $\mathbb{P}|\mathscr{F}_n \ll \nu|\mathscr{F}_n$ und $\nu|\mathscr{F}_n \ll \mathbb{P}|\mathscr{F}_n$ für alle n. Finden Sie die Radon–Nikodým Dichten.

7. Es seien $X = (X_n)_{n\in\mathbb{N}}$ und $Y = (Y_n)_{n\in\mathbb{N}}$ Folgen von unabhängigen ZV, die alle auf demselben W-Raum definiert sind. Wir bezeichnen mit $\mathbb{P}_Z$ die Verteilung der ZV Z. Zeigen Sie den folgenden

   Satz von Kakutani. *Wenn* $\mathbb{P}_{Y_n} \ll \mathbb{P}_{X_n}$ *für alle* $n \in \mathbb{N}$ *gilt, dann ist entweder* $\mathbb{P}_Y \ll \mathbb{P}_X$ *oder* $\mathbb{P}_Y \perp \mathbb{P}_Y$. („$\perp$" steht für „orthogonal," vgl. Aufg. 8.5(f).)

   Hinweis. Finden Sie die Radon–Nikodým Dichte $d\mathbb{P}_{(Y_1,\dots,Y_n)}/d\mathbb{P}_{(X_1,\dots,X_n)}$ und betrachten Sie die Konvergenzmenge.

8. Eine Folge von ZV $(X_n)_{n\in\mathbb{N}}$ heißt *permutierbar*, wenn die folgenden ZV

$$\mathbb{X} = (X_1, X_2, X_3, \dots, X_m, X_{m+1}, X_{m+2} \dots), \quad \pi\mathbb{X} = (X_{\pi(1)}, X_{\pi(2)} \dots, X_{\pi(m)}, X_{m+1}, X_{m+2} \dots)$$

   für beliebige endliche Permutationen $\pi : \{1, \dots, m\} \to \{1, \dots, m\}$, $m \in \mathbb{N}$, dieselbe Verteilung haben, vgl. auch [WT, p. 110]. Im folgenden seien die ZV $(X_n)_{n\in\mathbb{N}}$ permutierbar und $\mathscr{F}_n = \sigma(X_1, \dots, X_n)$.

   (a) Zeigen Sie, dass $\mathbb{E}(X_i \mid \mathscr{F}_n) = \frac{1}{n}\sum_{k=1}^n X_k$, $1 \leqslant i \leqslant n$.

   (b) Nun sei $\phi : \mathbb{R}^m \to \mathbb{R}$ eine symmetrische Borel-messbare Funktion, d.h. $\phi(x_1, \dots, x_m) = \phi(x_{\pi(1)}, \dots, x_{\pi(m)})$ für jede Permutation π, und es gelte $\mathbb{E}|\phi(X_1, \dots, X_m)| < \infty$. Wir definieren

$$\mathscr{G}_n := \sigma(U_{m,i}, i \geqslant n),\ n \geqslant m \quad \text{und} \quad U_{m,n} = \frac{1}{\binom{n}{m}} \sum_{1\leqslant i_1<i_2<\dots<i_m\leqslant n} \phi(X_{i_1}, \dots, X_{i_m}), \quad n \geqslant m.$$

   Zeigen Sie, dass für $1 \leqslant i_1 < i_2 < \dots < i_m \leqslant n+1$ gilt:

$$\mathbb{E}\left(\phi(X_{i_1}, \dots, X_{i_m}) \mid \mathscr{G}_{n+1}\right) = \mathbb{E}\left(\phi(X_1, \dots, X_m) \mid \mathscr{G}_{n+1}\right).$$

   (c) Die in (b) definierte Folge $(U_{m,n})_{n\geqslant m}$ heißt *U-Statistik*. Zeigen Sie, dass $\mathbb{E}(U_{m,n} \mid \mathscr{G}_{n+1}) = \mathbb{E}(U_{m,n+1} \mid \mathscr{G}_{n+1}) = U_{m,n+1}$ gilt und folgern Sie, dass

$$U_n^\# := U_{m,-\nu}, \quad \mathscr{G}_n^\# := \mathscr{G}_{-\nu} \quad \text{mit} \quad \nu = -n \in -\mathbb{N}_0,\ \nu \leqslant -m$$

   ein Rückwärtsmartingal ist. Insbesondere existiert der f.s. und L^1-Grenzwert.

   (d) Wenn die ZV iid sind, dann gilt $\lim_{n\to\infty} U_n^\# = \mathbb{E}\phi(X_1, \dots, X_m)$.
   Hinweis. Entweder Hewitt–Savage 0-1–Gesetz oder Aufg. 2.16.

9. Es seien $(\xi_i)_{i\in\mathbb{N}} \subset L^1$ iid ZV. Wir betrachten die Irrfahrt $X_n := \xi_1 + \dots + \xi_n$, X_0. Zeigen Sie, dass $(X_n)_{n\in\mathbb{N}_0}$ eine beliebige Menge $B \in \mathscr{B}(\mathbb{R}^d)$ mit Wahrscheinlichkeit 1 entweder unendlich oft oder endlich oft besucht.

   Bemerkung. Das ist die sog. Rekurrenz–Transienz Dichotomie einer Irrfahrt. Vergleichen Sie hierzu Kapitel 13.

9 Elementare Ungleichungen für Martingale

Für (Sub- und Super-)Martingale gelten eine Reihe von interessanten und wichtigen Ungleichungen, mit denen wir das Maximum des Prozesses $(X_n)_{n\in\mathbb{N}_0}$ abschätzen können; üblicherweise spricht man in diesem Zusammenhang von „Maximalungleichungen."

9.1 Lemma. *Es sei $(X_n, \mathscr{F}_n)_{n\in\mathbb{N}_0}$ ein Submartingal. Für alle $n \in \mathbb{N}_0$ und $r > 0$ gilt*

$$\mathbb{P}\left(\max_{i\leqslant n} X_i \geqslant r\right) \leqslant \frac{1}{r} \int_{\{\max_{i\leqslant n} X_i \geqslant r\}} X_n^+ \, d\mathbb{P} \leqslant \frac{1}{r}\,\mathbb{E}(X_n^+). \tag{9.1}$$

Beweis. Wir überlegen uns zunächst, wann das Submartingal für $i = 1, \ldots, n$ zum ersten Mal das Niveau r erreicht oder überschreitet,

$$T := \min\{0 \leqslant i \leqslant n \,:\, X_i \geqslant r\}, \quad \min\emptyset := \infty.$$

Die Zufallszeit T ist eine Stoppzeit [✍], und es gilt

$$\max_{i\leqslant n} X_i(\omega) \geqslant r \iff T(\omega) \leqslant n \iff T(\omega) \leqslant n \;\&\; X_{n\wedge T}^+(\omega) \geqslant r.$$

Wir verwenden nun die Markov Ungleichung,

$$\mathbb{P}\left(\max_{i\leqslant n} X_i \geqslant r\right) = \mathbb{P}\left(T \leqslant n,\; X_{n\wedge T}^+ \geqslant r\right) \leqslant \frac{1}{r} \int_{\{T\leqslant n\}} X_{n\wedge T}^+ \, d\mathbb{P},$$

und weil auch $(X_n^+)_{n\in\mathbb{N}_0}$ ein Submartingal ist (Satz 3.5.d), folgt mit optional stopping (Satz 4.10.d mit $S \leftrightsquigarrow n \wedge T$ und $T \leftrightsquigarrow n$) wegen $\{T \leqslant n\} \in \mathscr{F}_{n\wedge T}$ (Bemerkung 4.9.c & d)

$$\mathbb{P}\left(\max_{i\leqslant n} X_i \geqslant r\right) \leqslant \frac{1}{r} \int_{\{T\leqslant n\}} X_n^+ \, d\mathbb{P} \leqslant \frac{1}{r} \int X_n^+ \, d\mathbb{P}. \qquad \square$$

9.2 Lemma. *Es sei $(X_n, \mathscr{F}_n)_{n\in\mathbb{N}_0}$ ein Submartingal. Für alle $n \in \mathbb{N}_0$ und $r > 0$ gilt*

$$\begin{aligned}\mathbb{P}\left(\min_{i\leqslant n} X_i \leqslant -r\right) &\leqslant \frac{1}{r}\left(\mathbb{E}(X_n - X_0) - \int_{\{\min_{i\leqslant n} X_i \leqslant -r\}} X_n \, d\mathbb{P}\right)\\ &\leqslant \frac{1}{r}\left(\mathbb{E}X_n^+ - \mathbb{E}X_0\right).\end{aligned} \tag{9.2}$$

Beweis. Ähnlich wie im Beweis von Lemma 9.1 definieren wir eine Stoppzeit [✍]

$$S = \min\{i \leqslant n \,:\, X_i \leqslant -r\}, \quad \min\emptyset = \infty.$$

Weil $(X_n^S, \mathscr{F}_n)_{n\in\mathbb{N}_0}$ wiederum ein Submartingal ist (Satz 4.4), haben wir

$$\begin{aligned}\mathbb{E}X_0 = \mathbb{E}X_{0\wedge S} \leqslant \mathbb{E}X_{n\wedge S} &= \int_{\{S<\infty\}} X_{n\wedge S} \, d\mathbb{P} + \int_{\{S=\infty\}} X_{n\wedge S} \, d\mathbb{P}\\ &\leqslant -r\mathbb{P}(S < \infty) + \mathbb{E}X_n - \mathbb{E}\left[X_n \mathbb{1}_{\{S<\infty\}}\right]\end{aligned}$$

https://doi.org/10.1515/9783110350685-009

wobei wir für die letzte Abschätzung beachten, dass $X_{n\wedge S}(\omega) \leqslant -r$ für alle $\omega \in \{S < \infty\}$ ist. Durch Umstellen erhalten wir

$$r\mathbb{P}(S < \infty) \leqslant \mathbb{E}(X_n - X_0) - \int\limits_{\{S<\infty\}} X_n \, d\mathbb{P} \leqslant \mathbb{E}\left[X_n \mathbb{1}_{\{S=\infty\}}\right] - \mathbb{E}X_0 \leqslant \mathbb{E}X_n^+ - \mathbb{E}X_0.$$

Die Behauptung folgt schließlich aus der Gleichheit $\{\min_{i\leqslant n} X_i \leqslant -r\} = \{S < \infty\}$. □

Die wichtigsten Sonderfälle und Anwendungen von Lemma 9.1 und 9.2 formulieren wir als Korollare.

9.3 Korollar. *Es sei $(X_n, \mathscr{F}_n)_{n\in\mathbb{N}_0}$ ein Submartingal. Für $n \in \mathbb{N}_0$ und $r > 0$ gilt*

$$\mathbb{P}\left(\max_{i\leqslant n} |X_i| \geqslant r\right) \leqslant \frac{1}{r}\left(2\mathbb{E}(X_n^+) - \mathbb{E}X_0\right). \tag{9.3}$$

Beweis. Wegen $\{\max_{i\leqslant n} |X_i| \geqslant r\} = \{\max_{i\leqslant n} X_i \geqslant r\} \cup \{\min_{i\leqslant n} X_i \leqslant -r\}$ folgt die Behauptung aus der Addition der Ungleichungen (9.1) und (9.2). □

9.4 Korollar. *Es sei $(X_n, \mathscr{F}_n)_{n\in\mathbb{N}_0}$ ein Martingal oder ein positives Submartingal, so dass $X_n \in L^p$, $p \geqslant 1$, für alle $n \in \mathbb{N}_0$ gilt. Dann ist für $n \in \mathbb{N}_0$ und $r > 0$*

$$\mathbb{P}\left(\max_{i\leqslant n} |X_i| \geqslant r\right) \leqslant \frac{1}{r^p} \int\limits_{\{\max_{i\leqslant n} |X_i|\geqslant r\}} |X_n|^p \, d\mathbb{P} \leqslant \frac{1}{r^p}\, \mathbb{E}\left(|X_n|^p\right). \tag{9.4}$$

Beweis. Weil $(X_n)_{n\in\mathbb{N}_0}$ ein (positives Sub-)Martingal ist, wissen wir aus Satz 3.5.e & f, dass $(|X_n|^p)_{n\in\mathbb{N}_0}$ ein Submartingal ist. Daher folgt die Behauptung unmittelbar aus Lemma 9.1. □

9.5 Korollar (Kolmogorovsche Ungleichung). *Es seien $(\xi_n)_{n\in\mathbb{N}} \subset L^2$ unabhängige ZV mit $\mathbb{E}\xi_n = 0$ und $\sigma_n^2 = \mathbb{V}\xi_n$. Dann gilt für $X_n = \xi_1 + \cdots + \xi_n$, $X_0 = 0$, und $r > 0$*

$$\mathbb{P}\left(\max_{i\leqslant n} |X_i| \geqslant r\right) \leqslant \frac{1}{r^2} \sum_{i=1}^n \sigma_i^2.$$

Beweis. Für die Filtration $\mathscr{F}_n := \sigma(\xi_1, \dots, \xi_n)$ ist $X_n^2 = (\xi_1 + \cdots + \xi_n)^2$ ein Submartingal. Mit Korollar 9.4 (für $p = 2$) und der Identität von Bienaymé $\mathbb{V}X_n = \sum_{i=1}^n \mathbb{V}\xi_i = \sum_{i=1}^n \sigma_i^2$ folgt dann die Behauptung. □

In der Analysis nennt man Ungleichungen vom Typ (9.4), in denen links eine Verteilungsfunktion und rechts eine L^p-Norm steht, „schwache L^1–L^p Ungleichungen" (engl. *weak-type inequality*). Das folgende Lemma zeigt, wie man von einer schwachen L^1–L^1 Ungleichung zu einer L^p–L^p Ungleichung (also einer Ungleichung mit L^p-Normen auf beiden Seiten) gelangen kann.

9.6 Lemma. *Es seien $X, Y \geqslant 0$ ZV mit*

$$\mathbb{P}(X \geqslant r) \leqslant \frac{1}{r} \int\limits_{\{X\geqslant r\}} Y \, d\mathbb{P}, \quad \forall r > 0. \tag{9.5}$$

Dann gilt für $p > 1$ *und* $\frac{1}{p} + \frac{1}{q} = 1$

$$\mathbb{E}(X^p) \leqslant q^p\, \mathbb{E}(Y^p). \tag{9.6}$$

Beweis. Wir nehmen zunächst an, dass $\mathbb{E}(X^p) < \infty$. Weil wir den Erwartungswert mit der Verteilungsfunktion ausdrücken können, vgl. [WT, S. 214*f.*] oder [MI, Satz 16.7], ist

$$\mathbb{E}\,(X^p) = \int_0^\infty pr^{p-1}\, \mathbb{P}(X \geqslant r)\, dr \overset{(9.5)}{\leqslant} \int_0^\infty pr^{p-1} \left(\frac{1}{r} \int \mathbb{1}_{\{X \geqslant r\}} \cdot Y\, d\mathbb{P} \right) dr.$$

Wenn wir $\mathbb{1}_{\{X \geqslant r\}}(\omega) = \mathbb{1}_{[0,X(\omega)]}(r)$ beachten und den Satz von Tonelli verwenden, sehen wir

$$\mathbb{E}\,(X^p) \leqslant \int \int_0^\infty pr^{p-2}\, \mathbb{1}_{[0,X]}(r) \cdot Y\, dr\, d\mathbb{P} = \int \int_0^X pr^{p-2}\, dr\, Y\, d\mathbb{P} = \frac{p}{p-1} \int X^{p-1}\, Y\, d\mathbb{P}.$$

Mit der Hölderschen Ungleichung für $p > 1$ und $q = p/(p-1)$ erhalten wir

$$\mathbb{E}\,(X^p) \leqslant \frac{p}{p-1} \left[\mathbb{E}\,(Y^p)\right]^{1/p} \left[\mathbb{E}\left(X^{q(p-1)}\right)\right]^{1/q} = q \left[\mathbb{E}\,(Y^p)\right]^{1/p} \left[\mathbb{E}\,(X^p)\right]^{1-1/p}.$$

Durch Division folgt schließlich $[\mathbb{E}\,)X^p)]^{1/p} \leqslant q\ [\mathbb{E}\,(Y^p)]^{1/p}$.

Ist $\mathbb{E}(X^p) = \infty$, dann betrachten wir $X \wedge n$, $n \in \mathbb{N}$, an Stelle von X. Die Abschätzung (9.5) gilt auch für $X \wedge n$, da

$$\{X \wedge n \geqslant r\} = \begin{cases} \{X \geqslant r\}, & r \leqslant n, \\ \emptyset, & r > n. \end{cases}$$

Somit folgt aus der bisherigen Rechnung und mit Beppo Levi

$$\mathbb{E}\,(X^p) \overset{\text{BL}}{=} \sup_{n \in \mathbb{N}} \mathbb{E}\left[(X \wedge n)^p\right] \leqslant \sup_{n \in \mathbb{N}} q^p\, \mathbb{E}\,(Y^p) = q^p\, \mathbb{E}\,(Y^p)\,. \qquad \square$$

Wenn wir Lemma 9.1 und 9.6 kombinieren, erhalten wir die Doobsche L^p-Maximalungleichung und einen Konvergenzsatz für L^p-Martingale.

9.7 Satz (L^p-Maximalungleichung; Doob). *Es sei* $(X_n, \mathscr{F}_n)_{n \in \mathbb{N}_0} \subset L^p$, $p > 1$, *ein positives Submartingal, das* L^p*-beschränkt ist, d.h.* $\sup_{n \in \mathbb{N}_0} \mathbb{E}(X_n^p) < \infty$. *Dann gilt für* $X^* := \sup_{n \in \mathbb{N}_0} |X_n|$

a) $X^* \in L^p$;

b) $X_\infty = \lim_{n \to \infty} X_n$ *existiert in* L^p *und fast sicher;*

c) $\mathbb{E}(X^{*\,p}) \leqslant q^p \sup_{n \in \mathbb{N}_0} \mathbb{E}(X_n^p) = q^p\, \mathbb{E}(X_\infty^p)$.

▸ Weil $p > 1$ ist, folgt aus der L^p-Beschränktheit die gleichgradige Integrierbarkeit, vgl. Satz 7.4.a. Sie sollten daher die Aussage von Satz 9.7 mit Satz 6.4 und Satz 7.10 vergleichen. **!**

▸ X^* ist die **Standardnotation** für $\sup_{n \in \mathbb{N}_0} |X_n|$; beachten Sie, dass wir in Satz 9.7 wegen $X_n \geqslant 0$ auch $X^* = \sup_{n \in \mathbb{N}_0} X_n$ schreiben könnten.

Beweis von Satz 9.7. Setze $X_n^* := \sup_{i\leqslant n} |X_i|$. Gemäß Lemma 9.1 gilt

$$\mathbb{P}(X_n^* \geqslant r) \leqslant \frac{1}{r} \int_{\{X_n^* \geqslant r\}} X_n \, d\mathbb{P} \quad \text{für alle } n \in \mathbb{N},\ r > 0,$$

und Lemma 9.6 besagt

$$\mathbb{E}(X_n^{*\,p}) \leqslant q^p\, \mathbb{E}(X_n^p) \leqslant q^p \sup_{i\in\mathbb{N}_0} \mathbb{E}(X_i^p).$$

Mit Hilfe des Satzes von Beppo Levi folgern wir nun

$$\mathbb{E}(X^{*\,p}) = \sup_{n\in\mathbb{N}_0} \mathbb{E}(X_n^{*\,p}) \leqslant q^p \sup_{n\in\mathbb{N}_0} \mathbb{E}(X_n^p) < \infty,$$

d.h. $X^* \in L^p$ bzw. $(X^*)^p \in L^1$.

Da $(X_n)_{n\in\mathbb{N}_0}$ L^p-beschränkt ist, ist $(X_n)_{n\in\mathbb{N}_0}$ auch L^1-beschränkt, und der Martingalkonvergenzsatz Satz 5.3 besagt, dass

$$X_\infty = \lim_{n\to\infty} X_n \quad \text{f.s. existiert.}$$

Weiterhin gilt

$$|X_\infty - X_n|^p \leqslant (|X_\infty| + |X_n|)^p \leqslant (2X^*)^p \in L^1,$$

und wir folgern mit Hilfe des Satzes von der dominierten Konvergenz

$$|X_\infty - X_n|^p \xrightarrow{n\to\infty} 0 \quad \text{in } L^1 \iff X_n \xrightarrow{n\to\infty} X_\infty \quad \text{in } L^p.$$

Insbesondere haben wir $\lim_{n\to\infty} \mathbb{E}(X_n^p) = \mathbb{E}(X_\infty^p)$. Da aber $(X_n^p)_{n\geqslant 0}$ ein Submartingal ist (Satz 3.5.f), gilt

$$\mathbb{E}(X_n^p) \leqslant \mathbb{E}(X_{n+1}^p) \leqslant \ldots,$$

also $\mathbb{E}X_\infty^p = \lim_{n\to\infty} \mathbb{E}X_n^p = \sup_{n\in\mathbb{N}_0} \mathbb{E}X_n^p$. □

Wir wollen noch einen häufig auftretenden Sonderfall hervorheben.

9.8 Korollar (L^p-Maximalungleichung; Doob). *Es sei $(M_n, \mathscr{F}_n)_{n\in\mathbb{N}_0}$ ein L^p-Martingal, d.h. $M_n \in L^p$, $n \in \mathbb{N}_0$, $p > 1$. Für die Maximalfunktion $M^* := \sup_{n\in\mathbb{N}_0} |M_n|$ gilt*

$$\mathbb{E}(M^{*\,p}) \leqslant \left(\frac{p}{p-1}\right)^p \sup_{n\in\mathbb{N}_0} \mathbb{E}\left(|M_n|^p\right) \in [0, \infty]. \tag{9.7}$$

Beweis. Weil $(|M_n|, \mathscr{F}_n)_{n\in\mathbb{N}_0}$ ein positives Submartingal in L^p ist, können wir den Fall $S := \sup_{n\in\mathbb{N}_0} \mathbb{E}\left(|M_n|^p\right) < \infty$ auf Satz 9.7 zurückführen. Wenn $S = \infty$ ist, dann ist (9.7) trivial. □

♦Die Ungleichung von Azuma–Hoeffding[8]

Die Azuma–Hoeffding Ungleichung ist eine „concentration of measure“ Ungleichung für (Super-)Martingale, deren Zuwächse beschränkt sind. Ursprünglich wurde die Ungleichung 1963 von W. Hoeffding für unabhängige ZV gezeigt, und dann von K. Azuma auf Martingale erweitert.

9.9 Satz (Azuma 1967). *Es sei $(X_n, \mathscr{F}_n)_{n\in\mathbb{N}_0}$ ein Supermartingal für dessen Zuwächse die Abschätzungen $|X_n - X_{n-1}| \leqslant c_n$ für eine Folge $(c_n)_{n\in\mathbb{N}} \subset [0,\infty)$ gelten. Dann gilt mit $d_n^2 := c_1^2 + \cdots + c_n^2$*

$$\mathbb{P}(X_n - X_0 \geqslant t) \leqslant \exp\left[-\frac{t^2}{2d_n^2}\right], \quad t \geqslant 0,\ n \in \mathbb{N}. \tag{9.8}$$

Wenn $(X_n)_{n\in\mathbb{N}_0}$ ein Martingal ist, gilt außerdem

$$\mathbb{P}(|X_n - X_0| \geqslant t) \leqslant 2\exp\left[-\frac{t^2}{2d_n^2}\right], \quad t \geqslant 0,\ n \in \mathbb{N}. \tag{9.9}$$

Beweis. Die Funktion $e_t(x) := e^{tx}$, $x \in \mathbb{R}$, $t \geqslant 0$, ist konvex, und daher liegt ihr Graph im Intervall $-c \leqslant x \leqslant c$ unterhalb der Sehne, die die Punkte $(-c, e_t(-c))$ und $(c, e_t(c))$ verbindet, vgl. Abbildung 9.1.

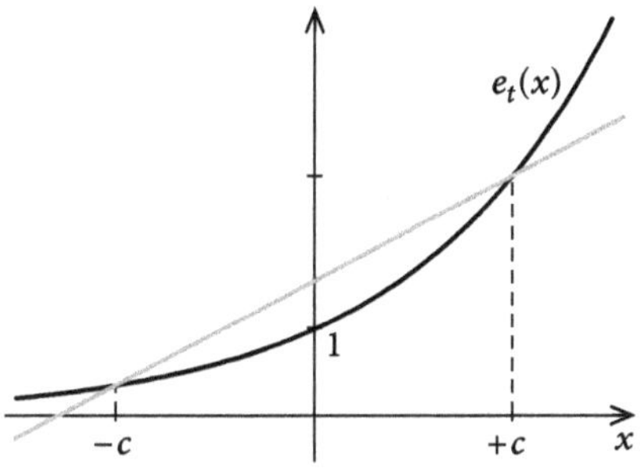

Abb. 9.1: Der Graph der konvexen Funktion $x \mapsto e^{tx}$ liegt im Intervall $-c \leqslant x \leqslant c$ unterhalb der Sehne, die $(-c, e^{-tc})$ und (c, e^{tc}) verbindet.

$$e^{tx} \leqslant \frac{e^{tc} - e^{-tc}}{2c}\, x + \frac{1}{2}\left(e^{tc} + e^{-tc}\right).$$

Wir setzen in diese Ungleichung $x = (X_n - X_{n-1})$ und $c = c_n$ ein, bilden die bedingte Erwartung bezüglich $\mathscr{F}_{n-1}$ und erhalten

$$\begin{aligned}\mathbb{E}\left(e^{t(X_n - X_{n-1})} \mid \mathscr{F}_{n-1}\right) &\leqslant \underbrace{\frac{e^{tc_n} - e^{-tc_n}}{2c_n}}_{\geqslant 0}\, \underbrace{\mathbb{E}\left(X_n - X_{n-1} \mid \mathscr{F}_{n-1}\right)}_{\leqslant 0 \text{ wg. Super-MG}} + \frac{e^{tc_n} + e^{-tc_n}}{2} \\ &\leqslant \frac{e^{tc_n} + e^{-tc_n}}{2}.\end{aligned}$$

8 Diesen Beweis verdanke ich meinem Kollegen Martin Keller–Ressel.

Mit Hilfe der elementaren Ungleichung

$$\frac{1}{2}(e^{-y}+e^{y}) = \sum_{k=0}^{\infty}\frac{y^{2k}}{(2k)!} \leqslant \sum_{k=0}^{\infty}\frac{y^{2k}}{2^k\,k!} = e^{y^2/2}$$

folgt $\mathbb{E}\left(e^{t(X_n-X_{n-1})} \mid \mathscr{F}_{n-1}\right) \leqslant e^{t^2c_n^2/2}$. Mit der tower property erhalten wir

$$\begin{aligned}\mathbb{E}e^{t(X_n-X_0)} = \mathbb{E}\left(\prod_{i=1}^{n} e^{t(X_i-X_{i-1})}\right) &\underset{\text{pull-out}}{\overset{\text{tower}}{=}} \mathbb{E}\left(\prod_{i=1}^{n-1} e^{t(X_i-X_{i-1})}\mathbb{E}\left[e^{t(X_n-X_{n-1})} \mid \mathscr{F}_{n-1}\right]\right)\\ &\leqslant \mathbb{E}\left(\prod_{i=1}^{n-1} e^{t(X_i-X_{i-1})}\right)e^{t^2c_n^2/2}\\ &\leqslant \cdots \leqslant e^{t^2d_n^2/2}.\end{aligned}$$

Mit der Markov Ungleichung sehen wir für $t, \xi \geqslant 0$

$$\begin{aligned}\mathbb{P}(X_n - X_0 \geqslant t) = \mathbb{P}\left(e^{\xi(X_n-X_0)} \geqslant e^{t\xi}\right) &\leqslant e^{-t\xi}\mathbb{E}e^{\xi(X_n-X_0)} \qquad (9.10)\\ &\leqslant e^{-t\xi+\xi^2d_n^2/2} = e^{-\frac{1}{2}t^2/d_n^2+\frac{1}{2}(\xi d_n - t/d_n)^2}.\end{aligned}$$

Offensichtlich nimmt die rechte Seite bei $\xi = t/d_n^2$ ihr Minimum an, und (9.8) ist gezeigt.

Wenn $(X_n)_{n\in\mathbb{N}_0}$ ein Martingal ist, dann gilt (9.8) für das Supermartingal $-X_n$, d.h.

$$\mathbb{P}(X_n - X_0 \leqslant -t) \leqslant \exp\left[-\frac{t^2}{2d_n^2}\right], \quad t \geqslant 0,\ n \in \mathbb{N}.$$

Die Ungleichung (9.9) folgt nun durch Addition dieser Abschätzung und (9.8). □

Aufgaben

1. Für ein positives Supermartingal $(X_n, \mathscr{F}_n)_{n\in\mathbb{N}_0}$ gilt $\mathbb{P}(\sup_{n\in\mathbb{N}_0} X_n \geqslant r) \leqslant \frac{1}{r}\mathbb{E}X_0$.
2. Es sei $(S_n)_{n\in\mathbb{N}_0}$ eine einfache Irrfahrt, d.h. $S_n = U_1 + \cdots + U_n$, $S_0 = 0$, mit iid Schritten U_i, so dass $\mathbb{P}(U_1 = 1) = p$, $\mathbb{P}(U_1 = -1) = q \in (0,1)$.
   (a) Zeigen Sie, dass $Z_n := \left(\frac{q}{p}\right)^{S_n}$, $n \in \mathbb{N}_0$, ein Martingal ist.
   (b) Zeigen Sie mit Hilfe einer geeigneten Maximalungleichung, dass
   $$\mathbb{P}\left(\sup_{n\in\mathbb{N}_0} S_n \geqslant k\right) \leqslant \left(\frac{p}{q}\right)^k$$
   und dass, sofern $q > p$,
   $$\mathbb{E}\left(\sup_{n\in\mathbb{N}_0} S_n\right) \leqslant \frac{q}{q-p}.$$
   Bemerkung. Wenn $q > p$, dann gilt in beiden Aussagen sogar Gleichheit und $\sup_n S_n$ ist geometrisch verteilt mit Parameter $1 - p/q$.
3. Zeigen Sie, dass wir für ein Martingal in der Ungleichung (9.8) $X_n - X_0$ durch $\sup_{i\leqslant n}(X_i - X_0)$ ersetzen können.

10 ♦Die Burkholder–Davis–Gundy Ungleichungen

Es sei $(X_n, \mathscr{F}_n)_{n\in\mathbb{N}}$ ein Submartingal. In diesem Kapitel wollen wir die Äquivalenz der L^p-Normen der *Maximalfunktionen*

$$X_n^* := \sup_{i\leqslant n} |X_i| \quad \text{und} \quad X^* := \sup_{n\in\mathbb{N}} X_n^* = \sup_{i\in\mathbb{N}_0} |X_i| \tag{10.1}$$

und der in (10.2) definierten quadratischen Variation $[X]_n$ bzw. $[X]_\infty$ zeigen. Wir erinnern daran, dass ein Martingal X mit $X_n \in L^2$ als L^2-Martingal bezeichnet wird.

10.1 Definition. Es sei $(X_n, \mathscr{F}_n)_{n\in\mathbb{N}_0}$ ein Submartingal. Die *quadratische Variation* (engl. *square bracket*) $[X] = ([X]_n)$ ist definiert als

$$[X]_n := X_0^2 + \sum_{i=1}^{n} (X_i - X_{i-1})^2, \quad [X]_0 := X_0 \quad \text{und} \quad [X]_\infty := \sup_{n\in\mathbb{N}} [X]_n. \tag{10.2}$$

Im folgenden Abschnitt diskutieren wir einige grundlegende Eigenschaften der quadratischen Variation.

Ziel dieses Kapitels ist es, das folgende Resultat zu zeigen, das auf Burkholder und Gundy (für $1 < p < \infty$, [10], [12]), und Davis (für $p = 1$, [16]) zurückgeht.

10.2 Satz (Burkholder–Davis–Gundy (BDG) Ungleichungen). *Es sei $(X_n, \mathscr{F}_n)_{n\in\mathbb{N}}$ ein Martingal und $p \in [1, \infty)$. Dann gilt*

$$c_p \mathbb{E}\left([X]_n^{p/2}\right) \leqslant \mathbb{E}\left(\sup\nolimits_{i\leqslant n} |X_i|^p\right) \leqslant C_p \mathbb{E}\left([X]_n^{p/2}\right), \quad n \in \mathbb{N}, \tag{10.3}$$

für universelle Konstanten $0 < c_p \leqslant C_p < \infty$, die nur von p abhängen.
Zusatz: *X ist genau dann L^p-beschränkt, wenn $\mathbb{E}\left([X]_\infty^{p/2}\right) < \infty$ gilt.*

Wir interessieren uns nicht für die genaue Form der Konstanten c_p, C_p, die optimalen Konstanten sind auch nicht immer bekannt, vgl. Bañuelos & Davis [7, Section 5].

Wir werden den Beweis für die BDG Ungleichungen nach einigen Vorbereitungen in den Abschnitten 10.3 und 10.4 führen.

10.3 Bemerkung. a) Mit dem Satz von Beppo Levi sehen wir, dass aus (10.3) die Ungleichungen

$$c_p \mathbb{E}\left([X]_\infty^{p/2}\right) \leqslant \mathbb{E}\left((X^*)^p\right) \leqslant C_p \mathbb{E}\left([X]_\infty^{p/2}\right) \tag{10.4}$$

folgen. Wenn wir (10.4) auf die bei $n \in \mathbb{N}$ gestoppten Martingale $(X_{i\wedge n}, \mathscr{F}_i)_{i\in\mathbb{N}_0}$ anwenden, gelangen wir wieder zu (10.3).

b) Aus der Doobschen Maximalungleichung (Korollar 9.8) für das gestoppte Martingal $(X_{i\wedge n}, \mathscr{F}_i)_{i\in\mathbb{N}_0}$ erhalten wir für $p \in (1, \infty)$, dass

$$\mathbb{E}\left(|X_n|^p\right) \leqslant \mathbb{E}\left(\sup\nolimits_{i\leqslant n} |X_i|^p\right) \leqslant q^p \mathbb{E}\left(|X_n|^p\right), \quad n \in \mathbb{N}_0, \; q = \frac{p}{p-1},$$

gilt, d.h. es gilt auch

$$c_p' \mathbb{E}\left([X]_n^{p/2}\right) \leqslant \mathbb{E}\left(|X_n|^p\right) \leqslant C_p \mathbb{E}\left([X]_n^{p/2}\right), \quad n \in \mathbb{N}, \; p \in (1, \infty). \tag{10.5}$$

https://doi.org/10.1515/9783110350685-010

c) Es sei X ein L^2-Martingal mit $X_0 = 0$. Lemma 10.8 (im folgenden Abschnitt) zeigt, dass $X^2 - [X]$ wieder ein Martingal ist. Daher folgen die BDG Ungleichungen für $p = 2$ elementar aus der Doobschen Maximalungleichung (siehe Teil b) und der Bemerkung, dass auf Grund der Martingaleigenschaft $\mathbb{E}(X_n^2) = \mathbb{E}[X]_n$ ist.

ϟ Im Fall $p = 1$ können wir den mittleren Ausdruck in (10.3) nicht durch $\mathbb{E}|X_n|$ ersetzen, vgl. das folgende Gegenbeispiel.

10.4 Beispiel. Die erste Ungleichung in (10.5) kann i.Allg. für $p = 1$ nicht gelten. Wir betrachten eine iid Folge $(\xi_n)_{n\in\mathbb{N}}$, $\mathbb{P}(\xi_1 = \pm 1) = \frac{1}{2}$ und die einfache symmetrische Irrfahrt $X_n := \xi_1 + \cdots + \xi_n$, $X_0 := 0$. Für die natürliche Filtration $\mathscr{F}_n = \sigma(\xi_1, \ldots, \xi_n)$ ist der Zeitpunkt des ersten Erreichens der Position 1,

$$T := \inf\{n \in \mathbb{N} : X_n = 1\}$$

eine Stoppzeit und $X^T = (X_{n\wedge T}, \mathscr{F}_n)_{n\in\mathbb{N}}$ ist ein Martingal (Korollar 4.5). Wegen der Definition der Stoppzeit T gilt einerseits

$$\mathbb{E}|X_{n\wedge T}| = 2\mathbb{E}X_{n\wedge T}^+ - \mathbb{E}X_{n\wedge T} \overset{\text{MG}}{=} 2\mathbb{E}X_{n\wedge T}^+ - \mathbb{E}X_0 = 2\mathbb{E}X_{n\wedge T}^+ \leqslant 2, \quad n \in \mathbb{N},$$

während andererseits stets $|X_i - X_{i-1}| = |\xi_i| = 1$ ist, d.h.

$$\mathbb{E}\sqrt{[X^T]_n} = \mathbb{E}\sqrt{\sum\nolimits_{i=1}^{n\wedge T} \xi_i^2} = \mathbb{E}\sqrt{n\wedge T} \xrightarrow[n\to\infty]{} \infty,$$

weil $\mathbb{E}\sqrt{T} = \infty$ gilt, vgl. hierzu Beispiel 11.10 im folgenden Kapitel.

Das folgende Beispiel zeigt, dass die BDG Ungleichungen im Allgemeinen nicht im Fall $0 < p < 1$ gelten können; dieses Phänomen wird durch große Zuwächse $\Delta X_i = X_i - X_{i-1}$ verursacht.

10.5 Beispiel (Marcinkiewicz & Zygmund 1938). Es sei η eine ZV, deren Verteilung durch $\mathbb{P}(\eta = 1) = 1 - 1/m$ und $\mathbb{P}(\eta = 1 - m) = 1/m$ für ein festes $m \geqslant 2$ gegeben ist. Wir geben Folgen unabhängiger ZV $(\xi_n)_{n\in\mathbb{N}}$ an, so dass für das Martingal $X_0 := 0$, $X_n := \xi_1 + \cdots + \xi_n$ die erste bzw. zweite Ungleichung in (10.3) für $0 < p < 1$ verletzt ist.
a) Wir betrachten eine Folge unabhängiger ZV $\xi_1 \sim \eta$, $\xi_2 \sim -\eta$ und $\xi_n = 0$ für $n \geqslant 3$. Dann ist für $n \geqslant 2$

$$\begin{aligned}\mathbb{E}\left(|X_n|^p\right) = \mathbb{E}\left(|\xi_1 + \xi_2|^p\right) = \mathbb{E}\left(|\xi_1 + \xi_2|^p \mathbb{1}_{\{\xi_1 \neq -\xi_2\}}\right) &= 2\mathbb{E}\big(\overbrace{|\xi_1 + \xi_2|^p}^{=m^p} \mathbb{1}_{\{\xi_1 = 1\}\cap\{\xi_2 = m-1\}}\big)\\ &\leqslant 2m^p\,\mathbb{P}(\xi_2 = m-1) = 2m^{p-1},\end{aligned}$$

während wir stets $\xi_1^2 + \xi_2^2 \geqslant 2$ und somit

$$\mathbb{E}\left([X]_n^{p/2}\right) = \mathbb{E}\left(\left(\xi_1^2 + \xi_2^2\right)^{p/2}\right) \geqslant 1$$

haben. Für hinreichend große Werte von m kann daher die erste Ungleichung in (10.3) nicht gelten.

b) Wir betrachten eine Folge unabhängiger ZV $\xi_1 \sim \eta, \ldots, \xi_n \sim \eta$ und $\xi_{n+k} = 0$ für $k, n \in \mathbb{N}$. Für $m \geqslant 2n$ haben wir

$$|X_{n+k}| = \left|\sum_{i=1}^{n} \xi_i\right| \geqslant \begin{cases} n, & \forall i \in \{1, \ldots, n\} : \xi_i = 1, \\ \underbrace{|\xi_j| - \sum_{i \neq j} |\xi_i|}_{\geqslant (m-1)-(n-1)} \geqslant n, & \exists j \in \{1, \ldots, n\} : \xi_j = 1 - m. \end{cases}$$

Weiterhin gilt für $[X]_{n+k} = \sum_{i=1}^{n} \xi_i^2$

$$\mathbb{P}([X]_{n+k} = n) = \left(1 - \tfrac{1}{m}\right)^n \quad \text{und} \quad \mathbb{P}\left(n < [X]_{n+k} \leqslant nm^2\right) = 1 - \left(1 - \tfrac{1}{m}\right)^n,$$

und wir erhalten einerseits $\mathbb{E}(|X_{n+k}|^p) \geqslant n^p$ und andererseits

$$\mathbb{E}\left([X]_{n+k}^{p/2}\right) \leqslant n^{p/2}\left(1 - \tfrac{1}{m}\right)^n + n^{p/2} m^p \left(1 - \left(1 - \tfrac{1}{m}\right)^n\right) \xrightarrow[m \to \infty]{\text{l'Hospital}} n^{p/2}.$$

Für hinreichend große Werte von m und n kann daher die zweite Ungleichung in (10.3) nicht gelten.

Die BDG Ungleichungen verallgemeinern (partiell) zwei klassische Ungleichungen. Die erste geht auf Khintchine [26] (Abschätzung nach oben) und Littlewood [31] sowie Paley & Zygmund [35] (Abschätzung nach unten) zurück.

10.6 Satz (Khintchine[9] Ungleichungen). *Es seien $(c_n)_{n \in \mathbb{N}}$ eine Folge reeller Zahlen und $(\xi_n)_{n \in \mathbb{N}}$ iid ZV mit $\mathbb{P}(\xi_1 = \pm 1) = \frac{1}{2}$. Dann gilt für alle $0 < p < \infty$*

$$\gamma_p \left(\sum_{i=1}^{n} c_i^2\right)^{p/2} \leqslant \mathbb{E}\left(\left|\sum_{i=1}^{n} c_i \xi_i\right|^p\right) \leqslant \Gamma_p \left(\sum_{i=1}^{n} c_i^2\right)^{p/2}, \quad n \in \mathbb{N}, \tag{10.6}$$

mit universellen Konstanten $0 < \gamma_p \leqslant \Gamma_p < \infty$, die nur von p abhängen.

---

i

Weil die ZV ξ_i iid und zentriert (d.h. $\mathbb{E}\xi_1 = 0$) sind, gilt im Fall $p = 2$

$$\mathbb{E}\left(|\textstyle\sum_{i=1}^n c_i \xi_i|^2\right) = \mathbb{V}\left(\sum_{i=1}^n c_i \xi_i\right) = \sum_{i=1}^n \mathbb{V}(c_i \xi_i) = \sum_{i=1}^n c_i^2.$$

Daher sollten wir (10.6) als Äquivalenz der L^p-Norm (L^p-Quasi-Norm[10] für $0 < p < 1$) und der L^2-Norm von $\sum_{i=1}^n c_i \xi_i$ lesen.

Wenn wir nur $1 < p < \infty$ betrachten, folgt (10.6) aus den BDG Ungleichungen für das Martingal $X_0 := 0$, $X_n := \xi_1 + \cdots + \xi_n$ und die Martingaltransformation $c \bullet X_n :=$

9 In der Analysis werden die Rademacher-Funktionen, vgl. [WT, p. 61, p. 96], als Prototypen für iid ZV $(\xi_n)_{n \in \mathbb{N}}$ mit $\mathbb{P}(\xi_1 = \pm 1) = \frac{1}{2}$ auf dem W-Raum $([0,1), \mathscr{B}[0,1), \text{Leb})$ verwendet. Die Abschätzungen (10.6) heißen daher auch „Rademacher Ungleichungen."

10 Eine Quasi-Norm besitzt alle Eigenschaften einer Norm bis auf die Dreiecksungleichung, die nur in der Form $\|a + b\| \leqslant \gamma(\|a\| + \|b\|)$ mit einer Konstanten $\gamma > 1$ gefordert wird.

$\sum_{i=1}^n c_i(X_i - X_{i-1})$, wobei wir $c = (c_n)_{n\in\mathbb{N}}$ als deterministischen Prozess auffassen. Beachte, dass $[c \bullet X]_n = \sum_{i=1}^n c_i^2$ gilt.

Weil wir für $0 < p \leqslant 1$ die BDG Ungleichungen nicht verwenden können, zeigen wir den klassischen Beweis für die Khintchine Ungleichungen.

Beweis von Satz 10.6. Abschätzung nach oben. Wir beginnen mit der zweiten Ungleichung von (10.6). Für das Martingal $S_0 := 0$, $S_n := \xi_1 + \cdots + \xi_n$ ist die Martingaltransformation $X := c \bullet S$, $c = (c_i)_{i\in\mathbb{N}}$ ein Martingal. Wir erhalten aus der Azuma Ungleichung (Satz 9.9)

$$\mathbb{P}(|X_n| \geqslant t) \leqslant 2e^{-t^2/2d_n^2}, \quad d_n^2 = c_1^2 + \cdots + c_n^2,$$

und daher gilt für alle $0 < p < \infty$ mit einer einfachen Rechnung

$$\begin{aligned}\mathbb{E}\left(|X_n|^p\right) &= p\int_0^\infty t^{p-1}\mathbb{P}(|X_n| \geqslant t)\,dt \leqslant 2p\int_0^\infty t^{p-1}e^{-t^2/2d_n^2}\,dt \\ &\overset{s=t^2/2d_n^2}{=} d_n^p\,p2^{p/2}\int_0^\infty s^{p/2-1}e^{-s}\,ds = p2^{p/2}\Gamma(p/2)\left(d_n^2\right)^{p/2},\end{aligned}$$

d.h. wir haben die obere Abschätzung in (10.6) mit $\Gamma_p := p2^{p/2}\Gamma(p/2)$ gezeigt.

Abschätzung nach unten. Mit Hilfe eines Dualitätsarguments[11] können wir diese Ungleichung aus der Abschätzung nach oben ableiten. Wegen

$$\mathbb{E}\left(X_n^2\right) = \mathbb{V}X_n \overset{\text{unabh.}}{=} \sum_{i=1}^n \mathbb{V}(c_i\xi_i) = \sum_{i=1}^n c_i^2$$

können wir die untere Abschätzung auch als $\gamma_p\|X_n\|_2^p \leqslant \|X_n\|_p^p$ ausdrücken. Wegen der Monotonie der L^p-Normen (für endliche Maße) ist die Ungleichung für $p \geqslant 2$ trivial.

Für $p \in (0,2)$ lässt sich $2 = p\alpha + 4\beta$ als Konvexkombination der Exponenten p und 4 mit $\alpha + \beta = 1$, $\alpha, \beta \in (0,1)$, schreiben. Wir erhalten

$$\mathbb{E}\left(|X_n|^2\right) = \mathbb{E}\left(|X_n|^{p\alpha+4\beta}\right) \overset{\text{Hölder}}{\leqslant} \left\{\mathbb{E}\left(|X_n|^p\right)\right\}^\alpha \left\{\mathbb{E}\left(|X_n|^4\right)\right\}^\beta.$$

Den zweiten Faktor können wir mit Hilfe der eben bewiesenen Ungleichung nach oben abschätzen

$$\mathbb{E}\left(|X_n|^2\right) \leqslant \left\{\mathbb{E}\left(|X_n|^p\right)\right\}^\alpha \Gamma_4^\beta \left\{\mathbb{E}\left(|X_n|^2\right)\right\}^{2\beta}.$$

Indem wir die Terme umstellen, erhalten wir

$$\mathbb{E}\left(|X_n|^2\right) \leqslant \Gamma_4^{\beta/(1-2\beta)} \left\{\mathbb{E}\left(|X_n|^p\right)\right\}^{\alpha/(1-2\beta)}.$$

Weil $p\alpha + 4\beta = 2$ ist, haben wir $\frac{\alpha}{1-2\beta} = \frac{2}{p}$ bzw. $\frac{\beta}{1-2\beta} = \frac{2}{p} - 1$, woraus dann die untere Abschätzung in (10.6) mit $\gamma_p = \Gamma_4^{1-2/p}$ für $0 < p < 2$ folgt. □

11 Dieser Trick geht auf Littlewood [31, Lemma 3] zurück.

Ohne Beweis geben wir eine erste Erweiterung der Khintchine Ungleichungen an, die Ungleichungen von Marcinkiewicz und Zygmund.

10.7 Satz (Marcinkiewicz & Zygmund 1937/38). *Für ein $p \in [1, \infty)$ seien $(\xi_n)_{n\in\mathbb{N}} \subset L^p$ unabhängige ZV mit $\mathbb{E}\xi_n = 0$. Dann gilt*

$$\beta_p \mathbb{E}\left[\left(\sum_{i=1}^n \xi_i^2\right)^{p/2}\right] \leqslant \mathbb{E}\left[\left|\sum_{i=1}^n \xi_i\right|^p\right] \leqslant \mathbb{E}\left[\sup_{k\leqslant n}\left|\sum_{i=1}^k \xi_i\right|^p\right] \leqslant B_p \mathbb{E}\left[\left(\sum_{i=1}^n \xi_i^2\right)^{p/2}\right] \quad (10.7)$$

mit universellen Konstanten $0 < \beta_p \leqslant B_p < \infty$, die nur von p abhängen.

So wie Satz 10.6 können wir den Fall $1 < p < \infty$ aus den BDG Ungleichungen herleiten; im Gegensatz zu den Burkholder Ungleichungen gilt Satz 10.7 auch für $p = 1$ ohne das Supremum im mittleren Term; der Grund ist die sehr spezielle Struktur der Martingale, da nur Summen zentrierter unabhängiger ZV betrachtet werden. Die Ungleichungen für $p > 1$ wurden erstmals in [32, Théorème 13] bewiesen, der Fall $p = 1$ ist in [33, Théorème 5] enthalten.

10.1 Die adaptierte quadratische Variation

Es sei $(X_n)_{n\in\mathbb{N}_0}$ ein Submartingal. Wie oben schreiben wir $[X]_n := X_0^2 + \sum_{i=1}^n (X_i - X_{i-1})^2$. Das folgende Lemma zeigt, warum $[X]$ bisweilen adaptierter Kompensator genannt wird. Wir erinnern daran, dass wir ein Martingal mit $X_n \in L^2$ als L^2-Martingal bezeichnen. Im Gegensatz zum Kompensator $\langle X\rangle$ kann die quadratische Variation $[X]$ für beliebige Submartingale definiert werden.

10.8 Lemma. *Für jedes L^2-Martingal $(X_n, \mathscr{F}_n)_{n\in\mathbb{N}_0}$ ist $(X_n^2 - [X]_n, \mathscr{F}_n)_{n\in\mathbb{N}_0}$ ein Martingal.*

Sie sollten $[X]$ und den in Definition 3.8 eingeführten Kompensator $\langle X\rangle$ vergleichen: sowohl $X^2 - [X]$ als auch $X^2 - \langle X\rangle$ sind Martingale, aber $\langle X\rangle$ ist vorhersagbar, während $[X]$ „nur“ adaptiert ist. !

Beweis von Lemma 10.8. Aus $X_n \in L^2$ folgt sofort, dass $X_n^2 - [X]_n$ integrierbar ist. Für alle $n \in \mathbb{N}_0$ gilt

$$\begin{aligned}
\mathbb{E}\left(X_{n+1}^2 - [X]_{n+1} - X_n^2 + [X]_n \mid \mathscr{F}_n\right) &= \mathbb{E}\left(X_{n+1}^2 - X_n^2 - (X_{n+1} - X_n)^2 \mid \mathscr{F}_n\right) \\
&= \mathbb{E}\left(2X_nX_{n+1} - 2X_n^2 \mid \mathscr{F}_n\right) \\
&\overset{\text{pull}}{\underset{\text{out}}{=}} 2X_n \underbrace{\mathbb{E}(X_{n+1} - X_n \mid \mathscr{F}_n)}_{=0,\ X \text{ ist MG}} = 0.
\end{aligned}$$ □

Das nächste Lemma zeigt man schnell mit der Cauchy–Schwarz Ungleichung, vgl. Aufg. 10.1.

10.9 Lemma. *Es seien X und Y zwei Submartingale. Es gilt*

$$[X \pm Y]_n^{1/2} \leqslant [X]_n^{1/2} + [Y]_n^{1/2} \leqslant \sqrt{2}\,([X]_n + [Y]_n)^{1/2}, \quad n \in \mathbb{N}. \tag{10.8}$$

Einen ersten Zusammenhang zwischen der Maximalfunktion X^* und der quadratischen Variation $[X]_\infty$ gibt das folgende Lemma.

10.10 Lemma. *Für jedes Martingal $(X_n, \mathscr{F}_n)_{n\in\mathbb{N}_0}$ ist*

$$\mathbb{E}[X]_\infty = \sup_{n\in\mathbb{N}_0} \mathbb{E}(X_n^2) \leqslant \mathbb{E}\left((X^*)^2\right) \leqslant 4 \sup_{n\in\mathbb{N}_0} \mathbb{E}(X_n^2),$$

und für alle $t > 0$ gilt

$$\mathbb{P}\left(\sqrt{[X]_\infty} \geqslant t\right) \leqslant \frac{1}{t^2}\mathbb{E}\left((X^*)^2\right) \quad \textit{und} \quad \mathbb{P}(X^* \geqslant t) \leqslant \frac{1}{t^2}\mathbb{E}[X]_\infty. \tag{10.9}$$

Beweis. Ohne Einschränkung können wir $\mathbb{E}\left((X^*)^2\right) < \infty$ annehmen. Der erste Teil der Behauptung folgt aus Lemma 10.8. Insbesondere sind die Ausdrücke $\mathbb{E}\left((X^*)^2\right)$, $\sup_{n\in\mathbb{N}_0} \mathbb{E}(X_n^2)$ und $\mathbb{E}[X]_\infty$ gleichzeitig endlich oder unendlich. Die Markov Ungleichung zeigt nun

$$\mathbb{P}\left(\sqrt{[X]_\infty} \geqslant t\right) \leqslant \frac{1}{t^2}\mathbb{E}[X]_\infty = \frac{1}{t^2}\sup_{n\in\mathbb{N}_0} \mathbb{E}\left(X_n^2\right) \leqslant \frac{1}{t^2}\mathbb{E}\left((X^*)^2\right)$$

und aus Korollar 9.4 wissen wir

$$\mathbb{P}(X^* \geqslant t) \leqslant \frac{1}{t^2}\sup_{n\in\mathbb{N}} \mathbb{E}\left(X_n^2\right) = \frac{1}{t^2}\mathbb{E}[X]_\infty.$$ □

10.11 Lemma (Burkholder 1973). *Es sei $(X_n, \mathscr{F}_n)_{n\in\mathbb{N}_0}$ ein positives Submartingal. Für die Stoppzeit $T = T(t) = \inf\{n \in \mathbb{N} : X_n > t\}$, $t > 0$, gilt*

$$\mathbb{E}[X]_{T-1} + \mathbb{E}(X_{T-1}^2) \leqslant 2t \sup_{n\in\mathbb{N}_0} \mathbb{E}X_n. \tag{10.10}$$

Beweis. Ohne Einschränkung können wir $\sup_{n\in\mathbb{N}_0} \mathbb{E}X_n < \infty$ annehmen, sonst wäre die Ungleichung trivial. Für jedes $n \in \mathbb{N}$ gilt

$$\begin{aligned}[X]_{n-1} + X_{n-1}^2 &= 2X_nX_{n-1} - X_n^2 + [X]_n \\ &= 2X_nX_{n-1} - \sum_{i=1}^{n}(X_i^2 - X_{i-1}^2) + \sum_{i=1}^{n}(X_i - X_{i-1})^2 \\ &= 2X_nX_{n-1} - 2\sum_{i=1}^{n} X_{i-1}(X_i - X_{i-1}).\end{aligned}$$

Wir ersetzen nun n durch $n \wedge T$ und erhalten

$$\begin{aligned}[X]_{n\wedge T-1} + X_{n\wedge T-1}^2 &= 2X_{n\wedge T}X_{n\wedge T-1} - 2\sum_{i=1}^{n\wedge T} X_{i-1}(X_i - X_{i-1}) \\ &\leqslant 2tX_{n\wedge T} - \underbrace{2\sum_{i=1}^{n\wedge T} X_{i-1}(X_i^T - X_{i-1}^T)}_{=2X'\bullet X_{n\wedge T}^T = 2X'\bullet X_n^T,\ X_i' := X_{i-1}}.\end{aligned}$$

Weil X^T ein Submartingal ist, vgl. Satz 4.4, ist die Martingaltransformation $X' \bullet X^T$ ein Submartingal (Satz 3.11.b), und wir erhalten $\mathbb{E}X' \bullet X^T_{n\wedge T} \geqslant \mathbb{E}X' \bullet X^T_0 = 0$. Mit dem Fatouschen Lemma folgt schließlich

$$\begin{aligned}\mathbb{E}[X]_{T-1} + \mathbb{E}X^2_{T-1} &\leqslant \liminf_{n\to\infty}\left(\mathbb{E}[X]_{n\wedge T-1} + \mathbb{E}\left(X^2_{n\wedge T-1}\right)\right)\\ &\leqslant 2t \liminf_{n\to\infty} \mathbb{E}X_{n\wedge T} \leqslant 2t \sup_{n\in\mathbb{N}_0} \mathbb{E}X_n.\end{aligned}$$

□

Wir benötigen noch folgende Verschärfung von Lemma 10.10.

10.12 Satz. *Für jedes positive Submartingal $(X_n, \mathscr{F}_n)_{n\in\mathbb{N}_0}$ gilt*

$$\mathbb{P}\left([X]_\infty > t^2\right) \leqslant \frac{3}{t} \sup_{n\in\mathbb{N}_0} \mathbb{E}X_n, \quad t > 0. \tag{10.11}$$

Beweis. Ohne Einschränkung können wir $\sup_{n\in\mathbb{N}_0} \mathbb{E}X_n < \infty$ annehmen, sonst ist die Ungleichung trivial. Wir definieren die Stoppzeit $T := T(t) = \inf\{n \in \mathbb{N} : X_n > t\}$. Weil $[X]_{T-1} = [X]_\infty$ auf der Menge $\{T = \infty\} = \{X^* \leqslant t\}$ gilt, erhalten wir mit Lemma 10.11

$$\mathbb{P}\left([X]_\infty > t^2,\ X^* \leqslant t\right) \leqslant \mathbb{P}\left([X]_{T-1} > t^2\right) \leqslant \frac{1}{t^2}\mathbb{E}[X]_{T-1} \overset{10.11}{\leqslant} \frac{2}{t} \sup_{n\in\mathbb{N}_0} \mathbb{E}X_n. \tag{10.12}$$

Zusammen mit Korollar 9.4 gilt auch

$$\begin{aligned}\mathbb{P}\left([X]_\infty > t^2\right) &= \mathbb{P}\left([X]_\infty > t^2,\ X^* > t\right) + \mathbb{P}\left([X]_\infty > t^2,\ X^* \leqslant t\right)\\ &\leqslant \mathbb{P}(X^* > t) + \mathbb{P}\left([X]_\infty > t^2, X^* \leqslant t\right)\\ &\leqslant \frac{1}{t}\sup_{n\in\mathbb{N}_0} \mathbb{E}X_n + \frac{2}{t}\sup_{n\in\mathbb{N}_0} \mathbb{E}X_n.\end{aligned}$$

□

10.13 Korollar. *Es sei $(X_n, \mathscr{F}_n)_{n\in\mathbb{N}_0}$ ein Martingal oder ein positives Submartingal. Wenn $\sup_{n\in\mathbb{N}_0} \mathbb{E}|X_n| < \infty$ gilt, dann ist $[X]_\infty < \infty$ f.s.*

Beweis. Wegen $\{[X] < \infty\} = \bigcup_{t\in\mathbb{N}}\{[X]_\infty < t\}$ folgt die Behauptung für positive Submartingale unmittelbar aus Satz 10.12.

Wenn X ein Martingal ist, dann sind $X^\pm$ positive Submartingale, und die Behauptung folgt wegen $\sqrt{[X]_\infty} = \sqrt{[X^+ - X^-]_\infty} \leqslant \sqrt{[X^+]_\infty} + \sqrt{[X^-]_\infty}$ (Lemma 10.9) aus der bereits bewiesenen Aussage für positive Submartingale. □

10.2 Die Krickeberg-Zerlegung

Wir haben in Satz 3.7 die Doob-Zerlegung eines Submartingals $X = X_0 + M + A$ in ein Martingal M mit $M_0 = 0$ und einen wachsenden vorhersagbaren Prozess A mit $A_0 = 0$ kennengelernt. Weil A positiv ist, besagt die Doob-Zerlegung, dass jedes Submartingal durch ein Martingal *nach unten* beschränkt wird: $X_0 + M \leqslant X$. Wir werden nun die Krickeberg-Zerlegung für ein L^1-beschränktes Submartingal beweisen, aus der insbesondere die Beschänktheit *nach oben* durch ein positives Martingal folgt.

10.14 Satz (Krickeberg-Zerlegung; Krickeberg 1956). *Es sei $(X_n, \mathscr{F}_n)_{n\in\mathbb{N}_0}$ ein L^1-beschränktes Submartingal, d.h. $\sup_{n\in\mathbb{N}_0} \mathbb{E}|X_n| < \infty$. Dann gibt es – bis auf Ununterscheidbarkeit eindeutig bestimmte – Prozesse $(X_n^\oplus)_{n\in\mathbb{N}_0}$ und $(X_n^\ominus)_{n\in\mathbb{N}_0}$ mit folgenden Eigenschaften*

a) $(X_n^\oplus, \mathscr{F}_n)_{n\in\mathbb{N}_0}$ *ist ein Martingal,* $(X_n^\ominus, \mathscr{F}_n)_{n\in\mathbb{N}_0}$ *ist ein Supermartingal;*

b) $X_n = X_n^\oplus - X_n^\ominus$ *und* $X_n^\oplus \geqslant X_n^+$, $X_n^\ominus \geqslant X_n^-$ *für alle* $n \in \mathbb{N}_0$;

c) $\sup_{n\in\mathbb{N}_0} \mathbb{E}|X_n| = \sup_{n\in\mathbb{N}_0} \mathbb{E}X_n^\oplus + \sup_{n\in\mathbb{N}_0} \mathbb{E}X_n^- = \mathbb{E}X_0^\oplus + \sup_{n\in\mathbb{N}_0} \mathbb{E}X_n^-$.

Zusatz 1. *Wenn X L^p-beschränkt ist, dann gilt*

$$\sup_{n\in\mathbb{N}_0} \mathbb{E}\left((X_n^\oplus)^p\right) + \sup_{n\in\mathbb{N}_0} \mathbb{E}\left((X_n^\ominus)^p\right) \leqslant (2^p+1) \sup_{n\in\mathbb{N}_0} \mathbb{E}\left(|X_n|^p\right).$$

Zusatz 2. *Wenn X ein Martingal ist, dann ist auch $X^\ominus$ ein Martingal. Dann gilt sogar*

d) $\sup_{n\in\mathbb{N}_0} \mathbb{E}|X_n| = \sup_{n\in\mathbb{N}_0} \mathbb{E}X_n^\oplus + \sup_{n\in\mathbb{N}_0} \mathbb{E}X_n^\ominus = \mathbb{E}X_0^\oplus + \mathbb{E}X_0^\ominus$.

Beweis. Existenz der Zerlegung: Gemäß Satz 3.5.d ist $(X_n^+)_{n\in\mathbb{N}_0}$ ein Submartingal. Für alle $n, k \in \mathbb{N}_0$ gilt

$$\mathbb{E}\left(X_{n+k+1}^+ \mid \mathscr{F}_n\right) \overset{\text{tower}}{=} \mathbb{E}\left(\mathbb{E}\left[X_{n+k+1}^+ \mid \mathscr{F}_{n+k}\right] \mid \mathscr{F}_n\right) \overset{\text{Sub-MG}}{\geqslant} \mathbb{E}\left(X_{n+k}^+ \mid \mathscr{F}_n\right). \tag{10.13}$$

Daher existiert der Grenzwert

$$X_n^\oplus := \sup_{k\in\mathbb{N}_0} \mathbb{E}\left(X_{n+k}^+ \mid \mathscr{F}_n\right) = \lim_{k\to\infty} \underbrace{\mathbb{E}\left(X_{n+k}^+ \mid \mathscr{F}_n\right)}_{\geqslant X_n^+} \overset{\text{sub-MG}}{\geqslant} X_n^+,$$

und der Satz von Beppo Levi und eine erneute Anwendung der tower property ergeben

$$\mathbb{E}X_n^\oplus \overset{\text{BL}}{=} \sup_{k\in\mathbb{N}_0} \mathbb{E}\left(\mathbb{E}\left[X_{n+k}^+ \mid \mathscr{F}_n\right]\right) \overset{\text{tower}}{=} \sup_{k\in\mathbb{N}_0} \mathbb{E}X_{n+k}^+ \leqslant \sup_{n\in\mathbb{N}} \mathbb{E}|X_n| < \infty. \tag{10.14}$$

Mit einer sehr ähnlichen Rechnung sehen wir

$$\mathbb{E}\left(X_{n+1}^\oplus \mid \mathscr{F}_n\right) \overset{\text{bed.BL}}{=} \sup_{k\in\mathbb{N}_0} \mathbb{E}\left(\mathbb{E}\left[X_{n+k+1}^+ \mid \mathscr{F}_{n+1}\right] \mid \mathscr{F}_n\right) \overset{\text{tower}}{=} \sup_{k\in\mathbb{N}_0} \mathbb{E}\left(X_{n+k}^+ \mid \mathscr{F}_n\right) = X_n^\oplus,$$

d.h. $(X_n^\oplus, \mathscr{F}_n)_{n\in\mathbb{N}_0}$ ist ein positives Martingal. Für den Prozess $X_n^\ominus := X_n^\oplus - X_n$ gilt

$$X_n^\ominus = \underbrace{X_n^\oplus - X_n^+}_{\geqslant 0} + X_n^- \geqslant X_n^- \geqslant 0,$$

d.h. $X^\ominus$ ist ein positives Supermartingal (bzw. Martingal, wenn X ein Martingal ist). Damit sind a), b) und der erste Teil von Zusatz 2 gezeigt.

Die Rechnung (10.14) zeigt insbesondere, dass

$$\mathbb{E}X_0^\oplus \overset{\text{MG}}{=} \sup_{n\in\mathbb{N}_0} \mathbb{E}X_n^\oplus = \sup_{k,n\in\mathbb{N}_0} \mathbb{E}X_{n+k}^+ = \sup_{i\in\mathbb{N}_0} \mathbb{E}X_i^+$$

gilt. Weil die Suprema aufsteigende Limiten sind, und $\mathbb{E}|X_n| = \mathbb{E}X_n^+ + \mathbb{E}X_n^-$ gilt, folgt schließlich Teil c).

Wenn X ein Martingal ist, können wir die bisherigen Überlegungen auch auf $-X$ anwenden. Weil $(-X)^+ = X^-$ gilt, folgt in diesem Fall $\mathbb{E}X_0^\ominus = \sup_{n\in\mathbb{N}_0} \mathbb{E}X_n^-$, und wir erhalten aus c) die Beziehung d). Damit ist Zusatz 2 gezeigt.

Ganz ähnlich sehen wir mit der bedingten Jensenschen Ungleichung (Satz 2.7.d)

$$\mathbb{E}\left((X_n^\oplus)^p\right) \leqslant \mathbb{E}\left(\sup_{k\in\mathbb{N}_0} \mathbb{E}\left((X_{n+k}^+)^p \mid \mathscr{F}_n\right)\right) \underset{\text{tower}}{\overset{\text{BL}}{=}} \sup_{k\in\mathbb{N}_0} \mathbb{E}\left((X_{n+k}^+)^p\right) \leqslant \sup_{i\in\mathbb{N}_0} \mathbb{E}\left(|X_i|^p\right).$$

Die Höldersche Ungleichung ergibt $|a+b|^p \leqslant 2^{p-1}(|a|^p + |b|^p)$, und es folgt

$$\mathbb{E}\left((X_n^\ominus)^p\right) \leqslant 2^{p-1}\left(\mathbb{E}\left(|X_n|^p\right) + \mathbb{E}\left((X_n^\oplus)^p\right)\right) \leqslant 2^p \sup_{i\in\mathbb{N}_0} \mathbb{E}\left(|X_i|^p\right),$$

mithin ist Zusatz 1 gezeigt.

Eindeutigkeit der Zerlegung: Es sei $X_n = Y_n^\oplus - Y_n^\ominus$ eine weitere Zerlegung, die die Eigenschaften a)–c) besitzt. Weil $Y_n^\oplus \geqslant X_n^+$ gilt, haben wir für alle $k, n \in \mathbb{N}_0$

$$Y_n^\oplus \overset{\text{MG}}{=} \mathbb{E}\left(Y_{n+k}^\oplus \mid \mathscr{F}_n\right) \geqslant \mathbb{E}\left(X_{n+k}^+ \mid \mathscr{F}_n\right) \xrightarrow[k\to\infty]{\text{Teil 1}} X_n^\oplus.$$

Das zeigt $Y_n^\oplus \geqslant X_n^\oplus$ und wegen $X_n^\oplus - X_n^\ominus = X_n = Y_n^\oplus - Y_n^\ominus$ folgt auch $Y_n^\ominus \geqslant X_n^\ominus$. Nun ist

$$\sup_{n\in\mathbb{N}_0} \mathbb{E}|X_n| \overset{\text{c)}}{=} \sup_{n\in\mathbb{N}_0} \mathbb{E}X_n^\oplus + \sup_{n\in\mathbb{N}_0} \mathbb{E}X_n^- \leqslant \sup_{n\in\mathbb{N}_0} \mathbb{E}Y_n^\oplus + \sup_{n\in\mathbb{N}_0} \mathbb{E}X_n^- \overset{\text{c)}}{=} \sup_{n\in\mathbb{N}_0} \mathbb{E}|X_n|$$

und daraus folgt $\sup_{n\in\mathbb{N}_0} \mathbb{E}X_n^\oplus = \sup_{n\in\mathbb{N}_0} \mathbb{E}Y_n^\oplus$. Weil $Y_n^\oplus - X_n^\oplus \geqslant 0$ ein positives Martingal ist, erhalten wir aus der Gleichheit

$$\sup_{n\in\mathbb{N}_0} \mathbb{E}(Y_n^\oplus - X_n^\oplus) \overset{\text{MG}}{=} \mathbb{E}(Y_0^\oplus - X_0^\oplus) = \sup_{n\in\mathbb{N}_0} \mathbb{E}Y_n^\oplus - \sup_{n\in\mathbb{N}_0} \mathbb{E}X_n^\oplus = 0,$$

dass $Y_n^\oplus = X_n^\oplus$ f.s. und somit

$$\mathbb{P}\left(Y_n^\oplus = X_n^\oplus \;\&\; X_n^\ominus = Y_n^\ominus \;\forall n \in \mathbb{N}_0\right) = 1. \qquad \square$$

Der Beweis der Eindeutigkeit in Satz 10.14 zeigt insbesondere die Minimalität der Krickeberg-Zerlegung.

10.15 Bemerkung. Es sei $(X_n, \mathscr{F}_n)_{n\in\mathbb{N}_0}$ ein L^1-beschränktes Submartingal und $X_n = Y_n^\oplus - Y_n^\ominus$ eine Zerlegung in ein positives Martingal $(Y_n^\oplus, \mathscr{F}_n)_{n\in\mathbb{N}_0}$ und ein positives Supermartingal $(Y_n^\ominus, \mathscr{F}_n)_{n\in\mathbb{N}_0}$. Wenn $X_n = X_n^\oplus - X_n^\ominus$ die Krickeberg-Zerlegung aus Satz 10.14 ist, dann gilt

$$X_n^\oplus \leqslant Y_n^\oplus \quad \text{und} \quad X_n^\ominus \leqslant Y_n^\ominus \quad \text{für alle } n \in \mathbb{N}_0.$$

10.3 Die Ungleichungen von Burkholder

In diesem Abschnitt werden wir Satz 10.2 für $1 < p < \infty$ beweisen. Zunächst benötigen wir eine Variante von Satz 10.12. Um die Notation zu vereinfachen, verwenden wir $\Delta X_i := X_i - X_{i-1}$, $i \in \mathbb{N}$.

10.16 Lemma. *Für jedes positive Submartingal* $(X_n, \mathscr{F}_n)_{n\in\mathbb{N}_0}$, *beliebige* $\theta > 0$ *und* $\beta^2 := 1 + 2\theta^2$ *gilt*

$$\mathbb{P}\left([X]_n > \beta^2 t^2\right) \leqslant \frac{3}{t\theta} \int_{\{[X]_n > t^2\}} X_n^* \, d\mathbb{P}, \quad n \in \mathbb{N}_0,\ t > 0. \tag{10.15}$$

Beweis. 1° Wir definieren $Y_n := X_n \mathbb{1}_{\{[X]_n > t^2\}}$. Wegen

$$\begin{aligned} \mathbb{E}(Y_{n+1} \mid \mathscr{F}_n) &= \mathbb{E}\big(X_{n+1} \underbrace{\mathbb{1}_{\{[X]_{n+1} > t^2\}}}_{\geqslant \mathbb{1}_{\{[X]_n > t^2\}}} \mid \mathscr{F}_n\big) \\ &\overset{\text{pull}}{\underset{\text{out}}{\geqslant}} \mathbb{1}_{\{[X]_n > t^2\}} \mathbb{E}\big(X_{n+1} \mid \mathscr{F}_n\big) \overset{\text{Sub-MG}}{\geqslant} \mathbb{1}_{\{[X]_n > t^2\}} X_n = Y_n \end{aligned}$$

ist $(Y_n, \mathscr{F}_n)_{n\in\mathbb{N}_0}$ ein positives Submartingal.

2° *Es gilt* $\left\{[X]_n > \beta^2 t^2,\ X_n^* \leqslant t\theta\right\} \subset \left\{[Y]_n > t^2\theta^2,\ Y_n^* \leqslant t\theta\right\}$.
Um diese Inklusion zu zeigen, definieren wir die Stoppzeit $T = \inf\{n \in \mathbb{N} : [X]_n > t^2\}$ und wählen ein beliebiges ω aus der Menge auf der linken Seite. Definitionsgemäß gilt dann

$$1 \leqslant T(\omega) \leqslant n \quad \text{und} \quad Y_n^*(\omega) \leqslant X_n^*(\omega) \leqslant t\theta \quad \text{und}$$

$$\begin{aligned} t^2\beta^2 < [X]_n(\omega) &= [X]_{T-1}(\omega) + (\Delta X_T)^2(\omega) + \sum_{i=T(\omega)+1}^{n} (\Delta X_i)^2(\omega) \\ &\leqslant t^2 + t^2\theta^2 + [Y]_n(\omega). \end{aligned}$$

Für die letzte Abschätzung beachten wir die Definition von T und Y, sowie die Tatsache dass wegen der Positivität von X

$$|\Delta X_T(\omega)| = |X_T(\omega) - X_{T-1}(\omega)| \leqslant X_T(\omega) \vee X_{T-1}(\omega) \leqslant X_n^*(\omega) \leqslant t\theta$$

gilt. Wegen $t^2\beta^2 = t^2 + 2t^2\theta^2$ folgt $[Y]_n(\omega) > t^2\theta^2$, also ist $\omega \in \{[Y]_n > t^2\theta^2,\ Y_n^* \leqslant t\theta\}$, und die Inklusion ist gezeigt.

3° Wir betrachten nun die linke Seite von (10.15) und verwenden die Markov Ungleichung (in der Form von Korollar [MI, Korollar 10.5])

$$\begin{aligned} \mathbb{P}\left([X]_n > \beta^2 t^2\right) &= \mathbb{P}\left([X]_n > \beta^2 t^2,\ X_n^* > t\theta\right) + \mathbb{P}\left([X]_n > \beta^2 t^2,\ X_n^* \leqslant t\theta\right) \\ &\leqslant \frac{1}{t\theta} \int_{\{[X]_n > \beta^2 t^2\}} X_n^* \, d\mathbb{P} + \mathbb{P}\left([X]_n > \beta^2 t^2,\ X_n^* \leqslant t\theta\right) \\ &\overset{2^\circ}{\leqslant} \frac{1}{t\theta} \int_{\{[X]_n > \beta^2 t^2\}} X_n^* \, d\mathbb{P} + \mathbb{P}\left([Y]_n > t^2\theta^2,\ Y_n^* \leqslant t\theta\right). \end{aligned}$$

Wenn wir die Abschätzung (10.12) aus dem Beweis von Satz 10.12 für das positive Submartingal $(Y_0, Y_1, \dots, Y_n, Y_n, Y_n, \dots) = (Y_{i\wedge n})_{i\in\mathbb{N}_0}$ verwenden, folgt

$$\begin{aligned}\mathbb{P}\left([X]_n > \beta^2 t^2\right) &\leqslant \frac{1}{t\theta} \int\limits_{\{[X]_n>\beta^2 t^2\}} X_n^*\, d\mathbb{P} + \frac{2}{t\theta}\mathbb{E}Y_n \\ &= \frac{1}{t\theta} \int\limits_{\{[X]_n>\beta^2 t^2\}} X_n^*\, d\mathbb{P} + \frac{2}{t\theta} \int\limits_{\{[X]_n>t^2\}} X_n\, d\mathbb{P},\end{aligned}$$

und damit die Behauptung. □

10.17 Korollar. *Für jedes positive Submartingal $(X_n, \mathscr{F}_n)_{n\in\mathbb{N}_0}$ und alle $p \in (1,\infty)$ und $\frac{1}{p} + \frac{1}{q} = 1$ gilt*

$$\mathbb{E}\left([X]_n^{p/2}\right) \leqslant (27q\sqrt{p})^p\, \mathbb{E}\left((X_n^*)^p\right), \quad n \in \mathbb{N}_0. \tag{10.16}$$

Beweis. Wir wollen Lemma 9.6 auf die Abschätzung (10.15) aus Lemma 10.16 anwenden. Wenn wir $r := \beta t$ setzen, wird (10.15) zu

$$\mathbb{P}\left([X]_n^{1/2} > r\right) \leqslant \frac{3\beta}{\theta r} \int\limits_{\left\{[X]_n^{1/2}>r/\beta\right\}} X_n^*\, d\mathbb{P}$$

Mit einer einfachen Variation von Lemma 9.6 erhalten wir

$$\mathbb{E}\left([X]_n^{p/2}\right) \leqslant q^p \beta^{p(p-1)}\, \mathbb{E}\left(\left(\frac{3\beta}{\theta} X_n^*\right)^p\right).$$

Wenn wir $\theta = p^{-1/2}$ wählen, erhalten wir

$$\beta^{p(p-1)}\left(\frac{3\beta}{\theta}\right)^p = \frac{\beta^{p\cdot p}\cdot 2^p}{\theta^p} = 3^p p^{p/2}\Bigg\{\underbrace{\left(1+\frac{2}{p}\right)^{p/2}}_{\leqslant e<3}\Bigg\}^{2p} \leqslant 27^p p^{p/2},$$

und die Behauptung ist gezeigt. □

Mit Hilfe der Krickeberg-Zerlegung können wir nun die untere Abschätzung der BDG Ungleichungen zeigen.

10.18 Lemma. *Es seien $(X_n, \mathscr{F}_n)_{n\in\mathbb{N}_0}$ ein Martingal und $p \in (1,\infty)$. Dann gilt für eine universelle Konstante $c_p > 0$*

$$c_p\mathbb{E}\left([X]_\infty^{p/2}\right) \leqslant \mathbb{E}\left(\sup\nolimits_{n\in\mathbb{N}_0} |X_n|^p\right). \tag{10.17}$$

Beweis. Ohne Einschränkung können wir annehmen, dass die rechte Seite der Ungleichung (10.17) endlich ist, d.h. das Martingal ist L^p- und insbesondere L^1-beschränkt.

Es sei $X = X^\oplus - X^\ominus$ die Krickeberg-Zerlegung von X, vgl. Satz 10.14. Wegen Lemma 10.9 gilt

$$[X]_\infty^{p/2} = [X^\oplus - X^\ominus]_\infty^{p/2} \leqslant \left([X^\oplus]_\infty^{1/2} + [X^\ominus]_\infty^{1/2}\right)^p \overset{\text{Hölder}}{\leqslant} 2^p[X^\oplus]_\infty^{p/2} + 2^p[X^\ominus]_\infty^{p/2}.$$

Wir können nun Korollar 10.17 auf die positiven Martingale $X^{\oplus}$ und $X^{\ominus}$ anwenden und erhalten mit Hilfe von Zusatz 1 in Satz 10.14

$$\begin{aligned}\mathbb{E}\left([X]_\infty^{p/2}\right) &\leqslant (27q\sqrt{p})^p 2^p \left(\sup_{n\in\mathbb{N}_0} \mathbb{E}\left((X_n^{\oplus})^p\right) + \sup_{n\in\mathbb{N}_0} \mathbb{E}\left((X_n^{\ominus})^p\right)\right)\\ &\leqslant 2(108q\sqrt{p})^p \sup_{n\in\mathbb{N}_0} \mathbb{E}\left(|X_n|^p\right). \qquad \square\end{aligned}$$

Wie im Beweis von Satz 10.6 zeigen wir die andere Abschätzung mit einem Dualitätsargument.

10.19 Lemma. *Es seien* $(X_n, \mathscr{F}_n)_{n\in\mathbb{N}_0}$ *ein Martingal mit* $X_0 = 0$ *und* $p \in (1,\infty)$. *Dann gilt für eine universelle Konstante* $C_p < \infty$

$$\mathbb{E}\left(\sup\nolimits_{n\in\mathbb{N}_0} |X_n|^p\right) \leqslant C_p \mathbb{E}\left([X]_\infty^{p/2}\right). \tag{10.18}$$

Beweis. Ohne Einschränkung können wir $\mathbb{E}\left([X]_\infty^{p/2}\right) < \infty$ annehmen. In diesem Beweis vereinbaren wir, dass $X_{-1} := 0$ und somit $\Delta X_0 = X_0$ gilt. Wegen

$$|X_n| \leqslant \sum_{i=0}^n |X_i - X_{i-1}| \underset{\text{Schwarz}}{\overset{\text{Cauchy-}}{\leqslant}} \sqrt{n+1}[X]_n^{1/2}$$

folgt, dass das Martingal X L^p-beschränkt ist. Daher gilt $\mathbb{E}\left(|X_n|^p\right) = \mathbb{E}(X_n Y_n)$ für die ZV $Y_n := \operatorname{sgn}(X_n)|X_n|^{p-1} \in L^q$, wobei $q \in (1,\infty)$ der zu p konjugierte Index ist. Wir interpretieren nun Y_n als rechten Endpunkt des Martingals

$$Z_k^n := \mathbb{E}(Y_n \mid \mathscr{F}_{n\wedge k}), \quad k \in \mathbb{N}_0.$$

Für $0 \leqslant i < k$ gilt (vgl. auch Aufg. 10.2)

$$\mathbb{E}\left((X_i - X_{i-1})(Z_k^n - Z_{k-1}^n)\right) \underset{\text{pull out}}{\overset{\text{tower}}{=}} \mathbb{E}\Big((X_i - X_{i-1}) \underbrace{\mathbb{E}\left(Z_k^n - Z_{k-1}^n \mid \mathscr{F}_i\right)}_{=0 \text{ da MG}}\Big) = 0;$$

der Fall für $i > k \geqslant 0$ wird genauso gezeigt. Mithin haben wir

$$\mathbb{E}\left(|X_n|^p\right) = \mathbb{E}\left(X_n Z_n^n\right) = \mathbb{E}\left(\sum_{i=0}^n \Delta X_i \sum_{k=0}^n \Delta Z_k^n\right) = \mathbb{E}\left(\sum_{i=0}^n \Delta X_i \Delta Z_i^n\right).$$

Wir wenden nun die Cauchy–Schwarz Ungleichung auf die Summe und dann die Höldersche Ungleichung auf den Erwartungswert an, und erhalten

$$\mathbb{E}\left(|X_n|^p\right) \leqslant \mathbb{E}\left([X]_n^{1/2}[Z^n]_n^{1/2}\right) \leqslant \left\{\mathbb{E}\left([X]_n^{p/2}\right)\right\}^{1/p} \left\{\mathbb{E}\left([Z^n]_n^{q/2}\right)\right\}^{1/q}.$$

Für die quadratische Variation des L^q-beschränkten Martingals Z^n gilt Lemma 10.18, und es folgt

$$\mathbb{E}\left([Z^n]_n^{q/2}\right) \leqslant \mathbb{E}\left([Z^n]_\infty^{q/2}\right) \leqslant C_q \sup_{i\in\mathbb{N}} \mathbb{E}\left(|Z_i^n|^q\right) \underset{\text{Jensen}}{\overset{\text{bed.}}{\leqslant}} C_q \sup_{i\in\mathbb{N}} \mathbb{E}\left(|Y_i|^q\right).$$

Indem wir die letzten beiden Abschätzungen zusammenfassen, folgt die Behauptung, wobei wir noch Satz 9.7 beachten. $\square$

Der Aussage von Satz 10.2 für $1 < p < \infty$ folgt nun unmittelbar aus Lemma 10.18, Lemma 10.19 und Bemerkung 10.3.a. Der Zusatz ist trivial.

10.4 Die Zerlegung und die Ungleichungen von Davis

Wir wollen schließlich den Fall $p = 1$ in Satz 10.2 behandeln. Aus Beispiel 10.5 wissen wir, dass die großen Zuwächse eines Martingals problematisch sind. Um dieses Phänomen in Griff zu bekommen, betrachten wir zunächst die Davis-Zerlegung eines Martingals. In diesem Abschnitt verwenden wir die Bezeichnungen

$$J_0 := X_0, \quad J_n := \Delta X_n := X_n - X_{n-1}, \quad J_n^* := \sup_{i \leqslant n} |J_i| \quad \text{und} \quad J^* := \sup_{i \in \mathbb{N}} |J_i|$$

für die Zuwächse des Martingals $(X_n)_{n \in \mathbb{N}_0}$.

10.20 Satz (Davis 1970). *Für jedes Martingal $(X_n, \mathscr{F}_n)_{n \in \mathbb{N}_0}$ existieren zwei Martingale $(U_n, \mathscr{F}_n)_{n \in \mathbb{N}_0}$ und $(V_n, \mathscr{F}_n)_{n \in \mathbb{N}_0}$ mit folgenden Eigenschaften:*

a) $X = X_0 + U + V$ *und* $U_0 = V_0 = 0$;

b) $|\Delta U_n| \leqslant 4J_{n-1}^*$ *für alle* $n \in \mathbb{N}$;

c) $\left.\begin{matrix} \mathbb{E}\sqrt{[V]_n} \\ \mathbb{E}V_n^* \end{matrix}\right\} \leqslant \mathbb{E}\left(\sum_{i=1}^n |\Delta V_i|\right) \leqslant 4\mathbb{E}J_n^* \leqslant 8\left(\mathbb{E}\sqrt{[X]_\infty} \wedge \mathbb{E}X^*\right)$ *für alle* $n \in \mathbb{N}$.

d) $\mathbb{E}\sqrt{[U]_\infty} \leqslant 9\mathbb{E}\sqrt{[X]_\infty}$ *und* $\mathbb{E}U^* \leqslant 9\mathbb{E}X^*$.

Beweis. a) Wir definieren die Mengen $A_n := \{|J_n| > 2J_{n-1}^*\}$ und die Martingale [✍]

$$V_0 := 0, \qquad V_n := \sum_{i=1}^n \left(J_i \mathbb{1}_{A_i} - \mathbb{E}\left(J_i \mathbb{1}_{A_i} \mid \mathscr{F}_{i-1}\right)\right),$$

$$U_0 := 0, \qquad U_n := X_n - V_n = \sum_{i=1}^n \left(J_i \mathbb{1}_{A_i^c} - \mathbb{E}\left(J_i \mathbb{1}_{A_i^c} \mid \mathscr{F}_{i-1}\right)\right);$$

beachte, dass $\mathbb{E}(J_i \mid \mathscr{F}_{i-1}) = 0$ für alle $i \in \mathbb{N}$ gilt. Es folgt $X_n - X_0 = U_n + V_n$.

b) Für die Zuwächse von U haben wir

$$\begin{aligned} |\Delta U_n| &= \left|J_n \mathbb{1}_{A_n^c} - \mathbb{E}\left(J_n \mathbb{1}_{A_n^c} \mid \mathscr{F}_{n-1}\right)\right| \\ &\leqslant \underbrace{|J_n|\,\mathbb{1}_{A_n^c}}_{\leqslant 2J_{n-1}^*} + \mathbb{E}(\underbrace{|J_i|\,\mathbb{1}_{A_n^c}}_{\leqslant 2J_{n-1}^*} \mid \mathscr{F}_{n-1}) \leqslant 4J_{n-1}^*. \end{aligned}$$

c) Mit Hilfe der tower property sehen wir

$$\mathbb{E}\left(\sum_{i=1}^n |\Delta V_i|\right) \leqslant \mathbb{E}\left(\sum_{i=1}^n |J_i|\mathbb{1}_{A_i}\right) + \mathbb{E}\left(\sum_{i=1}^n \mathbb{E}\left(|J_i|\mathbb{1}_{A_i} \mid \mathscr{F}_{i-1}\right)\right) = 2\mathbb{E}\left(\sum_{i=1}^n |J_i|\mathbb{1}_{A_i}\right).$$

Für $\omega \in A_i$ haben wir außerdem

$$2J_i^*(\omega) \geqslant 2|J_i(\omega)| \overset{\omega \in A_i}{\geqslant} |J_i(\omega)| + 2J_{i-1}^*(\omega) \implies |J_i(\omega)| \leqslant 2J_i^*(\omega) - 2J_{i-1}^*(\omega).$$

Indem wir diese Abschätzung in die eben gemachte Rechnung einsetzen, folgt

$$\mathbb{E}\left(\sum_{i=1}^n |\Delta V_i|\right) \leqslant 2\mathbb{E}\left(\sum_{i=1}^n (2J_i^* - 2J_{i-1}^*)\right) = 4\mathbb{E}J_n^*.$$

Die Aussage c) erhalten wir aus den Abschätzungen

$$J_n^* \leqslant 2X_n^* \leqslant 2X^* \quad \text{und} \quad J_n^* \leqslant \left(\sum_{i=0}^n (J_i)^2\right)^{1/2} \leqslant \sqrt{[X]_n} \leqslant \sqrt{[X]_\infty}$$

auf der rechten Seite und, auf der linken Seite,

$$\sqrt{[V]_n} = \sqrt{\sum_{i=1}^n (\Delta V_i)^2} \leqslant \sum_{i=1}^n |\Delta V_i| \quad \text{und} \quad V_n^* = \sup_{k\leqslant n}\left|\sum_{i=1}^k \Delta V_i\right| \leqslant \sum_{i=1}^n |\Delta V_i|.$$

d) Lemma 10.9 zeigt $\sqrt{[U]_\infty} \leqslant \sqrt{[X]_\infty} + \sqrt{[V]_\infty}$. Andererseits haben wir die triviale Abschätzung $U^* = (X - V)^* \leqslant X^* + V^*$, und daher folgen beide Ungleichungen in d) aus den Abschätzungen von Teil c). □

Wir kommen nun zum Beweis der Ungleichungen (10.4) mit $p = 1$.

10.21 Lemma (Davis 1970). *Es sei $(X_n, \mathscr{F}_n)_{n\in\mathbb{N}_0}$ ein Martingal. Dann gibt es eine universelle Konstante $C_1 < \infty$, so dass*

$$\mathbb{E}X^* \leqslant C_1 \mathbb{E}\sqrt{[X]_\infty}. \tag{10.19}$$

Beweis. Ohne Einschränkung können wir $\mathbb{E}\sqrt{[X]_\infty} < \infty$ annehmen. Wir zeigen die Aussage erst unter der Annahme $X_0 = 0$.

1° Es sei $X = U + V$ die Davis Zerlegung des Martingals X und $J = \Delta X$, vgl. Satz 10.20. Es gilt

$$\mathbb{E}X^* \leqslant \mathbb{E}U^* + \mathbb{E}V^* \overset{10.20.c}{\leqslant} \mathbb{E}U^* + 8\mathbb{E}\sqrt{[X]_\infty}.$$

In den folgenden Schritten werden wir $\mathbb{E}U^* \leqslant c\mathbb{E}\sqrt{[X]_\infty}$ zeigen.

2° Wir definieren die Stoppzeiten $T = T(t) = \inf\{n \in \mathbb{N} : \sqrt{[U]_n} \vee J_n^* > t\}$. Aus Satz 10.20 wissen wir, dass

$$\sqrt{[U]_T} \leqslant \sqrt{[U]_{T-1}} + |\Delta U_T| \leqslant \sqrt{[U]_{T-1}} + 4J_{T-1}^* \leqslant 5t \tag{10.20}$$

gilt; weiterhin haben wir wegen Lemma 10.9

$$\sqrt{[U]_T} \leqslant \sqrt{[U]_\infty} \leqslant \sqrt{[X-V]_\infty} \leqslant \sqrt{[X]_\infty} + \sqrt{[V]_\infty}.$$

3° Offensichtlich gilt für alle $t > 0$

$$\mathbb{P}(U^* > t) = \mathbb{P}(T < \infty, U^* > t) + \mathbb{P}(T = \infty, U^* > t) \leqslant \mathbb{P}(T < \infty) + \mathbb{P}(U_T^* > t).$$

Weil $\mathbb{E}U^* = \int_0^\infty \mathbb{P}(U^* > t)\,dt$ gilt, genügt es die Integrale der beiden Summanden durch $\mathbb{E}\sqrt{[X]_\infty}$ abzuschätzen.

4° Für den ersten Summanden aus 3° gilt auf Grund der Definition von $T = T(t)$

$$\int_0^\infty \mathbb{P}(T(t) < \infty)\,dt \leqslant \int_0^\infty \mathbb{P}\left(\sqrt{[U]_\infty} > t\right)\,dt + \int_0^\infty \mathbb{P}(J^* > t)\,dt$$
$$= \mathbb{E}\sqrt{[U]_\infty} + \mathbb{E}J^* \overset{10.20}{\leqslant} 9\mathbb{E}\sqrt{[X]_\infty} + \mathbb{E}\sqrt{[X]_\infty}.$$

5° Für den zweiten Summanden aus 3° gilt wegen der Definition der Stoppzeit $T(t)$

$$\begin{aligned}\int_0^\infty \mathbb{P}(U_T^* > t)\,dt &\overset{(10.9)}{\leqslant} \int_0^\infty \mathbb{E}[U]_T \frac{dt}{t^2}\\ &\overset{(10.20)}{\leqslant} \int_0^\infty \mathbb{E}\left([U]_T \wedge (25t^2)\right) \frac{dt}{t^2}\\ &\leqslant \int_0^\infty \mathbb{E}\left([U]_\infty \mathbb{1}_{\{[U]_\infty \leqslant 25t^2\}}\right) \frac{dt}{t^2} + \int_0^\infty 25t^2 \mathbb{P}([U]_\infty > 25t^2) \frac{dt}{t^2}\\ &= \mathbb{E}\left([U]_\infty \int_{\sqrt{[U]_\infty}/5}^\infty \frac{dt}{t^2}\right) + 5\mathbb{E}\sqrt{[U]_\infty}\\ &= 10\mathbb{E}\sqrt{[U]_\infty} \overset{10.20.d}{\leqslant} 90\mathbb{E}\sqrt{[X]_\infty}.\end{aligned}$$

Indem wir die Ergebnisse aus 1°, 4° und 5° zusammenfassen, folgt die Behauptung mit der Konstante $C_1 = 108$ und für alle Martingale mit $X_0 = 0$.

Weil für beliebige Martingale $[X - X_0]_\infty \leqslant [X]_\infty$ und $X_0^2 \leqslant [X]_\infty$ gilt, können wir die bisher bewiesene Ungleichung auf das Martingal $X - X_0$ anwenden, und erhalten

$$\mathbb{E}X^* \leqslant \mathbb{E}(X - X_0)^* + \mathbb{E}|X_0| \leqslant C_1 \mathbb{E}\sqrt{[X - X_0]_\infty} + \mathbb{E}|X_0| \leqslant C_1 \mathbb{E}\sqrt{[X]_\infty} + \mathbb{E}\sqrt{[X]_\infty}. \qquad \square$$

In Lemma 10.10 und im Beweis von Lemma 10.21 spielen die Ausdrücke $\sqrt{[X]_\infty}$, $\sqrt{[U]_\infty}$, $\sqrt{[V]_\infty}$ und X^*, U^*, V^* duale (im Sinne von: austauschbare) Rollen spielen. Daher können wir im Beweis von Lemma 10.21 die Operationen $[\bullet]_\infty$ und $(\bullet)^*$ gegeneinander austauschen, und erhalten so die untere Abschätzung in (10.4). Damit ist Satz 10.2 vollständig gezeigt.

Aufgaben

1. Wir definieren die quadratische Kovariation von zwei adaptierten Prozessen $(X_n, \mathscr{F}_n)_{n\in\mathbb{N}_0}$ und $(Y_n, \mathscr{F}_n)_{n\in\mathbb{N}_0}$ als $[X, Y]_n := X_0 Y_0 = \sum_{i=1}^n \Delta X_i \Delta Y_i$, wobei $\Delta X_i = X_i - X_{i-1}$.
   (a) Zeigen Sie, dass $[X, Y] = \frac{1}{4}([X + Y] - [X - Y]) = \frac{1}{2}([X + Y] - [X] - [Y])$ gilt.
   (b) Zeigen Sie, dass $[X + Y] \leqslant 2[X] + 2[Y]$ und $\sqrt{[X + Y]} \leqslant \sqrt{[X]} + \sqrt{[Y]}$ gilt.
   (c) Es sei X ein L^2-Martingal. Zeigen Sie, dass $[X] - \langle X\rangle$ ein Martingal ist.

2. Es seien X und Y zwei L^2-Martingale bezüglich derselben Filtration $(\mathscr{F}_n)_{n\in\mathbb{N}_0}$. Wir setzen $X_{-1} = Y_{-1} = 0$. Zeigen Sie, dass die Zuwächse $\Delta X_i = X_i - X_{i-1}$ und $\Delta Y_i = Y_i - Y_{i-1}$ orthogonal sind, d.h. für alle $i, k \in \mathbb{N}_0$ gilt

$$\mathbb{E}(\Delta X_i \Delta Y_k) = \delta_{ik}\mathbb{E}(\Delta X_i \Delta Y_i), \quad \delta_{ik} \text{ ist das Kronecker-Symbol.}$$

3. Vereinfachen Sie den Beweis von Satz 10.6, indem Sie die (etwas schwächere, aber völlig ausreichende) Ungleichung

$$\mathbb{P}(|X_n| \geqslant t) \leqslant e^{-t^2/4d_n^2}.$$

(Notation wie im Beweis von Satz 10.6) direkt zeigen.
Hinweis. Adaptieren Sie den Beweis der Azuma Ungleichung für die iid ZV ξ_i und das spezielle Martingal $C \bullet X$.

4. Es sei $(\xi_n)_{n\in\mathbb{N}}$ eine Folge von unabhängigen ZV mit $\xi_n \geqslant 0$ und $\mathbb{E}\xi_n = a_n$. Finden Sie eine Bedingung, damit $X_n := 0$, $X_n := \xi_1 + \cdots + \xi_n$ ein L^1-beschränktes Submartingal wird, und bestimmen Sie dessen Krickeberg-Zerlegung.

5. Es sei X ein Martingal, dessen Zuwächse durch eine Zahlenfolge $(c_n)_{n\in\mathbb{N}}$ kontrolliert werden: $|\Delta X_n| = |X_n - X_{n-1}| \leqslant c_n$. Zeigen Sie, dass die BDG Ungleichungen (10.3) für alle $p \in (0, \infty)$ gelten.
Hinweis. Studieren Sie den Beweis von Satz 10.6.

6. Es sei $p \in (1, \infty)$, $(X_n, \mathscr{F}_n)_{n\in\mathbb{N}_0}$. Zeigen Sie, dass die folgenden Aussagen äquivalent sind:
   (a) Für alle vorhersagbaren Prozesse $(B_n)_{n\in\mathbb{N}}$ mit $|B_n| = 1$ gelten die Ungleichungen

   $$a_p\mathbb{E}(|B \bullet X_n|^p) \leqslant \mathbb{E}(|X_n|^p) \leqslant A_p\mathbb{E}(|B \bullet X_n|^p)$$

   mit universellen Konstanten.

   (b) Die BDG Ungleichungen (10.3) gelten.
   Anleitung. Die Richtung „(b)⇒(a)" ist klar. Für die umgekehrte Richtung können Sie z.B. folgendes Randomisierungsargument verwenden. Auf dem Produktraum $(\Omega \times \Omega', \mathscr{A} \otimes \mathscr{A}', \mathbb{P} \otimes \mathbb{P}')$ realisieren wir das Martingal $X_n(\omega)$ und wählen eine davon unabhängige Folge von iid ZV $B_n(\omega')$ mit der Verteilung $\mathbb{P}'(B_n = \pm 1) = 1/2$ (z.B. eine Rademacher-Folge). Dann gilt $B \bullet X_n(\omega, \omega') = \sum_{i=1}^n B_i(\omega')\Delta X_i(\omega)$, und wir können die Khintchine Ungleichung verwenden, sowie den Satz von Fubini, um aus (a) die BDG-Ungleichungen zu folgern.

11 Zufällige Irrfahrten auf $\mathbb{Z}^d$ – erste Schritte

In diesem Kapitel werden wir eine Klasse von einfachen aber trotzdem interessanten stochastischen Prozessen kennenlernen. Zunächst sollten wir aber den Begriff „stochastischer Prozess" definieren – auch wenn wir diesen bereits in loser Weise für Martingale $(X_n)_{n\in\mathbb{N}_0}$ und allgemeinere stochastische Folgen verwendet haben.

11.1 Definition. Ein *(stochastischer) Prozess* ist ein Tupel $(\Omega, \mathscr{A}, \mathbb{P}, X_i, i \in I, E, \mathscr{E})$ mit folgenden Einträgen:

$(\Omega, \mathscr{A}, \mathbb{P})$	ist ein Wahrscheinlichkeitsraum
$(E, \mathscr{E})$	ist ein Messraum, der *Zustandsraum*
I	ist eine beliebige Indexmenge
$X_i : \Omega \to E$	ist eine Familie von Zufallsvariablen

Wir verwenden die Kurzschreibweise $X = (X_i) = (X_i)_{i\in I}$.

Wenn I geordnet ist, können wir $(\Omega, \mathscr{A}, \mathbb{P})$ um eine Filtration $(\mathscr{F}_i)_{i\in I}$ ergänzen. Wir nennen X adaptiert, wenn X_i für jedes $i \in I$ eine $\mathscr{F}_i/\mathscr{E}$-messbare ZV ist. In diesem Fall schreiben wir $X = (X_i, \mathscr{F}_i) = (X_i, \mathscr{F}_i)_{i\in I}$.

---

i

Wenn I geordnet ist, wird I gewöhnlich als *Zeit* interpretiert, d.h. ein stochastischer Prozess ist eine „zeitliche" Abfolge von ZV. Wichtig sind folgende Spezialfälle

- I ist ein Intervall in $\mathbb{R}$ – stochastischer Prozess in *stetiger Zeit*;
- I ist diskret (z.B. $\mathbb{N}_0, \mathbb{Z}$) – stochastischer Prozess in *diskreter Zeit*;
- E ist diskret (z.B. $\mathbb{Z}^d$) – *diskreter* stochastischer Prozess.

Wir werden ausschließlich Indexmengen $I \subset \mathbb{Z}$ und Zustandsräume $E = \mathbb{R}^d$ mit der Borelschen σ-Algebra $\mathscr{E} = \mathscr{B}(E)$ oder Gitter der Art $E = \mathbb{Z}^d$ mit der Potenzmenge $\mathscr{E} = \mathscr{P}(E)$ betrachten.

Drunkard's walk und *gambler's ruin*

Kommen wir nun zur Kapitelüberschrift. In der englischsprachigen Literatur wird die zufällige Irrfahrt als *random walk* oder *drunkard's walk* bezeichnet. Namensgebend ist die Vorstellung, dass wir den Weg eines Betrunkenen aufzeichnen, der auf einer geraden Straße (also in Dimension $d = 1$) oder auf einem gitterförmigen Netz (z.B. in New York, in Dimension $d = 2$) zufällig jeweils einen Schritt vorwärts oder rückwärts bzw. an jeder Kreuzung zufällig in eine der vier Himmelsrichtungen geht, also

$$\mathbb{P}(\text{Schritt vor}) = \mathbb{P}(\text{Schritt zurück}) = \tfrac{1}{2} \quad \text{für } d = 1, \text{ und für } d = 2$$
$$\mathbb{P}(\text{nach Norden}) = \mathbb{P}(\text{nach Süden}) = \mathbb{P}(\text{nach Westen}) = \mathbb{P}(\text{nach Osten}) = \tfrac{1}{4}.$$

Damit erhalten wir zufällige Kurven wie in Abb. 11.1. Wenn wir $X_0 = 0$ als Startpunkt

https://doi.org/10.1515/9783110350685-011

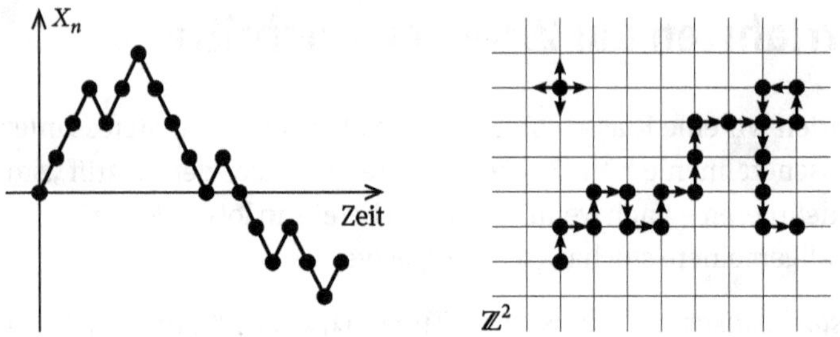

Abb. 11.1: Zufällige Irrfahrt in Dimension $d = 1$ und auf den Straßen von New York ($d = 2$).

festlegen und die Schritte mit $(\xi_n)_{n\in\mathbb{N}}$ bezeichnen, dann ist $X_n = \xi_1 + \cdots + \xi_n$ die Position zur „Zeit" n.

11.2 Definition. Eine *zufällige Irrfahrt* (engl. *random walk*, kurz: RW) ist ein stochastischer Prozess der Form

$$X_n = X_0 + \xi_1 + \cdots + \xi_n, \qquad n \in \mathbb{N}_0,$$

wobei $X_0, \xi_1, \ldots, \xi_n$ unabhängige ZV und die *Schritte* $\xi_1, \ldots, \xi_n$ iid ZV sind.

Eine Irrfahrt heißt *einfach* (*simple* – SRW), wenn $X_0 \in \mathbb{Z}^d$ und ξ_1 nur die Werte $e \in \mathbb{Z}^d$ mit $|e| = 1$ annimmt, wobei $\mathbb{P}(\xi_1 = e) = p_e$ und $\sum_{|e|=1} p_e = 1$ gilt.

Eine einfache Irrfahrt heißt *symmetrisch*, wenn $p_e = 1/(2d)$ für alle $|e| = 1$ gilt.

11.3 Bemerkung. Der Definition der zufälligen Irrfahrt entnehmen wir, dass für $m < n$

a) $X_n - X_m = \xi_n + \cdots + \xi_{m+1} \perp\!\!\!\perp X_m = X_0 + \xi_1 + \cdots + \xi_m$.
b) $X_n - X_m = \xi_n + \cdots + \xi_{m+1} \sim X_{n-m} - X_0 = \xi_1 + \cdots + \xi_{n-m}$.
c) $X' := (X_{m+i} - X_m)_{i\in\mathbb{N}_0}$ ist wieder eine Irrfahrt, $X'_0 = 0$ und $X' \perp\!\!\!\perp (X_i)_{0\leqslant i\leqslant m}$, vgl. Abb. 11.2.

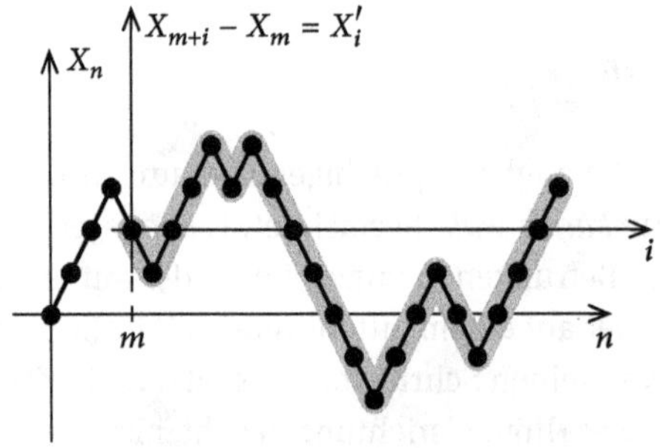

Abb. 11.2: Durch die Verschiebung $X'_i := X_{m+i} - X_m$ entsteht ein neuer (S)RW, der im neuen Koordinatensystem bei 0 startet, unabhängig von $(X_0, X_1, \ldots, X_m)$ ist, sich aber stochastisch wie der ursprüngliche (S)RW $(X_n)_{n\in\mathbb{N}_0}$, $X_0 = 0$, verhält.

Wenn die Schritte einer Irrfahrt integrierbar sind, $\mathbb{E}|\xi_1| < \infty$, dann ist $M_n = X_n - \mathbb{E}X_n$ ein Martingal bezüglich der natürlichen Filtration $\mathscr{F}_n := \sigma(X_0, \xi_1, \ldots, \xi_n)$.

Wenn keine andere Filtration explizit genannt wird, verwenden wir stets die natürliche Filtration $\mathscr{F}_n = \sigma(X_0, X_1, \dots, X_n)$.

Wir werden nun die bisher entwickelten Martingaltechniken verwenden, um das Fluktuationsverhalten einer Irrfahrt zu studieren.

11.4 Satz (1. Waldsche Identität). *Es sei $(X_n)_{n\in\mathbb{N}_0}$, $X_0 = 0$, eine Irrfahrt mit $\mathbb{E}|\xi_1| < \infty$. Wenn die Schritte f.s. beschränkt sind, d.h. $\mathbb{P}\left(\sup_{n\in\mathbb{N}} |\xi_n| < \infty\right) = 1$, dann gilt für jede Stoppzeit T mit $\mathbb{E}T < \infty$*

$$X_T \in L^1 \quad \textit{und} \quad \mathbb{E}X_T = \mathbb{E}T\mathbb{E}\xi_1. \tag{11.1}$$

Beweis. Es gilt $\mathbb{E}X_n = \sum_{i=1}^n \mathbb{E}\xi_i = n\mathbb{E}\xi_1$. Der Prozess $M_n := X_n - n\mathbb{E}\xi_1$ ist ein Martingal (vgl. Beispiel 3.4.c), das die Voraussetzungen des optional stopping Satzes 4.7.c erfüllt. Daher ist $M_T \in L^1$ und $\mathbb{E}M_T = \mathbb{E}M_0$, also auch $X_T \in L^1$ und $\mathbb{E}X_T = \mathbb{E}T\mathbb{E}\xi_1$. □

Wenn wir an Stelle von Satz 4.7 optional stopping für gleichgradig integrierbare Martingale (Satz 7.12) verwenden, können wir (11.1) für gleichgradig integrierbare Irrfahrten $(X_n)_{n\in\mathbb{N}_0}$ und Stoppzeiten mit $\mathbb{P}(T < \infty) = 1$ zeigen. Wir wollen noch einen weiteren Fall diskutieren, der auch (11.1) impliziert.

11.5 Satz (2. Waldsche Identität). *Es sei $(X_n)_{n\in\mathbb{N}_0}$ eine Irrfahrt mit $X_0 = 0$ und Schritten $\xi_n \in L^2$. Für jede Stoppzeit T mit $\mathbb{E}T < \infty$ gilt*

$$X_T \in L^2 \quad \textit{und} \quad \mathbb{E}\left[(X_T - T\mathbb{E}\xi_1)^2\right] = \mathbb{E}T\mathbb{V}\xi_1. \tag{11.2}$$

Insbesondere gilt dann auch die 1. Waldsche Identität: $\mathbb{E}X_T = \mathbb{E}T\mathbb{E}\xi_1$.

Beweis. Wir wissen, dass $M_n := X_n - n\mathbb{E}\xi_1$ und $N_n := (X_n - n\mathbb{E}\xi_1)^2 - n\mathbb{V}\xi_1$ Martingale sind, vgl. Beispiel 3.4.c und Aufg. 3.3.

Mit Satz 4.4 erhalten wir, dass $(N_{n\wedge T}, \mathscr{F}_n)_{n\in\mathbb{N}_0}$ ein Martingal ist, für das $\mathbb{E}N_{n\wedge T} = 0$ gilt, und daher folgt $\mathbb{E}(M_{n\wedge T}^2) = \mathbb{E}(n \wedge T)\mathbb{V}\xi_1$. Weil M^T ein Martingal ist, ist für $m \leqslant n$

$$\begin{aligned}
\mathbb{E}\left[M_{m\wedge T}M_{n\wedge T}\right] &\overset{\text{tower}}{=} \mathbb{E}\left[\mathbb{E}\left(M_{m\wedge T}M_{n\wedge T} \mid \mathscr{F}_m\right)\right] \\
&\overset{\text{pull out}}{=} \mathbb{E}\left[M_{m\wedge T}\mathbb{E}\left(M_{n\wedge T} \mid \mathscr{F}_m\right)\right] \overset{\text{MG}}{=} \mathbb{E}\left[M_{m\wedge T}^2\right],
\end{aligned}$$

und daher gilt auch

$$\mathbb{E}\left[(M_{n\wedge T} - M_{m\wedge T})^2\right] = \mathbb{E}\left[M_{n\wedge T}^2 - M_{m\wedge T}^2\right] = \mathbb{E}[n \wedge T - m \wedge T]\mathbb{V}\xi_1 \xrightarrow[m,n\to\infty]{\text{dom. Konv.}} 0.$$

Also ist $(M_{n\wedge T})_{n\in\mathbb{N}_0}$ eine L^2 Cauchy-Folge.

Insbesondere gilt $\sup_{n\in\mathbb{N}} \mathbb{E}|M_n^T| < \infty$, d.h. wir sehen mit dem Martingalkonvergenzsatz Korollar 5.5.c, dass $\lim_{n\to\infty} M_{n\wedge T} = M_T$ f.s. Wegen der Vollständigkeit von L^2 folgt dann

$$M_{n\wedge T} \xrightarrow[n\to\infty]{L^2} M_T \in L^2 \quad \text{und} \quad \mathbb{E}(M_T^2) = \lim_{n\to\infty} \mathbb{E}(M_{n\wedge T}^2) = \lim_{n\to\infty} \mathbb{E}(n \wedge T)\mathbb{V}\xi_1 = \mathbb{E}T\mathbb{V}\xi_1$$

(für den letzten Grenzwert verwenden wir dominierte Konvergenz). Weil Konvergenz in L^2 auch Konvergenz in L^1 nach sich zieht, gilt außerdem

$$M_T \in L^1 \quad \text{und} \quad \mathbb{E}M_T = \lim_{n\to\infty} \mathbb{E}M_{n\wedge T} = 0,$$

woraus die erste Waldsche Identität folgt. □

Es sei $(X_n)_{n\in\mathbb{N}_0}$, $X_0 = 0$, eine einfache Irrfahrt mit Werten in $\mathbb{Z}$. Typische Beispiele für Stoppzeiten sind die Zeiten des ersten Erreichens (engl. *(first) passage time*) eines Punktes $x \in \mathbb{Z}$

$$T_x = \inf\{n \in \mathbb{N} : X_n = x\}$$

oder des ersten Austritts (engl. *(first) exit time*) aus einem Intervall (a, b), $a < 0 < b$, $a, b \in \mathbb{Z}$:

$$T(a, b) = \inf\{n \in \mathbb{N} : X_n \notin (a, b)\} = \inf\{n \in \mathbb{N} : X_n = a \ \textit{oder}\ X_n = b\} = T_a \wedge T_b.$$

Wie in Beispiel 4.6 sehen wir, dass T_x eine Stoppzeit ist, und wegen Bemerkung 4.2.c ist auch $T(a, b) = T_a \wedge T_b$ eine Stoppzeit.

11.6 Satz. *Es seien $(X_n)_{n\in\mathbb{N}_0}$, $X_0 = 0$, eine einfache Irrfahrt mit Werten in $\mathbb{Z}$ und $T(a, b)$ die Austrittszeit aus dem Intervall $a < 0 < b$, $a, b \in \mathbb{Z}$. Dann gilt $\mathbb{E}T(a, b) < \infty$.*

Beweis. 1° Wir schreiben $p = \mathbb{P}(\xi_1 = 1)$. Wenn wir die Irrfahrt bei $x \in (a, b)$, $x \in \mathbb{Z}$, starten, können wir das Intervall (a, b) verlassen, indem wir beispielsweise nacheinander $b - x \leqslant b - a$ Schritte nach rechts gehen. Daher gilt

$$\mathbb{P}(x + X_{b-a} \notin (a, b)) \geqslant p^{b-x} \geqslant p^{b-a}.$$

2° Weil die Schritte ξ_n iid sind, gilt

$$X_{b-a} \perp\!\!\!\perp (\xi_{b-a+1} + \cdots + \xi_{2(b-a)}) = X_{2(b-a)} - X_{b-a} \sim X_{b-a}, \tag{11.3}$$

und daher

$$\begin{aligned}
\mathbb{P}(T(a, b) > 2(b-a)) &\leqslant \mathbb{P}(X_{b-a} \in (a, b), X_{2(b-a)} \in (a, b)) \\
&= \mathbb{E}\left[\mathbb{1}_{(a,b)}(X_{b-a}) \cdot \mathbb{1}_{(a,b)}((X_{2(b-a)} - X_{b-a}) + X_{b-a})\right] \\
&\overset{(11.3)}{\underset{\text{A. 11.5}}{=}} \int \mathbb{E}\left[\mathbb{1}_{(a,b)}(x) \cdot \mathbb{1}_{(a,b)}((X_{2(b-a)} - X_{b-a}) + x)\right] \mathbb{P}(X_{b-a} \in dx) \\
&\overset{(11.3)}{=} \int \mathbb{1}_{(a,b)}(x) \underbrace{\mathbb{E}\left[\mathbb{1}_{(a,b)}(X_{b-a} + x)\right]}_{=\mathbb{P}(x+X_{b-a}\in(a,b))} \mathbb{P}(X_{b-a} \in dx) \\
&\overset{1^\circ}{\leqslant} (1 - p^{b-a}) \int \mathbb{1}_{(a,b)}(x)\, \mathbb{P}(X_{b-a} \in dx) \\
&= (1 - p^{b-a})\mathbb{P}(X_{b-a} \in (a, b)) \leqslant (1 - p^{b-a})^2.
\end{aligned}$$

3° Indem wir Schritt 2° iterieren, folgt

$$\mathbb{P}\,(T(a,b) > n(b-a)) \leqslant (1-p^{b-a})^n, \qquad n \in \mathbb{N},$$

was dann wegen

$$\mathbb{E}\frac{T(a,b)}{b-a} = \sum_{n=0}^{\infty} \mathbb{P}(T(a,b) > (b-a)n) \leqslant 1 + \sum_{n=1}^{\infty}(1-p^{b-a})^n = 1 + \frac{1-p^{b-a}}{p^{b-a}} = \frac{1}{p^{b-a}}$$

die Behauptung zeigt. □

Wie wir in der Einleitung (Kapitel 1) gesehen haben, können wir eine einfache Irrfahrt auch als Entwicklung des Vermögens eines Spielers interpretieren: ξ_i ist die Auszahlung des $i$ten Spiels, X_0 ist das Startkapital, und X_n das aktuelle Vermögen. In diesem Sinn spricht man vom *Ruin* des Spielers, wenn X_n eine gewisse Schranke („Kreditlimit") $a \leqslant X_0$ erreicht oder unterschreitet. Entsprechend ist der Gegenspieler (die Bank) bankrott, wenn das Vermögen $X_n \geqslant b$ wird. Das erklärt den Namen der folgenden Beispiele.

11.7 Beispiel (Gambler's Ruin). Es sei $(X_n)_{n\in\mathbb{N}_0}$, $X_0 = 0$, eine einfache symmetrische Irrfahrt mit Werten in $\mathbb{Z}$, d.h. $\mathbb{P}(\xi_i = \pm 1) = \frac{1}{2}$. Wir interessieren uns dafür, wann X_n zum ersten Mal die Position $x = 1$ erreicht:

$$T_1 = \inf\{n \in \mathbb{N} : X_n = 1\}.$$

Aus Beispiel 4.6 wissen wir, dass T_1 eine Stoppzeit mit $\mathbb{P}(T_1 < \infty) = 1$ ist, vgl. auch Beispiel 11.10. Obwohl 1 nur einen Schritt von der Startposition entfernt ist, gilt erstaunlicherweise $\mathbb{E}T_1 = \infty$; sonst hätten wir nämlich den Widerspruch

$$1 = \mathbb{E}X_{T_1} \overset{(11.1)}{=} \mathbb{E}T_1\mathbb{E}\xi_1 = \mathbb{E}T_1 \cdot 0 = 0.$$

11.8 Beispiel (Gambler's Ruin – 2). Wie im vorangehenden Beispiel sei $(X_n)_{n\in\mathbb{N}_0}$ eine einfache symmetrische Irrfahrt mit Werten in $\mathbb{Z}$ und $X_0 = 0$. Wir interessieren uns dafür, wann X_n das Intervall (a,b) mit $a < 0 < b$, $a, b \in \mathbb{Z}$ verlässt:

$$T(a,b) = \inf\{n \in \mathbb{N} : X_n \notin (a,b)\} = \inf\{n \in \mathbb{N} : X_n = a \;\; oder \;\; X_n = b\} = T_a \wedge T_b.$$

Aus Satz 11.6 wissen wir, dass $\mathbb{E}T(a,b) < \infty$ gilt, und mit Hilfe der ersten Waldschen Gleichheit erhalten wir

$$a\mathbb{P}(X_{T(a,b)} = a) + b\mathbb{P}(X_{T(a,b)} = b) = \mathbb{E}X_{T(a,b)} = \mathbb{E}T(a,b)\mathbb{E}\xi_1 = 0,$$
$$\mathbb{P}(X_{T(a,b)} = a) + \mathbb{P}(X_{T(a,b)} = b) = 1.$$

Indem wir dieses Gleichungssystem auflösen, sehen wir

$$\mathbb{P}(X_{T(a,b)} = a) = \frac{b}{b-a} \quad \text{und} \quad \mathbb{P}(X_{T(a,b)} = b) = \frac{-a}{b-a}.$$

Mit der zweiten Waldschen Gleichheit erhalten wir

$$\underbrace{\mathbb{V}\xi_1}_{=1}\,\mathbb{E}T(a,b) = \mathbb{E}X^2_{T(a,b)} = a^2\mathbb{P}(X_{T(a,b)} = a) + b^2\mathbb{P}(X_{T(a,b)} = b) = -ab.$$

11.9 Beispiel (Gambler's Ruin – 3). Wir werden nun eine einfache eindimensionale Irrfahrt mit nicht-symmetrischen Schritten $\mathbb{P}(\xi_i = 1) = p$, $\mathbb{P}(\xi_i = -1) = q = 1 - p \neq p$ untersuchen. In diesem Fall sind $M_n = X_n - \mathbb{E}X_n = X_n - n(p-q)$, $M_0 = 0$, und $N_n := (q/p)^{X_n}$, $N_0 = 1$, Martingale, vgl. Aufg. 3.4. Die Stoppzeit $T(a,b)$ sei wie im vorangehenden Beispiel definiert. Weil Martingale konstante Erwartungswerte haben, gilt

$$1 = \mathbb{E}\left(\frac{q}{p}\right)^{X_0} = \mathbb{E}\left(\frac{q}{p}\right)^{X_{T(a,b)}} = \mathbb{P}(X_{T(a,b)} = a)\left(\frac{q}{p}\right)^a + \mathbb{P}(X_{T(a,b)} = b)\left(\frac{q}{p}\right)^b,$$

und indem wir $\mathbb{P}(X_{T(a,b)} = a) + \mathbb{P}(X_{T(a,b)} = b) = 1$ verwenden, ergibt sich durch Auflösen

$$\mathbb{P}(X_{T(a,b)} = a) = \frac{(\frac{q}{p})^b - 1}{(\frac{q}{p})^b - (\frac{q}{p})^a} \quad \text{und} \quad \mathbb{P}(X_{T(a,b)} = b) = \frac{1 - (\frac{q}{p})^a}{(\frac{q}{p})^b - (\frac{q}{p})^a}.$$

Mit der ersten Waldschen Gleichheit $\mathbb{E}X_{T(a,b)} = (p-q)\mathbb{E}T(a,b)$ erhalten wir noch

$$\mathbb{E}T(a,b) = \frac{1}{p-q}\left(a + \frac{1 - (\frac{q}{p})^a}{(\frac{q}{p})^b - (\frac{q}{p})^a}(b-a)\right).$$

Indem wir den Grenzübergang $b \to \infty$ ausführen, können wir die Austrittszeit T_a aus dem unendlichen Intervall (a, ∞), $a < 0$, studieren. Eine einfache Rechnung ergibt

$$\mathbb{P}(T_a < \infty) = \lim_{b\to\infty} \mathbb{P}(X_{T(a,b)} = a) = \begin{cases} (\frac{p}{q})^a = (\frac{q}{p})^{|a|} & \text{wenn } p > q, \\ 1 & \text{wenn } p \leqslant q. \end{cases} \tag{11.4}$$

Diese Wahrscheinlichkeit kann folgendermaßen interpretiert werden: ein Spieler (Erfolgswahrscheinlichkeit p) geht mit Wahrscheinlichkeit $\mathbb{P}(T_a < \infty)$ bankrott (Totalverlust von $|a|$ Euro), wenn er gegen eine unendlich reiche Bank spielt. Kurioserweise kann also in einem für den Spieler vorteilhaften Spiel ($p > q$) ein Spieler mit minimaler Kreditlinie $|a| = 1$ mit Wahrscheinlichkeit $1 - \frac{q}{p}$ gegen eine unendlich reiche Bank bestehen. In diesem Fall wird er sogar unendlich reich. Es gilt nämlich

$$\mathbb{P}(X_n \to \infty \mid X_n \neq a \;\; \forall n) = 1.$$

Wir werden nun die Verteilung von T_1 bestimmen.

11.10 Beispiel (Gambler's Ruin – 4). In Beispiel 4.6 haben wir gezeigt, dass für eine einfache symmetrische Irrfahrt $X_n = \xi_1 + \cdots + \xi_n$ und die Stoppzeit T_1 die Beziehung

$$1 = \lim_{n\to\infty} \mathbb{E}\left[\frac{e^{\theta X_{n\wedge T_1}}}{\cosh^{n\wedge T_1}\theta}\right] = e^{\theta}\mathbb{E}\left[\frac{\mathbb{1}_{\{T_1<\infty\}}}{\cosh^{T_1}\theta}\right], \quad \theta > 0, \tag{11.5}$$

gilt. Der Grenzübergang $\theta \to 0$ zeigt dann $\mathbb{P}(T_1 < \infty) = 1$.

Wenn wir das wiederum in (11.5) einsetzen, sehen wir

$$\mathbb{E}\left[\cosh^{-T_1}\theta\right] = e^{-\theta}, \quad \theta > 0,$$

und mit der Substitution $e^{-\theta} = s^{-1}(1 - \sqrt{1-s^2})$ bzw. $2s^{-1} = e^{-\theta} + e^{\theta} = 2\cosh\theta$ folgt

$$\mathbb{E}\left[s^{T_1}\right] = \frac{1}{s}\left(1 - \sqrt{1-s^2}\right). \tag{11.6}$$

Diese Beziehung erlaubt es uns, die Verteilung von T_1 zu bestimmen. Wir bemerken

$$(1-x)^\alpha = \sum_{n=0}^\infty \binom{\alpha}{n}(-1)^n x^n, \quad |x| < 1, \quad \binom{\alpha}{n} := \begin{cases} \frac{\alpha\cdot(\alpha-1)\cdot\ldots\cdot(\alpha-n+1)}{n!}, & n > 0, \\ 1, & n = 0, \end{cases}$$

und erhalten für $\alpha = \frac{1}{2}$

$$\frac{1}{s}\left(1 - \sqrt{1-s^2}\right) = \frac{1}{s}\left(1 - \sum_{n=0}^\infty \binom{\frac{1}{2}}{n}(-1)^n s^{2n}\right) = \sum_{n=1}^\infty \binom{\frac{1}{2}}{n}(-1)^{n+1} s^{2n-1}.$$

Weil $\mathbb{E}\left[s^{T_1}\right] = \sum_{i=1}^\infty \mathbb{P}(T_1 = i)s^i$ ist, folgt durch Koeffizientenvergleich

$$\mathbb{P}(T_1 = 2n-1) = (-1)^{n+1}\binom{\frac{1}{2}}{n}, \quad n \in \mathbb{N}.$$

Interpretation. Die ZV $\frac{1}{2}(T_1 + 1)$ folgt einer *negativen Binomialverteilung*. Durch einfache algebraische Manipulationen erhalten wir

$$(-1)^{n+1}\binom{\frac{1}{2}}{n} = \frac{1}{2n-1}\binom{2n-1}{n-1}\frac{1}{2^{2n-1}}, \quad n \in \mathbb{N}.$$

Den Ausdruck $\frac{1}{2n-1}\binom{2n-1}{n-1}$ auf der rechten Seite gibt die Zahl der Pfade $k \mapsto X_k$ an, die bei $X_0 = 0$ starten und nach $2n-1$ Schritten zum ersten Mal die 1 erreichen, d.h. es gilt $X_0 \leqslant 0, \ldots, X_{2n-2} \leqslant 0$ und $X_{2n-1} = 1$. Diese Anzahl wird in Lemma 12.1, (12.2) mit kombinatorischen Methoden bestimmt, vgl. auch Satz 12.11.

Momente von T_1**.** Wir wollen noch die Momente von T_1 untersuchen. Dazu machen wir in (11.6) die Substitution $s = e^{-u}$, um auf

$$\mathbb{E}e^{-u(T_1+1)} = 1 - \sqrt{1 - e^{-2u}}$$

zu kommen. Wenn wir das in die bekannte Formel

$$t^\alpha = \frac{\alpha}{\Gamma(1-\alpha)}\int_0^\infty (1 - e^{-ut})\frac{du}{u^{1+\alpha}}, \quad 0 < \alpha < 1,$$

(vgl. Abschnitt A.5 im Anhang) einsetzen, erhalten wir mit dem Satz von Tonelli

$$\begin{aligned}\mathbb{E}\left((T_1+1)^\alpha\right) = \frac{\alpha}{\Gamma(1-\alpha)}\mathbb{E}\int_0^\infty \left(1 - e^{-u(T_1+1)}\right)\frac{du}{u^{1+\alpha}} &= \frac{\alpha}{\Gamma(1-\alpha)}\int_0^\infty \left(1 - \mathbb{E}e^{-u(T_1+1)}\right)\frac{du}{u^{1+\alpha}} \\ &= \frac{\alpha}{\Gamma(1-\alpha)}\int_0^\infty \sqrt{1-e^{-2u}}\,\frac{du}{u^{1+\alpha}}.\end{aligned}$$

Für $u \to 0$ ist $\sqrt{1-e^{-2u}} \approx \sqrt{2u}$, weswegen das letzte Integral für $\alpha \geqslant 1/2$ divergiert und für $\alpha \in (0, 1/2)$ konvergiert. Das zeigt, dass $\mathbb{E}\,(T_1^\alpha) = \infty$ für alle $\alpha \geqslant \frac{1}{2}$ gilt.

Rekurrenz und Transienz

Für eine zufällige Irrfahrt $(X_n)_{n\in\mathbb{N}_0}$ mit $X_0 = 0$ kann $T_0 = \inf\{n \in \mathbb{N} : X_n = 0\}$ auch als *erste Rückkehrzeit* zur Startposition interpretiert werden. Wir interessieren uns dafür, mit welcher Wahrscheinlichkeit dieses Ereignis eintritt; $T_0 = \infty$ bedeutet „die Irrfahrt kehrt nie nach $X_0 = 0$ zurück." Der folgende Spezialfall motiviert die nachfolgenden tiefergehenden Untersuchungen.

11.11 Satz (Rekurrenz). *Es sei $(X_n)_{n\in\mathbb{N}_0}$, $X_0 = 0$, eine einfache symmetrische Irrfahrt mit Werten in $\mathbb{Z}$. Dann besucht X jede Position $x \in \mathbb{Z}$ mit Wahrscheinlichkeit* 1 *unendlich oft.*

Beweis. Offensichtlich ist $(X_n^a)_{n\in\mathbb{N}_0}$, $X_n^a := X_n + a$ für jedes $a \in \mathbb{Z}$ wieder eine einfache symmetrische Irrfahrt, die in $X_0^a = a$ startet. Wir definieren die Stoppzeiten [✍] $T_x^a = \inf\{n \in \mathbb{N} : X_n^a = x\}$ und schreiben $a \curvearrowright x$, wenn $\mathbb{P}(T_x^a < \infty) = 1$ gilt. Weil $p = q = \frac{1}{2}$ ist, wissen wir aus (11.4), dass $a \curvearrowright x$ für beliebige $x \neq a$ gilt. Indem wir die Rollen von a und x vertauschen, folgt ebenso $x \curvearrowright a$, d.h. wir haben gezeigt

$$a \curvearrowright x \curvearrowright a \curvearrowright x \curvearrowright \dots \implies x \curvearrowright x \curvearrowright x \curvearrowright x \curvearrowright \dots \qquad \square$$

Für die folgenden Untersuchungen benötigen wir zwei weitere Wahrscheinlichkeiten, für die sich in der Literatur feste Bezeichnungen eingebürgert haben:

$u_n := \mathbb{P}(X_n = 0)$ – die Irrfahrt kehrt zur Zeit n nach $X_0 = 0$ zurück, (11.7)

$f_n := \mathbb{P}(T_0 = n)$ – die Irrfahrt kehrt zur Zeit n **erstmalig** nach $X_0 = 0$ zurück; (11.8)
wir sprechen dann von einer „Exkursion" von der Null.

Offensichtlich gilt $u_0 = 1$ und $f_0 = 0$.

11.12 Definition. Eine zufällige Irrfahrt $(X_n)_{n\in\mathbb{N}_0}$, $X_0 = 0$, mit Werten in $\mathbb{Z}^d$ heißt

- *rekurrent*, wenn gilt $\sum_{n=1}^\infty f_n = 1$, d.h. $\mathbb{P}(T_0 < \infty) = 1$.
- *transient*, wenn gilt $\sum_{n=1}^\infty f_n < 1$, d.h. $\mathbb{P}(T_0 < \infty) < 1$.

---

i Transienz kann man so erklären: Die Rückkehrwahrscheinlichkeit ist $w = \mathbb{P}(T_0 < \infty) < 1$, d.h. wir können zwar zurückkehren, aber bei der $n$ten Rückkehr ist die W-keit nur w^n. Intuitiv hängt das damit zusammen, dass die bei $S_{T_0} = 0$ „neu gestartete" Irrfahrt $(S_{T_0+n})_n$ wieder eine Irrfahrt ist, deren Schritte dieselbe Verteilung wie die Schritte von $(S_n)_{n\in\mathbb{N}}$ haben, und die zudem von $(S_n)_{0\leqslant n\leqslant T_0}$ unabhängig ist. Weil die Reihe $\sum_{n=1}^\infty w^n < \infty$ konvergiert, folgt aus dem Borel–Cantelli Lemma, dass wir fast sicher nur endlich oft zur Anfangsposition zurückkehren werden.

Da dieses Argument für *jeden* Punkt $x \in \mathbb{Z}^d$ gilt, folgt $|X_n| \to \infty$ für jede transiente Irrfahrt.

Das folgende einfache Rekurrenzkriterium basiert auf dieser Überlegung.

11.13 Lemma. *Eine zufällige Irrfahrt $(X_n)_{n\in\mathbb{N}_0}$, $X_0 = 0$, mit Werten in $\mathbb{Z}^d$ ist genau dann rekurrent, wenn $\sum_{n=1}^{\infty} u_n = \infty$.*

Wir machen uns zunächst klar, was die Bedingung in Lemma 11.13 bedeutet.

$$\sum_{n=1}^{\infty} u_n = \sum_{n=1}^{\infty} \mathbb{E}\mathbb{1}_{\{X_n=0\}} = \mathbb{E}\sum_{n=1}^{\infty} \mathbb{1}_{\{X_n=0\}}$$

d.h. $\sum_{n=1}^{\infty} u_n$ zählt die durchschnittliche Zahl der „Besuche“ im Punkt 0.

Beweis von Lemma 11.13. 1° *Es gilt:* $u_n = \sum_{i=1}^{n} f_i u_{n-i}$, $n \geqslant 1$. Das folgt aus

$$\begin{aligned}
u_n = \mathbb{P}(X_n = 0) &= \mathbb{P}\left(\dot{\bigcup}_{i=1}^{n} \{T_0 = i\} \cap \{X_n = 0\}\right) \\
&= \sum_{i=1}^{n} \mathbb{P}(\{T_0 = i\} \cap \{X_n = 0\}) \\
&= \sum_{i=1}^{n} \mathbb{P}(\{X_1 \neq 0, \dots, X_{i-1} \neq 0, X_i = 0\} \cap \{X_n = 0\}) \\
&= \sum_{i=1}^{n} \mathbb{P}(\{X_1 \neq 0, \dots, X_{i-1} \neq 0, X_i = 0\} \cap \{X_n - X_i = 0\}) \\
&\overset{*}{=} \sum_{i=1}^{n} \mathbb{P}(X_1 \neq 0, \dots, X_{i-1} \neq 0, X_i = 0)\, \mathbb{P}(X_n - X_i = 0) \\
&\overset{\#}{=} \sum_{i=1}^{n} \mathbb{P}(T_0 = i)\, \mathbb{P}(X_{n-i} = 0) = \sum_{i=1}^{n} f_i u_{n-i};
\end{aligned}$$

an den mit # und $*$ gekennzeichneten Gleichheitszeichen haben wir die Beziehungen $X_n - X_i \sim X_{n-i}$ und $X_1, \dots, X_i \perp\!\!\!\perp X_n - X_i$ verwendet, die auf Grund der iid-Voraussetzung an die Schritte $(\xi_n)_{n\in\mathbb{N}}$ gelten.

2° Wir betrachten nun für $x \in (-1, 1)$ die erzeugenden Funktionen

$$F(x) := \sum_{n=0}^{\infty} f_n x^n \quad \text{und} \quad U(x) := \sum_{n=0}^{\infty} u_n x^n, \qquad |x| < 1.$$

Wenn wir das Ergebnis von Schritt 1° verwenden, sehen wir

$$\begin{aligned}
U(x) = \sum_{n=0}^{\infty} u_n x^n &= 1 + \sum_{n=1}^{\infty}\sum_{i=1}^{n} f_i u_{n-i} x^i x^{n-i} = 1 + \sum_{i=1}^{\infty}\sum_{n=i}^{\infty} f_i x^i u_{n-i} x^{n-i} \\
&= 1 + \sum_{i=1}^{\infty} f_i x^i \sum_{k=0}^{\infty} u_k x^k \overset{f_0=0}{=} 1 + F(x)U(x).
\end{aligned}$$

Daher gilt

$$F(x) = 1 - \frac{1}{U(x)} \implies \sum_{n=0}^{\infty} f_n = F(1) = \overbrace{\sup_{x\in(0,1)}}^{=\lim_{x\uparrow 1}} F(x) = 1 - \lim_{x\uparrow 1} \frac{1}{U(x)}.$$

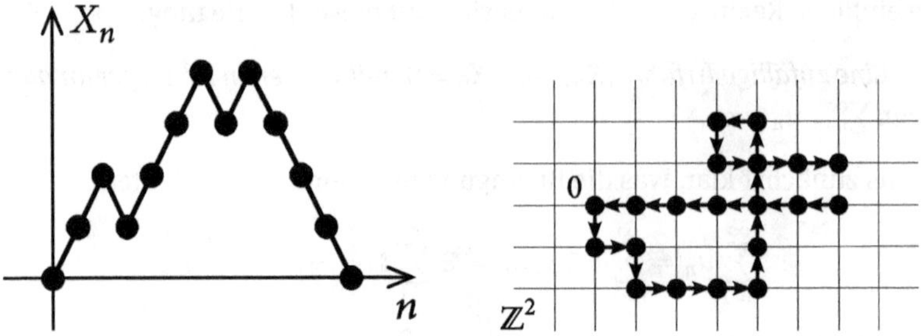

Abb. 11.3: Ein Pfad $[X_0 = 0 \to 0]$ braucht gerade Schrittzahlen in jeder Koordinatenrichtung.

Mithin haben wir $F(1-) = 1 \iff U(1-) = \infty$ und $F(1-) < 1 \iff U(1-) < \infty$, wobei $U(1-) = \lim_{x\uparrow 1} U(x) = \sup_{x\in(0,1)} U(x)$. □

Wir wenden nun Lemma 11.13 auf eine einfache symmetrische Irrfahrt an.

11.14 Satz (Pólya 1921). *Es sei $(X_n)_{n\in\mathbb{N}_0}$ eine einfache symmetrische Irrfahrt mit Werten in $\mathbb{Z}^d$.*

a) *X ist rekurrent, wenn $d = 1, 2$.*
b) *X ist transient, wenn $d \geqslant 3$.*

Beweis. Wir beginnen mit zwei Vorüberlegungen. (i) Eine Rückkehr zum Start $X_0 = 0$ ist nur mit einer *geraden Anzahl von Schritten* möglich, da wir in jeder Richtung (Dimension) sowohl hin- als auch zurücklaufen müssen, vgl. Abb. 11.3. Daher reicht es aus, die Konvergenz bzw. Divergenz der Reihe $\sum_{n=1}^{\infty} u_{2n}$ zu untersuchen. Indem wir ggf. $X_n - X_0$ betrachten, können wir stets $X_0 = 0$ annehmen.

(ii) Für große $n \gg 1$ können wir die Fakultät sehr gut durch die Stirlingsche Formel $n! \approx \sqrt{2\pi n}\,(n/e)^n$ approximieren.

1° Dimension $d = 1$. Wenn $X_{2n} = 0$ ist, müssen wir n Schritte vorwärts und n Schritte rückwärts gehen. Da uns die Positionen X_i, $1 < i < 2n$, nicht interessieren, können wir die n Vorwärts-Schritte beliebig aus den $2n$ Schritten auswählen, und wir erhalten

$$\mathbb{P}(X_{2n} = 0) = \binom{2n}{n}\left(\frac{1}{2}\right)^n\left(\frac{1}{2}\right)^n \approx \frac{\sqrt{2\pi 2n}}{\sqrt{2\pi n}\sqrt{2\pi n}}\,\frac{(2n)^{2n}}{e^{2n}}\,\frac{e^n}{n^n}\,\frac{e^n}{n^n}\left(\frac{1}{4}\right)^n = \frac{1}{\sqrt{\pi n}}.$$

Indem wir die über $n \in \mathbb{N}$ summieren, folgt $\sum_{n=1}^{\infty} u_{2n} \approx \sum_{n=1}^{\infty}(\pi n)^{-1/2} = \infty$, also Rekurrenz.

2° Dimension $d = 2$. Die Abbildung 11.3 zeigt, dass für $X_{2n} = 0$

$$\alpha = \#\text{Schritte nach Nord} = \#\text{Schritte nach Süd}$$
$$\beta = \#\text{Schritte nach West} = \#\text{Schritte nach Ost}$$

und $n = \alpha + \beta$ gelten muss. Wie in 1° ist die genaue Schrittfolge egal, d.h. wir erhalten mit Hilfe des Multinomialkoeffizienten

$$u_{2n} = \sum_{\alpha+\beta=n} \binom{2n}{\alpha, \alpha, \beta, \beta} \left(\frac{1}{4}\right)^{2n} = \binom{2n}{n} \left(\frac{1}{4}\right)^{2n} \underbrace{\sum_{\alpha+\beta=n} \binom{n}{\alpha}\binom{n}{\beta}}_{=\binom{2n}{n},\ \text{Aufg. 11.7}} = \left[\frac{1}{4^n}\binom{2n}{n}\right]^2 \approx \frac{1}{\pi n}.$$

Wieder folgt $\sum_{n=1}^{\infty} u_{2n} \approx \sum_{n=1}^{\infty} \frac{1}{\pi n} = \infty$, also Rekurrenz.

3° Dimension $d \geqslant 3$. Ohne Einschränkung betrachten wir $d = 3$, den Fall $d \geqslant 4$ behandelt man analog; alternativ kann man wie in Aufg. 11.11 argumentieren. Für eine Rückkehr zur Null muss in jede Richtung West–Ost, Nord–Süd, oben–unten die Zahl der Schritte jeweils gleich sein, also $2\alpha + 2\beta + 2\gamma = 2n$. Daher ist

$$\begin{aligned}
u_{2n} &= \sum_{\alpha+\beta+\gamma=n} \binom{2n}{\alpha, \alpha, \beta, \beta, \gamma, \gamma} \left(\frac{1}{6}\right)^{2n} \\
&= \frac{1}{6^{2n}} \binom{2n}{n} \sum_{\alpha+\beta+\gamma=n} \binom{n}{\alpha, \beta, \gamma}\binom{n}{\alpha, \beta, \gamma} \\
&\leqslant \frac{1}{6^{2n}} \binom{2n}{n} \max_{\alpha+\beta+\gamma=n} \binom{n}{\alpha, \beta, \gamma} \underbrace{\sum_{\alpha+\beta+\gamma=n} \binom{n}{\alpha, \beta, \gamma}}_{=(1+1+1)^n=3^n,\ \text{Multinomialformel}} \\
&= \frac{3^n}{6^{2n}} \binom{2n}{n} \max_{\alpha+\beta+\gamma=n} \binom{n}{\alpha, \beta, \gamma}.
\end{aligned}$$

Nun sei $n = 3m$. Dann gilt [✍]

$$\binom{3m}{\alpha, \beta, \gamma} \leqslant \binom{3m}{m, m, m}$$

und somit

$$u_{6m} \leqslant \frac{3^{3m}}{6^{6m}} \binom{6m}{3m} \binom{3m}{m, m, m} \overset{\text{Stirling}}{\approx} \frac{1}{2\pi\sqrt{\pi}} \frac{1}{m\sqrt{m}}.$$

Daher gilt $\sum_{m=1}^{\infty} u_{6m} < \infty$. Im Vergleich zu $\sum_{n=1}^{\infty} u_{2n}$ fehlen noch die Summanden u_{6m-2} und u_{6m-4}. Wir bemerken, dass

$$\{X_{6m} = 0\} \supset \{X_{6m-2} = 0\} \cap \{\xi_{6m-1} = e\} \cap \{\xi_{6m} = -e\} \quad \text{für ein } e \in \mathbb{Z}^3,\ |e| = 1,$$

gilt, und dass die drei Ereignisse auf der rechten Seite unabhängig sind. Wenn wir diese Überlegung iterieren, folgt

$$u_{6m} \geqslant \frac{1}{6} \cdot \frac{1}{6} \cdot u_{6m-2} \geqslant \left(\frac{1}{6} \cdot \frac{1}{6}\right)^2 \cdot u_{6m-4}.$$

Mithin haben wir

$$\sum_{n=1}^{\infty} u_{2n} = \sum_{m=1}^{\infty} (u_{6m} + u_{6m-2} + u_{6m-4}) \leqslant (1 + 6^2 + 6^4) \sum_{m=1}^{\infty} u_{6m}$$

$$\approx \frac{1333}{2\pi\sqrt{\pi}} \sum_{m=1}^{\infty} \frac{1}{m\sqrt{m}} < \infty,$$

also Transienz. □

Aufgaben

1. Es sei $(X_n)_{n\in\mathbb{N}_0}$ eine einfache Irrfahrt mit Werten in $\mathbb{Z}$.
   (a) Zeigen Sie, dass $\{X_n - X_0 = k\} \neq \emptyset$ nur dann gelten kann, wenn entweder n & k gerade oder n & k ungerade sind. Drücken Sie die Zahl der Schritte „nach links" (l) und „nach rechts" (r) mit Hilfe von n und k aus.
   (b) Zeigen Sie, dass $\mathbb{P}(X_n - X_0 = k) = \binom{n}{\frac{n+k}{2}} p^{\frac{1}{2}(n+k)} q^{\frac{1}{2}(n-k)}$ gilt. Wie üblich vereinbaren wir $\binom{n}{x} = 0$, wenn $x \notin \mathbb{N}_0$.
2. Es sei $(X_n, \mathscr{F}_n)_{n\in\mathbb{N}_0}$ eine Irrfahrt. Zeigen Sie, dass die Zufallszeiten $T_x^\circ := \inf\{n \geqslant 0 : X_n = x\}$ und $T(a,b) = \inf\{n > 0 : X_n \notin (a,b)\}$, $a < 0 < b$ Stoppzeiten sind.
   Diskutieren Sie den Unterschied zwischen T_x° und $T_x := \inf\{n > 0 : X_n = x\}$.
3. Es sei $(X_n)_{n\in\mathbb{N}_0}, X_0 = 0$, eine einfache symmetrische Irrfahrt mit Werten in $\mathbb{Z}^d$, $d = 1, 2$. Zeigen Sie, dass die Irrfahrt *jeden* Punkt $x \in \mathbb{Z}^d$ (und nicht nur $0 \in \mathbb{Z}^d$) unendlich oft besucht.
4. Zeigen Sie, dass für eine positive ZV $T : \Omega \to \mathbb{N}_0$ die Formel $\mathbb{E}T = \sum_{n=0}^{\infty} \mathbb{P}(T > n)$ gilt.
5. Es seien $\xi \perp\!\!\!\perp Y$ unabhängige ZV mit Werten in $\mathbb{R}^d$. Zeigen Sie, dass für beschränkte $f : \mathbb{R}^{2d} \to \mathbb{R}$
$$\mathbb{E}f(\xi, \xi + Y) = \int_{\mathbb{R}^d} \mathbb{E}f(x, x + Y)\, \mathbb{P}(\xi \in dx) = \int_{\mathbb{R}^d} \mathbb{E}f(\xi, \xi + y)\, \mathbb{P}(Y \in dy).$$
6. Es sei $(X_n)_{n\in\mathbb{N}_0}$ eine Irrfahrt mit $\mathbb{E}|\xi_1| < \infty$. Zeigen Sie mit dem SLLN, dass $X_n - X_0 \to \operatorname{sgn}(p-q)\infty$ f.s. für $p \neq q$. Leiten Sie daraus einen neuen Beweis für $\mathbb{P}(T_x < \infty) = 1$ her ($p > q, x \in \mathbb{N}$).
7. Zeigen Sie die kombinatorische Formel $\binom{2n}{n} = \sum_{r+l=n} \binom{n}{r}\binom{n}{l}$.
8. Zeigen Sie, dass $\binom{3m}{a,b,c} \leqslant \binom{3m}{m,m,m}$ für alle $a + b + c = 3m$, $a, b, c, m \in \mathbb{N}_0$, gilt.
9. Adaptieren Sie den Beweis von Satz 11.14 um zu zeigen, dass eine einfache nicht-symmetrische Irrfahrt in Dimension $d = 1, 2$ transient ist.
10. Es seien $(X_n)_{n\in\mathbb{N}_0}$ und $(Y_n)_{\mathbb{N}_0}$ zwei unabhängige einfache symmetrische Irrfahrten auf $\mathbb{Z}$ und $X_0 = Y_0 = 0$.
    (a) Bestimmen Sie die Verteilung von (X_1, Y_1).
    (b) Zeigen Sie, dass $\frac{1}{\sqrt{2}} R\binom{X}{Y}$, R ist eine 45-Grad Drehmatrix, eine einfache symmetrische Irrfahrt in $d = 2$ ist.
11. Es sei $X_n = (X_n^1, \dots, X_n^4)$, $X_0 = (0,0,0,0)$, eine einfache symmetrische Irrfahrt in Dimension 4. Bezeichne mit $\bar{X}_n = (X_n^1, X_n^2, X_n^3)$ den Prozess der ersten drei Komponenten von X und
$$N(0) := 0 \quad \text{und} \quad N(n) := \inf\{m > N(n-1) : \bar{X}_m \neq \bar{X}_{N(n-1)}\}.$$
    Dann ist $\bar{Y}_n = \bar{X}_{N(n)}$ eine einfache symmetrische Irrfahrt. Folgern Sie daraus, dass X transient ist.
12. Verwenden Sie die Idee von Aufg. 11.11 um zu zeigen, dass eine beliebige (nicht rotationssymmetrische) einfache Irrfahrt in $\mathbb{Z}^2$ transient ist.

12 ♦Fluktuationen einer einfachen Irrfahrt auf $\mathbb{Z}$

In diesem Kapitel studieren wir das Verhalten der Pfade $n \mapsto X_n(\omega)$ einer einfachen symmetrischen Irrfahrt $(X_n)_{n\in\mathbb{N}_0}$ in Dimension 1. Wir schreiben $[X_0 = a \to X_n = b]$ für den Pfad $(X_0(\omega), X_1(\omega), \dots, X_n(\omega))$ mit Anfangspunkt $X_0(\omega) = a$ und Endpunkt $X_n(\omega) = b$, wobei wir „ω" meistens unterdrücken. Wenn $(X_n)_{n\in\mathbb{N}_0}$ nicht näher beschrieben wird, handelt es sich um eine einfache symmetrische Irrfahrt mit Werten in $\mathbb{Z}$ (d.h. $\mathbb{P}(\xi_1 = \pm 1) = \frac{1}{2}$), die bei $X_0 = 0$ startet. Wir erinnern nochmals an die im vorangehenden Kapitel eingeführten Stoppzeiten (Beispiel 11.7) und Wahrscheinlichkeiten (11.7), (11.8)

$$T_x = \inf\{n \in \mathbb{N} : X_n = x\}, \quad u_n = \mathbb{P}(X_n = 0) \quad \text{und} \quad f_n = \mathbb{P}(T_0 = n).$$

Zunächst berechnen wir die Wahrscheinlichkeit, von $X_1 = 1$ nach $X_k = x \in \mathbb{N}$ zu gelangen, ohne Null (oder negativ) zu werden.

12.1 Lemma (reflection principle; André 1887). *Es sei $(X_n)_{n\in\mathbb{N}_0}$ eine einfache symmetrische Irrfahrt mit Werten in $\mathbb{Z}$, die bei $X_0 = 0$ startet, $r, l \in \mathbb{N}_0$, $l - r > 0$ und $n = r + l$. Dann gilt*

$$\mathbb{P}(X_1 > 0, X_2 > 0, \dots, X_{n-1} > 0, X_n = l - r) = 2^{-n}\frac{l-r}{n}\binom{n}{r}.$$

Beweis. Weil es insgesamt 2^n Pfade $i \mapsto X_i(\omega)$ der Länge n gibt, die alle gleich wahrscheinlich sind, können wir die Wahrscheinlichkeiten von Pfadmengen durch Zählen der Pfade bestimmen. Weil $n = r + l$ ist, bedeutet $X_n = l - r$, dass wir r Schritte nach rechts und l Schritte nach links machen.

Eine einfache Irrfahrt hat nur Schritte der Größe ± 1, daher gilt

$$\begin{aligned}
&\#\{X_1 > 0, X_2 > 0, \dots, X_{n-1} > 0, X_n = l - r\}\\
&= \#\{X_1 = 1, X_2 > 0, \dots, X_{n-1} > 0, X_n = l - r\}\\
&= \underbrace{\#\{X_1 = 1, X_n = l - r\}}_{\text{alle Pfade } X_1=1\to X_n=l-r} - \underbrace{\#\{X_1 = 1, X_n = l - r, \exists i \in [2, n-1] : X_i = 0\}}_{\text{alle Pfade } X_1=1\to X_n=l-r\text{, die irgendwann 0 werden}}.
\end{aligned}$$

Der Abbildung 12.1 entnehmen wir, dass

$$\#\{X_1 = 1, X_n = l - r, \exists i \in [2, n-1] : X_i \leqslant 0\} = \#\{X_1 = -1, X_n = l - r\}. \tag{12.1}$$

In der Tat: Es sei $\tau = T_0$ die Zeit der ersten Rückkehr zur 0. Dann zeigt die $1:1$-Korrespondenz

$$(X_1, X_2, \dots, X_\tau, X_{\tau+1}, \dots, X_n) \xleftrightarrow{1:1} (-X_1, -X_2, \dots, -X_\tau, X_{\tau+1}, \dots, X_n)$$

https://doi.org/10.1515/9783110350685-012

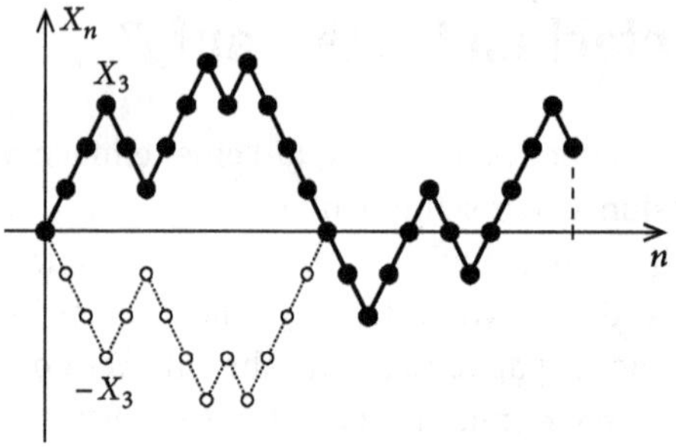

Abb. 12.1: Reflektionsprinzip von D. André: Jeder Pfad $[X_0 = 0 \to X_n = l - r]$, der mit einer positiven Exkursion $[X_0 = 0 \to X_\tau = 0]$ startet, besitzt einen „Schattenpfad," der mit einer negativen Exkursion startet; daher gibt es genauso viele Pfade $[X_1 = 1 \to X_n = l - r]$, die Null (oder negativ) werden, wie es Pfade $[X_1 = -1 \to X_n = l - r]$ gibt.

dass es zu jedem Pfad $[X_1 = 1 \to X_n = l - r]$, der mindestens einmal 0 wird, einen Pfad $[X_1 = -1 \to X_n = l - r]$ gibt – und umgekehrt. Weil $n = r + l$ ist, folgt

$$\begin{aligned}
&\#\{X_1 > 0, X_2 > 0, \dots, X_{n-1} > 0, X_n = l - r\} \\
&\quad = \#\{X_1 = 1, X_n = l - r\} - \#\{X_1 = -1, X_n = l - r\} \qquad (12.2)\\
&\quad = \binom{n-1}{r-1} - \binom{n-1}{r} = \frac{l-r}{n}\binom{n}{r}. \qquad \square
\end{aligned}$$

Weitere typische Anwendungen des Reflektionsprinzips sind die folgenden Resultate.

12.2 Korollar. $\mathbb{P}\left(\max_{0\leqslant k\leqslant n} X_k \geqslant x\right) = \mathbb{P}(X_n \geqslant x) + \mathbb{P}(X_n > x)$ *für alle* $x \in \mathbb{N}$.

Beweis. Wir haben

$$\begin{aligned}
\mathbb{P}\left(\max_{0\leqslant k\leqslant n} X_k \geqslant x\right) &= \mathbb{P}\left(\max_{0\leqslant k\leqslant n} X_k \geqslant x, X_n \geqslant x\right) + \mathbb{P}\left(\max_{0\leqslant k\leqslant n} X_k \geqslant x, X_n < x\right)\\
&= \mathbb{P}(X_n \geqslant x) + \mathbb{P}\left(\max_{0\leqslant k\leqslant n} X_k \geqslant x, X_n < x\right).
\end{aligned}$$

Die Abbildung 12.2 zeigt, dass es nach dem ersten Erreichen des Niveaus x, genauso viele Pfade $[X_\tau = x \to X_n < x]$ wie $[X_\tau = x \to X_n > x]$ gibt. Wenn $\max_{0\leqslant k\leqslant n} X_k \geqslant x$, dann ist $\tau \leqslant n$, und wir haben

$$\mathbb{P}\left(\max_{0\leqslant k\leqslant n} X_k \geqslant x, X_n < x\right) = \mathbb{P}\left(\max_{0\leqslant k\leqslant n} X_k \geqslant x, X_n > x\right) = \mathbb{P}(X_n > x). \qquad \square$$

12.3 Korollar (ballot theorem; Bertrand 1887). *Bei einer Wahl hat Kandidat L genau l Stimmen, Kandidat R hat r Stimmen. Es sei r < l. Die Wahrscheinlichkeit, dass während der gesamten Auszählung L mehr Stimmen als R hat ist* $(l - r)/(l + r)$.

Beweis. Wir interpretieren den Pfad $i \mapsto X_i$, $i = 1, 2, \dots, n$ als Auszählung der Stimmen. Damit L immer einen Vorsprung hat, muss $[X_1 = 1 \to X_n = l - r]$ stets im positiven Bereich verlaufen. Um $X_n = l - r$ zu erhalten, müssen wir r Stimmen für R und l Stimmen für L gezählt haben – und dafür gibt es $\binom{n}{r} = \binom{l+r}{r}$ Möglichkeiten. Die

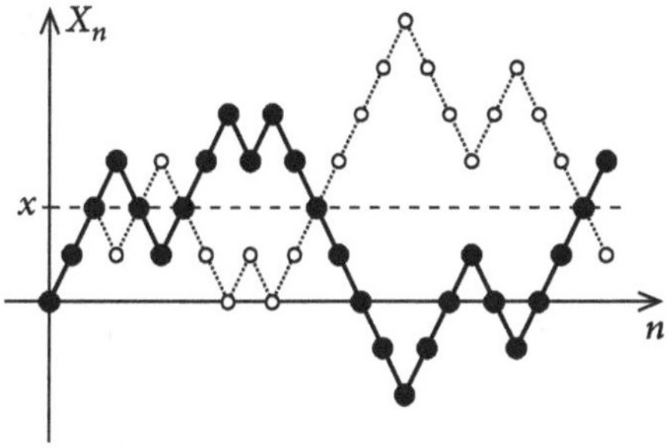

Abb. 12.2: Nach dem ersten Erreichen des Niveaus x zur Zeit τ gibt es genauso viele Pfade $[X_\tau = x \to X_n < x]$ wie es Pfade $[X_\tau = x \to X_n > x]$ gibt.

gesuchte Wahrscheinlichkeit können wir mit Hilfe von Lemma 12.1 berechnen:

$$\begin{aligned}\mathbb{P}(X_1 > 0, \dots, X_{n-1} > 0 \mid X_n = l - r) &= \frac{\mathbb{P}(X_1 > 0, \dots, X_{n-1} > 0, X_n = l - r)}{\mathbb{P}(X_n = l - r)} \\ &= \frac{2^{-n}\frac{l-r}{n}\binom{n}{r}}{2^{-n}\binom{n}{r}} = \frac{l-r}{l+r}.\end{aligned}$$ □

12.4 Satz (Martingalversion des ballot theorem). *Es sei* $(Y_n)_{n\in\mathbb{N}_0}$, $Y_0 = 0$ *eine beliebige Irrfahrt mit* $\mathbb{N}_0$*-wertigen iid Schritten* $(\eta_n)_{n\in\mathbb{N}}$. *Es gilt*

$$\mathbb{P}\left(Y_i < i \;\forall i = 1, \dots, n \mid Y_n\right) = \left(1 - \tfrac{1}{n} Y_n\right)^+, \quad n \in \mathbb{N}.$$

Beweis. Für $Y_n(\omega) \geqslant n$ ist die Aussage trivial, d.h. wir müssen nur den Fall $Y_n(\omega) < n$ betrachten. In Beispiel 5.8 haben wir gesehen, dass

$$M_\nu := \frac{1}{i} Y_i, \;\mathscr{F}_\nu := \sigma(Y_{|\nu|}, \dots, Y_n), \quad -\nu = i = n, n-1, \dots, 1,$$

ein Martingal ist. Für die Stoppzeit

$$\tau := \inf\{\nu \geqslant -n : M_\nu \geqslant 1\} \wedge (-1), \quad \inf\emptyset = \infty,$$

und alle $\omega \in \{Y_n < n\}$ gilt $M_\tau(\omega) \in \{0, 1\}$. Das sieht man so:

- Fall 1: $\omega \in \bigcap_{i=1}^{n-1}\{Y_i < i\}$ und $\omega \in \{Y_n < n\}$. Offensichtlich ist $\tau(\omega) = -1$ und weil Y_1 nur Werte in $\mathbb{N}_0$ hat und $Y_1(\omega) < 1$ ist, folgt $M_\tau(\omega) = M_{-1}(\omega) = Y_1(\omega) = 0$.
- Fall 2: $\omega \notin \bigcap_{i=1}^{n-1}\{Y_i < i\}$ und $\omega \in \{Y_n < n\}$. Es gilt $\omega \in \left\{\max_{1\leqslant i\leqslant n} \frac{1}{i} Y_i \geqslant 1\right\}$. Wäre $M_\tau(\omega) > 1$, dann hätten wir $Y_{-\tau}(\omega) > -\tau(\omega)$, also $Y_{-\tau}(\omega) \geqslant 1 - \tau(\omega)$, und wegen der Positivität der Schritte gilt

  $$Y_{1-\tau}(\omega) = \underbrace{Y_{1-\tau}(\omega) - Y_{-\tau}(\omega)}_{\geqslant 0} + Y_{-\tau}(\omega) \geqslant Y_{-\tau}(\omega) \geqslant 1 - \tau(\omega).$$

  Das zeigt $M_{\tau-1}(\omega) \geqslant 1$, im Widerspruch zur Minimalität von τ.

Andererseits haben wir

$$\{M_\tau = 1\} \cap \{Y_n < n\} = \left\{\max_{1\leqslant i\leqslant n} \tfrac{1}{i} Y_i \geqslant 1\right\} \cap \{Y_n < n\}.$$

Weil $\mathbb{1}_{\{M_\tau=1\}} = M_\tau = M_{\tau\vee(-n)}$ auf $\{Y_n < n\}$ gilt, erhalten wir mit Satz 4.10 (optional sampling)

$$\mathbb{1}_{\{Y_n<n\}}\mathbb{E}\left(\mathbb{1}_{\{M_\tau=1\}} \mid Y_n\right) = \mathbb{1}_{\{Y_n<n\}}\mathbb{E}\left(M_{\tau\vee(-n)} \mid \mathscr{F}_{-n}\right) \overset{4.10}{=} \mathbb{1}_{\{Y_n<n\}}M_{-n} = \mathbb{1}_{\{Y_n<n\}}\tfrac{1}{n}Y_n;$$

es folgt $\mathbb{P}\left(\frac{1}{i}Y_i < 1\ \forall i = 1,\dots,n \mid Y_n\right) = \left(1 - \frac{1}{n}Y_n\right)^+$. □

Martingalbeweis für Korollar 12.3. Wir betrachten in Satz 12.4 iid ZV η_i mit $\mathbb{P}(\eta_i = 0) = \mathbb{P}(\eta_i = 2) = \frac{1}{2}$. Die Ereignisse $\eta_i = 0$ und $\eta_i = 2$ interpretieren wir als „Stimme" für den Kandidaten L bzw. R, und Y_i als „Stand der Auszählung nach i Stimmzetteln." Die bedingte Wahrscheinlichkeit „Kandidat L führt während der gesamten Auszählung," wenn er die Wahl gewinnt, d.h. $l > r$, ist dann

$$\mathbb{P}(Y_i < i\ \forall i = 1,\dots,n \mid Y_n = 2n - 2l) = \left(1 - \frac{2n-2l}{n}\right)^+ \underset{n=l+r}{\overset{l>r}{=}} \frac{l-r}{l+r}. \qquad \square$$

Wir werden nun zeigen, dass bei zwei gleich starken (!) Spielern ein anfänglicher Vorsprung eines Spielers relativ selten aufgeholt wird. Wenn wir das Spiel als eine einfache symmetrische Irrfahrt $(X_n)_{n\in\mathbb{N}_0}$ darstellen, ist ein „Führungswechsel" im Spiel ein Nulldurchgang des Pfads $n \mapsto X_n$. Man kann zeigen, dass $\#\{i \leqslant 2n : X_i = 0\} \propto \sqrt{n}$ (und *nicht* $\propto n$) gilt, vgl. Feller [24, S. 84*ff.*], allerdings ist das keineswegs offensichtlich. Das heißt, dass der Pfad $(X_0, X_1, X_2, \dots, X_{2n})$ nicht, wie z.B. eine Sinuskurve, etwa gleiche Anteile ober- und unterhalb der x-Achse hat, sondern dass er eher einer „langgezogenen Wellenbewegung," gleicht, die das Vorzeichen deutlich seltener ändert.

Um diese Aussage zu quantifizieren, betrachten wir die „Positivzeiten" im Intervall $[0, 2n] \cap \mathbb{N}_0$

$$\gamma_{2n} := \#\{0 \leqslant i \leqslant 2n : X_i > 0 \text{ oder } X_{i-1} > 0\},$$

und definieren

$$p_{2k,2n} = \mathbb{P}(\gamma_{2n} = 2k). \tag{12.3}$$

12.5 Lemma. *Für eine einfache symmetrische Irrfahrt gilt* $p_{2k,2n} = u_{2k}u_{2n-2k}$, $0 \leqslant k \leqslant n$.

Beweis. 1° *Es gilt* $p_{2k,2n} = \frac{1}{2}\sum_{i=1}^{k} f_{2i}p_{2(k-i),2(n-i)} + \frac{1}{2}\sum_{i=1}^{n-k} f_{2i}p_{2k,2(n-i)}$.

Aus dem Beweis von Lemma 11.13, Schritt 1°, wissen wir, dass

$$u_{2k} = \sum_{i=1}^{k} f_{2i}u_{2(k-i)}. \tag{12.4}$$

Den Ausdruck $f_{2i}u_{2(k-i)}$ können wir mit Hilfe von Abb. 12.3 veranschaulichen: Die Zahl der Pfade, die mit einer positiven Exkursion $X_0 = 0, X_1 > 0, \dots, X_{2i-1} > 0, X_{2i} = 0$ starten, ist

$$\frac{1}{2}(2^{2i}f_{2i}) \cdot 2^{2(n-i)}p_{2k-2i,2n-2i}, \quad i = 1, 2, \dots, k.$$

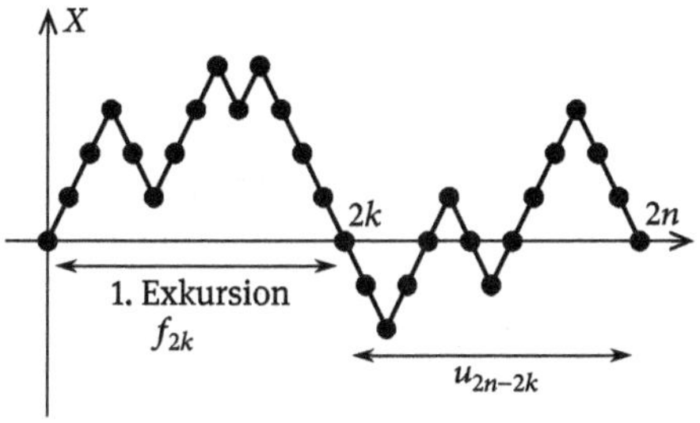

Abb. 12.3: Damit $p_{2k,2n} > 0$ ist, muss ein Pfad 0 passieren, z.B. bei $2i$. Er kann mit einer positiven (wie hier gezeigt) oder einer negativen Exkursion starten.

Beachte, dass eine positive Exkursion bereits $2i \leqslant 2k$ Positivzeiten enthält, d.h. $2^{2(n-i)} p_{2k-2i,2n-2i}$ zählt die verbleibenden $2k - 2i$ Positivzeiten in den restlichen $2n - 2i$ Schritten.

Mit einer negativen Exkursion, also $X_0 = 0, X_1 < 0, \dots, X_{2i-1} < 0, X_{2i} = 0$ beginnen

$$\frac{1}{2}(2^{2i} f_{2i}) \cdot 2^{2(n-i)} p_{2k,2n-2i}, \quad i = 1, \dots, n-k,$$

Pfade. Indem wir diese beiden Ergebnisse summieren und dann durch 2^{2n} dividieren, erhalten wir die Behauptung.

2^0 *Für alle* $0 \leqslant k \leqslant n$ *gilt* $p_{2k,2n} = u_{2k} u_{2n-2k}$.

Wir zeigen die Behauptung mit Induktion nach n. Für $n = 1$ und $k = 0, 1$ ist die Aussage wegen $p_{0,2} = p_{2,2} = \frac{1}{2} = u_2$ klar.

Induktionsannahme: $p_{2k,2m} = u_{2k} u_{2m-2k}$ gelte für $0 \leqslant k \leqslant m$ und $1 \leqslant m \leqslant n-1$.

Induktionsschritt: $n - 1 \rightsquigarrow n$

$$\begin{aligned} p_{2k,2n} &\overset{1^0}{=} \frac{1}{2} \sum_{i=1}^{k} f_{2i} p_{2(k-i),2(n-i)} + \frac{1}{2} \sum_{i=1}^{n-k} f_{2i} p_{2k,2(n-i)} \\ &\overset{\text{IA}}{=} \frac{1}{2} u_{2n-2k} \sum_{i=1}^{k} f_{2i} u_{2k-2i} + \frac{1}{2} u_{2k} \sum_{i=1}^{n-k} f_{2i} u_{2n-2i-2k} \\ &\overset{(12.4)}{=} \frac{1}{2} u_{2n-2k} u_{2k} + \frac{1}{2} u_{2k} u_{2n-2k}. \end{aligned}$$ □

Mit Hilfe von Lemma 12.5 können wir die Verteilung der Positivzeiten bestimmen.

12.6 Satz (Arkussinusgesetz). *Es sei* $(X_n)_{n \in \mathbb{N}_0}$, $X_0 = 0$ *eine einfache symmetrische Irrfahrt mit Werten in* $\mathbb{Z}$. *Die Wahrscheinlichkeit, dass im Zeitraum* $[0, 2n]$ *maximal* $2nt$ *Zeiteinheiten positiv sind, ist* $\frac{2}{\pi} \arcsin \sqrt{t}$ *wenn* $n \to \infty$. *Genauer:*

$$\lim_{n\to\infty} \mathbb{P}\left\{0 < \frac{\gamma_{2n}}{2n} \leqslant t\right\} = \frac{2}{\pi} \arcsin \sqrt{t}, \quad t \in (0, 1). \tag{12.5}$$

Beweis. Für festes $\epsilon > 0$ und alle $\epsilon < t < 1$ gilt wegen Lemma 12.5

$$\mathbb{P}\left\{\epsilon < \frac{\gamma_{2n}}{2n} \leqslant t\right\} = \sum_{k:\,\epsilon<(2k)/(2n)\leqslant t} p_{2k,2n} = \sum_{k:\,\epsilon<k/n\leqslant t} u_{2k} \cdot u_{2(n-k)}.$$

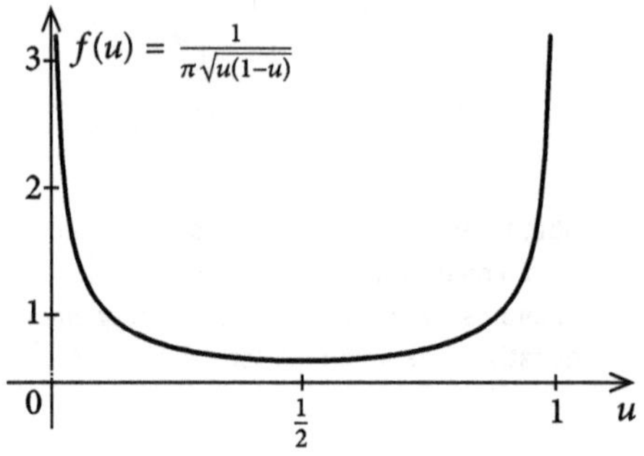

Abb. 12.4: Der Integrand des Integrals $\frac{1}{\pi}\int \frac{du}{\sqrt{u(1-u)}}$ ist U-förmig mit Polen bei $u = 0$ und $u = 1$. Daher gilt $\mathbb{P}\left\{0 < \frac{\gamma_{2n}}{2n} \leqslant \delta\right\} > \mathbb{P}\left\{\frac{1}{2} < \frac{\gamma_{2n}}{2n} \leqslant \frac{1}{2} + \delta\right\}$, d.h. der Zeitanteil, für den X_n positiv ist, ist mit größerer Wahrscheinlichkeit nahe bei 0 (oder – aus Symmetriegründen – bei 1) als bei 1/2.

Mit Hilfe der Stirlingschen Formel erhalten wir, ähnlich wie im Beweis von Satz 11.14,

$$u_{2k} \cdot u_{2(n-k)} \approx \frac{1}{\pi\sqrt{k(n-k)}} = \frac{1}{n\pi}\left[\frac{k}{n}\left(1 - \frac{k}{n}\right)\right]^{-1/2} \qquad n \to \infty.$$

Beachten Sie, dass $n \to \infty$ wegen $k \in [n\epsilon, nt]$ auch $k, n - k \to \infty$ impliziert, d.h. wir können tatsächlich die Stirling–Approximation für $k!$ und $(n-k)!$ verwenden. Die vor der mit $(*)$ gekennzeichneten Stelle auftretende Summe interpretieren wir als Riemann-Summe, und wir erhalten für $n \to \infty$

$$\begin{aligned}
\mathbb{P}\left\{\epsilon < \frac{\gamma_{2n}}{2n} \leqslant t\right\} &= \sum_{k:\,\epsilon<k/n\leqslant t} u_{2k} \cdot u_{2(n-k)} \\
&\approx \sum_{k:\,\epsilon<k/n\leqslant t} \frac{1}{n\pi}\left[\frac{k}{n}\left(1 - \frac{k}{n}\right)\right]^{-1/2} \\
&\overset{(*)}{\approx} \frac{1}{\pi}\int_\epsilon^t \frac{du}{\sqrt{u(1-u)}} \\
&\overset{u=s^2}{=} \frac{2}{\pi}\int_\epsilon^{\sqrt{t}} \frac{ds}{\sqrt{1-s^2}} \\
&= \frac{2}{\pi}\left(\arcsin\sqrt{t} - \arcsin\sqrt{\epsilon}\right).
\end{aligned}$$

Weil $\epsilon > 0$ beliebig ist, folgt die Behauptung. □

Wenn wir uns für die Verteilung des „letzten Besuchs der Null" im Intervall $[0, 2n]$ interessieren, tritt erneut das Arkussinusgesetz auf. Wir bezeichnen mit $\alpha_{2k,2n}$ die Wahrscheinlichkeit dafür, dass eine einfache symmetrische Irrfahrt im Zeitraum $[0, 2n] \cap \mathbb{Z}$ zur Zeit $2k \in [0, 2n]$ zum letzten Mal die Null besucht, vgl. Abb. 12.5.

12.7 Satz (Arkussinusgesetz). *Es sei $(X_n)_{n\in\mathbb{N}_0}$, $X_0 = 0$, eine einfache symmetrische Irrfahrt. Die Wahrscheinlichkeit, dass der letzte Besuch der* 0 *im Intervall* $[0, 2n]$ *zum Zeitpunkt* $2k$ *stattfindet, ist gegeben durch*

$$\alpha_{2k,2n} = u_{2k}u_{2n-2k}, \qquad k \leqslant n.$$

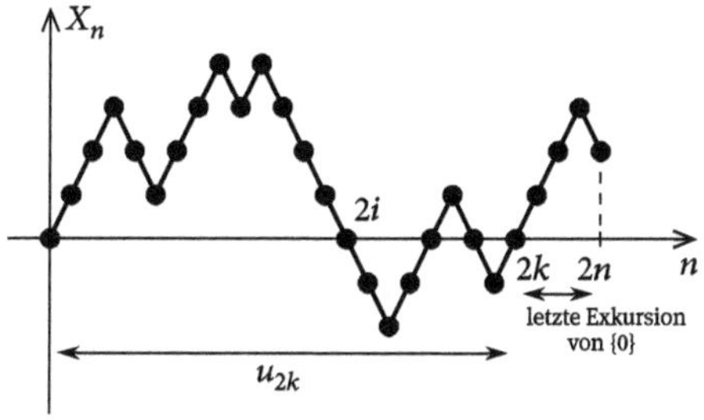

Abb. 12.5: Eine einfache symmetrische Irrfahrt $(X_i)_{i\in[0,2n]}$ erreicht zur Zeit $2k \in [0, 2n]$ das letzte Mal die Null.

Insbesondere gilt $\sum_{k:0<k/n\leqslant t} \alpha_{2k,2n} \approx \frac{2}{\pi} \arcsin \sqrt{t}$ *für* $n \to \infty$ *und alle* $t \in (0, 1)$.

Beweis. Die asymptotische Aussage folgt genauso wie in Satz 12.6 aus der diskreten Formel.

Weil eine einfache Irrfahrt unabhängige und stationäre Zuwächse besitzt (vgl. Bemerkung 11.3), haben wir

$$\begin{aligned}\alpha_{2k,2n} &= \mathbb{P}(X_{2k} = 0, X_{2k+1} \neq 0, \dots, X_{2n} \neq 0)\\ &= \mathbb{P}(X_{2k} = 0, X_{2k+1} - X_{2k} \neq 0, \dots, X_{2n} - X_{2k} \neq 0)\\ &= \mathbb{P}(X_{2k} = 0) \cdot \mathbb{P}(X_1 \neq 0, \dots, X_{2n-2k} \neq 0).\end{aligned}$$

Definitionsgemäß ist $u_{2k} = \mathbb{P}(X_{2k} = 0)$, während $u_{2n-2k} = \mathbb{P}(X_1 \neq 0, \dots, X_{2n-2k} \neq 0)$ im folgenden Lemma 12.8 gezeigt wird. □

12.8 Lemma. *Für eine einfache symmetrische Irrfahrt* $(X_n)_{n\in\mathbb{N}_0}$, $X_0 = 0$, *gilt*

$$u_{2n} \overset{\text{Def.}}{=} \mathbb{P}(X_{2n} = 0) = \mathbb{P}(X_1 \neq 0, \dots, X_{2n} \neq 0).$$

Beweis. Offensichtlich ist

$$\{X_1 \neq 0, \dots, X_{2n} \neq 0\} = \{X_1 > 0, \dots, X_{2n} > 0\} \cup \{X_1 < 0, \dots, X_{2n} < 0\},$$

und beide Mengen auf der rechten Seite haben aus Symmetriegründen dieselbe Wahrscheinlichkeit. Weil $|X_{2n}| \leqslant 2n$ ist, haben wir

$$\begin{aligned}\frac{1}{2}\mathbb{P}(X_1 \neq 0, \dots, X_{2n} \neq 0) &= \mathbb{P}(X_1 > 0, \dots, X_{2n} > 0)\\ &= \sum_{i=1}^{n} \mathbb{P}(X_1 > 0, \dots, X_{2n-1} > 0, X_{2n} = 2i)\\ &= 2^{-2n} \sum_{i=1}^{n} \left[\binom{2n-1}{n+i-1} - \binom{2n-1}{n+i}\right].\end{aligned}$$

Die letzte Gleichheit folgt aus der Beziehung (12.2) und der Beobachtung, dass es insgesamt 2^{2n} verschiedene Pfade $(X_0, \dots, X_{2n})$ gibt. Weil die Summe eine Teleskopsumme ist, folgt

$$\mathbb{P}(X_1 \neq 0, \dots, X_{2n} \neq 0) = 2 \cdot 2^{-2n}\binom{2n-1}{n} = 2^{-2n}\binom{2n}{n} = \mathbb{P}(X_{2n} = 0). \qquad \square$$

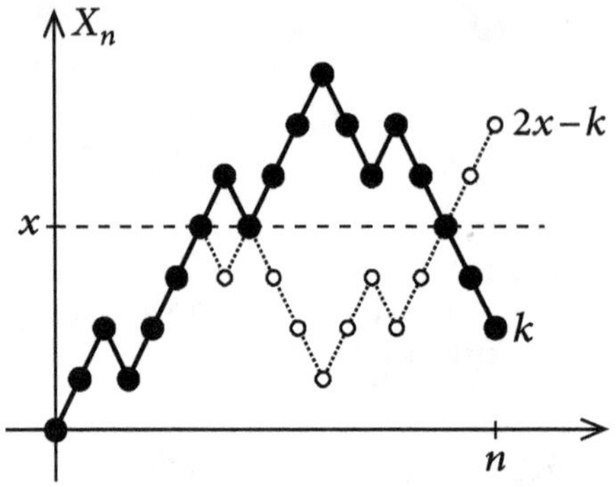

Abb. 12.6: Durch Spiegelung an der Achse $l = x$ sieht man, dass die Zahl der Pfade $[X_0 = 0 \to X_n = k, M_n \geqslant x \geqslant k]$ der Zahl von Pfaden $[X_0 = 0 \to X_n = 2x - k]$ entspricht.

Wir schließen dieses Kapitel mit einigen weiteren Anwendungen des Reflektionsprinzips.

12.9 Lemma. *Es sei $(X_n)_{n\in\mathbb{N}_0}$ eine einfache symmetrische Irrfahrt, die bei $X_0 = 0$ startet, und $M_n := \max_{i\leqslant n} X_i$ das bisher erreichte Maximum. Für $k \leqslant x \in \mathbb{Z}$ gilt*
a) $\mathbb{P}(X_n = k, M_n \geqslant x) = \mathbb{P}(X_n = 2x - k)$;
b) $\mathbb{P}(X_n = k, M_n = x) = \mathbb{P}(X_n = 2x - k) - \mathbb{P}(X_n = 2x + 2 - k)$.

Beweis. Die Gleichheit a) lässt sich unmittelbar aus der Abbildung 12.6 ablesen: Jeder Pfad $[X_0 = 0 \to X_n = k, M_n \geqslant x \geqslant k]$ muss das Niveau x erreichen oder übertreffen. Wenn wir diese Pfade an der Achse $l = x$ spiegeln, sehen wir, dass wir damit einen beliebigen Pfad $[X_0 = 0 \to X_n = 2x - k]$ erhalten – und umgekehrt.

Teil b) folgt aus der einfachen Beobachtung, dass

$$\{X_n = k, M_n = x\} = \{X_n = k, M_n \geqslant x\} \setminus \{X_n = k, M_n \geqslant x + 1\}. \qquad \square$$

Indem wir die Beziehung in Lemma 12.9.b über alle ganzen Zahlen $k \leqslant x$ summieren – weil $|X_n| \leqslant n$ gilt, ist die Summation endlich – und die entstehende Teleskopsumme auswerten, erhalten wir

12.10 Satz. *Es sei $(X_n)_{n\in\mathbb{N}_0}$ eine einfache symmetrische Irrfahrt, die bei $X_0 = 0$ startet, und $M_n := \max_{i\leqslant n} X_i$ das bisher erreichte Maximum. Dann gilt*

$$\mathbb{P}(M_n = x) = \mathbb{P}(X_n = x) + \mathbb{P}(X_n = x + 1) = \begin{cases} \mathbb{P}(X_n = x), & n + x \text{ gerade}, \\ \mathbb{P}(X_n = x + 1), & n + x \text{ ungerade}. \end{cases}$$

Mit Hilfe von Lemma 12.9 können wir auch die Verteilung der „first passage times“ T_x bestimmen.

12.11 Satz. *Es sei $(X_n)_{n\in\mathbb{N}_0}$, $X_0 = 0$, eine einfache symmetrische Irrfahrt und $T_x := \inf\{i > 0 : X_i = x\}$ die erste Besuchszeit der Stelle $x \in \mathbb{N}$. Es gilt*

$$\mathbb{P}(T_x = n) = \frac{1}{2}(\mathbb{P}(X_{n-1} = x - 1) - \mathbb{P}(X_{n-1} = x + 1)) = \begin{cases} \dfrac{x}{n}\dbinom{n}{\frac{n+x}{2}}2^{-n}, & n + x \text{ gerade}, \\ 0, & \text{sonst}. \end{cases}$$

Beweis. Wenn $n + x$ gerade ist, gilt offensichtlich

$$\begin{aligned}\{T_x = n\} &= \{X_1 < x, \dots, X_{n-1} < x, X_n = x\}\\ &= \{X_1 < x, \dots, X_{n-2} < x, X_{n-1} = x - 1, X_n = x\}\\ &= \{M_{n-1} = x - 1, X_{n-1} = x - 1, X_n - X_{n-1} = 1\}.\end{aligned}$$

Im Hinblick auf Lemma 12.9.b erhalten wir

$$\begin{aligned}\mathbb{P}(T_x = n) &= \mathbb{P}(M_{n-1} = x - 1, X_{n-1} = x - 1, X_n - X_{n-1} = 1)\\ &\overset{\text{iid}}{=} \mathbb{P}(X_n - X_{n-1} = 1) \cdot \mathbb{P}(M_{n-1} = x - 1, X_{n-1} = x - 1)\\ &\overset{12.9.\text{b}}{=} \frac{1}{2}\left(\mathbb{P}(X_{n-1} = x - 1) - \mathbb{P}(X_{n-1} = x + 1)\right)\\ &= 2^{-n}\left(\binom{n-1}{\frac{n+x-2}{2}} - \binom{n-1}{\frac{n+x}{2}}\right) = 2^{-n}\frac{x}{n}\binom{n}{\frac{n+x}{2}}.\end{aligned}$$

□

Zum Abschluss bestimmen wir die Verteilung des $k$ten Besuches der Null,

$$T_0^{(0)} := 0 \quad \text{und} \quad T_0^{(k)} := \min\left\{i > T_0^{(k-1)} : X_i = 0\right\}.$$

12.12 Satz. *Es sei $(X_n)_{n\in\mathbb{N}_0}$, $X_0 = 0$, eine einfache symmetrische Irrfahrt, $T_0^{(k)}$ der Zeitpunkt der kten Rückkehr zur Anfangsposition $X_0 = 0$, und T_x der Zeitpunkt des ersten Erreichens der Stelle x. Dann gilt*

$$\mathbb{P}\left(T_0^{(k)} = n\right) = \mathbb{P}(T_k = n - k) = \begin{cases} \dfrac{k}{n-k}\dbinom{n-k}{\frac{n}{2}}2^{-n+k}, & n \text{ gerade},\\ 0, & \text{sonst}.\end{cases}$$

Beweis. Wir schreiben $R_{k,n} := \left\{T_0^{(k)} = n\right\}$ und $R_{k,n}^- = \left\{T_0^{(k)} = n, X_1 \leqslant 0, \dots, X_n \leqslant 0\right\}$.

Ein Pfad aus der Menge $R_{k,n}$ besteht aus k Exkursionen von der Null, vgl. Abb. 12.7.

Wir nehmen zunächst an, dass alle Exkursionen „nach unten“ gehen, also aus der Menge $R_{k,n}^-$ stammen. Zu einem Pfad aus $R_{k,n}^-$ konstruieren wir einen neuen Pfad der Länge $n - k$, indem wir jeweils den *ersten Schritt nach Erreichen der Null* weglassen:

$$X_n = \sum_{i=1}^{n} \xi_i \rightsquigarrow X'_{n-k} := \sum_{\substack{i=1,\dots,n\\ i\neq T_0^{(0)}+1,\dots,T_0^{(k-1)}+1}} \xi_i.$$

Der neue Pfad ist $[X'_0 = 0 \to X'_{n-k} = k]$. Die Zeiten $T_0^{(1)}, T_0^{(2)}, \dots$ entsprechen im neuen Pfad den Zeiten $T_1, T_2, \dots, T_k$, an denen das Niveau $x = 1, \dots, k$ zum ersten Mal erreicht wird.

Umgekehrt können wir aus jedem Pfad $[X'_0 = 0 \to X'_{n-k} = k]$ einen Pfad aus $R_{k,n}^-$ gewinnen, indem wir nach jedem ersten Erreichen des Niveaus $x = 0, \dots, k - 1$ einen Schritt nach unten einfügen.

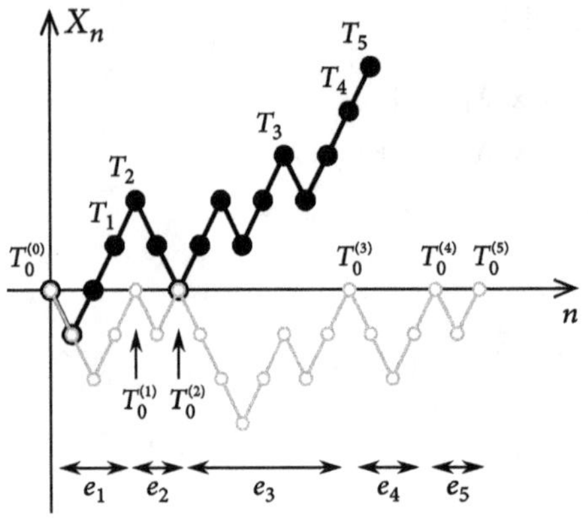

Abb. 12.7: Jeder Pfad der Länge n mit $k < n$ Besuchen der Null kann mit einem Pfad $[X'_0 = 0 \to X'_{n-k} = k]$ der Länge $n - k$ identifiziert werden. Die Zeiten $T_0^{(i)}$ entsprechen den Zeiten T_i, an denen der neue Pfad das Niveau i erreicht.

Einen beliebigen Pfad aus der Menge $R_{k,n}$ können wir in einen Pfad aus der Menge $R^-_{k,n}$ transformieren, indem wir alle nach oben gehenden Exkursionen von der Null „nach unten klappen"; diese Operation ist offenbar reversibel. Bei insgesamt k Exkursionen haben wir 2^k Entscheidungsmöglichkeiten (nach oben klappen oder nicht), also ist $\#R_{k,n} = 2^k \cdot \#R^-_{k,n}$. Insgesamt haben wir daher

$$\begin{aligned}\mathbb{P}\left(T_0^{(k)} = n\right) &= 2^k \mathbb{P}\left(T_0^{(k)} = n, X_1 \leqslant 0, \ldots, X_n \leqslant 0\right) \\ &= 2^k \frac{\#R^-_{k,n}}{2^n} = 2^k \frac{\#\{T_k = n - k\}}{2^n} = \mathbb{P}(T_k = n - k). \qquad \square\end{aligned}$$

Aufgaben

1. Es sei $(X_n)_{n\in\mathbb{N}_0}$, $X_0 = 0$, eine einfache symmetrische Irrfahrt auf $\mathbb{Z}$, und T_0 die erste Rückkehrzeit nach 0. Zeigen Sie, dass $\mathbb{P}(\sigma_{2n} = 2k) = f_{2k} = \frac{1}{2k} u_{2(k-1)}$ gilt.
Hinweis. Bestimmen Sie mit Hilfe (des Beweises) von Lemma 12.1 die Anzahl der Pfade, die der Bedingung $X_1 > 0, \ldots, X_{2k-2} > 0, X_{2k-1} = 1$ genügen.
2. Es sei $(X_n)_{n\in\mathbb{N}_0}$, $X_0 = 0$, eine einfache symmetrische Irrfahrt auf $\mathbb{Z}$. Zeigen Sie
$$\mathbb{P}(X_1 \geqslant 0, \ldots, X_{2n-1} \geqslant 0) = 2\mathbb{P}(X_1 > 0, \ldots, X_{2n} > 0),$$
$$\mathbb{P}(X_1 \geqslant 0, \ldots, X_{2n} \geqslant 0) = \mathbb{P}(X_{2n} = 0).$$
3. Finden Sie mit Hilfe von Korollar 12.2 einen alternativen Beweis für die Formel für $\mathbb{P}(M_n = x)$ aus Satz 12.10.
4. Zeigen Sie, dass die $k$te Rückkehrzeit $T_0^{(k)}$ zur 0 eine Stoppzeit ist. Ist die letzte Besuchszeit der Null, $L_0 := \max\{i \in [0, 2n] : X_i = 0\}$, eine Stoppzeit?

13 Rekurrenz und Transienz allgemeiner Irrfahrten

In diesem Kapitel betrachten wir zufällige Irrfahrten $X_n = X_0 + \xi_1 + \cdots + \xi_n$ auf $\mathbb{R}^d$, deren Schritte $(\xi_n)_{n\in\mathbb{N}}$ beliebige iid ZV sind. Insbesondere muss sich $(X_n)_{n\in\mathbb{N}_0}$ nicht mehr auf einem Gitter wie $\mathbb{Z}^d$ bewegen. Wir nehmen an, dass X_n *nichttrivial* ist, d.h. $\mathbb{P}(\xi_1 = 0) \neq 1$.

Der Satz von Chung–Fuchs für integrierbare Irrfahrten

Beim Studium von Summen unabhängiger ZV haben wir in [WT, Satz 10.20] folgenden Satz gezeigt, den wir erneut mit den Mitteln dieses Buchs beweisen werden.

13.1 ♦ Satz. *Es sei $(X_n)_{n\in\mathbb{N}_0}$, $X_0 = 0$, eine nichttriviale Irrfahrt mit Werten in $\mathbb{R}$. Dann gilt eine der folgenden Alternativen:*
a) $\lim_{n\to\infty} X_n = +\infty$ *f.s.*
b) $\lim_{n\to\infty} X_n = -\infty$ *f.s.*
c) $-\infty = \liminf_{n\to\infty} X_n < \limsup_{n\to\infty} X_n = +\infty$ *f.s.*

Beweis. Die Funktion $\Phi^*(\xi_1, \xi_2, \dots) := \limsup_{n\to\infty}(\xi_1 + \cdots + \xi_n)$ ist im Sinne von Kapitel 8.3 symmetrisch. Das 0-1-Gesetz von Hewitt–Savage (Satz 8.7) zeigt, dass die Funktion $\Phi^* \equiv c^* \in [-\infty, +\infty]$ f.s. konstant ist. Wir setzen

$$\xi'_n := \xi_{n+1}, \quad X'_n := \xi'_1 + \cdots + \xi'_n, \quad X'_0 := 0.$$

Dann ist $(X'_n)_{n\in\mathbb{N}_0}$ wiederum eine Irrfahrt, deren Schrittfolge $(\xi'_n)_{n\in\mathbb{N}}$ dieselbe Verteilung wie $(\xi_n)_{n\in\mathbb{N}}$ hat. Daher gilt

$$c^* \stackrel{\text{f.s.}}{=} \limsup_{n\to\infty} X'_n = \limsup_{n\to\infty}(X_n - \xi_1) = \limsup_{n\to\infty} X_n - \xi_1 \stackrel{\text{f.s.}}{=} c^* - \xi_1.$$

Weil ξ_1 nicht konstant Null ist, folgt $|c^*| = \infty$. Das gleiche Argument können wir für den *limes inferior* verwenden, und wir sehen $|\liminf_{n\to\infty}(\xi_1 + \cdots + \xi_n)| = |c_*| = \infty$.

Da $\liminf_{n\to\infty} X_n(\omega) = \infty$ und $\limsup_{n\to\infty} X_n(\omega) = -\infty$ nicht gleichzeitig eintreten können, entsprechen $c_* = c^* = \pm\infty$ und $c_* < c^*$ den Alternativen a)–c). □

Wenn die Irrfahrt integrierbare Schritte hat, dann treten die Alternativen a)–c) in Satz 13.1 genau in den Fällen $\mathbb{E}\xi_1 > 0$, $\mathbb{E}\xi_1 < 0$ und $\mathbb{E}\xi_1 = 0$ auf. Für Irrfahrten mit f.s. beschränkten Schritten gibt es einen einfachen Martingalbeweis, den allgemeinen Fall behandeln wir in Korollar 13.8.

13.2 ♦ Satz (Chung–Fuchs 'light'). *Für eine nichttriviale Irrfahrt $(X_n)_{n\in\mathbb{N}_0}$, $X_0 = 0$, mit Werten in $\mathbb{R}$ und f.s. beschränkten Schritten gilt*
a) $\mathbb{E}\xi_1 > 0 \iff \lim_{n\to\infty} X_n = +\infty$ *f.s.*
b) $\mathbb{E}\xi_1 < 0 \iff \lim_{n\to\infty} X_n = -\infty$ *f.s.*
c) $\mathbb{E}\xi_1 = 0 \iff -\infty = \liminf_{n\to\infty} X_n < \limsup_{n\to\infty} X_n = +\infty$ *f.s.*

https://doi.org/10.1515/9783110350685-013

Beweis. Nach Voraussetzung gibt es eine Konstante a, so dass $\mathbb{P}(|\xi_1| \leqslant a) = 1$. Insbesondere existiert also $\mathbb{E}\xi_1$. Weil die linken Seiten der drei Bedingungen a)–c) eine vollständige Fallunterscheidung sind, genügt es, jeweils nur „$\Rightarrow$“ zu zeigen.

Mit Hilfe des Kolmogorovschen starken Gesetzes der großen Zahlen – Satz 8.6 oder [WT, Satz 12.4], es reicht hier sogar die L^4-Version [WT, Satz 10.3], – erhalten wir f.s.

$$\lim_{n\to\infty} \frac{X_n}{n} = \mathbb{E}\xi_1 \implies \lim_{n\to\infty} X_n = \begin{cases} +\infty, & \mathbb{E}\xi_1 > 0, \\ -\infty, & \mathbb{E}\xi_1 < 0, \end{cases}$$

und es folgt die Richtung „$\Rightarrow$“ in den Alternativen a) bzw. b).

Wenn $\mathbb{E}\xi_1 = 0$ gilt, dann ist $(X_n)_{n\in\mathbb{N}_0}$ ein L^2-Martingal. Weil die Zuwächse (Schritte) $\xi_n = X_n - X_{n-1}$ f.s. beschränkt sind, genügt X der Bedingung (5.4), und gemäß Korollar 5.10 gilt die Alternative

$$\mathbb{P}\left(\exists \lim_n X_n \in \mathbb{R}\right) = 1 \quad \text{oder} \quad \mathbb{P}\left(-\infty = \liminf_n X_n < \limsup_n X_n = +\infty\right) = 1.$$

Wegen Satz 13.1 können wir die erste Möglichkeit ausschließen, d.h. wir haben die Richtung „$\Rightarrow$“ in c) gezeigt. □

Um die Bedingung „f.s. beschränkte Schritte“ im Satz 13.2 aufgeben zu können, benötigen wir weitere Hilfsmittel. Der folgende Satz verallgemeinert Bemerkung 11.3.

13.3 Satz (Starke Markov-Eigenschaft (SME)). *Es seien $(X_n)_{\in\mathbb{N}_0}$, $X_0 = 0$, eine Irrfahrt mit Werten in $\mathbb{R}^d$ und $\mathscr{F}_n = \sigma(\xi_1, \dots, \xi_n) = \sigma(X_1, \dots, X_n)$. Für jede Stoppzeit T und beliebige $F \in \mathscr{F}_T$ gilt*

$$\mathbb{P}\left(\{X_{n+T} - X_T \in B\} \cap F \cap \{T < \infty\}\right) = \mathbb{P}\left(X_n \in B\right) \mathbb{P}(F \cap \{T < \infty\}) \tag{13.1}$$

für alle $n \in \mathbb{N}$ und $B \in \mathscr{B}(\mathbb{R}^d)$,

$$\mathbb{P}\left[\bigcap_{i=1}^m \{X_{n(i)+T} - X_T \in B_i\} \cap F \cap \{T < \infty\}\right] = \mathbb{P}\left[\bigcap_{i=1}^m \{X_{n(i)} \in B_i\}\right] \mathbb{P}(F \cap \{T < \infty\}) \tag{13.2}$$

für alle $n(1) < \dots < n(m)$ und $B_1, \dots, B_m \in \mathscr{B}(\mathbb{R}^d)$, und

$$\mathbb{P}(\{X_{\bullet+T} - X_T \in \Gamma\} \cap F \cap \{T < \infty\}) = \mathbb{P}\left(X_\bullet \in \Gamma\right) \mathbb{P}(F \cap \{T < \infty\}) \tag{13.3}$$

für alle $\Gamma \in \mathscr{B}(\mathbb{R}^d)^{\otimes\mathbb{N}}$.

Beweis. Im Folgenden verwenden wir, dass $F \cap \{T < \infty\} = \dot\bigcup_{k\in\mathbb{N}_0} F \cap \{T = k\}$.

1° Beweis von (13.1). Für $F' \in \mathscr{F}_T$ gilt wegen der Definition von $\mathscr{F}_T$

$$F \cap \{T = k\} = \underbrace{F \cap \{T \leqslant k\}}_{\in\mathscr{F}_k} \cap \underbrace{\{T \leqslant k-1\}^c}_{\in\mathscr{F}_{k-1}} \in \mathscr{F}_k.$$

Weil die Schritte der Irrfahrt iid sind, gilt $X_{n+k} - X_k \sim X_n$ und $X_{n+k} - X_k \perp\!\!\!\perp \mathscr{F}_k$, d.h.

$$\begin{aligned}\mathbb{P}(\{X_{n+T} - X_T \in B\} \cap F \cap \{T < \infty\}) &= \sum_{k=0}^{\infty} \mathbb{P}(\{X_{n+k} - X_k \in B\} \cap \{T = k\} \cap F) \\ &\overset{\text{iid}}{=} \sum_{k=0}^{\infty} \mathbb{P}(X_n \in B)\, \mathbb{P}(\{T = k\} \cap F) \\ &= \mathbb{P}(X_n \in B)\, \mathbb{P}(F \cap \{T < \infty\}).\end{aligned}$$

2° Beweis von (13.2). Wie in Schritt 1° haben wir

$$\begin{aligned}&\mathbb{P}\left(\bigcap_{i=1}^{m} \{X_{n(i)+T} - X_T \in B_i\} \cap F \cap \{T < \infty\}\right) \\ &\quad= \sum_{k=0}^{\infty} \mathbb{P}\left(\bigcap_{i=1}^{m} \{X_{n(i)+k} - X_k \in B_i\}\right) \mathbb{P}(\{T = k\} \cap F) \\ &\quad\overset{?!}{=} \sum_{k=0}^{\infty} \mathbb{P}\left(\bigcap_{i=1}^{m} \{X_{n(i)} \in B_i\}\right) \mathbb{P}(\{T = k\} \cap F),\end{aligned}$$

wobei wir noch die mit „?!" markierte Gleichheit zeigen müssen. O.E. sei $m = 2$, wir schreiben $n = n(1) < n(2) = n'$ und $B = B_1, B' = B_2$. Weil die Schritte der Irrfahrt iid sind, gilt

$$\begin{aligned}&\mathbb{P}(X_{n+k} - X_k \in B,\ X_{n'+k} - X_k \in B') \\ &\quad= \mathbb{P}(X_{n+k} - X_k \in B,\ (X_{n'+k} - X_{n+k}) + (X_{n+k} - X_k) \in B') \\ &\quad\overset{\text{iid}}{=} \int \mathbb{P}(\underbrace{X_{n+k} - X_k}_{\sim X_n} \in B,\ y + \underbrace{(X_{n+k} - X_k)}_{\sim X_n} \in B')\, \mathbb{P}(\underbrace{(X_{n'+k} - X_{n+k})}_{\sim X_{n'} - X_n} \in dy) \\ &\quad= \int \mathbb{P}(X_n \in B,\ y + X_n \in B')\, \mathbb{P}((X_{n'} - X_n) \in dy) \\ &\quad\overset{\text{iid}}{=} \mathbb{P}(X_n \in B, X_{n'} - X_n + X_n \in B').\end{aligned}$$

3° Für festes $F \in \mathscr{F}_T$ sind

$$\mu(\Gamma) := \mathbb{P}(\{X_{\bullet+T} - X_T \in \Gamma\} \cap F \cap \{T < \infty\}) \quad \text{und} \quad \nu(\Gamma) = \mathbb{P}(X_\bullet \in \Gamma)\mathbb{P}(F \cap \{T < \infty\})$$

endliche Maße auf der unendlichen Produkt-σ-Algebra $\mathscr{B}(\mathbb{R}^d)^{\otimes \mathbb{N}}$. Diese σ-Algebra wird erzeugt von der Familie

$$\mathscr{G} := \left\{ \bigtimes_{i \in \mathbb{N}} B_i \;\middle|\; B_i \in \mathscr{B}(\mathbb{R}^d),\ \text{nur endlich viele } B_i \neq \mathbb{R}^d \right\},$$

d.h. (13.2) besagt, dass μ und ν auf $\mathscr{G}$ übereinstimmen. Da $\mathscr{G}$ $\cap$-stabil ist [✍] und den Gesamtraum $(\mathbb{R}^d)^{\mathbb{N}}$ enthält, sind die Bedingungen des Maßeindeutigkeitssatzes [MI, Satz 4.5] erfüllt, und es folgt $\mu = \nu$ und somit (13.3). □

Wir benötigen die folgenden Begriffe, mit denen wir die Punkte, die eine Irrfahrt besuchen kann, und die Häufigkeit dieser Besuche beschreiben können.

13.4 Definition. Für eine Irrfahrt $(X_n)_{\in\mathbb{N}_0}$, $X_0 = 0$, mit Werten in $\mathbb{R}^d$ heißen

a) $B \mapsto \nu(B) = \sum_{n=0}^{\infty} \mathbb{1}_B(X_n)$ *occupation measure*;

b) $B \mapsto \mathbb{E}\nu(B) = \sum_{n=0}^{\infty} \mathbb{P}(X_n \in B)$ *mean occupation measure*;

c) $\mathcal{A} = \bigcap_{\epsilon>0} \{x \in \mathbb{R}^d : \mathbb{E}\nu(B_\epsilon(x)) > 0\}$ *accessible points*;

$\mathcal{M} = \bigcap_{\epsilon>0} \{x \in \mathbb{R}^d : \mathbb{E}\nu(B_\epsilon(x)) = \infty\}$ *mean recurrence set*;

$\mathcal{R} = \bigcap_{\epsilon>0} \{x \in \mathbb{R}^d : \nu(B_\epsilon(x)) = \infty \text{ f.s.}\}$ *recurrence set*.

Weil die Irrfahrt X_n keinen diskreten Zustandsraum haben muss, können wir die Resultate aus Kapitel 11 nicht anwenden.

13.5 Satz (Rekurrenz–Transienz Dichotomie; Chung & Fuchs 1951). *Es sei* $(X_n)_{n\in\mathbb{N}_0}$, $X_0 = 0$, *eine Irrfahrt mit Werten in* $\mathbb{R}^d$. *Dann gilt die folgende Alternative*

a) *Rekurrenz, d.h.* $\mathbb{P}(\lim_{n\to\infty} |X_n| = \infty) < 1$. *In diesem Fall ist* $\mathcal{R} = \mathcal{M} = \mathcal{A}$ *eine abgeschlossene, nicht-leere Untergruppe von* $(\mathbb{R}^d, +)$.

b) *Transienz, d.h.* $\mathbb{P}(\lim_{n\to\infty} |X_n| = \infty) = 1$. *In diesem Fall ist* $\mathcal{R} = \mathcal{M} = \emptyset$.

---

i Weil $\mathbb{P}(\lim_{n\to\infty} |X_n| = \infty) < 1$ und $\mathbb{P}(\lim_{n\to\infty} |X_n| = \infty) = 1$ eine vollständige Fallunterscheidung ist, gilt sogar:

- $\mathbb{P}(\lim_{n\to\infty} |X_n| = \infty) < 1 \iff \mathcal{R} = \mathcal{M} = \mathcal{A} \neq \emptyset$ ist eine abgeschlossene Untergruppe von $(\mathbb{R}^d, +)$;
- $\mathbb{P}(\lim_{n\to\infty} |X_n| = \infty) = 1 \iff \mathcal{R} = \mathcal{M} = \emptyset$.

Beweis. Alternative b): Es sei $\mathbb{P}(\lim_{n\to\infty} |X_n| = \infty) = 1$. Mit der Dreiecksungleichung erhalten wir für alle $r > 0$ und $k, n \in \mathbb{N}$

$$|X_n| < r \;\&\; |X_{n+k} - X_n| \geqslant 2r \implies |X_n| < r \;\&\; |X_{n+k}| \geqslant |X_{n+k} - X_n| - |X_n| > 2r - r = r.$$

Für jedes $r > 0$ gibt es ein $m = m(r) \in \mathbb{N}$, so dass $\mathbb{P}(|X_k| \geqslant 2r \;\; \forall k \geqslant m) > 0$. Nun gilt

$$\begin{aligned}
\mathbb{P}(A_n) &= \mathbb{P}(\underbrace{\{|X_n| < r \;\&\; |X_{n+k}| \geqslant r \;\; \forall k \geqslant m\}}_{=:A_n}) \\
&\geqslant \mathbb{P}(|X_n| < r \;\&\; |X_{n+k} - X_n| \geqslant 2r \;\; \forall k \geqslant m) \\
&\overset{\text{SME 13.3}}{=} \mathbb{P}(|X_n| < r)\,\mathbb{P}(|X_k| \geqslant 2r \;\; \forall k \geqslant m) > 0.
\end{aligned}$$

Wir bemerken, dass jedes $\omega \in \Omega$ in höchstens m der Mengen A_n ist. Das folgt unmittelbar aus der Definition der Mengen A_n:

$$\omega \in A_n \implies \forall k \geqslant m : |X_{n+k}(\omega)| \geqslant r \implies \forall k \geqslant m : \omega \notin A_{n+k}.$$

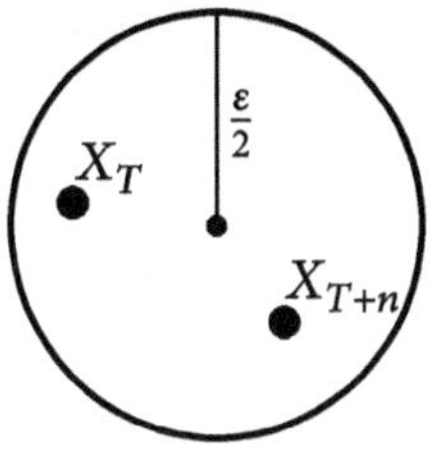

Abb. 13.1: Abstand von X_T zu weiteren besuchten Punkten $X_{T+n} \in B_{\epsilon/2}(y_{k_0})$

Daher erhalten wir

$$m \geqslant \sum_{n=1}^{\infty} \mathbb{1}_{A_n} \implies m \geqslant \sum_{n=1}^{\infty} \mathbb{P}(A_n) \geqslant \sum_{n=1}^{\infty} \mathbb{P}(|X_n| < r) \underbrace{\mathbb{P}(|X_k| \geqslant 2r \ \ \forall k \geqslant m)}_{>0},$$

woraus $\mathbb{E}\nu(B_r(0)) = \sum_{n=0}^{\infty} \mathbb{P}(|X_n| < r) < \infty$ folgt. Da r beliebig ist, ist $0 \notin \mathcal{M}$. Wir können unser Argument von $B_r(0)$ auf $B_r(x)$ übertragen und erhalten daher $\mathcal{M} = \emptyset$. Weil stets $\mathcal{R} \subset \mathcal{M} \subset \mathcal{A}$ gilt, folgt auch $\mathcal{R} = \emptyset$.

Alternative a): Es sei $\mathbb{P}(\lim_{n\to\infty} |X_n| = \infty) < 1$. In diesem Fall muss $(X_n)_{n\in\mathbb{N}_0}$ eine Teilfolge enthalten, die mit positiver Wahrscheinlichkeit in einer Kugel $B_r(0)$ liegt:

$$\exists r > 0 \ : \ \mathbb{P}(X_n \in B_r(0) \underbrace{\text{für unendlich viele } n}_{\text{„u.o.“ (unendlich oft)}}) > 0.$$

Für festes $\epsilon > 0$ gibt es eine endliche Überdeckung $B_r(0) = \bigcup_{k=1}^{N} B_{\epsilon/2}(y_k)$. Insbesondere sehen wir mit dem 0-1-Gesetz von Hewitt–Savage (Satz 8.7)

$$\exists k_0 \ : \ \mathbb{P}(X_n \in B_{\epsilon/2}(y_{k_0}) \text{ u.o.}) > 0 \overset{8.7}{\implies} \mathbb{P}(X_n \in B_{\epsilon/2}(y_{k_0}) \text{ u.o.}) = 1.$$

Die Stoppzeit $T = \inf\{n : X_n \in B_{\epsilon/2}(y_{k_0})\}$ ist daher f.s. endlich, und es gilt

$$\begin{aligned} 1 = \mathbb{P}(X_n \in B_{\epsilon/2}(y_{k_0}) \text{ u.o.}) &= \mathbb{P}(X_{T+n} \in B_{\epsilon/2}(y_{k_0}) \text{ u.o.}) \\ &\overset{\text{Abb. 13.1}}{\leqslant} \mathbb{P}(|X_{T+n} - X_T| < \epsilon \text{ u.o.}) \\ &\overset{\text{SME 13.3}}{=} \mathbb{P}(|X_n| < \epsilon \text{ u.o.}). \end{aligned}$$

Das zeigt $0 \in \mathcal{R}$, also $\mathcal{R} \neq \emptyset$.

Weil $\mathcal{R} \subset \mathcal{M} \subset \mathcal{A}$ gilt, reicht der Nachweis, dass $\mathcal{A} \subset \mathcal{R}$ und dass $\mathcal{R}$ eine abgeschlossene Untergruppe der Gruppe $(\mathbb{R}^d, +)$ ist.

1° *$\mathcal{R}$ ist abgeschlossen.* Wir zeigen, dass $\mathcal{R}^c$ eine offene Menge ist. Für jedes $\epsilon > 0$ und alle $|y - x| < \epsilon/2$ gilt $B_{\epsilon/2}(y) \subset B_\epsilon(x)$, also $\nu(B_{\epsilon/2}(y)) \leqslant \nu(B_\epsilon(x))$. Daher haben wir

$$\begin{aligned} x \in \mathcal{R}^c &\implies \exists \epsilon > 0 \ : \ \mathbb{P}(\nu(B_\epsilon(x)) < \infty) > 0 \\ &\implies \forall y \in B_{\epsilon/2}(x) \ : \ \mathbb{P}(\nu(B_{\epsilon/2}(y)) < \infty) > 0. \end{aligned}$$

Es folgt $B_{\epsilon/2}(x) \subset \mathcal{R}^c$, also ist $\mathcal{R}^c$ offen.

2^0 *Es gilt* $x \in \mathcal{A} \,\&\, y \in \mathcal{R} \implies y - x \in \mathcal{R}$. Der Definition der Mengen $\mathcal{R}$ und $\mathcal{A}$ entnehmen wir, dass

$$y - x \notin \mathcal{R} \implies \exists \epsilon_0 > 0,\ N \geqslant 1 \ :\ \mathbb{P}(|X_n - (y-x)| \geqslant 2\epsilon_0 \ \ \forall n \geqslant N) > 0,$$
$$x \in \mathcal{A} \implies \forall \epsilon > 0 \quad \exists k \in \mathbb{N} \ :\ \mathbb{P}(|X_k - x| < \epsilon) > 0.$$

Für $\epsilon = \epsilon_0 > 0$ und $n > k$ gilt wegen der Dreiecksungleichung

$$\{|X_n - y| \geqslant \epsilon\} \supset \{|X_n - X_k - y + x| \geqslant 2\epsilon\} \cap \{|X_k - x| < \epsilon\},$$

und daher folgt für beliebige $m \in \mathbb{N}$

$$\begin{aligned}
&\mathbb{P}(|X_n - y| \geqslant \epsilon \ \ \forall n \geqslant m+k) \\
&\qquad \geqslant \mathbb{P}\left(|X_n - X_k - (y-x)| \geqslant 2\epsilon,\ |X_k - x| < \epsilon \ \ \forall n \geqslant m+k\right) \\
&\qquad \overset{\text{SME}}{\underset{13.3}{=}} \mathbb{P}\left(|X_{n-k} - (y-x)| \geqslant 2\epsilon \ \ \forall n \geqslant m+k\right) \mathbb{P}\left(|X_k - x| < \epsilon\right).
\end{aligned}$$

Für $y - x \notin \mathcal{R} \,\&\, x \in \mathcal{A}$ und hinreichend großes m ist dieser Ausdruck strikt positiv, und es folgt $y \notin \mathcal{R}$. Durch Kontraposition erhalten wir aus $[y - x \notin \mathcal{R} \,\&\, x \in \mathcal{A} \implies y \notin \mathcal{R}]$ die Implikation $[x \in \mathcal{A} \,\&\, y \in \mathcal{R} \implies y - x \in \mathcal{R}]$.

3^0 *$\mathcal{R}$ ist eine Gruppe.* Es seien $r, q \in \mathcal{R} \subset \mathcal{A}$ fest gewählt. Wir zeigen die Gruppenaxiome durch geschickte Wahl von x, y in Schritt 2^0:

$$\begin{aligned}
x = y = r &\overset{2^0}{\implies} y - x = r - r = 0 \in \mathcal{R}, \\
x = r \,\&\, y = 0 &\overset{2^0}{\implies} y - x = 0 - r = -r \in \mathcal{R}, \\
x = -r \,\&\, y = q &\overset{2^0}{\implies} y - x = q + r \in \mathcal{R}.
\end{aligned}$$

4^0 *Es gilt* $\mathcal{R} = \mathcal{A}$. Es sei $a \in \mathcal{A}$. Wir wählen x, y in Schritt 2^0 folgendermaßen:

$$x = a \,\&\, y = 0 \overset{2^0}{\implies} -a \in \mathcal{R} \overset{3^0}{\implies} a \in \mathcal{R} \implies \mathcal{A} \subset \mathcal{R} \implies \mathcal{A} = \mathcal{R}. \qquad \square$$

Die Aussagen von Satz 13.5 sind zwar theoretisch höchst befriedigend, ein praktisch nachprüfbares Kriterium sind sie aber nicht. Wir wollen nun einfachere Tests für Rekurrenz und Transienz herleiten.

13.6 Lemma (scaling). *Es sei $(X_n)_{n \in \mathbb{N}_0}$, $X_0 = 0$, eine Irrfahrt mit Werten in $\mathbb{R}^d$. Für alle $\epsilon > 0$ und $r \geqslant 1$ gilt*

$$\sum_{n=0}^{\infty} \mathbb{P}(|X_n| < r\epsilon) \leqslant c r^d \sum_{n=0}^{\infty} \mathbb{P}(|X_n| < \epsilon). \tag{13.4}$$

Beweis. Eine Überdeckung $B_{r\epsilon}(0) = \bigcup_{k=1}^{N} B_{\epsilon/2}(y_k)$ kann man mit größenordnungsmäßig

$$\frac{\text{Volumen}(B_{r\epsilon}(0))}{\text{Volumen}(B_{\epsilon/2}(0))} \approx \frac{(r\epsilon)^d}{(\epsilon/2)^d} = (2r)^d$$

Kugeln konstruieren, d.h. wir können $N \leqslant cr^d$ mit einer Konstanten $c < \infty$ annehmen. Wir setzen

$$T_k := \inf\{n \in \mathbb{N} : X_n \in B_{\epsilon/2}(y_k)\}.$$

Offensichtlich ist $\mathbb{P}(X_n \in B_{\epsilon/2}(y_k),\ n < T_k) = 0$, so dass

$$\begin{aligned}
\sum_{n=0}^{\infty} \mathbb{P}(|X_n| < r\epsilon) &\leqslant \sum_{k=1}^{N}\sum_{n=0}^{\infty} \mathbb{P}(X_n \in B_{\epsilon/2}(y_k)) \\
&= \sum_{k=1}^{N}\sum_{n=0}^{\infty} \mathbb{P}(X_n \in B_{\epsilon/2}(y_k),\ n \geqslant T_k) \\
&= \sum_{k=1}^{N}\sum_{i=0}^{\infty} \mathbb{P}(X_{i+T_k} \in B_{\epsilon/2}(y_k),\ T_k < \infty) \\
&\overset{\text{Abb. 13.1}}{\leqslant} \sum_{k=1}^{N}\sum_{i=0}^{\infty} \mathbb{P}(|X_{i+T_k} - X_{T_k}| < \epsilon,\ T_k < \infty) \\
&\overset{\text{SME 13.3}}{=} \underbrace{\sum_{k=1}^{N} \mathbb{P}(T_k < \infty)}_{\leqslant N \leqslant cr^d} \sum_{i=0}^{\infty} \mathbb{P}(|X_i| < \epsilon).
\end{aligned}$$

□

13.7 Satz (Rekurrenz für $d = 1, 2$). *Eine Irrfahrt $(X_n)_{n\in\mathbb{N}_0}$, $X_0 = 0$, mit Werten in $\mathbb{R}^d$ ist rekurrent, wenn*

a) $d = 1$ *und* $\frac{1}{n}X_n \xrightarrow[n\to\infty]{\mathbb{P}} 0$, *d.h. das WLLN gilt für die Schritte* $(\xi_n)_{n\in\mathbb{N}}$.

b) $d = 2$ *und* $\frac{1}{\sqrt{n}}X_n \xrightarrow[n\to\infty]{d} G \sim \mathsf{N}(0, \Gamma)$,[12] *d.h. der CLT gilt für die Schritte* $(\xi_n)_{n\in\mathbb{N}}$.

---

i

- Das WLLN gilt, wenn z.B. $\mathbb{E}|\xi_1| < \infty$ und $\mathbb{E}\xi_1 = 0$ ist, vgl. [WT, Satz 8.7].
- Der CLT gilt, wenn z.B. $\mathbb{E}|\xi_1|^2 < \infty$ und $\mathbb{E}\xi_1 = 0$ ist, vgl. [WT, Satz 13.2] und Aufg. 13.7.
- Wir werden in Satz 13.15 zeigen, dass alle „echt" $(3+n)$-dimensionalen Irrfahrten transient sind.

Beweis (Chung & Ornstein 1962). Es seien $\epsilon > 0$ und $r \geqslant 1$ fest gewählt. Wir schreiben $\lfloor s \rfloor$ für den ganzzahligen Anteil von $s \geqslant 0$. Mit Lemma 13.6 folgt

$$\begin{aligned}
\sum_{n=0}^{\infty} \mathbb{P}(|X_n| < \epsilon) \geqslant \gamma r^{-d} \sum_{n=0}^{\infty} \mathbb{P}(|X_n| < \epsilon r) &= \gamma \sum_{n=0}^{\infty} \int_n^{n+1} r^{-d}\mathbb{P}(|X_{\lfloor s \rfloor}| < \epsilon r)\,ds \\
&= \gamma \int_0^{\infty} \mathbb{P}(|X_{\lfloor tr^d \rfloor}| < \epsilon r)\,dt.
\end{aligned}$$

---

12 $\mathsf{N}(0, \Gamma)$ bezeichnet hier die zweidimensionale Normalverteilung mit Mittelwertvektor $0 \in \mathbb{R}^2$ und Kovarianzmatrix $\Gamma \in \mathbb{R}^{2\times 2}$.

a) Nach Voraussetzung gilt $\lim_{r\to\infty} \mathbb{P}(|X_{\lfloor tr\rfloor}| < \epsilon r) = 1$. Mit Hilfe von Fatous Lemma erhalten wir ($d = 1$)

$$\sum_{n=0}^{\infty} \mathbb{P}(|X_n| < \epsilon) \geqslant \liminf_{r\to\infty} \gamma \int_0^{\infty} \mathbb{P}(|X_{\lfloor tr\rfloor}| < \epsilon r)\, dt$$

$$\geqslant \gamma \int_0^{\infty} \underbrace{\liminf_{r\to\infty} \mathbb{P}(|X_{\lfloor tr\rfloor}| < \epsilon r)}_{=1}\, dt = \infty.$$

Das zeigt, dass $0 \in \mathcal{M}$, also $\mathcal{M} \neq \emptyset$, und somit folgt aus Satz 13.5 Rekurrenz.

b) Für $|c| \leqslant 1$ und eine zweidimensionale zentrierte Gauß-ZV gilt

$$\mathbb{P}(|G| < c) = \int_{|y|\leqslant c} \frac{1}{2\pi\sqrt{\det\Gamma}} e^{-\frac{1}{2}\langle y,\Gamma^{-1}y\rangle}\, dy$$

$$\underset{dy=c^2dx}{\overset{y=cx}{=}} c^2 \int_{|x|\leqslant 1} \frac{1}{2\pi\sqrt{\det\Gamma}} e^{-\frac{c^2}{2}\langle x,\Gamma^{-1}x\rangle}\, dx \overset{|c|\leqslant 1}{\geqslant} \gamma' c^2 > 0,$$

mit einer von c unabhängigen Konstanten $\gamma' > 0$. Mit Fatous Lemma erhalten wir

$$\sum_{n=0}^{\infty} \mathbb{P}(|X_n| < \epsilon) \geqslant \liminf_{r\to\infty} \gamma \int_0^{\infty} \mathbb{P}(|X_{\lfloor tr^2\rfloor}| < \epsilon r)\, dt$$

$$\geqslant \gamma \int_0^{\infty} \liminf_{r\to\infty} \mathbb{P}\left(\frac{|X_{\lfloor tr^2\rfloor}|}{r\sqrt{t}} < \frac{\epsilon}{\sqrt{t}}\right) dt$$

$$= \gamma \int_0^{\infty} \mathbb{P}\left(|G| < \frac{\epsilon}{\sqrt{t}}\right) dt$$

$$\geqslant \gamma \int_1^{\infty} \mathbb{P}\left(|G| < \frac{\epsilon}{\sqrt{t}}\right) dt$$

$$\geqslant \gamma' \int_1^{\infty} \frac{dt}{t} = \infty.$$

Es folgt $0 \in \mathcal{M}$, also $\mathcal{M} \neq \emptyset$, und somit Rekurrenz nach Satz 13.5. □

Wir beenden diesen Abschnitt mit dem bereits angekündigten Satz von Chung–Fuchs.

13.8 Korollar (Chung & Fuchs 1951). *Für eine nichttriviale Irrfahrt $(X_n)_{n\in\mathbb{N}_0}$, $X_0 = 0$, mit Werten in $\mathbb{R}$ und integrierbaren Schritten gibt es die folgenden Alternativen:*

a) $\mathbb{E}\xi_1 > 0 \iff \lim_{n\to\infty} X_n = +\infty$ *f.s.*

b) $\mathbb{E}\xi_1 < 0 \iff \lim_{n\to\infty} X_n = -\infty$ *f.s.*

c) $\mathbb{E}\xi_1 = 0 \iff -\infty = \liminf_{n\to\infty} X_n < \limsup_{n\to\infty} X_n = +\infty$ *f.s.*

Beweis. Wie im Beweis von Satz 13.2 reicht es aus, jeweils nur die Richtung „⇒" zu zeigen. Für a) und b) erledigen wir das mit dem Kolmogorovschen SLLN (Satz 8.6 oder [WT, Satz 12.4]). Teil c) folgt im Hinblick auf Satz 13.7 ebenso aus dem Kolmogorovschen SLLN oder dem Khintchinschen WLLN [WT, Satz 8.7]. Weil die Schritte ξ_i nichttrivial sind, besucht die Irrfahrt nicht nur $X_0 = 0$, d.h. wegen $\mathcal{A} = \mathcal{M} = \mathcal{R}$ folgt $\mathcal{R} \supsetneq \{0\}$; insbesondere ist die Gruppe $\mathcal{R}$ unbeschränkt. □

Das Chung–Fuchs Kriterium

Wir kommen nun zu einem praktischen notwendigen und hinreichenden Kriterium für Transienz bzw. Rekurrenz, das nicht die Existenz eines Moments der Schritte voraussetzt. Das entscheidende Hilfsmittel sind charakteristische Funktionen, vgl. [WT, Kapitel 7] oder [MI, Kapitel 22]: Für eine ZV $Z \sim \mu$ mit Werten in $\mathbb{R}^d$ heißt

$$\phi_Z(\theta) := \mathbb{E}e^{i\langle\theta,Z\rangle} = \int_{\mathbb{R}^d} e^{i\langle\theta,z\rangle}\,\mu(dz) = \check{\mu}(\theta)$$

charakteristische Funktion oder *inverse Fouriertransformation.* Wenn m eine Wahrscheinlichkeitsdichte ist, dann schreiben wir $\check{m} := \check{\mu}$ mit $\mu(dz) = m(z)\,dz$. Wir benötigen die folgenden Eigenschaften der charakteristischen Funktion. Es seien $Y \sim \nu$ und $Z \sim \mu$ ZV, $a > 0$ und $\theta \in \mathbb{R}^d$.

Eindeutigkeitssatz	$\phi_Y \equiv \phi_Z \iff Y \sim Z,$	(13.5)
Skalierungssatz	$\check{m}\left(a^{-1}\theta\right) = a^d\widecheck{m(a\cdot)},$	(13.6)
Satz von Plancherel	$\int \check{\mu}(\theta)\,\nu(d\theta) = \int \check{\nu}(\theta)\,\mu(d\theta),$	(13.7)
Faltungssatz	$\widecheck{\mu * \nu}(\theta) = \check{\mu}(\theta)\check{\nu}(\theta).$	(13.8)

13.9 Satz (Chung–Fuchs Kriterium; Chung & Fuchs 1951). *Es sei $(X_n)_{n\in\mathbb{N}_0}$, $X_0 = 0$, eine Irrfahrt mit Werten in $\mathbb{R}^d$ und iid Schritten $(\xi_n)_{n\in\mathbb{N}}$, $\xi_1 \sim \mu$. Die Irrfahrt ist genau dann transient, wenn*

$$\exists\epsilon > 0 : \sup_{r<1} \int_{B_\epsilon(0)} \operatorname{Re}\frac{1}{1 - r\check{\mu}(\theta)}\,d\theta < \infty. \tag{13.9}$$

Beweis. 1° Vorbereitungen. Wir bezeichnen mit $h(x) = (1 - |x|)^+$ die Hutfunktion in $\mathbb{R}$, vgl. Abb. 13.2. Mit dem Tensorprodukt können wir die d-dimensionale Hutfunktion für $\boldsymbol{x} = (x_1, \dots, x_d) \in \mathbb{R}^d$ definieren

$$H(\boldsymbol{x}) := \prod_{k=1}^d h(x_k), \quad \boldsymbol{x} \in \mathbb{R}^d \implies \check{H}(\boldsymbol{\theta}) = \prod_{k=1}^d \check{h}(\theta_k), \quad \boldsymbol{\theta} \in \mathbb{R}^d.$$

Weil $X_n = \xi_1 + \dots + \xi_n \sim \mu^{*n}$ bzw. $X_0 = 0 \sim \delta_0 =: \mu^{*0}$ gilt, erhalten wir

$$\int \check{H}\left(a^{-1}\boldsymbol{\theta}\right) \mathbb{P}(X_n \in d\boldsymbol{\theta}) \overset{(13.6)}{=} \int a^d\widecheck{H(a\cdot)}(\boldsymbol{\theta})\,\mu^{*n}(d\boldsymbol{\theta}) \overset{(13.7),(13.8)}{=} \int a^d H(a\boldsymbol{x})\,\check{\mu}(\boldsymbol{x})^n\,d\boldsymbol{x}.$$

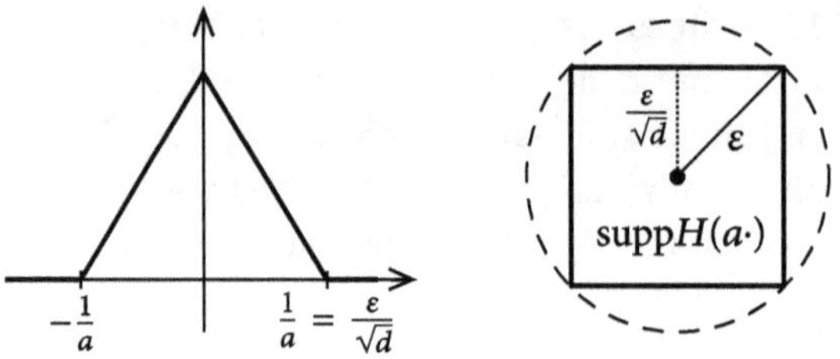

Abb. 13.2: Der Träger der Hutfunktion in $d = 1$ und $d > 1$.

Wir multiplizieren beide Seiten mit r^n, $r < 1$, und summieren über $n \in \mathbb{N}_0$. Auf Grund der gleichmäßigen Konvergenz der Potenzreihe können wir Summation und Integration vertauschen.

$$\int \check{H}\left(a^{-1}\boldsymbol{\theta}\right) \sum_{n=0}^{\infty} r^n \mu^{*n}(d\boldsymbol{\theta}) = \int a^d H(a\boldsymbol{x}) \sum_{n=0}^{\infty} \underbrace{r^n \check{\mu}(\boldsymbol{x})^n}_{|r\check{\mu}(\boldsymbol{x})| \leqslant r < 1} \, d\boldsymbol{x} = a^d \int \frac{H(a\boldsymbol{x})}{1 - r\check{\mu}(\boldsymbol{x})} \, d\boldsymbol{x}.$$

Auf Grund der Symmetrie von h ist $\check{H}$ reell. Wir können daher auf der rechten Seite der eben gezeigten Gleichheit zum Realteil übergehen und erhalten

$$\int \check{H}\left(a^{-1}\boldsymbol{\theta}\right) \sum_{n=0}^{\infty} r^n \mu^{*n}(d\boldsymbol{\theta}) = a^d \int \operatorname{Re} \frac{H(a\boldsymbol{x})}{1 - r\check{\mu}(\boldsymbol{x})} \, d\boldsymbol{x}. \tag{13.10}$$

2⁰ *Die Bedingung* (13.9) *impliziert Transienz.* Wir wählen $a = \sqrt{d}/\epsilon$. Für $r \in (0, 1)$ gilt

$$\begin{aligned}\sum_{n=0}^{\infty} r^n \mathbb{P}(|X_n| < a) = \sum_{n=0}^{\infty} r^n \mu^{*n}(B_a(0)) &= \sum_{n=0}^{\infty} \int \underbrace{\mathbb{1}_{B_a(0)}(\boldsymbol{\theta})}_{\leqslant \gamma' \check{H}(a^{-1}\boldsymbol{\theta}),\ \text{Aufg. 13.9}} r^n \mu^{*n}(d\boldsymbol{\theta}) \\ &\overset{(13.10)}{\underset{\text{BL}}{\leqslant}} \gamma' a^d \int \operatorname{Re} \frac{H(a\boldsymbol{x})}{1 - r\check{\mu}(\boldsymbol{x})} \, d\boldsymbol{x}.\end{aligned}$$

Mit dem Satz von Beppo Levi erhalten wir dann

$$\sum_{n=0}^{\infty} \mathbb{P}(|X_n| < a) = \sup_{r<1} \sum_{n=0}^{\infty} r^n \mathbb{P}(|X_n| < a) \leqslant \gamma' \sup_{r<1} a^d \int \operatorname{Re} \frac{H(a\boldsymbol{x})}{1 - r\check{\mu}(\boldsymbol{x})} \, d\boldsymbol{x}.$$

Weil $1/a = \epsilon/\sqrt{d}$ ist, gilt $|H(a\boldsymbol{x})| \leqslant \mathbb{1}_{B_\epsilon(0)}(\boldsymbol{x})$ und $\operatorname{supp} H(a\boldsymbol{x}) \subset [-1/a, 1/a]^d$, vgl. Abb. 13.2. Daher können wir das letzte Integral folgendermaßen abschätzen:

$$\sum_{n=0}^{\infty} \mathbb{P}(|X_n| < a) \leqslant \gamma'' \sup_{r<1} a^d \int_{B_\epsilon(0)} \operatorname{Re} \frac{1}{1 - r\check{\mu}(\boldsymbol{x})} \, d\boldsymbol{x} < \infty \quad \text{für alle } a > 0.$$

Das zeigt $0 \notin \mathcal{M}$, und aus Satz 13.5 folgt die Transienz von X.

3⁰ *Aus der Transienz von X folgt die Bedingung* (13.9). Mit einer direkten Rechnung sehen wir schnell, dass

$$\check{\check{h}}(x) = 2\pi h(x), \quad x \in \mathbb{R},$$

gilt (vgl. auch [WT, Satz 7.10] oder [MI, Korollar 22.9]). Mithin ist

$$(2\pi)^d \int H\left(a^{-1}\boldsymbol{\theta}\right) \sum_{n=0}^{\infty} r^n \mu^{*n}(d\boldsymbol{\theta}) = a^d \int \operatorname{Re} \frac{\check{H}(a\boldsymbol{x})}{1 - r\check{\mu}(\boldsymbol{x})}\, d\boldsymbol{x}, \tag{13.11}$$

und wegen $\gamma \mathbb{1}_{B_\epsilon(0)}(\boldsymbol{x}) \leqslant \check{H}\left(\epsilon^{-1}\boldsymbol{x}\right)$ gilt mit $a = 1/\epsilon$

$$\begin{aligned}\sup_{r<1} \int_{B_\epsilon(0)} \operatorname{Re} \frac{1}{1 - r\check{\mu}(\boldsymbol{x})}\, d\boldsymbol{x} &\leqslant \frac{1}{\gamma} \sup_{r<1} \int \operatorname{Re} \frac{\check{H}\left(\epsilon^{-1}\boldsymbol{x}\right)}{1 - r\check{\mu}(\boldsymbol{x})}\, d\boldsymbol{x} \\ &\overset{(13.11)}{\underset{r=1}{\leqslant}} \gamma' \int \epsilon^d H(\epsilon\boldsymbol{\theta}) \sum_{n=0}^{\infty} \mu^{*n}(d\boldsymbol{\theta}) \\ &\leqslant \gamma' \sum_{n=0}^{\infty} \mu^{*n}(B_{2\sqrt{d}/\epsilon}(0)).\end{aligned}$$

Im letzten Schritt verwenden wir $\operatorname{supp} H(\epsilon\boldsymbol{\cdot}) \subset [-1/\epsilon, 1/\epsilon]^d \subset \overline{B_{\sqrt{d}/\epsilon}(0)} \subset B_{2\sqrt{d}/\epsilon}(0)$, vgl. Abb. 13.2.

Weil wir Transienz voraussetzen, ist $\mathcal{M} = \emptyset$ (Satz 13.5), und das zeigt, dass die oben auftretende Reihe konvergiert, d.h. es gilt (13.9). □

Ein wichtiger Sonderfall sind sog. symmetrische Irrfahrten, das sind Irrfahrten mit symmetrischen Schritten. Eine ZV $\xi_1 \sim \mu$ heißt *symmetrisch*, wenn

$$\xi_1 \sim -\xi_1 \iff \mu(B) = \mu(-B), \quad -B = \{-b \,:\, b \in B\}$$

gilt; beachten Sie, dass in Dimension $d > 1$ eine symmetrische ZV nicht *rotationssymmetrisch* sein muss. Eine ZV Z ist genau dann symmetrisch, wenn ihre charakteristische Funktion ϕ_Z reellwertig ist; das folgt unmittelbar aus dem Eindeutigkeitssatz (13.5) und der Beobachtung, dass

$$\phi_{-Z}(\xi) = \phi_Z(-\xi) = \overline{\phi_Z(\xi)}.$$

Für symmetrische Irrfahrten vereinfacht sich Satz 13.9.

13.10 Korollar. *Eine symmetrische Irrfahrt $(X_n)_{n\in\mathbb{N}_0}$, $X_0 = 0$, mit Werten in $\mathbb{R}^d$ ist genau dann transient, wenn für die charakteristische Funktion $\check{\mu}(\theta)$ der iid Schritte gilt*

$$\exists \epsilon > 0 \,:\, \int_{B_\epsilon(0)} \frac{d\theta}{1 - \check{\mu}(\theta)} < \infty. \tag{13.12}$$

Beweis. Wir vergleichen (13.9) und (13.12). Wegen $\check{\mu}(0) = 1$ gilt $\check{\mu}|_{B_\epsilon(0)} \geqslant 0$ für hinreichend kleine $\epsilon > 0$, mithin

$$\sup_{r<1} \int_{B_\epsilon(0)} \operatorname{Re} \frac{1}{1 - r\check{\mu}(\theta)}\, d\theta \underset{\check{\mu}\in\mathbb{R}}{\overset{\text{symm.}}{=}} \sup_{r<1} \int_{B_\epsilon(0)} \frac{1}{1 - r\check{\mu}(\theta)}\, d\theta \overset{\text{BL}}{=} \int_{B_\epsilon(0)} \frac{1}{1 - \check{\mu}(\theta)}\, d\theta. \qquad \square$$

Wir geben noch zwei weitere hinreichende Bedingungen an, die in der Praxis von großer Bedeutung sind.

13.11 Korollar. *Es sei $X_n = \xi_1 + \cdots + \xi_n$, $X_0 = 0$, eine Irrfahrt mit Werten in $\mathbb{R}^d$. Es gilt*

$$\exists\epsilon > 0 : \int_{B_\epsilon(0)} \operatorname{Re} \frac{1}{1 - \check{\mu}(\theta)}\, d\theta = \infty \implies \textit{Rekurrenz}; \tag{13.13}$$

$$\exists\epsilon > 0 : \int_{B_\epsilon(0)} \frac{1}{1 - \operatorname{Re}\check{\mu}(\theta)}\, d\theta < \infty \implies \textit{Transienz}. \tag{13.14}$$

---

i Tatsächlich ist das Kriterium (13.13) *notwendig und hinreichend*, d.h. es gilt der sog. *Spitzer-Test*

$$\int_{B_\epsilon(0)} \operatorname{Re} \frac{1}{1 - \check{\mu}(\theta)}\, d\theta \begin{cases} = \infty & \text{für ein } \epsilon > 0 \implies \text{Rekurrenz,} \\ < \infty & \text{für ein } \epsilon > 0 \implies \text{Transienz.} \end{cases} \tag{13.13'}$$

Für Irrfahrten mit Werten in Gittern geht das Kriterium auf Spitzer 1964 zurück, vgl. [41, S. 84*f.*]. Die Verschärfung des Chung–Fuchs-Kriteriums Satz 13.5 für allgemeine Irrfahrten ist sehr schwer zu beweisen. Die „einfache" Richtung (13.13) folgt mit Hilfe des Fatouschen Lemmas. Die Umkehrung – sie wurde erst von Ornstein (1969) bewiesen, kurz danach hat Stone (1969) den Beweis vereinfacht – ist deutlich schwieriger zu zeigen und benötigt einige technische Tricks.

Beweis von Korollar 13.11. Zu (13.13): Wir verwenden (13.9). Für eine Folge $r_n \uparrow 1$ erhalten wir mit Fatous Lemma

$$\begin{aligned}\sup_{r<1} \int_{B_\epsilon(0)} \operatorname{Re} \frac{1}{1 - r\check{\mu}(\theta)}\, d\theta &\geqslant \liminf_{n\to\infty} \int_{B_\epsilon(0)} \operatorname{Re} \frac{1}{1 - r_n\check{\mu}(\theta)}\, d\theta \\ &\geqslant \int_{B_\epsilon(0)} \liminf_{n\to\infty} \operatorname{Re} \frac{1}{1 - r_n\check{\mu}(\theta)}\, d\theta \\ &= \int_{B_\epsilon(0)} \operatorname{Re} \frac{1}{1 - \check{\mu}(\theta)}\, d\theta \overset{\text{Vorr.}}{=} \infty.\end{aligned}$$

Satz 13.9 zeigt daher die Rekurrenz der Irrfahrt.

Zu (13.14): Weil $\theta \mapsto \operatorname{Re}\check{\mu}(\theta)$ stetig und $\check{\mu}(0) = 1$ ist, gibt es ein $\epsilon > 0$, so dass $\operatorname{Re}\check{\mu}(\theta) \geqslant 0$ für alle $\theta \in B_\epsilon(0)$ gilt [✍] (Aufg. 13.12). Daher haben wir für $r < 1$,

$$\begin{aligned}\int_{B_\epsilon(0)} \operatorname{Re} \frac{1}{1 - r\check{\mu}(\theta)}\, d\theta &\overset{\operatorname{Re} z^{-1} \leqslant (\operatorname{Re} z)^{-1}}{\leqslant} \int_{B_\epsilon(0)} \frac{1}{1 - r\operatorname{Re}\check{\mu}(\theta)}\, d\theta \\ &\leqslant \int_{B_\epsilon(0)} \frac{1}{1 - \operatorname{Re}\check{\mu}(\theta)}\, d\theta < \infty,\end{aligned}$$

und das Chung–Fuchs Kriterium (Satz 13.9) zeigt die Transienz der Irrfahrt. □

Es sei $(\xi_n)_{n\in\mathbb{N}}$ die Schrittfolge einer Irrfahrt. Wir konstruieren eine unabhängige Kopie $(\xi_n')_{n\in\mathbb{N}}$ dieser Folge (z.B. mit Hilfe einer Produktkonstruktion) und betrachten die *Symmetrisierung* $\widetilde{\xi}_n := \xi_n - \xi_n'$; offensichtlich gilt $\widetilde{\xi}_n \sim -\widetilde{\xi}_n$.

13.12 Korollar. *Es sei $(X_n)_{n\in\mathbb{N}_0}$, $X_0 = 0$ eine Irrfahrt mit Werten in $\mathbb{R}^d$, $(X_n')_{n\in\mathbb{N}_0}$ eine unabhängige, identische Kopie und $\widetilde{X}_n := X_n - X_n'$ die Symmetrisierung.*

a) *Wenn $(X_n)_{n\in\mathbb{N}_0}$ rekurrent ist, dann ist $(\widetilde{X}_n)_{n\in\mathbb{N}_0}$ rekurrent.*

b) *Wenn $(\widetilde{X}_n)_{n\in\mathbb{N}_0}$ transient ist, dann ist $(X_n)_{n\in\mathbb{N}_0}$ transient.*

Beweis. Weil eine Irrfahrt entweder rekurrent oder transient ist, sind die Aussagen a) und b) äquivalent. Wir zeigen daher nur b). Wie bisher bezeichnet μ die Verteilung der Schritte ξ_n.

1^0 Der Prozess $S_n := X_{2n}$ ist wiederum eine Irrfahrt mit iid Schritten $\eta_n = \xi_{2n-1} + \xi_{2n}$, und wir haben

$$\mathbb{E}e^{i\langle\theta,\eta_1\rangle} = \mathbb{E}\left(e^{i\langle\theta,\xi_1\rangle}e^{i\langle\theta,\xi_2\rangle}\right) \overset{\text{iid}}{=} \mathbb{E}e^{i\langle\theta,\xi_1\rangle}\mathbb{E}e^{i\langle\theta,\xi_1\rangle} = \widecheck{\mu}^2(\theta).$$

2^0 Die charakteristische Funktion des Schritts $\widetilde{\xi}_1 = \xi_1 - \xi_1'$ der symmetrisierten Irrfahrt ist

$$\mathbb{E}e^{i\langle\theta,\widetilde{\xi}_1\rangle} = \mathbb{E}\left(e^{i\langle\theta,\xi_1\rangle}e^{-i\langle\theta,\xi_1'\rangle}\right) \overset{\text{iid}}{=} \mathbb{E}e^{i\langle\theta,\xi_1\rangle}\mathbb{E}e^{-i\langle\theta,\xi_1\rangle} = \mathbb{E}e^{i\langle\theta,\xi_1\rangle}\overline{\mathbb{E}e^{i\langle\theta,\xi_1\rangle}} = \left|\widecheck{\mu}(\theta)\right|^2.$$

3^0 *Wenn $\widetilde{X}_n$ transient ist, dann ist $S_n = X_{2n}$ transient.* Das folgt mit dem Chung–Fuchs Kriterium (13.9) und der folgenden Abschätzung des dort auftretenden Integranden:

$$\underbrace{\operatorname{Re}\frac{1}{1-r\widecheck{\mu}^2(\theta)}}_{\text{Integrand in (13.9) für } S_n = X_{2n}} \overset{\operatorname{Re} z^{-1}\leqslant(\operatorname{Re} z)^{-1}}{\leqslant} \frac{1}{1-r\operatorname{Re}\widecheck{\mu}^2(\theta)} \overset{\operatorname{Re} z\leqslant|z|}{\leqslant} \underbrace{\frac{1}{1-r|\widecheck{\mu}(\theta)|^2}}_{\text{Integrand in (13.9) für } \widetilde{X}_n}.$$

4^0 *Wenn $S_n = X_{2n}$ transient ist, dann ist X_n transient.* Wenn X_{2n} transient ist, dann gilt nach Satz 13.5 $\lim_{n\to\infty}|X_{2n}| = \infty$ f.s. Weil ξ_1 f.s. endlich ist, folgt $\lim_{n\to\infty}|X_{2n+1}| = \infty$ f.s. (vgl. Aufg. 13.13) und daher gilt $\lim_{n\to\infty}|X_n| = \infty$ f.s. (vgl. Aufg. 13.14). Wiederum mit Satz 13.5 folgt, dass $(X_n)_{n\in\mathbb{N}_0}$ transient ist.

Die Behauptung b) erhalten wir aus den Schritten 3^0 und 4^0. □

Wir zeigen nun, dass jede *echt* d-dimensionale Irrfahrt für $d \geqslant 3$ transient ist. „Echt d-dimensional" bedeutet, dass die Irrfahrt nicht nur Werte in einem $(d-1)$-dimensionalen Unterraum annimmt.

13.13 Definition. Eine ZV ξ_1 mit Werten in $\mathbb{R}^d$ heißt *echt d-dimensional*, wenn

$$\forall\theta \neq 0 \;:\; \mathbb{P}(\langle\theta,\xi_1\rangle \neq 0) > 0.$$

Wir benötigen die folgenden elementaren Ungleichungen.

13.14 Lemma. *Für alle $|t| \leqslant 1$ gilt $\frac{1}{4}t^2 \leqslant 1 - \cos t \leqslant \frac{1}{2}t^2$.*

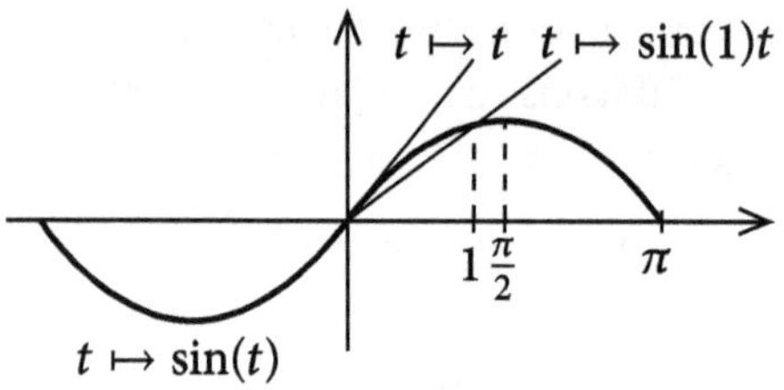

Abb. 13.3: Mit einem Konvexitätsargument sehen wir, dass $\sin(1)t \leqslant \sin t \leqslant t$ für alle $t \in [0,1]$ gilt.

Beweis. Aufgrund der Symmetrie können wir uns auf $0 \leqslant t \leqslant 1$ beschränken. Da $\sin t$ auf $[0,1]$ konkav ist (vgl. Abb. 13.3), wissen wir

$$\frac{\sin(1)}{1} \leqslant \frac{\sin t}{t} \leqslant 1 \iff \sin 1 \cdot t \leqslant \sin t \leqslant t \implies \sin(1)\int t\,dt \leqslant \int \sin t\,dt \leqslant \int t\,dt,$$

woraus $\frac{1}{2}\sin(1)t^2 \leqslant 1 - \cos t \leqslant \frac{1}{2}t^2$ und die behaupteten Ungleichungen folgen. □

13.15 Satz (Chung & Fuchs 1951). *Es sei $d \geqslant 3$. Jede Irrfahrt $(X_n)_{n\in\mathbb{N}_0}$ mit Werten in $\mathbb{R}^d$ und echt d-dimensionalen Schritten $(\xi_n)_{n\in\mathbb{N}}$, $\xi_n \sim \mu$, ist transient.*

Beweis. Wir verwenden das Transienzkriterium (13.14), d.h. wir müssen

$$\int_{B_\epsilon(0)} \frac{1}{1 - \operatorname{Re}\check{\mu}(\theta)}\,d\theta < \infty \tag{13.15}$$

für ein $\epsilon > 0$ zeigen.

1° Zunächst schätzen wir den Nenner des Integranden von (13.15) ab:

$$\begin{aligned}
1 - \operatorname{Re}\check{\mu}(\theta) &\overset{\int 1\,d\mu = 1}{=} \int \big(1 - \cos\langle y, \theta\rangle\big)\,\mu(dy) \\
&\overset{\text{Lemma 13.14}}{\geqslant} \frac{1}{4}\int_{|\langle y,\theta\rangle| \leqslant 1} |\langle y, \theta\rangle|^2\,\mu(dy) \\
&\overset{\theta = r\sigma,\ |\sigma| = 1}{\geqslant} \frac{1}{4} r^2 \int_{|\langle y,\sigma\rangle| \leqslant 1/r} |\langle y, \sigma\rangle|^2\,\mu(dy).
\end{aligned}$$

Wir definieren $C := \inf_{|\sigma|=1}\inf_{r\leqslant r_0}\int_{|\langle y,\sigma\rangle|\leqslant 1/r} |\langle y, \sigma\rangle|^2\,\mu(dy)$. In Schritt 3° zeigen wir, dass es ein r_0 gibt, so dass $C > 0$. Hier geht die echte d-Dimensionalität der Schritte ein.

2° Wir führen im Integral (13.15) Polarkoordinaten ein und schätzen die Funktionaldeterminante durch r^{d-1} ab:

$$\begin{aligned}
\int_{B_\epsilon(0)} \frac{1}{1 - \operatorname{Re}\check{\mu}(\theta)}\,d\theta &\leqslant \int_0^\epsilon \int_{\mathbb{S}^{d-1}} \frac{1}{1 - \operatorname{Re}\check{\mu}(r\sigma)}\,r^{d-1}\,d\sigma\,dr \\
&\overset{1^\circ}{\leqslant} \int_0^\epsilon r^{d-1}\frac{4}{C}r^2\,dr \int_{\mathbb{S}^{d-1}} d\sigma = C' \int_0^\epsilon r^{d-3}\,dr < \infty.
\end{aligned}$$

3° Angenommen, wir hätten $C = 0$. Dann finden wir Folgen $r_n \downarrow 0$ und $\sigma_n \in \mathbb{S}^{d-1}$, so dass

$$\int_{|\langle y,\sigma_n\rangle|\leqslant 1/r_n} |\langle y, \sigma_n\rangle|^2\,\mu(dy) \leqslant \frac{1}{n}.$$

Da $\mathbb{S}^{d-1}$ kompakt ist, können wir o.E. annehmen, dass $\sigma_n \to \sigma^* \in \mathbb{S}^{d-1}$, sonst wählen wir eine geeignete Teilfolge. Das Lemma von Fatou zeigt

$$\begin{aligned} 0 = \liminf_{n\to\infty} \int_{|\langle y,\sigma_n\rangle|\leqslant 1/r_n} |\langle y, \sigma_n\rangle|^2\,\mu(dy) &\geqslant \int \liminf_{n\to\infty} \left(\mathbb{1}_{\{|\langle y,\sigma_n\rangle|\leqslant 1/r_n\}} |\langle y, \sigma_n\rangle|^2\right) \mu(dy) \\ &= \int |\langle y, \sigma^*\rangle|^2\,\mu(dy) \overset{\xi_1 \text{ ist echt } d\text{-}}{\underset{\text{dimensional}}{>}} 0. \end{aligned}$$

Das ist ein Widerspruch, also gilt $C > 0$. □

Aufgaben

1. Verwenden Sie Lemma 8.13, um einen Beweis von Satz 13.2.c „⇒" zu erhalten, der nicht auf Satz 13.1 zurückgreift.
2. Es seien $(\xi_n)_{n\in\mathbb{N}}$ iid ZV mit Werten in $\mathbb{R}^d$ und $\xi_1 \sim \mu$, und $X_n := x + \xi_1 + \cdots + \xi_n$. Überlegen Sie sich, dass $\mathbb{P}^x = \delta_x \otimes \bigotimes_{n=1}^{\infty} \mu$ als Verteilung der Folge $(X_n)_{n\in\mathbb{N}_0}$ gewählt werden kann.
   Hinweis. Wiederholen Sie die Konstruktion unendlicher Produkte von Maßen [MI, Kapitel 17] und die Konstruktion von ZV [WT, S. 57*ff.*].
3. Es sei $\mathbb{X} = (\xi_n)_{n\in\mathbb{N}}$ eine permutierbare Folge von reellen ZV (vgl. Kapitel 8.3). Eine Menge A heißt permutierbar, wenn sie von der Form $A = \{\mathbb{X} \in B\}$ für ein geeignetes $B \subset \mathbb{R}^{\mathbb{N}}$ ist. Wir schreiben $\mathscr{I} := \{A \in \mathscr{A} : A \quad \text{ist permutierbar}\}$. Zeigen Sie, dass $\mathscr{I}$ eine σ-Algebra ist. Zeigen Sie, dass die terminale σ-Algebra $\mathscr{T} = \bigcap_{n\in\mathbb{N}} \sigma(\xi_n, \xi_{n+1}, \dots)$ in $\mathscr{I}$ enthalten ist.
4. Es sei $X_n = \xi_1 + \cdots + \xi_n$, $X_0 = 0$, eine Irrfahrt und $(c_n)_{n\in\mathbb{N}_0}$ eine Folge von reellen Zahlen $\neq 0$. Zeigen Sie, dass die Mengen
   $$A = \{\omega : X_n(\omega) \in B \quad \text{für unendlich viele } n \in \mathbb{N}\} \quad \text{und} \quad A' = \left\{\omega : \limsup_{n\to\infty} c_n^{-1} X_n(\omega) \geqslant 1\right\}$$
   permutierbar (vgl. Aufg. 13.3) sind. Sind diese Mengen terminal (im Sinne des Kolmogorovschen 0-1-Gesetzes)?
5. Überlegen Sie sich, dass Lemma 13.6 ein „scaling" Resultat für das mean occupation measure ist.
6. Eine ZV $G = (G_1, G_2)$ in $\mathbb{R}^2$ ist normalverteilt mit Mittelwertvektor $m = (m_1, m_2)^\top$ und (der strikt positiv semidefiniten, symmetrischen) Kovarianzmatrix $\Gamma \in \mathbb{R}^{2\times 2}$, wenn sie folgende Dichtefunktion besitzt:
   $$f_G(x) = (2\pi)^{-1}(\det \Gamma)^{-1/2} \exp\left[-\tfrac{1}{2}(x-m)^\top \Gamma^{-1}(x-m)\right], \quad x = (x_1, x_2)^\top \in \mathbb{R}^2.$$
   (a) Zeigen Sie, dass $f_G(x)$ eine W-dichte ist. Berechnen Sie $\mathbb{E}G_j$ und $\operatorname{Cov}(G_j, G_k)$ für $j, k \in \{1, 2\}$.
   (b) Finden Sie die charakteristische Funktion $\mathbb{E}e^{i\langle\xi, G\rangle}$, $\xi = (\xi_1, \xi_2)^\top$.

7. Es sei (X_n, Y_n), $n \in \mathbb{N}$, eine iid Folge von zentrierten (d.h. $\mathbb{E}X_1 = \mathbb{E}Y_1 = 0$) zweidimensionalen ZV, deren (zweite) Momente $\sigma_{XY} = \mathbb{E}(X_1Y_1)$, $\sigma_X^2 = \mathbb{E}(X_1^2) > 0$ und $\sigma_Y^2 = \mathbb{E}(Y_1^2) > 0$ existieren. Zeigen Sie, dass die Folge dem CLT genügt, d.h.

$$\frac{1}{\sqrt{n}} \sum_{k=1}^{n} (X_k, Y_k)^\top \xrightarrow[n\to\infty]{\mathrm{d}} G = (G_1, G_2)^\top \sim \mathsf{N}(0, \Gamma).$$

$\mathsf{N}(0, \Gamma)$ steht für eine zweidimensionale nicht-ausgeartete Normalverteilung mit Mittelwertvektor $\begin{pmatrix} 0 \\ 0 \end{pmatrix} \in \mathbb{R}^2$ und Kovarianzmatrix $\begin{pmatrix} \sigma_X^2 & \sigma_{XY} \\ \sigma_{YX} & \sigma_Y^2 \end{pmatrix} \in \mathbb{R}^{2\times 2}$.

Hinweis. Verwenden Sie den eindimensionalen CLT [WT, Satz 13.2] und den Cramér–Wold Trick [WT, Korollar 9.19], um die Aussage auf die eindimensionalen iid ZV $\xi X_n + \eta Y_n$ zurückzuführen.

8. Finden (und beweisen) Sie die Formulierung der Beziehungen (13.7) und (13.8) wenn $\mu(dx) = m(x)\,dx$ gilt. Überlegen Sie sich, dass (13.6)–(13.8) auch für $m \in L^1(dx)$ gelten.

9. Es sei $h(x) = (1 - |x|)^+$ die eindimensionale „Hut-Funktion." Zeigen Sie, dass für deren charakteristische Funktion $\check{h}$ folgende Aussagen gelten:
   (a) $\check{h}(\theta) = 2(1 - \cos\theta)/\theta^2$, $\theta \in \mathbb{R}$.
   (b) $\check{h}(\theta) \geqslant \gamma > 0$ für alle $-1 \leqslant \theta \leqslant 1$. Es gilt sogar $\gamma = \sin 1$.
   (c) $\check{h}(a^{-1}\theta) = a\widecheck{h(a\cdot)}(\theta)$ für $a > 0$ und $\theta \in \mathbb{R}$.

10. Es sei $B_r(0)$ eine (offene) Kugel im $\mathbb{R}^d$ mit Radius r und Mittelpunkt 0 und $Q_s(0)$ sei ein (offener) Würfel im $\mathbb{R}^d$ mit Kantenlänge s und Zentrum 0. Bestimmen Sie $s < S$, so dass $Q_s(0) \subset B_r(0) \subset Q_S(0)$ gilt („ein- und umbeschriebener Würfel").

11. Es sei $z \neq 0$ eine komplexe Zahl. Zeigen Sie, dass $|e^z| = e^{\operatorname{Re} z}$ und $\operatorname{Re} z \cdot \operatorname{Re} z^{-1} \leqslant 1$.

12. Es sei μ ein W-Maß im $\mathbb{R}^d$. Zeigen Sie, dass $\check{\mu}(0) = 1$ ist, dass $\theta \mapsto \check{\mu}(\theta)$ stetig ist und folgern Sie, dass es ein $\epsilon > 0$ gibt, so dass $\operatorname{Re}\check{\mu}(\theta) > 0$ für $|\theta| < \epsilon$.

13. Es sei $X_n = \xi_1 + \cdots + \xi_n$ eine Irrfahrt. Zeigen Sie, dass aus $\lim_{n\to\infty} |X_{2n}| = \infty$ f.s. auch $\lim_{n\to\infty} |X_{2n+1}| = \infty$ f.s. folgt.
    Hinweis. $X_{2n+1} = (X_{2n+1} - X_1) + \xi_1$ und $X_{2n} \sim X_{2n+1} - \xi_1 \perp\!\!\!\perp \xi_1$.

14. Es sei $(a_n)_{n\in\mathbb{N}}$ eine Folge in $\mathbb{R}^+$. Zeigen Sie, dass aus $\lim_{n\to\infty} a_{2n} = \lim_{n\to\infty} a_{2n+1} = \infty$ bereits folgt, dass $\lim_{n\to\infty} a_n = \infty$.

14 ⧫Irrfahrten und Analysis

In diesem Kapitel untersuchen wir den Zusammenhang zwischen (symmetrischen) Irrfahrten auf $\mathbb{Z}^d$, Potentialtheorie und partiellen Differenzengleichungen.

Irrfahrten mit beliebigen Startwerten

Wir untersuchen zunächst die Rolle des Startwerts einer allgemeinen Irrfahrt $(X_n)_{n\in\mathbb{N}_0}$, $X_n = X_0 + \xi_1 + \cdots + \xi_n$, mit iid Schritten $(\xi_n)_{n\in\mathbb{N}}$. Wie üblich schreiben wir $\mathbb{P}_Z$ für die Verteilung der ZV Z und $B_b(\mathbb{R}^d)$ bezeichnet die beschränkten Borel-messbaren Funktionen $u : \mathbb{R}^d \to \mathbb{R}$. Für $u \in B_b(\mathbb{R}^{nd})$ gilt

$$\begin{aligned}\mathbb{E}u(X_1, \dots, X_n) &= \mathbb{E}u(X_0 + \xi_1, \dots, X_0 + \xi_1 + \cdots + \xi_n)\\ &= \int u(X_0 + \xi_1, \dots, X_0 + \xi_1 + \cdots + \xi_n)\, d\mathbb{P}\\ &= \int u(x_0 + y_1, \dots, x_0 + y_1 + \cdots + y_n)\, \mathbb{P}_{X_0} \otimes \bigotimes_{i=1}^{n} \mathbb{P}_{\xi_i}(dx_0, dy_1, \dots, dy_n).\end{aligned}$$

Wir definieren $\mathbb{P}^x := \delta_x \otimes \bigotimes_{i\in\mathbb{N}_0} \mathbb{P}_{\xi_i}$ und schreiben $\mathbb{E}^x$ für den entsprechenden Erwartungswert. Mit dieser Bezeichnung haben wir für beschränkte messbare Funktionen $u : \mathbb{R}^d \to \mathbb{R}$ und $\Phi : (\mathbb{R}^d)^{\mathbb{N}_0} \to \mathbb{R}$

$$\mathbb{E}^x u(X_n) = \mathbb{E}^0 u(X_n + x) \quad \text{und} \quad \mathbb{E}^x \Phi(X_\bullet) = \mathbb{E}^0 \Phi(X_\bullet + x). \tag{14.1}$$

Beachte, dass $\Phi(X_\bullet) = \Phi(X_0, X_1, X_2, \dots)$ eine Funktion bezeichnet, die von der gesamten Irrfahrt $(X_n)_{n\in\mathbb{N}_0}$ abhängt.

! Bisher haben wir meistens $X_0 = 0$ angenommen und (implizit) $\mathbb{P} = \mathbb{P}^0$, $\mathbb{E} = \mathbb{E}^0$ verwendet. Wir können die Beziehungen (14.1) verwenden, um das bisher für $(X_n)_{n\in\mathbb{N}_0}$, $X_0 = 0$, verwendete W-Maß $\mathbb{P}$ durch die Vorschrift

$$\mathbb{P}^x(X_i \in B_i,\ i = 1, \dots, n) := \mathbb{P}(X_i + x \in B_i,\ i = 1, \dots, n) = \mathbb{P}(X_i \in B_i - x,\ i = 1, \dots, n),$$

$n \in \mathbb{N}$, $B_1, \dots, B_n \in \mathscr{B}(\mathbb{R}^d)$, auf eine Familie W-Maßen $(\mathbb{P}^x)_{x\in\mathbb{R}^d}$ und Irrfahrten $(X_n)_{n\in\mathbb{N}_0}$ mit $X_0 = x$, $x \in \mathbb{R}^d$ auszudehnen.

Diese Überlegung erlaubt es uns, $\mathbb{P}$ mit $\mathbb{P}^0$ und $\mathbb{E}$ mit $\mathbb{E}^0$ zu identifizieren. Wir werden im Folgenden die Maße $\mathbb{P}$ und $\mathbb{E}$ ausschließlich für $(X_n)_{n\in\mathbb{N}_0}$ mit $X_0 = 0$ verwenden. Die Resultate der vorangehenden Kapitel können daher konsistent verwendet werden.

Wenn wir alle $\mathbb{P}^x$, $x \in \mathbb{R}^d$, gleichzeitig betrachten, ist $(X_n)_{n\in\mathbb{N}_0}$ eine Familie von Irrfahrten. Offensichtlich gilt $\sigma(X_0, \dots, X_n) = \sigma(X_0 + x, \dots, X_n + x)$, d.h. die natürliche Filtration hängt nicht vom zu Grunde liegenden W-Maß $\mathbb{P}^x$ ab.

14.1 Lemma. *Es sei $(X_n)_{n\in\mathbb{N}_0}$ eine Irrfahrt mit Werten in $\mathbb{R}^d$, $\mathscr{F}_n = \sigma(X_0, X_1, \dots, X_n)$ die natürliche Filtration und T eine Stoppzeit.*

https://doi.org/10.1515/9783110350685-014

a) *Für alle* $k, n \in \mathbb{N}$, $F \in \mathscr{F}_k$, $B \in \mathscr{B}(\mathbb{R}^d)$ *und* $x \in \mathbb{R}^d$ *gilt*

$$\begin{aligned} \mathbb{P}^x\left(\{X_{n+k} - X_k \in B\} \cap F\right) &= \mathbb{P}^x\left(X_n - X_0 \in B\right) \mathbb{P}^x(F) \\ &= \mathbb{P}^0\left(X_n \in B\right) \mathbb{P}^x(F). \end{aligned} \tag{14.2}$$

Unter $\mathbb{P}^x$ *gilt insbesondere* $X_{n+k} - X_k \sim X_n - X_0$ *und* $X_{n+k} - X_k \perp\!\!\!\perp \mathscr{F}_k$.

b) *Für alle* $F \in \mathscr{F}_T$, $\Gamma \in \mathscr{B}(\mathbb{R}^d)^{\otimes \mathbb{N}_0}$ *und* $x \in \mathbb{R}^d$ *gilt*

$$\begin{aligned} \mathbb{P}^x\left(\{X_{T+\bullet} - X_T \in \Gamma\} \cap F \cap \{T < \infty\}\right) &= \mathbb{P}^x\left(X_\bullet - X_0 \in \Gamma\right) \mathbb{P}^x(F \cap \{T < \infty\}) \\ &= \mathbb{P}^0\left(X_\bullet \in \Gamma\right) \mathbb{P}^x(F \cap \{T < \infty\}). \end{aligned} \tag{14.3}$$

Unter $\mathbb{P}^x$ *gilt insbesondere* $X_{T+\bullet} - X_T \sim X_\bullet - X_0$ *und* $X_{T+\bullet} - X_T \perp\!\!\!\perp \mathscr{F}_T$ *bezüglich der bedingten Wahrscheinlichkeit* $\mathbb{P}^x(\bullet \mid \{T < \infty\})$.

Beweis. Es reicht aus, (14.2) für Mengen eines $\cap$-stabilen Erzeugers der σ-Algebra $\mathscr{F}_k$ zu zeigen. Wir wählen $F = \bigcap_{i=1}^k \{X_i \in B_i\}$, $B_i \in \mathscr{B}(\mathbb{R}^d)$, und erhalten mit Hilfe von Satz 13.3

$$\begin{aligned} \mathbb{P}^x\left(\{X_{n+k} - X_k \in B\} \cap \bigcap_{i=1}^k \{X_i \in B_i\}\right) &= \mathbb{P}^0\left(\{X_{n+k} + x - X_k - x \in B\} \cap \bigcap_{i=1}^k \{X_i + x \in B_i\}\right) \\ &= \mathbb{P}^0\left(X_n \in B\right) \mathbb{P}^0\left(\bigcap_{i=1}^k \{X_i + x \in B_i\}\right) \\ &= \mathbb{P}^x\left(X_n - x \in B\right) \mathbb{P}^x\left(\bigcap_{i=1}^k \{X_i \in B_i\}\right). \end{aligned}$$

Weil $\mathbb{P}^x(X_n - X_0 \in B) = \mathbb{P}^x(X_n - x \in B) = \mathbb{P}^0(X_n \in B)$ gilt, folgt die Behauptung. Der Zusatz ist offensichtlich.

Wir zeigen erst (14.3) für Mengen der Gestalt $\Gamma = \underbrace{\mathbb{R}^d \times \mathbb{R}^d \times \cdots \times \mathbb{R}^d \times B}_{\text{Koordinaten } 0 \to n} \times \mathbb{R}^d \times \cdots$, $B \in \mathscr{B}(\mathbb{R}^d)$ und $n \in \mathbb{N}$, d.h.

$$\mathbb{P}^x\left(\{X_{T+n} - X_T \in B\} \cap F \cap \{T < \infty\}\right) = \mathbb{P}^x\left(X_n - X_0 \in B\right) \mathbb{P}^x(F \cap \{T < \infty\}).$$

Weil $F \in \mathscr{F}_T$ ist, gilt $F \cap \{T = k\} \in \mathscr{F}_k$ (vgl. Schritt 1° im Beweis von Satz 13.3) und

$$\begin{aligned} \mathbb{P}^x\left(\{X_{T+n} - X_T \in B\} \cap F \cap \{T < \infty\}\right) &= \sum_{k=0}^\infty \mathbb{P}^x\left(\{X_{T+n} - X_T \in B\} \cap F \cap \{T = k\}\right) \\ &= \sum_{k=0}^\infty \mathbb{P}^x\left(\{X_{k+n} - X_k \in B\} \cap F \cap \{T = k\}\right) \\ &\overset{(14.2)}{=} \sum_{k=0}^\infty \mathbb{P}^x\left(\{X_n - X_0 \in B\}\right) \mathbb{P}^x\left(F \cap \{T = k\}\right) \\ &= \mathbb{P}^x\left(\{X_n - X_0 \in B\}\right) \mathbb{P}^x\left(F \cap \{T < \infty\}\right) \\ &= \mathbb{P}^0\left(\{X_n \in B\}\right) \mathbb{P}^x\left(F \cap \{T < \infty\}\right). \end{aligned}$$

Für beliebige Mengen $\Gamma \in \mathscr{B}(\mathbb{R}^d)^{\otimes \mathbb{N}_0}$ folgt die Behauptung wie im Beweis von Satz 13.3.

Der Zusatz $X_{T+\bullet} - X_T \sim X_\bullet - X_0$ folgt unmittelbar aus (14.3). Indem wir (14.3) für $F = \Omega$ und dann für beliebige $F \in \mathscr{F}_T$ verwenden, erhalten wir einerseits

$$\begin{aligned} &\mathbb{P}^x\left(\{X_{T+\bullet} - X_T \in \Gamma\} \cap \{T < \infty\}\right) = \mathbb{P}^x\left(X_\bullet - X_0 \in \Gamma\right) \mathbb{P}^x(\{T < \infty\}) \\ \implies\ &\mathbb{P}^x\left(\{X_{T+\bullet} - X_T \in \Gamma\} \mid \{T < \infty\}\right) = \mathbb{P}^x\left(X_\bullet - X_0 \in \Gamma\right) \end{aligned}$$

und andererseits

$$\mathbb{P}^x\left(\{X_{T+\bullet} - X_T \in \Gamma\} \cap F \mid \{T < \infty\}\right) = \mathbb{P}^x\left(\{X_{T+\bullet} - X_T \in \Gamma\} \mid \{T < \infty\}\right) \mathbb{P}^x(F \mid \{T < \infty\}).$$

Das zeigt die Unabhängigkeit von $X_{T+\bullet} - X_T$ und $\mathscr{F}_T$ bezüglich der (klassischen) bedingten Wahrscheinlichkeit $\mathbb{P}^x(\bullet \mid \{T < \infty\})$. □

Die neuen Bezeichnungen $\mathbb{P}^x$ und $\mathbb{E}^x$ erlauben es uns, die Irrfahrt anzuhalten und an einem neuen, zufälligen Zeitpunkt wieder zu starten.

14.2 Satz (Starke Markov-Eigenschaft (SME)). *Es sei $(X_n)_{n\in\mathbb{N}_0}$ eine Irrfahrt mit Werten in $\mathbb{R}^d$ und T eine Stoppzeit bezüglich der Filtration $\mathscr{F}_n = \sigma(X_0, \dots, X_n)$. Dann gilt für alle $\mathscr{B}(\mathbb{R}^d)^{\otimes\mathbb{N}_0}/\mathscr{B}(\mathbb{R})$ messbaren beschränkten $\Phi : (\mathbb{R}^d)^{\mathbb{N}_0} \to \mathbb{R}$*

$$\mathbb{E}^x\left(\mathbb{1}_{F\cap\{T<\infty\}}\Phi(X_{T+\bullet})\right) = \mathbb{E}^x\left(\mathbb{1}_{F\cap\{T<\infty\}}\mathbb{E}^{X_T}\Phi(X_\bullet)\right), \quad \forall F \in \mathscr{F}_T. \tag{14.4}$$ [13]

Insbesondere gilt für $u \in B_b(\mathbb{R}^d)$ und $n \in \mathbb{N}_0$

$$\mathbb{E}^x\left(\mathbb{1}_{F\cap\{T<\infty\}}u(X_{T+n})\right) = \mathbb{E}^x\left(\mathbb{1}_{F\cap\{T<\infty\}}\mathbb{E}^{X_T}u(X_n)\right), \quad \forall F \in \mathscr{F}_T.$$ [13]

---

i Wir können (14.4) insbesondere für eine konstante Stoppzeit $T \equiv m$ verwenden. In diesem Fall spricht man auch von der *(einfachen) Markov-Eigenschaft*, allerdings fallen die Begriffe „starke Markov-Eigenschaft" und „(einfache) Markov-Eigenschaft" für Prozesse in diskreter Zeit zusammen.

Wir können (14.4) äquivalent schreiben als

$$\mathbb{E}^x\left(\Phi(X_{T+\bullet}) \mid \mathscr{F}_T\right) = \mathbb{E}^{X_T}\Phi(X_\bullet) \quad \mathbb{P}^x\text{-f.s. auf } \{T < \infty\} \tag{14.5}$$

oder, mit Hilfe des Sombrero-Lemmas, als

$$\mathbb{E}^x\left(Z\mathbb{1}_{\{T<\infty\}} \cdot \Phi(X_{T+\bullet})\right) = \mathbb{E}^x\left(Z\mathbb{1}_{\{T<\infty\}} \cdot \mathbb{E}^{X_T}\Phi(X_\bullet)\right) \quad \forall Z \in L^\infty(\mathscr{F}_T). \tag{14.6}$$

Beweis von Satz 14.2. Prinzipiell können wir diese Aussage auf die in Lemma 14.1.b gezeigte bedingte Unabhängigkeit von $X_{T+\bullet} - X_T$ und $\mathscr{F}_T$ zurückführen. Das folgende Argument kommt ohne bedingte Wahrscheinlichkeiten aus. Wegen Lemma 14.1.a

---

13 $\mathbb{E}^x\left(\mathbb{1}_{F\cap\{T<\infty\}}\mathbb{E}^{X_T}\Phi(X_\bullet)\right) = \int_{F\cap\{T<\infty\}} \mathbb{E}^{X_T(\omega)}\Phi(X_\bullet)\,\mathbb{P}^x(d\omega) = \int_{F\cap\{T<\infty\}}\int_\Omega \Phi(X_\bullet(\omega'))\,\mathbb{P}^{X_T(\omega)}(d\omega')\,\mathbb{P}^x(d\omega)$. **!**

haben wir

$$
\begin{aligned}
\mathbb{E}^x\left(\mathbb{1}_{F\cap\{T<\infty\}}\Phi(X_{T+\bullet})\right) &= \sum_{k=0}^{\infty}\mathbb{E}^x\left(\mathbb{1}_{F\cap\{T=k\}}\Phi(X_{T+\bullet})\right)\\
&= \sum_{k=0}^{\infty}\mathbb{E}^x\Big(\overbrace{\mathbb{1}_{F\cap\{T=k\}}}^{\mathscr{F}_k\text{ mb.}}\Phi\big(\underbrace{[X_{k+\bullet}-X_k]}_{\perp\!\!\!\perp\,\mathscr{F}_k,\ \sim X_\bullet\text{ bzgl. }\mathbb{P}^0}+\overbrace{X_k}^{\mathscr{F}_k\text{ mb.}}\big)\Big)\\
&= \sum_{k=0}^{\infty}\mathbb{E}^x\left(\mathbb{1}_{F\cap\{T=k\}}\int\Phi(X_\bullet(\omega)+y)\,\mathbb{P}^0(d\omega)\Big|_{y=X_k}\right)\\
&= \sum_{k=0}^{\infty}\mathbb{E}^x\left(\mathbb{1}_{F\cap\{T=k\}}\int\Phi(X_\bullet(\omega))\,\mathbb{P}^y(d\omega)\Big|_{y=X_k}\right)\\
&= \mathbb{E}^x\left(\mathbb{1}_{F\cap\{T<\infty\}}\int\Phi(X_\bullet(\omega))\,\mathbb{P}^{X_T}(d\omega)\right)\\
&= \mathbb{E}^x\left(\mathbb{1}_{F\cap\{T<\infty\}}\mathbb{E}^{X_T}\Phi(X_\bullet)\right). \qquad \square
\end{aligned}
$$

Eine weitere Spielart der (starken) Markoveigenschaft ist das folgende *stop'n'go*-Prinzip, bei dem wir einen Schritt gehen und dann die Irrfahrt vom zufälligen Ausgangspunkt X_1 wieder starten. Das folgende Korollar ergibt sich unmittelbar aus (14.4) mit $T \equiv 1$ und $F = \Omega$.

14.3 Korollar (stop'n'go Prinzip). *Es sei $(X_n)_{n\in\mathbb{N}_0}$ eine beliebige Irrfahrt mit Werten in $\mathbb{R}^d$ und $\phi : (\mathbb{R}^d)^{\mathbb{N}} \to \mathbb{R}$ eine beschränkte $\mathscr{B}(\mathbb{R}^d)^{\otimes\mathbb{N}}/\mathscr{B}(\mathbb{R})$-messbare Funktion. Es gilt*

$$\mathbb{E}^x\phi(X_1, X_2, X_3, \dots) = \mathbb{E}^x\left[\mathbb{E}^{X_1}\phi(X_0, X_1, X_2, \dots)\right], \quad x \in \mathbb{R}^d. \tag{14.7}$$

Elemente der Potentialtheorie für einfache Irrfahrten

In diesem und im folgenden Abschnitt betrachten wir wieder einfache symmetrische Irrfahrten $(X_n)_{n\in\mathbb{N}_0}$ auf dem Gitter $\mathbb{Z}^d$, d.h. Irrfahrten mit Startpunkt $X_0 = x \in \mathbb{Z}^d$ und iid Schritten $(\xi_n)_{n\in\mathbb{N}}$ mit $\mathbb{P}^x(\xi_n = e) = 1/(2d)$, $e \in \mathbb{Z}^d$, $|e| = 1$. Der Einfachheit halber nehmen wir (oft stillschweigend) an, dass $(X_n)_{n\in\mathbb{N}_0}$ und alle damit zusammenhängende Variablen e, x aus dem Gitter $\mathbb{Z}^d$ sind; wie üblich bezeichnen wir mit $e_i = (0, \dots, 0, 1, 0, \dots)$ den $i$ten Einheitsvektor und $|\cdot|$ die Euklidische Norm.

Für $u : \mathbb{Z}^d \to \mathbb{R}$ gilt

$$\mathbb{E}^x u(X_1) = \mathbb{E}^0 u(X_1 + x) = \sum_{|e|=1} u(e + x)\mathbb{P}^0(X_1 = e) = \frac{1}{2d}\sum_{i=1}^{d}(u(x + e_i) + u(x - e_i))$$

$$\implies \mathbb{E}^x u(X_1) - u(x) = \frac{1}{2d}\sum_{i=1}^{d}(u(x + e_i) + u(x - e_i) - 2u(x)).$$

Wenn wir den Ausdruck $u(x + h) + u(x - h) - 2u(x)$ als $\nabla_h^2 u(x - h)$ für den (auf x wirkenden) Differenzenoperator $\nabla_h u(x) := u(x + h) - u(x)$ verstehen, können wir den Operator $u \mapsto \mathbb{E}^{\bullet}u(X_1) - u(\cdot)$ als „diskrete zweite Ableitung“ interpretieren.

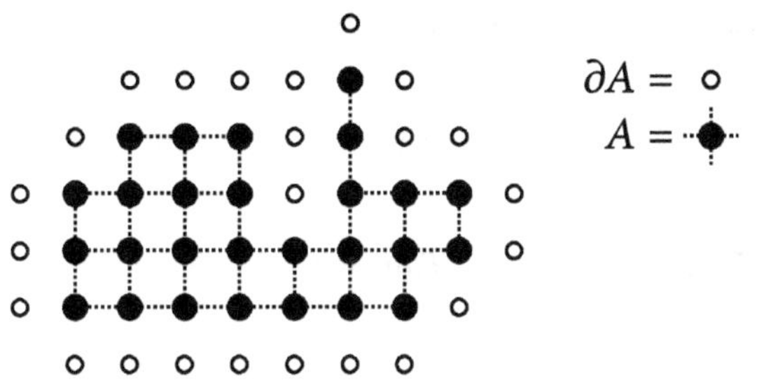

Abb. 14.1: Eine zusammenhängende Menge $A \subset \mathbb{Z}^2$ und ihr Rand ∂A.

Hinter dieser scheinbar trivialen Beobachtung steht ein deutlich tiefer gehender Zusammenhang zwischen Irrfahrten, Martingalen und Potentialtheorie. Viele Begriffsbildungen für den Laplace-Operator $\sum_{i=1}^d \frac{\partial^2}{\partial x_i^2}$ lassen sich auf die diskrete Situation übertragen, und wir können typische Phänomene des kontinuierlichen Falls in einem einfachen diskreten Kontext studieren. Diese Beobachtung geht auf eine Arbeit von Courant, Friedrichs und Lewy [13] zurück.

14.4 Definition. a) Es sei $u : \mathbb{Z}^d \to \mathbb{R}$. Der *diskrete Laplace-Operator* ist definiert als

$$\Delta u(x) := \frac{1}{2d} \sum_{|e|=1} (u(x+e) - u(x)) = \frac{1}{2d} \sum_{i=1}^{d} (u(x+e_i) + u(x-e_i) - 2u(x)), \quad x \in \mathbb{Z}^d.$$

b) Eine Funktion $u : \mathbb{Z}^d \to \mathbb{R}$ heißt
- *harmonisch* auf der Menge $A \subset \mathbb{Z}^d$, wenn $\Delta u(x) = 0$, $x \in A$;
- *subharmonisch* auf der Menge $A \subset \mathbb{Z}^d$, wenn $\Delta u(x) \geqslant 0$, $x \in A$;
- *superharmonisch* auf der Menge $A \subset \mathbb{Z}^d$, wenn $\Delta u(x) \leqslant 0$, $x \in A$.

Wenn $A = \mathbb{Z}^d$ ist, entfällt üblicherweise der Zusatz „auf der Menge $\mathbb{Z}^d$."

14.5 Definition. Es sei $(X_n)_{n\in\mathbb{N}_0}$ eine einfache symmetrische Irrfahrt mit Werten in $\mathbb{Z}^d$. Der lineare Operator

$$Pu(x) := \mathbb{E}^x u(X_1) = \sum_{|e|=1} u(e)\mathbb{P}^x(X_1 = e) = \frac{1}{2d} \sum_{|e|=1} u(x+e)$$

heißt *Übergangsoperator* (engl. *transition operator*) der Irrfahrt.

Wenn wir mit I die Identität $Iu = u$ bezeichnen, gilt offensichtlich $\Delta = P - I$.

Wir benötigen noch einige „topologische" Begriffe, um Teilmengen von $\mathbb{Z}^d$ besser beschreiben zu können.

14.6 Definition. Der *Rand* ∂A einer Menge $A \subset \mathbb{Z}^d$ (vgl. Abb. 14.1) ist definiert als

$$\partial A = \{x \notin A : \exists a \in A, |x-a| = 1\}.$$

Der *Abschluss* einer Menge $A \subset \mathbb{Z}^d$ ist $\overline{A} := A \cup \partial A$. Zwei Punkte $x, y \in \mathbb{Z}^d$ mit $|x-y| = 1$ heißen *benachbart*. Eine Menge $A \subset \mathbb{Z}^d$ heißt *zusammenhängend*, wenn es für je zwei

Punkte $x, y \in A$ eine Folge $x_0, \dots, x_n \in A$ gibt, so dass $x_0 = x$, $x_n = y$ und $|x_i - x_{i-1}| = 1$ für alle $i = 1, \dots, n$ gilt.

Wir können nun typische Resultate der Potentialtheorie auf die diskrete Situation übertragen.

14.7 Satz (Liouville). *Alle beschränkten harmonischen Funktionen* $u : \mathbb{Z}^d \to \mathbb{R}$ *sind konstant.*

Beweis. Es sei u harmonisch und beschränkt. Für jedes feste $|e| = 1$ ist die Funktion $\phi(x) := u(x+e) - u(x)$ harmonisch und durch $2\sup_x |u(x)|$ beschränkt.

Wir setzen $m_\phi := \sup_x \phi(x)$. Weil ϕ beschränkt ist, gibt es für jedes $\epsilon > 0$ einen Punkt $y_\epsilon \in \mathbb{Z}^d$, so dass $\phi(y_\epsilon) > m_\phi - \epsilon$ ist. Wegen der Harmonizität von ϕ gilt

$$0 = \Delta\phi(y_\epsilon) = \phi(y_\epsilon) - P\phi(y_\epsilon) = \frac{1}{2d} \sum_{|e|=1} (\phi(y_\epsilon) - \phi(y_\epsilon + e)),$$

was nur möglich ist, wenn $\phi(y_\epsilon + e) > m_\phi - 2d\epsilon$ für alle $|e| = 1$ gilt [✍]. Wir können diesen Schritt nacheinander mit den Punkten $y_\epsilon + e, \dots, y_\epsilon + ie$ wiederholen und erhalten, dass $\phi(y_\epsilon + ie) \geqslant m_u - 2id\epsilon$ für alle $|e| = 1$ gilt.

Mit einem Teleskopsummenargument erhalten wir

$$\begin{aligned} u(y_\epsilon + ne) - u(y_\epsilon) &= \sum_{i=0}^{n-1} \overbrace{[u(y_\epsilon + (i+1)e) - u(y_\epsilon + ie)]}^{=\phi(y_\epsilon + ie)} \\ &> \sum_{i=0}^{n-1} (m_\phi - 2id\epsilon) = nm_\phi - n(n-1)d\epsilon. \end{aligned}$$

Wenn $m_\phi > 0$ ist, dann können wir für große n und kleine $\epsilon = \epsilon(n)$ die rechte Seite dieses Ausdrucks beliebig groß machen, während die linke Seite nach Voraussetzung beschränkt ist. Mithin haben wir $m_\phi \leqslant 0$, also $u(x+e) \leqslant u(x)$ für alle $x \in \mathbb{Z}^d$ und $|e| = 1$.

Weil u harmonisch ist, gilt für alle $x \in \mathbb{Z}^d$

$$0 = \Delta u(x) = u(x) - Pu(x) = \frac{1}{2d} \sum_{i=1}^{d} \underbrace{(u(x) - u(x+e))}_{\geqslant 0} \implies u(x) = u(x+e),$$

und wir folgern daraus, dass u konstant ist. □

14.8 Satz (Maximumprinzip). *Es sei* $A \subset \mathbb{Z}^d$ *eine zusammenhängende Menge und* u *auf* A *subharmonisch. Wenn* u *auf* $\overline{A}$ *das Maximum annimmt, dann gilt* $\max_{\overline{A}} u = \max_{\partial A} u$.

Beweis. Ohne Einschränkung sei u nicht konstant. Wir nehmen an, dass das Maximum in A liegt, d.h.

$$\exists x_0 \in A \quad \forall y \in \overline{A} \ : \ u(x_0) \geqslant u(y). \tag{14.8}$$

Weil u subharmonisch ist, gilt

$$u(x_0) \leqslant Pu(x_0) = \frac{1}{2d} \sum_{|e|=1} u(x_0 + e) \overset{(14.8)}{\leqslant} u(x_0) \implies \forall |e| = 1 \;:\; u(x_0) = u(x_0 + e).$$

Auf diese Weise – hier geht der Zusammenhang von A ein – können wir von x_0 aus jedes $y \in A$ durch eine Folge benachbarter Punkte aus A erreichen. Daher zeigt unser Argument, dass $u(x_0) = u(y)$ gilt, d.h. u ist – im Widerspruch zur Annahme – konstant. Ein echtes Maximum kann also nur auf dem Rand angenommen werden. □

Es besteht ein enger Zusammenhang zwischen Irrfahrten, dem diskreten Laplace-Operator und Martingalen.

14.9 Lemma. *Für eine einfache symmetrische Irrfahrt $(X_n)_{n\in\mathbb{N}_0}$ und alle beschränkten Funktionen $u : \mathbb{Z}^d \to \mathbb{R}$ ist*

$$M_0 := M_0^u := u(X_0) \quad \text{und} \quad M_n := M_n^u := u(X_n) - \sum_{i=0}^{n-1} \Delta u(X_i), \quad n \in \mathbb{N}, \tag{14.9}$$

ein Martingal bezüglich der Filtration $\mathscr{F}_n := \sigma(X_0, \dots, X_n)$ und allen $\mathbb{P}^x$, $x \in \mathbb{Z}^d$.

Beweis. Weil u beschränkt ist, sind alle im Lemma auftretenden Ausdrücke integrierbar. Mit der starken Markoveigenschaft (Satz 14.2) und der Definition von Δ erhalten wir

$$\mathbb{E}^x(u(X_{n+1}) \mid \mathscr{F}_n) \overset{(14.5)}{=} \mathbb{E}^{X_n} u(X_1) = Pu(X_n) \overset{\text{Def.}}{=} u(X_n) + \Delta u(X_n) \quad \mathbb{P}^x\text{-f.s.}$$

Daraus folgt dann

$$\begin{aligned}
\mathbb{E}^x\left(M_{n+1} \mid \mathscr{F}_n\right) &\overset{\text{pull out}}{=} \mathbb{E}^x\left(u(X_{n+1}) \mid \mathscr{F}_n\right) - \sum_{i=0}^{n} \Delta u(X_i) \\
&= u(X_n) + \Delta u(X_n) - \sum_{i=0}^{n} \Delta u(X_i) = M_n.
\end{aligned}$$
□

Für harmonische Funktionen erhalten wir insbesondere

14.10 Lemma. *Es sei $(X_n)_{n\in\mathbb{N}_0}$ eine einfache Irrfahrt, $u : \mathbb{Z}^d \to \mathbb{R}$ eine beschränkte harmonische Funktion auf $A \subset \mathbb{Z}^d$ und $T = \inf\{n \in \mathbb{N}_0 : X_n \in A^c\}$. Dann ist $M_n := u(X_{n\wedge T})$ ein Martingal bezüglich $\mathscr{F}_n$ und allen $\mathbb{P}^x$.*

Beweis. Wir wenden Satz 4.4 (optional sampling) auf das Martingal M_n^u aus Lemma 14.9 an. Auf Grund der Definition von T haben wir $X_i \in A$ für alle $i < T$, also ist $\Delta u(X_i) = 0$. Daher gilt

$$u(X_{n\wedge T}) - \sum_{i=0}^{n\wedge T-1} \Delta u(X_i) = u(X_{n\wedge T}) - \sum_{0\leqslant i<n\wedge T} \Delta u(X_i) = u(X_{n\wedge T}) \quad \text{auf } \{T > 0\}.$$

Für $T = 0$ ist $M_{n\wedge T} = M_0 = u(X_0) = u(X_{n\wedge T})$. Die Behauptung folgt aus Lemma 14.9 durch optional sampling. □

Randwertprobleme und einfache Irrfahrten

In diesem Abschnitt beschäftigen wir uns mit den diskreten Versionen des klassischen Dirichletschen Problems für den Laplace-Operator und damit verwandter Randwertaufgaben. Mit Hilfe der Irrfahrt können wir stochastische Lösungsformeln für diese Randwertprobleme angeben und das Verhalten der Lösungen studieren.

Uns interessiert das Austrittsverhalten einer d-dimensionalen einfachen Irrfahrt aus einer Menge $A \subset \mathbb{Z}^d$. Im eindimensionalen Fall kennen wir bereits Satz 11.6 und die Waldschen Identitäten (11.1), (11.2), woraus wir für die Stoppzeit $T = T(a, b) = \inf\{n \in \mathbb{N} : X_n \notin (a, b)\}$ und $a < 0 < b$

$$\mathbb{P}^0(X_T = a) = \frac{b}{b-a} \quad \text{und} \quad \mathbb{P}^0(X_T = b) = \frac{-a}{b-a}$$

gefolgert haben. Das wollen wir nun verallgemeinern. Zunächst brauchen wir die Entsprechung von Satz 11.6.

14.11 Lemma. *Es sei $(X_n)_{n\in\mathbb{N}_0}$ eine einfache symmetrische Irrfahrt, $A \subset \mathbb{Z}^d$ eine beschränkte Menge und $T = T_{A^c} = \inf\{n \in \mathbb{N}_0 : X_n \in A^c\}$. Dann gibt es Konstanten $C = C(A) > 0$ und $\rho = \rho(A) \in (0, 1)$, so dass*

$$\mathbb{P}^x(T > n) \leqslant C\rho^n, \qquad n \in \mathbb{N},\ x \in A.$$

Insbesondere gilt $\mathbb{E}^x T < \infty$.

Beweis. Wir können ähnlich wie im Beweis von Satz 11.6 argumentieren. Weil A beschränkt ist, haben wir $m := \#A < \infty$. Offensichtlich können wir, ausgehend von $X_0 = x \in A$, die Menge A mit (weniger als) m Schritten verlassen. Daher folgt

$$\mathbb{P}^x(X_m \notin A) \geqslant \left(\frac{1}{2d}\right)^m \implies \mathbb{P}^x(X_m \in A) \leqslant 1 - \left(\frac{1}{2d}\right)^m =: \rho.$$

Mit Hilfe der starken Markov Eigenschaft (Satz 14.2) erhalten wir

$$\begin{aligned}
\mathbb{P}^x(T > 2m) &\leqslant \mathbb{P}^x(X_m \in A, X_{2m} \in A) \\
&= \mathbb{E}^x[\mathbb{1}_A(X_m)\mathbb{1}_A(X_{2m})] \\
&\overset{\text{SME}}{=} \mathbb{E}^x[\mathbb{1}_A(X_m)\underbrace{\mathbb{E}^{X_m}(\mathbb{1}_A(X_m))}_{\leqslant\rho}] \\
&\leqslant \rho\,\mathbb{E}^x\mathbb{1}_A(X_m) \leqslant \rho^2.
\end{aligned}$$

Indem wir diese Rechnung iterieren, sehen wir $\mathbb{P}^x(T > km) \leqslant \rho^k$ für alle $k \in \mathbb{N}$. Weil wir $n \in \mathbb{N}_0$ in der Form $n = km + l$, $l \in \{0, \dots, m-1\}$ darstellen können, ist

$$\mathbb{P}^x(T > n) \leqslant \mathbb{P}(T > km) \leqslant \rho^{km} \leqslant C_{m,\rho}\rho^n.$$

Der Zusatz folgt aus

$$\mathbb{E}^x T = \sum_{n=0}^{\infty} \mathbb{P}^x(T > n) \leqslant C \sum_{n=0}^{\infty} \rho^n < \infty. \qquad \square$$

Wir können nun eine stochastische Lösung für das diskrete *Dirichlet-Problem* angeben.

14.12 Satz. *Es sei $A \subset \mathbb{Z}^d$ eine beschränkte Menge und $f : \partial A \to \mathbb{R}$. Weiter sei $(X_n)_{n\in\mathbb{N}_0}$ eine einfache symmetrische Irrfahrt und $T = \inf\{n \in \mathbb{N}_0 : X_n \in A^c\}$. Das diskrete* Dirichlet-Problem

$$\begin{aligned} \Delta u(x) &= 0, \quad x \in A, \\ u(x) &= f(x), \quad x \in \partial A, \end{aligned} \tag{14.10}$$

hat eine eindeutige Lösung. Diese ist gegeben durch

$$u(x) = \mathbb{E}^x f(X_T), \qquad x \in \overline{A}. \tag{14.11}$$

Bei der Aufgabe (14.10) handelt es sich um ein Gleichungssystem von #A Gleichungen mit #A Unbekannten, d.h. die eindeutige Lösbarkeit ist nicht sonderlich erstaunlich – überraschend ist eher die Art, wie wir das System lösen und die Lösung darstellen können.

Beweis von Satz 14.12. Weil A beschränkt ist, ist auch $\#\partial A < \infty$, und daher sind alle im Satz genannten Funktionen auf $\overline{A}$ beschränkt.

Eindeutigkeit der Lösung: Angenommen u ist eine Lösung des Problems (14.10). Wegen Lemma 14.10 ist $M_n := u(X_{n\wedge T})$ ein beschränktes Martingal. Weil A beschränkt ist, haben wir $\mathbb{E}^x T < \infty$ für alle $x \in A$ (Lemma 14.11), und wir können den Satz vom optional stopping anwenden (Satz 4.7.c). Wir erhalten

$$u(x) = \mathbb{E}^x M_0 \overset{4.7}{=} \mathbb{E}^x M_T \overset{\text{Def.}}{=} \mathbb{E}^x u(X_T) \underset{X_T \in \partial A}{\overset{(14.10)}{=}} \mathbb{E}^x f(X_T),$$

d.h. jede Lösung ist notwendigerweise von der Gestalt (14.11).

Existenz der Lösung. Wir definieren $u(x)$ wie in (14.11). Wir rechnen nun nach, dass u das Problem (14.10) löst:

Fall 1. Für $b \in \partial A$ haben wir $\mathbb{P}^b(T = 0) = 1$, also $u(b) \overset{\text{Def.}}{=} \mathbb{E}^b f(X_0) = f(b)$.

Fall 2. Für $a \in A$ gilt $\mathbb{P}^a(T \geqslant 1) = 1$. Mit dem stop'n'go-Prinzip (Korollar 14.3) erhalten wir

$$u(a) \overset{\text{Def.}}{=} \mathbb{E}^a f(X_T) = \mathbb{E}^a\left[f(X_T)\mathbb{1}_{\{T\geqslant 1\}}\right] \overset{\text{stop'n'go}}{=} \mathbb{E}^a\left[\mathbb{E}^{X_1} f(X_T)\right] = \mathbb{E}^a u(X_1),$$

und es folgt $\Delta u(a) = \mathbb{E}^a u(X_1) - u(a) = 0$. $\square$

Die Betrachtung einer *beschränkten* Menge A in Satz 14.12 ist wesentlich.

14.13 Bemerkung (und Beispiel). Es sei $(X_n)_{n\in\mathbb{N}_0}$ eine einfache symmetrische Irrfahrt mit Werten in $\mathbb{Z}^d$, $A \subset \mathbb{Z}^d$ und $T = \inf\{n \in \mathbb{N}_0 : X_n \in A^c\}$.

a) Es sei $A \subset \mathbb{Z}^d$ eine beliebige Menge. Für die Funktion $v(x) := \mathbb{P}^x(T = \infty)$ gilt

- $x \notin A \implies \mathbb{P}^x(T = 0) = 1 \implies v(x) = 0$.
- $x \in A \implies \mathbb{P}^x(T \geqslant 1) = 1$. Wie im Beweis von Satz 14.12 können wir das stop'n'go Prinzip (Korollar 14.3) anwenden:

$$v(x) \overset{\text{Def.}}{=} \mathbb{E}^x \mathbb{1}_{\{T=\infty\}} \overset{\text{stop'n'go}}{=} \mathbb{E}^x \mathbb{E}^{X_1} \mathbb{1}_{\{T=\infty\}} = \mathbb{E}^x v(X_1),$$

also gilt $\Delta v(x) = 0$.

Diese Überlegung zeigt, dass v die Aufgabe $\Delta v|_A = 0$ und $v|_{\partial A} = 0$ löst. Wenn A so gewählt ist, dass $v \not\equiv 0$ gilt, dann ist die Lösung des Dirichlet-Problems (14.10) nicht mehr eindeutig, vgl. Satz 14.15 und Korollar 14.16.

b) Für unbeschränkte Mengen A ist $\#A = \infty$. Wir haben $T \leqslant T_z := \inf\{n : X_n = z\}$ für jedes $z \in A^c$, sofern $A^c \neq \emptyset$. Aus Kapitel 11 (vgl. auch Satz 13.5 und 13.7) wissen wir, dass in Dimension $d = 1, 2$ stets $\mathbb{P}^x(T_z < \infty) = 1$ gilt, also ist auch $\mathbb{P}^x(T < \infty) = 1$. In Dimension $d \geqslant 3$ ist $\mathbb{P}^x(T = \infty) > 0$ möglich, vgl. Definition 11.12 und Satz 11.14, und das Dirichlet-Problem muss nicht mehr eindeutig lösbar sein.

c) Es sei $d = 1$ und $A = \mathbb{N}$; offensichtlich ist $\partial A = \{0\}$. Wir betrachten die Funktion

$$w(n) := n\mathbb{1}_{\mathbb{N}}(n) = \begin{cases} n, & n \in \mathbb{N}; \\ 0, & n \in \mathbb{Z} \setminus \mathbb{N}. \end{cases}$$

Offensichtlich gilt $w|_{\partial A} = 0$ sowie

$$\Delta w(n) = \frac{1}{2}(w(n-1) + w(n+1) - 2w(n)) = 0, \qquad n \in A.$$

Daher ist die *unbeschränkte* Funktion w eine Lösung des Dirichlet-Problems. Andererseits ist auch $v \equiv 0$ eine Lösung dieses Problems, d.h. das Problem ist nicht eindeutig lösbar. Wir bemerken, dass $v(x) = \mathbb{P}^x(T = \infty) \equiv 0$ gilt.

d) Für $d = 1, 2$ und beliebiges $A \subset \mathbb{Z}^d$ gilt nach b) $\mathbb{P}^x(T = \infty) = 0$. Für *beschränkte f* ist daher $u(x) := \mathbb{E}^x f(X_T)$ wohldefiniert und es ist die eindeutige *beschränkte* Lösung – es kann aber unbeschränkte Lösungen geben, vgl. Teil c). Das zeigt man genauso wie im Satz 14.12; weil wir keine Kontrolle über $\mathbb{E}^x T$ haben, müssen wir die „ggi-Version" von optional stopping (Satz 7.11) verwenden: Das Martingal $u(X_{n\wedge T})$ ist gleichgradig integrierbar, da nach Voraussetzung die Lösung u beschränkt ist.

e) Für beliebige $A \subset \mathbb{Z}^d$ und $f \geqslant 0$ ist die Funktion $w(x) := \mathbb{E}^x(f(X_T)\mathbb{1}_{\{T<\infty\}})$ die kleinste positive Lösung der Aufgabe (vgl. Übung 14.13)

$$\Delta u|_A = 0 \quad \text{und} \quad u|_{\partial A} = f.$$

In Bemerkung 14.13.a haben wir gesehen, dass alle Vielfachen der Funktion $v(x) = \mathbb{P}^x(T = \infty)$ das homogene Dirichlet-Problem mit Randdatum $f = 0$ lösen, d.h. (14.10) ist auf beliebigen Mengen $A \subset \mathbb{Z}^d$ i.Allg. nicht eindeutig lösbar. Wir werden gleich sehen, dass für beschränkte Lösungen die Funktion v die einzige Pathologie ist.

Wir schreiben $y \leftrightsquigarrow x$, wenn $\sum_{i=1}^d \left(x^{(i)} - y^{(i)}\right)$ gerade ist. Das bedeutet insbesondere, dass eine einfache Irrfahrt $(X_n)_{n\in\mathbb{N}_0}$, die in $X_0 = 0$ startet, die Punkte x, y mit gleich vielen Schritten erreichen kann.[14] Die Relation $y \leftrightsquigarrow x$ ist eine Äquivalenzrelation (mit genau zwei Äquivalenzklassen) [✍], und für $y \leftrightsquigarrow x$ und alle hinreichend großen n sind die Wahrscheinlichkeiten $\mathbb{P}^x(X_n = z)$ und $\mathbb{P}^y(X_n = z)$ entweder beide Null oder beide von Null verschieden.

14.14 Lemma. *Es sei $(X_n)_{n\in\mathbb{N}_0}$ eine einfache symmetrische Irrfahrt mit Werten in $\mathbb{Z}^d$. Für alle Startwerte $x, y \in \mathbb{Z}^d$ mit $y \leftrightsquigarrow x$ und alle $k \in \mathbb{N}_0$ gilt*

$$\lim_{n\to\infty} \sum_{z\in\mathbb{Z}^d} \left|\mathbb{P}^x(X_n = z) - \mathbb{P}^y(X_{n-2k} = z)\right| = 0. \tag{14.12}$$

Wir werden Lemma 14.14 im folgenden Abschnitt mit einem Kopplungsargument zeigen, vgl. Lemma 14.23 und Korollar 14.24.

Mit Hilfe von Lemma 14.14 können wir das folgende Strukturresultat zeigen.

14.15 Satz. *Es sei $A \subset \mathbb{Z}^d$ eine beliebige Menge, $(X_n)_{n\in\mathbb{N}_0}$ eine einfache symmetrische Irrfahrt mit Werten in $\mathbb{Z}^d$ und $T = \inf\{n \in \mathbb{N}_0 : X_n \in A^c\}$. Alle* beschränkten (!) *Lösungen von* (14.10) *mit Randdatum $f \equiv 0$ sind von der Form $u(x) = c\,\mathbb{P}^x(T = \infty)$, $c \in \mathbb{R}$.*

Mit Bemerkung 14.13 und den darauf folgenden Ausführungen erhalten wir also

14.16 Korollar. *Es sei $A \subset \mathbb{Z}^d$ eine beliebige Menge und $f : \partial A \to \mathbb{R}$ beschränkt. Weiter sei $(X_n)_{n\in\mathbb{N}_0}$ eine einfache symmetrische Irrfahrt und $T = \inf\{n \in \mathbb{N}_0 : X_n \in A^c\}$. Alle* beschränkten *Lösungen des Dirichlet-Problems* (14.10) *sind von der Form*

$$u(x) = \mathbb{E}^x[f(X_T)\mathbb{1}_{\{T<\infty\}}] + c\,\mathbb{P}^x(T = \infty), \quad x \in \overline{A},\ c \in \mathbb{R}. \tag{14.13}$$

Beweis von Satz 14.15. 1° Aus Bemerkung 14.13.a wissen wir, dass $y \mapsto \mathbb{P}^y(T = \infty)$ und Vielfache davon das homogene Dirichlet-Problem mit Randdatum $f = 0$ lösen.

2° Es sei u eine beliebige beschränkte Lösung dieses Problems und $x \in \mathbb{Z}^d$. Wir zeigen eine Variante von (14.12). Für $n \geqslant 2k$ gilt

$$\begin{aligned}
\mathbb{P}^x(X_n = z, T > 2k) &= \mathbb{E}^x\left(\mathbb{E}^x\left[\mathbb{1}_{\{X_n=z\}}\mathbb{1}_{\{T>2k\}} \mid \mathscr{F}_{2k}\right]\right)\\
&\overset{\text{SME}}{\underset{14.2}{=}} \mathbb{E}^x\left(\mathbb{P}^{X_{2k}}(X_{n-2k} = z)\,\mathbb{1}_{\{T>2k\}}\right)\\
&= \sum_{y\in\mathbb{Z}^d} \mathbb{P}^y(X_{n-2k} = z)\,\mathbb{P}^x(X_{2k} = y,\ T > 2k)\,.
\end{aligned}$$

14 Man überlegt sich schnell, dass die Irrfahrt $y \in \mathbb{Z}^d$ genau dann in n Schritten erreichen kann, wenn $y^{(1)} + \cdots + y^{(d)} \in [-n, n]$ und $n + y^{(1)} + \cdots + y^{(d)} \in 2\mathbb{Z}$ ist.

Wenn wir die in (2.1) eingeführte Kurzschreibweise $\mathbb{E}^x(Z \mid A) := \mathbb{E}^x(Z\mathbb{1}_A)/\mathbb{P}^x(A)$ für den klassischen bedingten Erwartungswert verwenden, erhalten wir

$$\mathbb{P}^x(X_n = z \mid T > 2k) = \sum_{y\in\mathbb{Z}^d} \mathbb{P}^y(X_{n-2k} = z)\, \mathbb{P}^x(X_{2k} = y \mid T > 2k)\,.$$

Für alle $n \geqslant 2k$ folgt dann aus dieser Gleichheit

$$\begin{aligned}
&\sum_{z\in\mathbb{Z}^d} \left|\mathbb{P}^x(X_n = z) - \mathbb{P}^x(X_n = z \mid T > 2k)\right| \\
&\quad= \sum_{z\in\mathbb{Z}^d} \left|\mathbb{P}^x(X_n = z) - \sum_{y\in\mathbb{Z}^d} \mathbb{P}^y(X_{n-2k} = z)\, \mathbb{P}^x(X_{2k} = y \mid T > 2k)\right| \\
&\quad\leqslant \sum_{z\in\mathbb{Z}^d} \sum_{y\in\mathbb{Z}^d} \left|\mathbb{P}^x(X_n = z) - \mathbb{P}^y(X_{n-2k} = z)\right| \mathbb{P}^x(X_{2k} = y \mid T > 2k) \\
&\quad= \underbrace{\sum_{y\in\mathbb{Z}^d} \sum_{z\in\mathbb{Z}^d} \left|\mathbb{P}^x(X_n = z) - \mathbb{P}^y(X_{n-2k} = z)\right|}_{\to 0 \text{ für } n\to\infty \text{ und } x\leftrightsquigarrow y,\ \text{vgl. Lemma 14.14}} \underbrace{\mathbb{P}^x(X_{2k} = y \mid T > 2k)}_{=0,\ \text{für } x\not\leftrightsquigarrow y}\,.
\end{aligned}$$

Mit dominierter Konvergenz sehen wir, dass dieser Ausdruck für $n \to \infty$ gegen 0 konvergiert.

3° Lemma 14.10 zeigt, dass $M_n := u(X_{n\wedge T})$ ein Martingal ist. Für alle $n \in \mathbb{N}$ haben wir

$$u(x) = \mathbb{E}^x u(X_{0\wedge T}) = \mathbb{E}^x u(X_{n\wedge T}) \quad = \mathbb{E}^x\left[u(X_n)\mathbb{1}_{\{T>n\}}\right] + \underbrace{\mathbb{E}^x\left[u(X_T)\mathbb{1}_{\{T\leqslant n\}}\right]}_{=0 \text{ weil } X_T\in\partial A}. \tag{14.14}$$

Weil u beschränkt ist, folgt $|u(x)| \leqslant \|u\|_\infty \mathbb{P}^x(T > n) \xrightarrow[n\to\infty]{} \|u\|_\infty \mathbb{P}^x(T = \infty)$. Insbesondere zeigt das, dass wir für den Beweis der Aussage nur solche Punkte x betrachten müssen, für die $\mathbb{P}^x(T = \infty) > 0$ gilt.

4° Wir nehmen an, dass $y \leftrightsquigarrow x$, $\mathbb{P}^x(T = \infty) > 0$ und $\mathbb{P}^y(T = \infty) > 0$ für $x, y \in A$ gilt. Aus (14.14) erhalten wir

$$\begin{aligned}
u(x) &= \mathbb{E}^x\left[u(X_n)\mathbb{1}_{\{T>2k\}}\right] - \mathbb{E}^x\left[u(X_n)\mathbb{1}_{\{n\geqslant T>2k\}}\right] \\
&= \mathbb{P}^x(T > 2k)\, \underbrace{\mathbb{E}^x\left[u(X_n) \mid \{T > 2k\}\right]}_{=I(x)} - \underbrace{\mathbb{E}^x\left[u(X_n)\mathbb{1}_{\{n\geqslant T>2k\}}\right]}_{=J(x)}.
\end{aligned}$$

Wir interessieren uns für $\left|\frac{u(x)}{\mathbb{P}^x(T>2k)} - \frac{u(y)}{\mathbb{P}^y(T>2k)}\right|$. Für die Differenz $|I(x) - I(y)|$ gilt

$$\begin{aligned}
|I(x) - I(y)| &= \left|\mathbb{E}^x\left[u(X_n) \mid \{T > 2k\}\right] - \mathbb{E}^y\left[u(X_n) \mid \{T > 2k\}\right]\right| \\
&\leqslant \sum_{z\in\mathbb{Z}^d} |u(z)| \left|\mathbb{P}^x(X_n = z \mid T > 2k) - \mathbb{P}^y(X_n = z \mid T > 2k)\right| \\
&\leqslant \|u\|_\infty \sum_{z\in\mathbb{Z}^d} \left|\mathbb{P}^x(X_n = z \mid T > 2k) - \mathbb{P}^x(X_n = z)\right| \\
&\qquad + \|u\|_\infty \sum_{z\in\mathbb{Z}^d} \left|\mathbb{P}^x(X_n = z) - \mathbb{P}^y(X_n = z)\right| \\
&\qquad + \|u\|_\infty \sum_{z\in\mathbb{Z}^d} \left|\mathbb{P}^y(X_n = z) - \mathbb{P}^y(X_n = z \mid T > 2k)\right|.
\end{aligned}$$

Lemma 14.14 und Schritt 2° zeigen, dass jede der drei Summen für $n \to \infty$ gegen Null konvergiert.

Der Ausdruck $|J(x) - J(y)|$ lässt sich einfach abschätzen:

$$|J(x) - J(y)| \leqslant |J(x)| + |J(y)| \leqslant \|u\|_\infty \left[\mathbb{P}^x(2k < T < \infty) + \mathbb{P}^y(2k < T < \infty)\right].$$

Insgesamt erhalten wir für alle $y \leftrightsquigarrow x$ mit $\mathbb{P}^x(T = \infty) > 0$ und $\mathbb{P}^y(T = \infty) > 0$

$$\left|\frac{u(x)}{\mathbb{P}^x(T > 2k)} - \frac{u(y)}{\mathbb{P}^y(T > 2k)}\right| \leqslant \|u\|_\infty \left(\frac{\mathbb{P}^x(2k < T < \infty)}{\mathbb{P}^x(T > 2k)} + \frac{\mathbb{P}^y(2k < T < \infty)}{\mathbb{P}^y(T > 2k)}\right).$$

Weil die rechte Seite für $k \to \infty$ gegen Null konvergiert, gilt im Grenzwert

$$\lim_{k\to\infty} \frac{u(x)}{\mathbb{P}^x(T > 2k)} = \lim_{k\to\infty} \frac{u(y)}{\mathbb{P}^y(T > 2k)}.$$

Daher gibt es eine Konstante $c = c_{[x]} \in \mathbb{R}$, so dass $u(y) = c\,\mathbb{P}^y(T = \infty)$ für alle $y \leftrightsquigarrow x$; den Fall $\mathbb{P}^y(T = \infty) = 0$ erledigt man mit Schritt 3°. Die Konstante hängt nur von der Äquivalenzklasse $[x] = \{y \in \mathbb{Z}^d : y \leftrightsquigarrow x\}$ ab.

5° Es sei $c = c_{[x]}$ und $y \notin [x]$. Dann gilt aber $(y + e) \leftrightsquigarrow x$ für alle $e \in \mathbb{Z}^d$ mit $|e| = 1$. Weil u eine harmonische Funktion ist, haben wir

$$u(y) = \frac{1}{2d} \sum_{|e|=1} u(y + e) = \frac{1}{2d} \sum_{|e|=1} c\,\mathbb{P}^{y+e}(T = \infty).$$

Andererseits ist, vgl. 1°, $\mathbb{P}^y(T = \infty)$ eine harmonische Funktion, d.h. wir haben auch

$$\mathbb{P}^y(T = \infty) = \frac{1}{2d} \sum_{|e|=1} \mathbb{P}^{y+e}(T = \infty) \implies u(y) = c\,\mathbb{P}^y(T = \infty). \qquad \square$$

Wir können schließlich das diskrete *inhomogene Dirichlet-Problem* betrachten.

14.17 Satz. *Es sei $A \subset \mathbb{Z}^d$ eine beschränkte Menge und $f : \partial A \to \mathbb{R}$, $g : A \to \mathbb{R}$. Weiter sei $(X_n)_{n\in\mathbb{N}_0}$ eine einfache symmetrische Irrfahrt und $T = \inf\{n \in \mathbb{N}_0 : X_n \in A^c\}$. Das* inhomogene Dirichlet-Problem

$$\begin{aligned} \Delta u(x) &= -g(x), \quad x \in A, \\ u(x) &= f(x), \quad x \in \partial A, \end{aligned} \tag{14.15}$$

besitzt eine eindeutige Lösung. Diese ist gegeben durch

$$u(x) = \mathbb{E}^x \left[f(X_T) + \mathbb{1}_{\{T>0\}} \sum_{i=0}^{T-1} g(X_i) \right], \quad x \in \overline{A}. \tag{14.16}$$

Beweis. Aus Lemma 14.11 wissen wir, dass $\mathbb{E}^x T < \infty$. Daher ist (14.16) wohldefiniert, und es gilt

$$|u(x)| \leqslant \sup_{b\in\partial A} |f(b)| + \sup_{a\in A} |g(a)| \cdot \mathbb{E}^x T < \infty.$$

Eindeutigkeit. Angenommen u ist eine Lösung des Problems (14.15). Mit Hilfe von Lemma 14.9 und optional sampling (Satz 4.4) sehen wir, dass

$$M_n := u(X_{n\wedge T}) - \mathbb{1}_{\{T>0\}} \sum_{i=0}^{(n-1)\wedge(T-1)} \Delta u(X_i) \overset{(14.15)}{=} u(X_{n\wedge T}) + \mathbb{1}_{\{T>0\}} \sum_{i=0}^{(n-1)\wedge(T-1)} g(X_i)$$

ein Martingal ist. Weil A beschränkt ist, haben wir $\mathbb{E}^x T < \infty$ für alle $x \in A$, und wir können den Satz vom optional stopping anwenden (Satz 4.7.c). Wir erhalten

$$u(x) = \mathbb{E}^x M_0 = \mathbb{E}^x M_T = \mathbb{E}^x \left[f(X_T) + \mathbb{1}_{\{T>0\}} \sum_{i=0}^{T-1} g(X_i) \right],$$

d.h. jede Lösung ist notwendigerweise von der Gestalt (14.16).

Existenz der Lösung. Wir definieren $u(x)$ wie in (14.16). Wir rechnen nun nach, dass u das Problem (14.15) löst:

Fall 1. Für $b \in \partial A$ haben wir $\mathbb{P}^b(T = 0) = 1$, und es gilt $u(b) = \mathbb{E}^b[f(X_0)] = f(b)$.

Fall 2. Wenn $a \in A$, dann gilt $\mathbb{P}^a(T \geqslant 1) = 1$, und wir können wie im Beweis von Satz 14.12 die Irrfahrt betrachten, die schon einen ersten Schritt gemacht hat. Mit dem stop'n'go-Prinzip (Korollar 14.3) erhalten wir

$$\begin{aligned} u(a) &= \mathbb{E}^a \left[f(X_T) + \mathbb{1}_{\{T\geqslant 1\}} \sum_{i=0}^{T-1} g(X_i) \right] \\ &= \mathbb{E}^a \left[f(X_T) + \mathbb{1}_{\{T\geqslant 2\}} \sum_{i=1}^{T-1} g(X_i) + \mathbb{1}_{\{T\geqslant 1\}} g(a) \right] \\ &\overset{\text{stop'n'go}}{=} \mathbb{E}^a \left[\mathbb{E}^{X_1} \left(f(X_T) + \mathbb{1}_{\{T\geqslant 1\}} \sum_{i=0}^{T-1} g(X_i) \right) \right] + g(a) \\ &= \mathbb{E}^a \left[u(X_T) \right] + g(a), \end{aligned}$$

und es folgt $-\Delta u(a) = g(a)$. Für die vorletzte Gleichheit beachten wir, dass wegen $a \in A$ die Austrittszeit größer als 1 ist: $\mathbb{P}^a(T \geqslant 1) = 1$. □

Ohne weiteren Beweis erhalten wir aus Lemma 14.11 und Satz 14.17 folgendes Korollar.

14.18 Korollar. *Es sei $A \subset \mathbb{Z}^d$ eine beschränkte Menge und $(X_n)_{n\in\mathbb{N}_0}$ eine einfache symmetrische Irrfahrt. Die Funktion $u(x) = \mathbb{E}^x T$ ist die Lösung der Aufgabe* (14.15) *mit $g \equiv 1$ und $f \equiv 0$.*

Kopplung von Irrfahrten

Eine *Kopplung* (engl. *coupling*) ist das stochastische Analogon zur „Variablenverdopplung" in der Analysis. Wenn X und Y zwei ZV sind, dann heißt jeder Vektor $Z = (Z', Z'')$

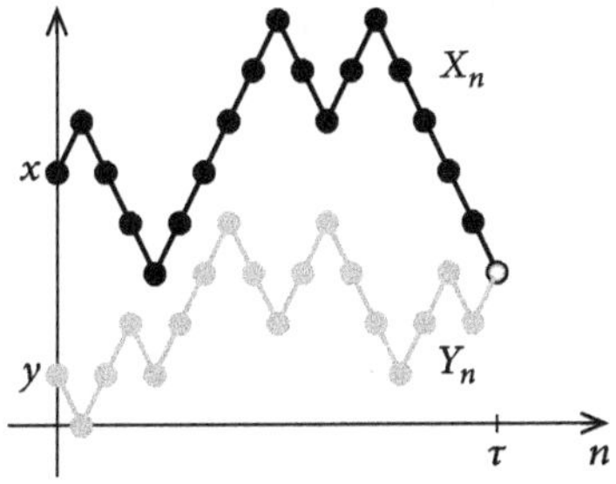

Abb. 14.2: Erfolgreiche Kopplung: Zwei Pfade der Irrfahrten $(X_n)_{n\in\mathbb{N}_0}$, $X_0 = x$, und $(Y_n)_{n\in\mathbb{N}_0}$, $Y_0 = y$, treffen sich zur Kopplungszeit $\tau < \infty$.

mit $X \sim Z'$ und $Y \sim Z''$ eine Kopplung von X und Y. Weil wir keine Aussage über die Korrelationsstruktur des Vektors (Z', Z'') machen, haben wir beträchtliche Freiheiten in der Konstruktion der Kopplung. Wir haben bereits in [WT, Lemma 8.2] im Zusammenhang mit der Poisson-Approximation ein Kopplungsargument verwendet.

14.19 Definition. a) Es seien $(X_n)_{n\in\mathbb{N}_0}$ und $(Y_n)_{n\in\mathbb{N}_0}$ zwei Irrfahrten mit Werten in $\mathbb{R}^d$. Eine *Kopplung* (engl. *coupling*) ist eine Irrfahrt $Z_n = (Z_n', Z_n'')$, $n \in \mathbb{N}_0$, mit Werten in $\mathbb{R}^d \times \mathbb{R}^d$, so dass die Irrfahrten $(X_n)_{n\in\mathbb{N}_0}$ und $(Z_n')_{n\in\mathbb{N}_0}$ bzw. $(Y_n)_{n\in\mathbb{N}_0}$ und $(Z_n'')_{n\in\mathbb{N}_0}$ dieselben Verteilungen haben.

b) Die Kopplungszeit τ ist die Stoppzeit $\tau = \inf\{n \in \mathbb{N}_0 : Z_n' = Z_n''\}$. Eine Kopplung heißt *erfolgreich* (engl. *successful*), wenn f.s. $\tau < \infty$ gilt.

- Die Irrfahrten $(X_n)_{n\in\mathbb{N}_0}$, $(Y_n)_{n\in\mathbb{N}_0}$ und $(Z_n)_{n\in\mathbb{N}_0}$ können auf verschiedenen W-Räumen leben, eine Kopplung ist in erster Linie eine Verteilungsaussage. O.B.d.A. nehmen wir an, dass X und Y auf demselben W-Raum $(\Omega, \mathscr{A}, \mathbb{P}^x)$, $x \in \mathbb{R}^d$, definiert sind, während die Kopplung Z auf dem Produktraum $(\Omega \times \Omega, \mathscr{A} \otimes \mathscr{A}, \mathbb{P}^{x,y} = \mathbb{P}^x \times \mathbb{P}^y)$ realisiert ist. ϟ
- Oft identifiziert man X und Z' bzw. Y und Z'' und schreibt (X_n, Y_n) für die Kopplung. Beachten Sie die dann auftretende Inkonsistenz in der Notation: Die Kopplung (X_n, Y_n) ist auch unter $\mathbb{P}^{x,y} = \mathbb{P}^x \times \mathbb{P}^y$ i.Allg. nicht unabhängig! Daher werden wir diese Schreibweise vermeiden.

14.20 Bemerkung. Es seien $(\xi_n)_{n\in\mathbb{N}}$ und $(\eta_n)_{n\in\mathbb{N}}$ die iid Schritte von zwei Irrfahrten $(X_n)_{n\in\mathbb{N}_0}$ und $(Y_n)_{n\in\mathbb{N}_0}$. Wenn $\xi_1 \sim \eta_1$ und $X_0 = x$, $Y_0 = y$ gilt, dann können wir die Kopplung $Z_n = (Z_n', Z_n'')$ durch den Startpunkt $Z_0 = (x, y)$ und die Kopplung der Schritte (ζ_1', ζ_1''), $\zeta_1' \sim \xi_1$, $\zeta_1'' \sim \xi_1$ beschreiben.

Weil die Kopplung $(Z_n)_{n\in\mathbb{N}_0}$ selbst eine Irrfahrt ist, zeigt die starke Markov-Eigenschaft (Satz 14.2), dass auch $(Z_{\tau+k})_{k\in\mathbb{N}_0}$ eine Irrfahrt ist, die an der Stelle $Z_\tau = (X_\tau, Y_\tau) = (X_\tau, X_\tau)$ startet.

Wir können die Irrfahrt $(Z_n)_{n\in\mathbb{N}_0}$ für die Zeiten $n = \tau + k$ so abändern, dass $Z_{\tau+k}'' = Z_{\tau+k}'$, d.h. die Irrfahrten laufen ab der Kopplungszeit parallel. Die starke Markoveigenschaft stellt sicher, dass auch der so modifizierte Prozess eine Kopplung ist. Wenn wir die Kopplung auf dem ursprünglichen W-Raum realisieren, dann sind X und Y zwei Irrfahrten, die zur Zeit τ aufeinandertreffen und dann verschmelzen, vgl. Abb. 14.2.

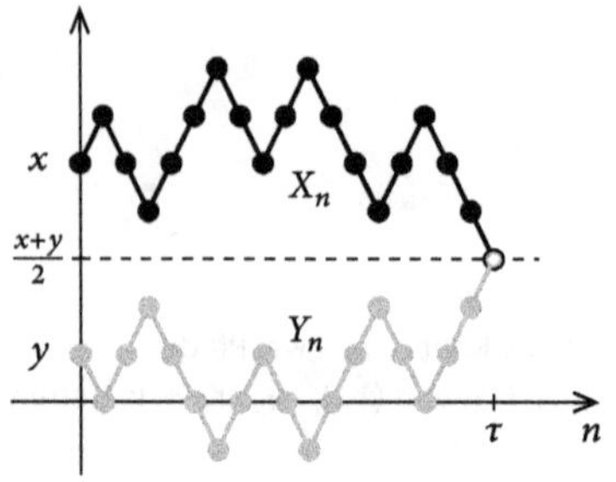

Abb. 14.3: Kopplung durch Reflektion von zwei einfachen symmetrischen Irrfahrten mit Werten in $\mathbb{Z}$.

Im Folgenden interessieren uns vor allem für Kopplungen von Irrfahrten, die dieselben Schrittverteilungen aber unterschiedliche Startpunkte haben.

14.21 Beispiel. Es seien $(\xi_n)_{n\in\mathbb{N}}$ die iid Schritte einer beliebigen Irrfahrt $(X_n)_{n\in\mathbb{N}_0}$ mit Werten in $\mathbb{Z}^d$ und $x, y \in \mathbb{Z}^d$ zwei Startpunkte.

a) *Unabhängige Kopplung.* Es sei $\zeta := (\zeta', \zeta'')$ ein Vektor, so dass $\zeta' \perp\!\!\!\perp \zeta''$ und $\zeta' \sim \xi_1$, $\zeta'' \sim \xi_1$. Mit ζ_n, $n \in \mathbb{N}$, bezeichnen wir iid Kopien von ζ. Die Irrfahrt $Z_n := (x, y) + \zeta_1 + \cdots + \zeta_n$ heißt *unabhängige Kopplung* (engl. *independent coupling*) von $(X_n)_{n\in\mathbb{N}_0}$.

b) *Marsch-Kopplung.* Es sei $\zeta := (\zeta', \zeta'')$ ein Vektor, so dass $\zeta'' = \zeta'$ und $\zeta' \sim \xi_1$. Mit ζ_n, $n \in \mathbb{N}$, bezeichnen wir iid Kopien von ζ. Die Irrfahrt $Z_n := (x, y) + \zeta_1 + \cdots + \zeta_n$ heißt *Marsch-Kopplung* (engl. *march(ing) coupling*) von $(X_n)_{n\in\mathbb{N}_0}$. Offensichtlich besteht Z_n aus zwei parallel verlaufenden, gleichartigen Pfaden. Wenn $x \neq y$, dann kann die Marsch-Kopplung nicht erfolgreich sein.

c) *Kopplung durch Reflektion.* Wir nehmen an, dass $\xi_1 \sim -\xi_1$ symmetrisch und $d = 1$ ist. Es sei $\zeta := (\zeta', \zeta'')$ ein Vektor, so dass $\zeta'' = -\zeta'$ und $\zeta' \sim \xi_1$. Mit ζ_n, $n \in \mathbb{N}$, bezeichnen wir iid Kopien von ζ. Die Irrfahrt $Z_n := (x, y)+\zeta_1+\cdots+\zeta_n$ heißt *Reflektionskopplung* (engl. *reflection coupling*) von $(X_n)_{n\in\mathbb{N}_0}$.
Weil $\mathbb{E}^0\xi_1 = 0$ ist, gilt für die zweidimensionale Irrfahrt $(Z_n)_{n\in\mathbb{N}}$ auch $\mathbb{E}^{x,y}\zeta_1 = 0$, und das Chung-Fuchs Kriterium (Satz 13.7) zeigt, dass Z rekurrent ist. Daher trifft Z mit Wahrscheinlichkeit 1 die Diagonale nach endlich vielen Schritten, d.h. die Kopplung ist erfolgreich: $\mathbb{P}^{x,y}(\tau < \infty) = 1$, vgl. Abb. 14.3.

d) *Ornstein-Kopplung.* Es sei $(\xi_n')_{n\in\mathbb{N}}$ eine unabhängige Kopie der Schritte $(\xi_n)_{n\in\mathbb{N}}$. Dann definieren wir für eine feste Konstante c

$$\zeta_n' := \xi_n \quad \text{und} \quad \zeta_n'' := \xi_n \mathbb{1}_{\{|\xi_n - \xi_n'| > c\}} + \xi_n' \mathbb{1}_{\{|\xi_n - \xi_n'| \leqslant c\}}$$

und $Z_n = (x, y) + (\zeta_1', \zeta_1'') + \cdots + (\zeta_n', \zeta_n'')$. Der Vollständigkeit halber rechnen wir noch $\zeta_n'' \sim \xi_n$ nach: Für $i \in \mathbb{Z}^d$ gilt

$$\begin{aligned}\mathbb{P}^{x,y}\left(\zeta_n'' = i\right) &= \mathbb{P}^{x,y}\left(\zeta_n'' = i,\ |\xi_n - \xi_n'| > c\right) + \mathbb{P}^{x,y}\left(\zeta_n'' = i,\ |\xi_n - \xi_n'| \leqslant c\right) \\ &= \mathbb{P}^{x,y}\left(\xi_n = i,\ |\xi_n - \xi_n'| > c\right) + \underbrace{\mathbb{P}^{x,y}\left(\xi_n' = i,\ |\xi_n - \xi_n'| \leqslant c\right)}_{=\mathbb{P}^{x,y}(\xi_n = i,\ |\xi_n' - \xi_n| \leqslant c),\ \text{weil } \xi_n,\ \xi_n' \text{ symmetr. Rollen spielen}} \\ &= \mathbb{P}^{x,y}\left(\xi_n = i\right) = \mathbb{P}^{x}\left(\xi_n = i\right).\end{aligned}$$

e) *Mineka-Kopplung.* Wir nehmen $d = 1$ an. Es sei $p_i := \mathbb{P}^x(\xi_1 = i)$, $i \in \mathbb{Z}$. Die iid Schritte der Irrfahrt $(Z_n)_{n\in\mathbb{N}_0}$, $Z_n = (Z_n', Z_n'')$, auf dem Gitter $\mathbb{Z}^2$ haben folgende Verteilung:

$$\mathbb{P}^{x,y}\left((\zeta_1', \zeta_1'') = (i-1, i)\right) = \frac{1}{2}\,(p_{i-1} \wedge p_i)$$

$$\mathbb{P}^{x,y}\left((\zeta_1', \zeta_1'') = (i, i-1)\right) = \frac{1}{2}\,(p_{i-1} \wedge p_i)$$

$$\mathbb{P}^{x,y}\left((\zeta_1', \zeta_1'') = (i, i)\right) = p_i - \frac{1}{2}\,(p_{i-1} \wedge p_i) - \frac{1}{2}\,(p_i \wedge p_{i+1})\,.$$

Offensichtlich gilt $\mathbb{P}^{x,y}(\zeta_1' = i) = \mathbb{P}^{x,y}(\zeta_1'' = i) = p_i$, d.h. wir haben tatsächlich eine Kopplung. Die Kopplung ist so konstruiert, dass die Differenz $\zeta_1' - \zeta_1''$ symmetrisch ist und

$$|\zeta_1' - \zeta_1''| \leqslant 1 \quad \text{und} \quad \mathbb{P}^{x,y}(\zeta_1' - \zeta_1'' = 1) = \sum_{i\in\mathbb{Z}} \frac{1}{2}\,(p_i \wedge p_{i+1}) =: r.$$

Wenn $r > 0$ ist, dann ist $Z_n' - Z_n''$ eine nichttriviale symmetrische Irrfahrt mit Werten in $\mathbb{Z}$, die auf Grund von Satz 13.7 (oder 13.2) rekurrent ist. Daher ist die Kopplungszeit τ fast sicher endlich.

Für eine einfache symmetrische Irrfahrt X mit $\mathbb{P}^x(\xi_1 = 1) = \mathbb{P}^x(\xi_1 = -1) = \frac{1}{2}$ gilt $r = 0$, d.h. die Mineka-Kopplung wird zur Marsch-Kopplung, die nicht erfolgreich ist. Um eine erfolgreiche Kopplung zu erhalten, muss man wegen der 2-Periodizität der einfachen Irrfahrt[15] die Vorschrift für die Mineka-Kopplung folgendermaßen modifizieren:

$$\mathbb{P}^{x,y}\left((\zeta_1', \zeta_1'') = (-1, 1)\right) = \frac{1}{2}\,(p_{-1} \wedge p_1) = \frac{1}{4},$$

$$\mathbb{P}^{x,y}\left((\zeta_1', \zeta_1'') = (1, -1)\right) = \frac{1}{2}\,(p_{-1} \wedge p_1) = \frac{1}{4},$$

$$\mathbb{P}^{x,y}\left((\zeta_1', \zeta_1'') = (1, 1)\right) = p_1 - \frac{1}{2}\,(p_{-1} \wedge p_1) - \frac{1}{2}\,(p_1 \wedge p_3) = \frac{1}{4},$$

$$\mathbb{P}^{x,y}\left((\zeta_1', \zeta_1'') = (-1, -1)\right) = p_{-1} - \frac{1}{2}\,(p_{-3} \wedge p_{-1}) - \frac{1}{2}\,(p_{-1} \wedge p_1) = \frac{1}{4},$$

(beachte, dass $p_3 = p_{-3} = 0$ gilt). In diesem Fall ist $(Z_n' - Z_n'')_{n\in\mathbb{N}_0}$ ein sog. symmetrischer einfacher *lazy random walk* – *lazy*, weil er mit Wahrscheinlichkeit $\frac{1}{2}$ auf der bisherigen Position bleibt – und die Kopplungszeit ist die erste Trefferzeit der Null (vgl. Aufg. 14.17).

14.22 Lemma (Kopplungsungleichung). *Es sei (Z_n', Z_n''), $n \in \mathbb{N}_0$, eine beliebige Kopplung der Irrfahrten $(X_n + z)_{n\in\mathbb{N}_0}$, $X_0 = 0$, $z \in \{x, y\}$, mit Werten in $\mathbb{Z}^d$ und $\tau = \tau^{x,y}$ die Kopplungszeit. Es gilt*

$$\sum_{z\in\mathbb{Z}^d} \left|\mathbb{P}^x(X_n = z) - \mathbb{P}^y(X_n = z)\right| \leqslant 2\mathbb{P}^{x,y}(\tau > n), \qquad n \in \mathbb{N}.$$

15 Weil eine Rückkehr zum Startpunkt nur in *geraden* Schrittzahlen möglich ist, nennt man die einfache Irrfahrt 2-periodisch.

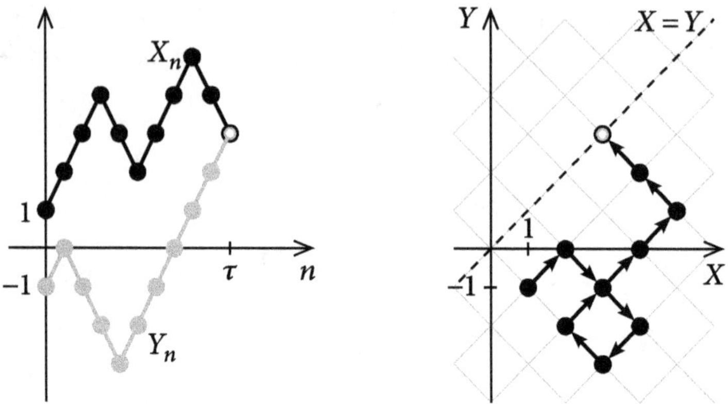

Abb. 14.4: Kopplung von zwei einfachen symmetrischen Irrfahrten mit Werten in $\mathbb{Z}$ und der Pfad des Paares $(X_n, Y_n) \in \mathbb{Z}^2$. Auf dem um 45 Grad gedrehten Gitter, ist die Kopplung selbst eine einfache symmetrische Irrfahrt.

Beweis. 1° Wir schreiben $Z_n = (Z'_n, Z''_n)$ für die Kopplung. Mit der (starken) Markov-Eigenschaft (Satz 14.2) erhalten wir

$$\begin{aligned}
\mathbb{P}^{x,y}\left(Z_n \in B \times \mathbb{R}^d, \tau \leqslant n\right) &= \sum_{k=0}^{n} \mathbb{P}^{x,y}\left(Z_n \in B \times \mathbb{R}^d, \tau = k\right) \\
&\overset{14.2}{=} \sum_{k=0}^{n} \mathbb{E}^{x,y}\left(\mathbb{P}^{Z'_k, Z''_k}\left(Z_{n-k} \in B \times \mathbb{R}^d\right) \mathbb{1}_{\{\tau=k\}}\right) \\
&\overset{Z'_\tau = Z''_\tau}{=} \sum_{k=0}^{n} \mathbb{E}^{x,y}\left(\mathbb{P}^{Z'_k, Z''_k}\left(Z_{n-k} \in \mathbb{R}^d \times B\right) \mathbb{1}_{\{\tau=k\}}\right) \\
&= \dots = \mathbb{P}^{x,y}\left(Z_n \in \mathbb{R}^d \times B, \tau \leqslant n\right).
\end{aligned} \tag{14.17}$$

Für die mit $Z'_\tau = Z''_\tau$ gekennzeichnete Gleichheit verwenden wir, dass sich die beiden Koordinaten stochastisch gleich verhalten, da die Irrfahrten an derselben Stelle starten.

2° Für $B = \{z\}$, $z \in \mathbb{Z}^d$ erhalten wir

$$\begin{aligned}
&\mathbb{P}^x(X_n = z) - \mathbb{P}^y(X_n = z) \\
&\quad = \mathbb{P}^{x,y}\left(Z_n \in \{z\} \times \mathbb{R}^d\right) - \mathbb{P}^{x,y}\left(Z_n \in \mathbb{R}^d \times \{z\}\right) \\
&\quad = \mathbb{P}^{x,y}\left(Z_n \in \{z\} \times \mathbb{R}^d,\ \tau > n\right) - \mathbb{P}^{x,y}\left(Z_n \in \mathbb{R}^d \times \{z\},\ \tau > n\right) \\
&\qquad + \mathbb{P}^{x,y}\left(Z_n \in \{z\} \times \mathbb{R}^d,\ \tau \leqslant n\right) - \mathbb{P}^{x,y}\left(Z_n \in \mathbb{R}^d \times \{z\},\ \tau \leqslant n\right) \\
&\quad \overset{1^\circ}{=} \mathbb{P}^{x,y}\left(Z_n \in \{z\} \times \mathbb{R}^d,\ \tau > n\right) - \mathbb{P}^{x,y}\left(Z_n \in \mathbb{R}^d \times \{z\},\ \tau > n\right) \\
&\quad = \mathbb{P}^{x,y}\left(Z_n \in \{z\} \times \mathbb{R}^d,\ \tau > n\right) + \mathbb{P}^{x,y}\left(Z_n \in \mathbb{R}^d \times \{z\},\ \tau > n\right)
\end{aligned}$$

Diese Rechnung gilt auch für den Betrag der linken Seite. Wenn wir die Beträge über $z \in \mathbb{Z}^d$ summieren, folgt die Behauptung. □

Im Beweis von (14.17) haben wir eine weitere Variante der starken Markov-Eigenschaft bewiesen: Für eine Irrfahrt $(Z_n)_{n\in\mathbb{N}_0}$, eine Stoppzeit T und jede beschränkte Funktion $u : \mathbb{Z}^m \to \mathbb{R}$ gilt

$$\mathbb{E}^z(u(Z_n)\mathbb{1}_{\{T\leqslant n\}}) = \mathbb{E}^z\left[\mathbb{E}^{Z_T}(u(Z_{n-t}))\Big|_{t=T}\mathbb{1}_{\{T\leqslant n\}}\right] = \int\limits_{\{T\leqslant n\}} \mathbb{E}^{Z_{T(\omega)}}(u(Z_{n-T(\omega)}))\,\mathbb{P}^z(d\omega).$$

Beachten Sie, dass die im Ausdruck Z_{n-T} vorkommende Stoppzeit T für den „inneren" Erwartungswert eine Konstante ist und erst vom „äußeren" Erwartungswert integriert wird – das wird aus unserem Beweis klar. Übrigens ist ein Ausdruck der Form $\mathbb{E}^z\left[\mathbb{E}^{Z_T}(u(Z_{n-T}))\,\mathbb{1}_{\{T\leqslant n\}}\right]$ nicht wohldefiniert, da im inneren Erwartungswert $n - T$ negativ werden kann.

Wir können nun Lemma 14.14 für den Fall $k = 0$ zeigen. Wir erinnern daran, dass $y \curvearrowleft\!\!\!\curvearrowright x$, $x, y \in \mathbb{Z}^d$, die Bedingung „die Summe $\sum_{i=1}^d (x^{(i)} - y^{(i)})$ ist gerade" bezeichnet.

14.23 Lemma. *Es sei $(X_n)_{n\in\mathbb{N}_0}$ eine einfache symmetrische Irrfahrt mit Werten in $\mathbb{Z}^d$. Die iid Schritte bezeichnen wir mit $\xi_n = (\xi_n^{(1)}, \dots, \xi_n^{(d)}) \in \mathbb{Z}^d$. Für alle Startpunkte $x, y \in \mathbb{Z}^d$ mit $y \curvearrowleft\!\!\!\curvearrowright x$ gilt*

$$\lim_{n\to\infty} \sum_{z\in\mathbb{Z}^d} \left|\mathbb{P}^x(X_n = z) - \mathbb{P}^y(X_n = z)\right| = 0.$$

Beweis. Offensichtlich folgt die Behauptung aus der Kopplungsungleichung (Lemma 14.22), wenn wir eine erfolgreiche Kopplung konstruieren können.

1° Für $d = 1$ können wir Kopplung durch Reflektion (Beispiel 14.21.c) verwenden. Weil $x - y \in 2\mathbb{Z}$ vorausgesetzt wird, ist $\frac{1}{2}(x + y) \in \mathbb{Z}$, d.h. die Kopplung ist erfolgreich.

Eine Alternative ist die modifizierte Mineka-Kopplung (Beispiel 14.21.e). Wir betrachten die Irrfahrt $(Z_n)_{n\in\mathbb{N}_0}$ auf $\mathbb{Z}^2$ mit Startpunkt $(x, y) \in \mathbb{Z}^2$ und Schrittverteilung

$$\mathbb{P}^{x,y}\left((\zeta_1', \zeta_1'') = (\pm 1, \pm 1)\right) = \frac{1}{4}.$$

Diese Irrfahrt ist offensichtlich eine Kopplung der einfachen Irrfahrten in $\mathbb{Z}$ [✍]; andererseits ist sie selbst eine einfache Irrfahrt auf einem „Diagonalgitter" (wie in Abb. 14.4), also nach Satz 11.14 rekurrent. Daher ist die Kopplung erfolgreich.

2° Nun sei $d > 1$ und alle Differenzen $x^{(i)} - y^{(i)}$, $i = 1, \dots, d$, seien gerade. In diesem Fall können wir die Kopplung in jeder Koordinate realisieren. Es seien $(\nu(n))_{n\in\mathbb{N}}$, $(\beta_i)_{i\in\mathbb{N}}$ und $(\beta_i')_{i\in\mathbb{N}}$ unabhängige Folgen von iid ZV, wobei $\mathbb{P}(\nu(1) = i) = \frac{1}{d}$, $i = 1, \dots, d$, und $\mathbb{P}(\beta_1 = \pm 1) = \mathbb{P}(\beta_1' = \pm 1) = \frac{1}{2}$ gelte. Wir definieren zwei Irrfahrten

$$Z_n' := x + \zeta_1' + \dots + \zeta_n' \quad \text{und} \quad Z_n'' := y + \zeta_1'' + \dots + \zeta_n''$$

deren Schritte durch

$$\zeta_n' := \beta_n e_{\nu(n)} \quad \text{und} \quad \zeta_n'' := \left(\beta_n \mathbb{1}_{\{Z_{n-1}'^{(\nu(n))} = Z_{n-1}''^{(\nu(n))}\}} + \beta_n' \mathbb{1}_{\{Z_{n-1}'^{(\nu(n))} \neq Z_{n-1}''^{(\nu(n))}\}}\right) e_{\nu(n)}$$

gegeben sind ($e_i \in \mathbb{Z}^d$ ist der $i$te Einheitsvektor). Offensichtlich sind $(Z'_n)_{n\in\mathbb{N}_0}$ und $(Z''_n)_{n\in\mathbb{N}_0}$ einfache symmetrische Irrfahrten, deren Pfade in immer mehr Koordinaten übereinstimmen. Die Bedingung $x^{(i)} - y^{(i)} \in 2\mathbb{Z}$ stellt sicher, dass in jeder Koordinate die Kopplung erfolgreich ist. Daher ist die Kopplungszeit der Irrfahrten $(Z'_n)_{n\in\mathbb{N}_0}$, $(Z''_n)_{n\in\mathbb{N}_0}$ endlich.

3° Wenn $y \curvearrowleft\!\!\curvearrowright x$ gilt, aber nicht alle Differenzen $x^{(i)} - y^{(i)}$ gerade sind, müssen $2l$ Differenzen ungerade sein. Ohne Einschränkung können wir annehmen, dass die ersten $2l$ Koordinaten ungerade Differenzen aufweisen. Wir geben nun eine Kopplung an, so dass $Z'^{(i)}_\sigma - Z''^{(i)}_\sigma \in 2\mathbb{Z}$ für $i = 1, \dots, d$, und eine f.s. endliche Stoppzeit σ. Wir beginnen mit den Koordinatenrichtungen 1, 2. Wir definieren rekursiv zwei Irrfahrten

$$Z'_n := x + \zeta'_1 + \dots + \zeta'_n \quad \text{und} \quad Z''_n := y + \zeta''_1 + \dots + \zeta''_n$$

deren Schritte für $n \leqslant \sigma(2) := \inf\{n > \sigma(0) : \nu(n) = 1 \text{ oder } \nu(n) = 2\}$, $\sigma(0) := 0$ durch

$$\zeta'_n := \beta_n e_{\nu(n)} \quad \text{und} \quad \zeta''_n := (\overbrace{\zeta'^{(2)}_n, \zeta'^{(1)}_n}^{\text{vertauscht}}, \zeta'^{(3)}_n, \dots, \zeta'^{(d)}_n)^\top, \qquad \sigma(0) < n \leqslant \sigma(2),$$

gegeben sind. Die ZV β_n, β'_n und $\nu(n)$ sind wie in Schritt 2° gewählt. Die Stoppzeit $\sigma(2)$ gibt an, wann sich die Irrfahrt zum ersten Mal in den Koordinaten 1 oder 2 bewegt. Für $n < \sigma(2)$ ist also $\zeta'^{(1)}_n = \zeta'^{(2)}_n = 0$, d.h. die Vertauschung der ersten und zweiten Koordinate in ζ''_n ist unerheblich. Für $n = \sigma(2)$ bewirkt die Vertauschung der Koordinaten in diesem Schritt, dass $Z'^{(i)}_{\sigma(2)} - Z''^{(i)}_{\sigma(2)} \in 2\mathbb{Z}$ für $i = 1, 2$.

Wir fahren nun mit den Koordinaten $i = 3, 4$, $\sigma(4) := \inf\{n > \sigma(2) : \nu(n) = 3 \text{ oder } \nu(n) = 4\}$ und $\sigma(2) < n \leqslant \sigma(4)$ fort:

$$\zeta'_n := \beta_n e_{\nu(n)} \text{ und } \zeta''_n := (\zeta'^{(1)}_n, \zeta'^{(2)}_n, \overbrace{\zeta'^{(4)}_n, \zeta'^{(3)}_n}^{\text{vertauscht}}, \zeta'^{(5)}_n, \dots, \zeta'^{(d)}_n)^\top, \quad \sigma(2) < n \leqslant \sigma(4).$$

Wir haben $Z'^{(i)}_{\sigma(4)} - Z''^{(i)}_{\sigma(4)} \in 2\mathbb{Z}$ für $i = 1, \dots, 4$; beachte, dass die Irrfahrten in den Koordinaten $i = 1, 2$ „parallel" laufen.

Nach endlich vielen Iterationen folgt, dass wir zum Zeitpunkt $\sigma(2l)$ in der Situation von Schritt 2° sind, und dann wie in diesem Schritt eine erfolgreiche Kopplung der Irrfahrten $(Z'_{\sigma(2l)+n})_{n\in\mathbb{N}_0}$ und $(Z''_{\sigma(2l)+n})_{n\in\mathbb{N}_0}$ konstruieren können. □

14.24 Korollar. *Es sei $(X_n)_{n\in\mathbb{N}_0}$ eine einfache symmetrische Irrfahrt mit Werten in $\mathbb{Z}^d$. Für alle Startpunkte $x, y \in \mathbb{Z}^d$ mit $y \curvearrowleft\!\!\curvearrowright x$ und alle geraden Zahlen $2k \in \mathbb{N}_0$ gilt*

$$\lim_{n\to\infty} \sum_{z\in\mathbb{Z}^d} \left|\mathbb{P}^x(X_n = z) - \mathbb{P}^y(X_{n-2k} = z)\right| = 0.$$

Beweis. Wegen der starken Markov-Eigenschaft (Satz 14.2) gilt für alle $n > 2k$

$$\mathbb{P}^x(X_n = z) = \mathbb{E}^x\left[\mathbb{P}^{X_{2k}}(X_{n-2k} = z)\right] = \sum_{t\in\mathbb{Z}^d} \mathbb{P}^x(X_{2k} = t)\,\mathbb{P}^t(X_{n-2k} = z).$$

Somit erhalten wir

$$
\begin{aligned}
&\sum_{z\in\mathbb{Z}^d} \left|\mathbb{P}^x(X_n = z) - \mathbb{P}^y(X_{n-2k} = z)\right| \\
&\quad = \sum_{z\in\mathbb{Z}^d} \left| \sum_{t\in\mathbb{Z}^d} \mathbb{P}^x(X_{2k} = t)\,\mathbb{P}^t(X_{n-2k} = z) - \overbrace{\sum_{t\in\mathbb{Z}^d} \mathbb{P}^x(X_{2k} = t)}^{=1}\mathbb{P}^y(X_{n-2k} = z) \right| \\
&\quad \leqslant \sum_{z\in\mathbb{Z}^d} \sum_{t\in\mathbb{Z}^d} \mathbb{P}^x(X_{2k} = t) \left|\mathbb{P}^t(X_{n-2k} = z) - \mathbb{P}^y(X_{n-2k} = z)\right| \\
&\quad = \sum_{t\in\mathbb{Z}^d} \mathbb{P}^x(X_{2k} = t) \sum_{z\in\mathbb{Z}^d} \left|\mathbb{P}^t(X_{n-2k} = z) - \mathbb{P}^y(X_{n-2k} = z)\right|.
\end{aligned}
$$

Die Wahrscheinlichkeit $\mathbb{P}^x(X_{2k} = t)$ ist genau dann nicht Null, wenn t von x aus in $2k$ Schritten erreicht werden kann, daher folgt $t \rightsquigarrow y$ aus $t \rightsquigarrow x \rightsquigarrow y$. Weil die innere Summe durch 2 beschränkt werden kann, folgt die Behauptung aus Lemma 14.23 und dem Satz von der dominierten Konvergenz. □

Aufgaben

1. Zeigen Sie, dass die Bedingungen (14.4) und (14.6) äquivalent sind.

2. Es sei $(X_n)_{n\in\mathbb{N}_0}$, $X_0 = 0$, eine beliebige Irrfahrt mit Werten in $\mathbb{R}^d$ und T eine f.s. endliche Stoppzeit. Zeigen Sie, dass für beschränkte $f, g : \mathbb{Z}^d \to \mathbb{R}$ gilt

$$\mathbb{E}f(X_T)g(X_{n+T}) = \mathbb{E}f(X_T)\mathbb{E}^{X_T}g(X_n)$$

   und folgern Sie – ohne weitere Rechnung! – daraus, dass diese Beziehung auch für $\mathbb{E}^x$ gilt.

3. Zeigen Sie, dass eine harmonische Funktion $u : \mathbb{Z}^d \to [0, \infty)$, die an einer Stelle Null wird, überall Null ist.

4. Es seien $u_n : \mathbb{Z}^d \to [0, \infty)$, $n \in \mathbb{N}$, harmonische Funktionen, so dass $u(x) = \lim_{n\to\infty} u_n(x)$ für alle $x \in \mathbb{Z}^d$ existiert. Zeigen Sie, dass u harmonisch ist.

5. Zeigen Sie, dass eine harmonische Funktion, die von unten beschränkt ist, konstant ist.

6. Es sei $A \subset \mathbb{Z}^d$ beschränkt und zusammenhängend. Zeigen Sie, dass zwei auf A harmonische Funktionen $u, v : \mathbb{Z}^d \to \mathbb{R}$ übereinstimmen, wenn $u|_{\partial A} = v|_{\partial A}$ gilt.
   Hinweis. Wenden Sie Satz 14.8 auf $u - v$ und $v - u$ an.

7. Es sei $T = \inf\{n : X_n \notin A\}$ die Austrittszeit der einfachen symmetrischen Irrfahrt $(X_n)_{n\in\mathbb{N}_0}$ aus der zusammenhängenden Menge $A \subset \mathbb{Z}^d$ und $f : \partial A \to \mathbb{R}$. Zeigen Sie, dass $\mathbb{E}^x f(X_T)$ entweder für alle $x \in A$ oder für kein $x \in A$ existiert.

8. Formulieren und beweisen Sie Lemma 14.10 für subharmonische Funktionen.

9. In dieser Aufgabe betrachten wir ausschließlich positive Funktionen. Es sei P der Übergangsoperator der einfachen symmetrischen Irrfahrt $(X_n)_{n\in\mathbb{N}_0}$ auf $\mathbb{Z}^d$ und $Gu := \sum_{n=0}^{\infty} P^n u$ ($P^0 := I$, $P^n := \underbrace{P \circ \cdots \circ P}_{n}$; G ist der sog. *Potentialoperator*).
   (a) Zeigen Sie, dass $PG = G - I$ und $G\Delta = \Delta G = -I$ gilt.
   (b) Zeigen Sie, dass $Gu(x) = \mathbb{E}^x\left[\sum_{n=0}^{\infty} u(X_n)\right]$ und interpretieren Sie diesen Befund.

(c) Es sei $\tau = \inf\{n : X_n \in B\}$ die erste Eintrittszeit in die Menge $B \subset \mathbb{Z}^d$. Zeigen Sie, dass für $u = Gf$ die sog. Dynkin-Formel gilt:

$$u(x) - \mathbb{E}^x u(X_\tau) = \mathbb{E}^x \left[\sum_{i=0}^{\tau-1} f(X_n) \right]; \quad (u(X_\tau) := 0 \text{ auf der Menge } \{\tau = \infty\}).$$

(d) (*Maximumprinzip*) Wenn $Gu \geqslant Gv$ auf dem Träger von Gv gilt, dann gilt die Ungleichung bereits überall.
Hinweis. Teil (c) und B ist der Träger von Gv.

(e) (*Balayageprinzip*) Es sei $\tau = \inf\{n : X_n \in B\}$ die erste Eintrittszeit in die Menge B und $u(x) = \mathbb{E}^x Gf(X_\tau)$ für eine Funktion $f \geqslant 0$. Dann gilt

(i) u ist ein Potential, d.h. $u = G\psi$ für ein $\psi \geqslant 0$; (ii) $u|_B = Gf|_B$;
(iii) $u \leqslant Gf$; (iv) $\{u \neq 0\} \subset B$.

Diese Eigenschaften charakterisieren u eindeutig.

(f) (*Riesz-Zerlegung*) Jede *positive superharmonische* (eine sog. *exzessive*) Funktion u ist von der Form $u = Gf + h$, wobei $h \geqslant 0$ harmonisch und $f \geqslant 0$ ist. Diese Zerlegung ist eindeutig.
Anleitung. $f = u - Pu$ und $h = \lim_{n\to\infty} P^n u$.

(g) Zeigen Sie, dass die Funktion $x \mapsto \mathbb{P}^y(\tau < \infty)$ exzessiv ist und finden Sie deren Riesz-Zerlegung.

10. Es sei $(X_n)_{n\in\mathbb{N}_0}$ eine einfache symmetrische Irrfahrt auf $\mathbb{Z}$. Zeigen Sie, dass $X_n^2 - n$ ein Martingal ist. Gilt das auch noch, wenn X_n eine Irrfahrt auf $\mathbb{Z}^d$ ist?

11. Es sei $(X_n)_{n\in\mathbb{N}_0}$ einfache symmetrische Irrfahrt auf $\mathbb{Z}$, $a < x < b$ und $T = \inf\{n : X_n + x \notin (a,b)\}$. Folgern Sie aus den Waldschen Identitäten, dass

$$\mathbb{P}^x(X_T = a) = \frac{b-x}{b-a} \quad \text{und} \quad \mathbb{P}^x(X_T = b) = \frac{x-a}{b-a}.$$

12. Geben Sie das im Beweis von Satz 14.12 erwähnte Gleichungssystem explizit an.

13. Es sei $A \subset \mathbb{Z}^d$ eine Menge, $(X_n)_{n\in\mathbb{N}_0}$ eine einfache symmetrische Irrfahrt mit Werten in $\mathbb{Z}^d$, $T = \inf\{n \in \mathbb{N}_0 : X_n \in A^c\}$ und $f : \partial A \to [0,\infty)$. Dann ist $w(x) := \mathbb{E}^x(f(X_T)\mathbb{1}_{\{T<\infty\}})$ die kleinste positive Lösung der Aufgabe $\Delta u|_A = 0,\ u|_{\partial A} = f$.

14. Verwenden Sie Korollar 14.16 um zu zeigen, dass eine beschränkte und auf $\mathbb{Z}^d$ harmonische Funktion u konstant ist. **Hinweis.** $A = \mathbb{Z}^d \setminus \{0\}$.

15. Es sei X eine einfache symmetrische Irrfahrt in $\mathbb{Z}^d$, $A \subset \mathbb{Z}^d$ und $T = \inf\{n \in \mathbb{N}_0 : X_n \notin A\}$. Zeigen Sie, dass $\forall x \in A : \mathbb{P}^x(T < \infty) = 1 \implies \forall x \in A : \mathbb{E}^x T < \infty$.

16. Modifizieren Sie den Beweis von Lemma 14.22 und zeigen Sie, dass für beliebige $\mathbb{R}^d$-wertige Irrfahrten die folgende Kopplungsungleichung gilt:

$$\sup_{B\in\mathscr{B}(\mathbb{R}^d)} \left|\mathbb{P}^x(X_n \in B) - \mathbb{P}^y(X_n \in B)\right| \leqslant \mathbb{P}^{x,y}(\tau > n).$$

17. (*Lazy random walk*) Es sei $(X_n)_{n\in\mathbb{N}_0}$, $X_0 = 0$, eine Irrfahrt mit Werten in $\mathbb{Z}$ und der Schrittverteilung $\mathbb{P}^0(\xi_1 = 1) = p$, $\mathbb{P}^0(\xi_1 = -1) = q$ und $\mathbb{P}^0(\xi_1 = 0) = r$, $p + q + r = 1$. Weiterhin sei $T_1 = \inf\{n : X_n = 1\}$. Bestimmen Sie $\mathbb{P}^0(T_1 = \infty)$ und $\mathbb{E}^0 T_1$.
Finden Sie die momentenerzeugende Funktion von T_1, wenn ξ_1 symmetrisch ist, und zeigen Sie, dass $\mathbb{E}^0\sqrt{T_1} < \infty$. Folgern Sie, dass für die Kopplungszeit in Lemma 14.23 $\mathbb{P}^x(\tau > n) \leqslant c/\sqrt{n}$ gilt.
Hinweis. Gambler's Ruin, Beispiel 11.7–11.10.

15 ⧫Donskers Invarianzprinzip und die Brownsche Bewegung

Der schottische Botaniker Robert Brown beobachtete bei seinen Studien zur Bestäubung von Pflanzen, dass sich in Wasser suspendierte „Pollenkörnchen“ auf eine merkwürdige Weise scheinbar chaotisch bewegten.

> Meine Untersuchung begann im Juni 1827, und die erste Pflanze, welche ich untersuchte, zeigte sich mir in gewisser Rücksicht merkwürdig wohl geeignet zu dem beabsichtigten Zwecke.

Brown interessierte sich für das Verhalten des Pollens während der Bestäubung der Blüte. Um die Ausrichtung des Pollens unter dem Mikroskop beobachten zu können, suchte er nach Pflanzen mit nicht kugelförmigen, asymmetrischen Pollen.

> Diese Pflanze war *Clarckia pulchella*. Die Körner ihres Pollens, welcher von den völlig ausgewachsen, aber noch nicht aufgebrochenen Antheren abgenommen worden, waren mit Partikeln oder Körnchen von ungewöhnlicher Größe gefüllt. Ihre Länge schwankte von fast $\frac{1}{4000}$ bis ungefähr $\frac{1}{6000}$ Zoll [das sind etwa 4–6 Mikrometer], und ihre, vielleicht etwas abgeplattete, Gestalt zwischen einer cylindrischen und ovalen, welche zugerundete und gleiche Enden hatte. Als ich die Gestalt dieser, in Wasser getauchten Partikeln untersuchte, bemerkte ich, daß viele von ihnen sichtlich in Bewegung waren. Ihre Bewegung bestand nicht bloß aus einer Ortsveränderung in der Flüssigkeit, wie es sich durch die Veränderungen in ihren gegenseitigen Lagen ergab [...].
> Nach häufiger Wiederholung dieser Beobachtungen überzeugte ich mich, dass diese Bewegungen weder von Strömungen in der Flüssigkeit, noch von deren allmähliger Verdampfung herrührten, sondern den Partikelchen selbst angehörten.
>
> *Robert Brown* [9], *S. 296*

Zu Beginn des 20. Jahrhunderts finden unabhängig voneinander Albert Einstein (1905) und Marian von Smoluchowski (1906) die physikalische Erklärung dieses Phänomens: Die Pollenkörner und die Wassermoleküle üben denselben osmotischen Druck aus, m.a.W. die Bewegung der Pollenkörner wird durch ständige Stöße der viel kleineren (ca. 0,3 Nanometer großen) Wassermoleküle verursacht. Dieser Befund macht die Brownsche Molekularbewegung zu einem Problem der Wahrscheinlichkeitstheorie.

Zur mathematischen Beschreibung dieser Bewegung können wir eine einfache symmetrische Irrfahrt verwenden. Wir nehmen an, dass ein Teilchen

- an der Stelle $X_0 = 0$ startet,
- sich nur zu den diskreten Zeitpunkten $k\Delta t$, $k \in \mathbb{N}$, bewegt,
- Schritte der Länge $|\Delta x|$ hat, die in jeder Richtung gleich wahrscheinlich sind,

und dass Δx nur von Δt, nicht aber von der aktuellen Position oder Zeit abhängt.

Der Einfachheit halber betrachten wir nur eine Koordinate, also eine eindimensionale einfache symmetrische Irrfahrt $(X_k)_{k\in\mathbb{N}_0}$ mit iid Schritten $\xi_k\Delta x$ auf dem Gitter $\Delta x \cdot \mathbb{Z}$. Wenn wir $\Delta t = 1/n$ für ein $n \in \mathbb{N}$ wählen, ist das Teilchen zur Zeit $t \in [0, 1]$ an

https://doi.org/10.1515/9783110350685-015

der Stelle $S_t^n = \sum_{k=1}^{\lfloor nt \rfloor} \xi_k \Delta x$, und es gilt

$$\mathbb{E}S_t^n = 0 \quad \text{und} \quad \mathbb{V}S_t^n = \sum_{k=1}^{\lfloor nt \rfloor} (\Delta x)^2 \mathbb{V}\xi_k = (\Delta x)^2 \lfloor nt \rfloor = (\Delta x)^2 \left\lfloor \frac{t}{\Delta t} \right\rfloor \approx t \frac{(\Delta x)^2}{\Delta t}.$$

Um eine Bewegung in stetiger Zeit zu erhalten, vollziehen wir den Grenzübergang $\Delta t \to 0$. Weil $\mathbb{V}S_t$ ein Maß für die mittlere Entfernung des Teilchens vom Ursprung ist, müssen wir $\Delta x \approx \sigma\sqrt{\Delta t}$ für eine Konstante $\sigma > 0$ voraussetzen, damit der Grenzwert nichttrivial ist. Es gilt also

$$S_t^n = \frac{\sigma}{\sqrt{n}} \sum_{k=1}^{\lfloor nt \rfloor} \xi_k \approx \Delta x \sum_{k=1}^{t/\Delta t} \xi_k, \quad t \in [0,1], \ n = \lfloor 1/\Delta t \rfloor. \tag{15.1}$$

Mit dem zentralen Grenzwertsatz (Satz von DeMoivre–Laplace [WT, Satz 8.8] oder Satz 8.16) können wir den Grenzwert im Sinne der Konvergenz in Verteilung bestimmen. Ohne Beschränkung der Allgemeinheit wählen wir ab sofort $\sigma = 1$.

15.1 Lemma. *Es sei $(X_n)_{n\in\mathbb{N}}$ eine Irrfahrt mit Werten in $\mathbb{R}$ und symmetrischen iid Schritten $(\xi_n)_{n\in\mathbb{N}}$ mit Varianz $\mathbb{V}\xi_1 = \sigma^2 = 1$. Dann gilt für die ZV S_t^n aus (15.1)*

$$S_t^n \xrightarrow[n\to\infty]{\mathrm{d}} G_t \sim \mathsf{N}(0,t), \quad t \in [0,1].$$

Wir interessieren uns auch für den Grenzwert des Vektors $(S_{t_1}^n, \dots, S_{t_k}^n)$ zu den Zeitpunkten $t_0 := 0 \leqslant t_1 < t_2 < \dots < t_k \leqslant 1$. Wir betrachten zunächst

$$(S_{t_1}^n, S_{t_2}^n - S_{t_1}^n, \dots, S_{t_k}^n - S_{t_{k-1}}^n).$$

Die Zuwächse $S_{t_l}^n - S_{t_{l-1}}^n = \frac{1}{\sqrt{n}} \sum_{m=\lfloor nt_{l-1}\rfloor+1}^{\lfloor nt_l \rfloor} \xi_m$, $l = 1, \dots, k$, sind unabhängige ZV, weil die Schritte der Irrfahrt iid sind. Aus der Charakterisierung der Konvergenz in Verteilung (Satz A.7) folgt, dass

$$\left(S_{t_1}^n, S_{t_2}^n - S_{t_1}^n, \dots, S_{t_k}^n - S_{t_{k-1}}^n\right) \xrightarrow[n\to\infty]{\mathrm{d}} \left(G_{t_1}^1, G_{t_2-t_1}^2, \dots, G_{t_k-t_{k-1}}^k\right)$$

für unabhängige normalverteilte ZV $G_{t_i-t_{i-1}}^i \sim \mathsf{N}(0, t_i - t_{i-1})$. In der Tat haben wir für beliebige $\theta_1, \dots, \theta_k \in \mathbb{R}$

$$\mathbb{E}e^{i\langle(\theta_1,\theta_2,\dots,\theta_k),\,(S_{t_1}^n, S_{t_2}^n - S_{t_1}^n, \dots, S_{t_k}^n - S_{t_{k-1}}^n)\rangle}$$
$$= \prod_{l=1}^k \mathbb{E}e^{i\theta_l\left(S_{t_l}^n - S_{t_{l-1}}^n\right)} = \prod_{l=1}^k \mathbb{E}e^{i\theta_l\left(\frac{1}{\sqrt{n}}\sum_{m=\lfloor nt_{l-1}\rfloor+1}^{\lfloor nt_l\rfloor} \xi_m\right)} \xrightarrow[n\to\infty]{\text{Lemma 15.1}} \prod_{l=1}^k e^{-\frac{1}{2}(t_l - t_{l-1})\theta_l^2}.$$

Weil $e^{-(t_l-t_{l-1})\theta_l^2/2}$ die charakteristische Funktion einer ZV $G_{t_l-t_{l-1}}^l \sim \mathsf{N}(0, t_l - t_{l-1})$ ist, folgt die behauptete Konvergenz. Die ZV $G_{t_l-t_{l-1}}^l$, $l = 1, \dots, k$ sind außerdem unabhängig – das sehen wir mit der Charakterisierung der Unabhängigkeit durch charakteristische Funktionen (Satz von Kac [WT, Korollar 7.9]). Diese Beobachtung erlaubt es uns, die Verteilung des ursprünglich betrachteten Vektors zu bestimmen.

Wir schreiben $\boldsymbol{S}_{\boldsymbol{t}}^{\boldsymbol{n}} := (S_{t_1}^n, S_{t_2}^n, \dots, S_{t_k}^n)^\top$, $\boldsymbol{\delta S}_{\boldsymbol{t}}^{\boldsymbol{n}} := (S_{t_1}^n, S_{t_2}^n - S_{t_1}^n, \dots, S_{t_k}^n - S_{t_{k-1}}^n)^\top$, und $\boldsymbol{\delta G_t} := (G_{t_1}^1, G_{t_2-t_1}^2, \dots, G_{t_k-t_{k-1}}^k)^\top$. Wenn M eine untere Dreiecksmatrix ist, deren Einträge alle „1“ sind, dann ist $\boldsymbol{S}_{\boldsymbol{t}}^{\boldsymbol{n}} = M\boldsymbol{\delta S}_{\boldsymbol{t}}^{\boldsymbol{n}}$. Aus den oben gemachten Überlegungen folgt dann für alle $\boldsymbol{\xi} \in \mathbb{R}^k$

$$\mathbb{E}e^{i\langle \boldsymbol{\xi}, \boldsymbol{S}_t^n\rangle} = \mathbb{E}e^{i\langle \boldsymbol{\xi}, M\boldsymbol{\delta S}_t^n\rangle} = \mathbb{E}e^{i\langle M^\top \boldsymbol{\xi}, \boldsymbol{\delta S}_t^n\rangle} \xrightarrow[n\to\infty]{} \mathbb{E}e^{i\langle M^\top \boldsymbol{\xi}, \boldsymbol{\delta G}_t\rangle} = \mathbb{E}e^{i\langle \boldsymbol{\xi}, M\boldsymbol{\delta G}_t\rangle},$$

also

$$\boldsymbol{S}_{\boldsymbol{t}}^{\boldsymbol{n}} \xrightarrow[n\to\infty]{\mathrm{d}} (G_{t_1}, \dots, G_{t_k})^\top := M\boldsymbol{\delta G_t} = \left(G_{t_1}^1, G_{t_1}^1 + G_{t_2-t_1}^2, \dots, G_{t_1}^1 + \dots + G_{t_k-t_{k-1}}^k\right)^\top.$$

Auf Grund der Unabhängigkeit der Summanden gilt $G_{t_1}^1 + \dots + G_{t_l-t_{l-1}}^l \sim \mathsf{N}(0, t_l)$. Wenn wir noch

$$\mathbb{E}G_{t_l} = 0 \quad \text{und} \quad \mathbb{E}(G_{t_l}G_{t_m}) = t_l \wedge t_m$$

beachten [✍], dann haben wir folgendes Lemma gezeigt.

15.2 Lemma (Konvergenz der endlich-dimensionalen Verteilungen). *Es sei $(X_n)_{n\in\mathbb{N}}$ eine Irrfahrt mit Werten in $\mathbb{R}$ und symmetrischen iid Schritten $(\xi_n)_{n\in\mathbb{N}}$ mit Varianz $\mathbb{V}\xi_1 = 1$. Dann gilt für die in (15.1) definierte ZV S_t^n und alle $0 < t_1 < \dots < t_k \leqslant 1$*

$$\left(S_{t_1}^n, \dots, S_{t_k}^n\right) \xrightarrow[n\to\infty]{\mathrm{d}} (G_{t_1}, \dots, G_{t_k}) \sim \mathsf{N}(0, \Gamma) \quad \Gamma = (t_l \wedge t_m)_{l,m=1,\dots,k}.$$

Weil wir uns für stetige Pfade interessieren, betrachten wir statt der Treppenfunktion S_t^n die lineare Interpolation der Irrfahrt X_k, $k = 1, \dots, n$, vgl. Abb. 15.1

$$\widehat{S}_t^n := \frac{1}{\sqrt{n}} \sum_{k=1}^{\lfloor nt\rfloor} \xi_k + \frac{(nt - \lfloor nt\rfloor)}{\sqrt{n}} \xi_{\lfloor nt\rfloor+1}, \quad t \in [0, 1]. \tag{15.2}$$

Es ist einfach zu sehen, dass $\widehat{S}_t^n \xrightarrow{\mathrm{d}} G_t \sim \mathsf{N}(0, t)$; weil durch die lineare Interpolation die Unabhängigkeit der Zuwächse verloren geht, müssen wir im multivariaten Fall etwas vorsichtiger als bisher argumentieren.

15.3 Lemma (Konvergenz der endlich-dimensionalen Verteilungen). *Es sei $(X_n)_{n\in\mathbb{N}}$ eine Irrfahrt mit Werten in $\mathbb{R}$ und symmetrischen iid Schritten $(\xi_n)_{n\in\mathbb{N}}$ mit Varianz $\mathbb{V}\xi_1 = 1$. Dann gilt für die in (15.2) definierte ZV $\widehat{S}_t^n$ und alle $t_0 = 0 < t_1 < \dots < t_k \leqslant t$*

$$\left(\widehat{S}_{t_1}^n, \dots, \widehat{S}_{t_k}^n\right) \xrightarrow[n\to\infty]{\mathrm{d}} (G_{t_1}, \dots, G_{t_k}) \sim \mathsf{N}(0, \Gamma), \quad \Gamma = (t_l \wedge t_m)_{l,m=1,\dots,k}.$$

Beweis. Offensichtlich gilt

$$\left(\widehat{S}_{t_1}^n, \dots, \widehat{S}_{t_k}^n\right) = \left(S_{t_1}^n, \dots, S_{t_k}^n\right) + \left(c(t_1)\xi_{\lfloor nt_1\rfloor+1}, \dots, c(t_k)\xi_{\lfloor nt_k\rfloor+1}\right),$$

$c(t_i) = (nt_i - \lfloor nt_i\rfloor)/\sqrt{n}$. Für alle $\epsilon > 0$ und $t \in [0, 1]$ erhalten wir mit der Chebyshevschen Ungleichung

$$\mathbb{P}\left(c(t)|\xi_{\lfloor nt\rfloor+1}| > \epsilon\right) \leqslant \frac{c(t)^2}{\epsilon^2}\mathbb{V}\xi_{\lfloor nt\rfloor+1} = \frac{c(t)^2}{\epsilon^2} \leqslant \frac{1}{\epsilon^2 n} \xrightarrow[n\to\infty]{} 0,$$

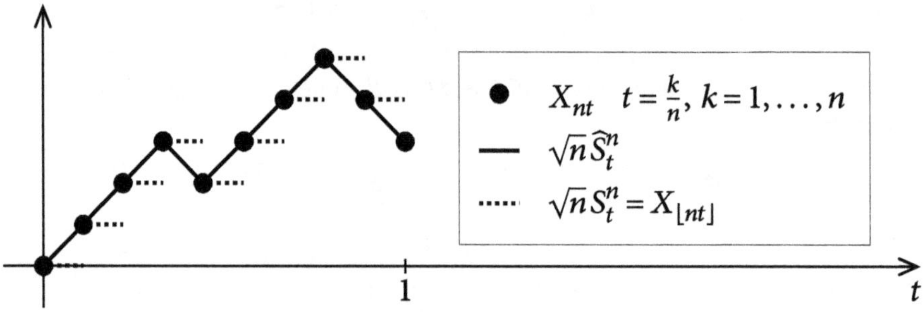

Abb. 15.1: Ein „typischer" Pfad einer einfachen symmetrischen Irrfahrt $(X_n)_{n\in\mathbb{N}}$, sowie die lineare Interpolation $\sqrt{n}\widehat{S}_t^n$, $t \in [0,1]$ und die Treppenfunktion $\sqrt{n}S_t^n = X_{\lfloor nt\rfloor}$, $t \in [0,1]$.

d.h. $c(t)\xi_{\lfloor nt\rfloor+1}$ konvergiert in Wahrscheinlichkeit gegen 0. Weil dann auch der Vektor $(c(t_1)\xi_{\lfloor nt_1\rfloor+1},\dots,c(t_k)\xi_{\lfloor nt_k\rfloor+1})$ gegen $0 \in \mathbb{R}^k$ konvergiert, folgt die Behauptung aus dem Satz von Slutsky (Satz A.9), wonach für $U_n \xrightarrow{\mathrm{d}} U$ und $V_n \xrightarrow{\mathbb{P}} 0$ auch $U_n+V_n \xrightarrow{\mathrm{d}} U$ gilt. □

15.4 Definition (Wiener 1923). Es sei $C = C[0,1]$ der Raum der stetigen Funktionen $w : [0,1] \to \mathbb{R}$, den wir mit der Supremumnorm $\|w\|_\infty := \sup_{t\in[0,1]}|w(t)|$ versehen; mit $\mathscr{B}(C)$ bezeichnen wir die Borelsche (d.h. topologische, von den offenen Mengen erzeugte) σ-Algebra. Das *Wiener-Maß* ist ein W-Maß μ auf $(C, \mathscr{B}(C))$, das folgende Eigenschaften hat

(W0) $\mu(\{w \in C : w(0) = 0\}) = 1$;

(W1) $\forall t \in (0,1],\ \alpha \in \mathbb{R} : \mu(\{w \in C : w(t) \leqslant \alpha\}) = \dfrac{1}{\sqrt{2\pi t}}\displaystyle\int_{-\infty}^{\alpha} e^{-\frac{y^2}{2t}}\,dy$;

(W2) $\forall k \in \mathbb{N},\ t_0 = 0 < t_1 < \dots < t_k \leqslant 1, \alpha_1,\dots,\alpha_k \in \mathbb{R}$:
$$\mu\left(\bigcap_{i=1}^{k}\{w \in C : w(t_i) - w(t_{i-1}) \leqslant \alpha_i\}\right) = \prod_{i=1}^{k}\frac{1}{\sqrt{2\pi(t_i - t_{i-1})}}\int_{-\infty}^{\alpha_i} e^{-\frac{y^2}{2(t_i-t_{i-1})}}\,dy.$$

Die Existenz des Wiener-Maßes ist nicht trivial. Ehe wir die Existenz zeigen, erinnern wir an die Konstruktion einer Zufallsvariable X mit einer vorgegebenen Verteilung ν auf einem beliebigen Meßraum $(E, \mathscr{E})$, vgl. [WT, Kapitel 6, S. 55]:

$$(\Omega, \mathscr{A}, \mathbb{P}) := (E, \mathscr{E}, \nu) \quad \text{und} \quad X := \mathrm{id}_E\,.$$

Wenn wir diese Vorgehensweise auf das Wiener-Maß übertragen, sehen wir, dass die Existenz des Wiener-Maßes und einer Brownschen Bewegung (s.u.) äquivalent sind.

15.5 Definition. Es sei $(\Omega, \mathscr{A}, \mathbb{P})$ ein W-Raum. Eine eindimensionale *Brownsche Bewegung* (mit Indexmenge $[0,1]$) ist ein stochastischer Prozess $B_t : \Omega \to \mathbb{R}$, $t \in [0,1]$ mit folgenden Eigenschaften:

(B0) $\mathbb{P}(B_0 = 0) = 1$;

(B1) $\forall t \in (0,1],\ B_t \sim g_t(y)\,dy,\ \ g_t(y) = \frac{1}{\sqrt{2\pi t}}\, e^{-\frac{y^2}{2t}}$;

(B2a) $\forall 0 \leqslant s \leqslant t \leqslant 1\ :\ B_t - B_s \sim B_{t-s}$;

(B2b) $\forall k \in \mathbb{N},\ t_0 = 0 < t_1 < \dots < t_k \leqslant 1\ :\ (B_{t_i} - B_{t_{i-1}})_{i=1}^k$ sind unabhängige ZV.

(B3) $t \mapsto B_t(\omega)$ ist für alle $\omega \in \Omega$ stetig.

Wenn wir – wie in der oben angegebenen Konstruktion einer ZV mit vorgegebener Verteilung – $\Omega = C$ setzen, dann gilt offenbar $B_t(\omega) = w(t)$ mit $\omega = w \in C$. Das zeigt, dass die Eigenschaften (B0), (B1) und (W0), (W1) übereinstimmen. Die Beobachtung

$$\mu\left(\bigcap_{i=1}^k \{w \in C : w(t_i) - w(t_{i-1}) \leqslant \alpha_i\}\right) = \prod_{i=1}^k \frac{1}{\sqrt{2\pi(t_i - t_{i-1})}} \int_{-\infty}^{\alpha_i} e^{-\frac{y^2}{2(t_i - t_{i-1})}}\,dy \stackrel{(W1)}{=} \prod_{i=1}^k \mu(\{w \in C : w(t_i - t_{i-1}) \leqslant \alpha_i\})$$

zeigt, dass die gemeinsame Verteilungsfunktion der ZV $B_{t_i} - B_{t_{i-1}}$ faktorisiert, und dass die Faktoren die Verteilungsfunktionen der $B_{t_i - t_{i-1}}$ sind; m.a.W., auch (B2a,b) und (W2) entsprechen einander. Weil $\Omega = C$ ist, folgt (B3) aus der Definition des Wiener-Maßes.

Die Existenz des Wiener-Maßes kann man mit Kolmogorovs Satz über *Wahrscheinlichkeiten in unendlich-dimensionalen Räumen*[16] mit einem projektiven Limes der endlich-dimensionalen Verteilungen zeigen. Hier beschreiten wir einen anderen Weg, der von Donsker [18] aufgezeigt wurde.

(i) Wir realisieren die Verteilung von $\widehat{S}_t^n$ als W-Maß μ_n im Raum $(C, \mathscr{B}(C))$;

(ii) Wir zeigen, dass die Familie $(\mu_n)_{n\in\mathbb{N}}$ schwach gegen ein W-Maß μ auf $(C, \mathscr{B}(C))$ konvergiert, d.h. es gilt $\lim_{n\to\infty} \int_C f(w)\,\mu_n(dw) = \int_C f(w)\,\mu(dw)$ für alle stetigen und beschränkten Funktionen $f : C \to \mathbb{R}$. Das ist die Konvergenz in Verteilung des Prozesses $\widehat{S}_\bullet^n$ gegen eine Brownsche Bewegung $B_\bullet$.

(iii) Wir identifizieren mit Hilfe von Lemma 15.3 μ als Wiener-Maß.

Dieses Programm heißt – weil es universell, d.h. „invariant" bezüglich der Schrittverteilung der Irrfahrt ist – *Invarianzprinzip* von Donsker. Wenn wir (i)–(iii) abgearbeitet haben, folgt insbesondere:

15.6 Satz. *Das Wiener-Maß μ existiert und ist eindeutig durch* (W0)–(W2) *bestimmt.*

Bezeichnungen, Messbarkeitsüberlegungen

Der Satz von Weierstraß (z.B. [WT, Satz 8.6]) zeigt, dass die Polynome dicht im Raum $(C, \|\cdot\|_\infty)$ sind. Daraus kann man leicht ableiten, dass die Polynome mit rationalen

16 [27, Kapitel III.4, S. 24*ff.*], vgl. [BM, Appendix A1, S. 359*ff.*] für eine moderne Darstellung.

Koeffizienten – wir schreiben dafür Pol – eine abzählbare dichte Teilmenge von C sind, d.h. der Raum $(C, \|\cdot\|_\infty)$ ist separabel. In $(C, \|\cdot\|_\infty)$ ist $\mathbb{B}(v, r) := \{w \in C : \|w - v\|_\infty < r\}$ die offene Kugel mit Zentrum v und Radius $r > 0$; $\pi_{t_1,\dots,t_k} : \mathbb{R}^{[0,1]} \to \mathbb{R}^k$ bezeichnet die Koordinatenprojektion $w \mapsto (w(t_1), \dots, w(t_k))$.

Das folgende Lemma und sein Beweis erlauben einen ersten Einblick in die Struktur der σ-Algebra $\mathscr{B}(C)$.

15.7 Lemma. *Es gilt* $C \cap \mathscr{B}(\mathbb{R}^{[0,1]}) = \mathscr{B}(C)$.

Beweis. Nach Definition gilt $\mathscr{B}(\mathbb{R}^{[0,1]}) = \sigma(\pi_t, t \in [0,1])$, vgl. [MI, Definition 17.2] oder [WT, Definition 6.4]. Offensichtlich ist $\pi_t|_C$ stetig bezüglich der Norm $\|\cdot\|_\infty$. Mithin folgt $\sigma(\pi_t|_C, t \in [0,1]) \subset \mathscr{B}(C)$, also $C \cap \mathscr{B}(\mathbb{R}^{[0,1]}) \subset \mathscr{B}(C)$.

Umgekehrt folgt aus der Beobachtung

$$\|w\|_\infty = \sup_{r \in [0,1] \cap \mathbb{Q}} |w(r)|, \qquad w \in C,$$

dass die Abbildung $w \mapsto \|w\|_\infty$ messbar ist bezüglich $\sigma(\pi_t|_C, t \in [0,1])$, mithin bezüglich $C \cap \mathscr{B}(\mathbb{R}^{[0,1]})$. Weil C separabel ist, können wir jede offene Menge $U \subset C$ folgendermaßen darstellen[17]

$$U = \bigcup_{\substack{\mathbb{B}(p,r) \subset U \\ p \in \mathrm{Pol},\, r \in \mathbb{Q}^+}} \mathbb{B}(p, r), \qquad \mathbb{B}(p, r) := \{w \in C : \|w - p\|_\infty < r\}.$$

Weil $\mathbb{B}(p, r) \in C \cap \mathscr{B}(\mathbb{R}^{[0,1]})$ ist, folgt $U \in C \cap \mathscr{B}(\mathbb{R}^{[0,1]})$. Die offenen Mengen erzeugen $\mathscr{B}(C)$, daher folgt $\mathscr{B}(C) \subset C \cap \mathscr{B}(\mathbb{R}^{[0,1]})$. □

Lemma 15.7 zeigt insbesondere, dass die Familie

$$\left\{\pi_{t_1,\dots,t_k}^{-1}(B_1 \times \dots \times B_k) : k \in \mathbb{N},\ 0 \leqslant t_1 < t_2 < \dots < t_k \leqslant 1,\ B_1, \dots, B_k \in \mathscr{B}(\mathbb{R})\right\}$$

ein $\cap$-stabiler [✍] Erzeuger von $\mathscr{B}(C)$ ist. Daher folgt das nachstehende Korollar aus dem Eindeutigkeitssatz für Maße [MI, Satz 4.5].

15.8 Korollar. *Ein Maß μ auf $(C, \mathscr{B}(C))$ wird eindeutig durch die endlich-dimensionalen Bildmaße $\mu \circ \pi_{t_1,\dots,t_k}^{-1}$ bestimmt.*

Wir können uns nun den Punkten (i)–(iii) zuwenden.

Beweis von Punkt (i)

15.9 Lemma. *Es sei $(X_n)_{n \in \mathbb{N}_0}$ eine Irrfahrt mit Werten in $\mathbb{R}$ und Schritten $(\xi_n)_{n \in \mathbb{N}}$. Die lineare Interpolation $(\widehat{S}_t^n)_{t \in [0,1]}$ (15.2) definiert eine messbare Abbildung $\widehat{S}^n : \Omega \to C$.*

---

17 Das ist das gleiche Argument wie im endlich-dimensionalen Fall, vgl. [MI, Satz 2.8(*)].

Beweis. Der Beweis von Lemma 15.7 zeigt auch, dass $\mathscr{B}(C)$ durch die Familien der offenen Kugeln $\mathbb{B}(p,\delta) := \{w \in C : \|w-p\|_\infty < \delta\}$ bzw. der abgeschlossenen Kugeln $\overline{\mathbb{B}}(p,\delta)$ (jeweils $\delta > 0$ und $p \in \mathrm{Pol}$) erzeugt wird. Weil die ZV $\omega \mapsto \widehat{S}^n_t(\omega)$ messbar ist, folgt die Behauptung aus

$$\begin{aligned}\left\{\widehat{S}^n \in \overline{\mathbb{B}}(p,\delta)\right\} &= \left\{\omega \in \Omega : \|\widehat{S}^n(\omega) - p\|_\infty \leqslant \delta\right\} \\ &= \bigcap_{r \in \mathbb{Q}\cap[0,1]} \left\{\omega \in \Omega : |\widehat{S}^n_r(\omega) - p(r)| \leqslant \delta\right\} \\ &= \bigcap_{r \in \mathbb{Q}\cap[0,1]} \underbrace{\left\{\omega \in \Omega : \widehat{S}^n_r(\omega) \in \overline{B}_\delta(p(r))\right\}}_{\in\mathscr{A}} \in \mathscr{A}.\end{aligned}$$

□

Weil $\widehat{S}^n$ eine C-wertige ZV ist, ist die Verteilung $\mu_n := \mathbb{P} \circ (\widehat{S}^n)^{-1}$ ein W-Maß auf $(C, \mathscr{B}(C))$. Das beweist den folgenden Satz und löst Aufgabe (i).

15.10 Satz. *Es sei $(X_n)_{n\in\mathbb{N}_0}$ eine Irrfahrt mit Werten in $\mathbb{R}$ und Schritten $(\xi_n)_{n\in\mathbb{N}}$. Die Verteilung μ_n der linearen Interpolation $(\widehat{S}^n_t)_{t\in[0,1]}$ ist ein W-Maß auf $(C, \mathscr{B}(C))$.*

Beweis von Punkt (iii)

Wir wenden uns nun Teil (iii) zu und nehmen an, dass μ irgendein Häufungspunkt der Folge $(\mu_n)_{n\in\mathbb{N}}$ aus Satz 15.10 ist, d.h. es gilt für eine Teilfolge $\mu_{n(i)} \xrightarrow{\mathrm{d}} \mu$.

Für beliebige $0 \leqslant t_1 < t_2 < \cdots < t_k \leqslant 1$, $k \in \mathbb{N}$ und Intervalle $B_1, \ldots, B_k \in \mathscr{B}(\mathbb{R})$ gilt wegen Lemma 15.3 und dem Portmanteau-Theorem [MI, Satz 25.3] (beachte, dass die Intervalle randlose Mengen im Sinne des Portmanteau-Theorems sind)

$$\mathbb{P}\left(\widehat{S}^{n(i)}_{t_1} \in B_1, \ldots, \widehat{S}^{n(i)}_{t_k} \in B_k\right) \xrightarrow[i\to\infty]{} \mathbb{P}\left(G_{t_1} \in B_1, \ldots, G_{t_k} \in B_k\right)$$

mit einer ZV $(G_{t_1}, \ldots, G_{t_k}) \sim \mathsf{N}(0, \Gamma)$ und $\Gamma = (t_l \wedge t_m)_{l,m=1,\ldots,k}$. Andererseits ist für die Projektion $\pi_{t_1,\ldots,t_k} : C \to \mathbb{R}^k$, $w \mapsto (w(t_1), \ldots, w(t_k))$

$$\begin{aligned}\mathbb{P}\left(\widehat{S}^{n(i)}_{t_1} \in B_1, \ldots, \widehat{S}^{n(i)}_{t_k} \in B_k\right) &= \mu_{n(i)} \circ \pi^{-1}_{t_1,\ldots,t_k}(B_1 \times \cdots \times B_k) \\ &\xrightarrow[i\to\infty]{} \mu \circ \pi^{-1}_{t_1,\ldots,t_k}(B_1 \times \cdots \times B_k).\end{aligned}$$

Weil die kartesischen Produkte der Intervalle ein $\cap$-stabiler Erzeuger der Borel-σ-Algebra $\mathscr{B}(\mathbb{R}^k)$ sind, zeigt diese Überlegung, dass $\mu \circ \pi^{-1}_{t_1,\ldots,t_k} = \mathsf{N}(0,\Gamma)$ gilt, und dass daher μ die Eigenschaften (W0)–(W2) aus Definition 15.4 besitzt. Wegen Korollar 15.8 ist das Wiener-Maß eindeutig durch die Maße $\mu \circ \pi^{-1}_{t_1,\ldots,t_k}$ bestimmt, d.h. es kann höchstens einen Häufungspunkt geben.

Beweis von Punkt (ii)

Wir benötigen folgenden tiefen Satz, der zuerst von Prohorov 1956 bewiesen wurde. Einen sehr schön aufgeschriebenen Beweis findet man im Buch von Parthasarathy [36, Kapitel 7.2, S. 288*ff*.].

15.11 Satz (Prohorov 1956). *Eine Familie $\mathcal{P}$ von W-Maßen auf $(C, \mathscr{B}(C))$ ist genau dann relativ kompakt bezüglich der schwachen Konvergenz von W-Maßen, wenn $\mathcal{P}$ straff (engl.: tight) ist, d.h.*

$$\forall \epsilon > 0 \quad \exists K = K_\epsilon \subset C \text{ kompakt} \quad \forall \nu \in \mathcal{P} : \nu(K) > 1 - \epsilon.$$

Die Struktur relativ kompakter Teilmengen von C wird durch den Satz von Arzelà–Ascoli beschrieben, vgl. Rudin [39, Satz 11.28, S. 294f.].

15.12 Satz (Arzelà–Ascoli). *Eine Familie $K \subset C$, die punktweise beschränkt und gleichgradig stetig ist, d.h.*

$$\forall t \in [0,1] : \sup_{w \in K} |w(t)| < \infty,$$

$$\forall \epsilon > 0 \; \exists \delta > 0 \; \forall |s - t| < \delta : \sup_{w \in K} |w(t) - w(s)| < \epsilon,$$

ist relativ kompakt im Raum $(C, \|\bullet\|_\infty)$.

15.13 Lemma. *Es sei $\mu_n = \mathbb{P} \circ (\widehat{S}^n)^{-1}$ die Verteilung der C-wertigen ZV $\widehat{S}^n_\bullet$. Hinreichend für die Straffheit der Familie $(\mu_n)_{n \in \mathbb{N}}$ ist, dass die Bedingungen* a) & b) *oder* a) & c) *erfüllt sind:*

a) $\forall \eta > 0 \; \exists a > 0 \; \forall n \in \mathbb{N} : \mathbb{P}\left(|\widehat{S}^n_0| > a\right) \leqslant \eta$.

b) $\forall \epsilon, \eta > 0 \; \exists h \in (0,1) \; \forall n \in \mathbb{N} : \mathbb{P}\left(\sup_{|t-r| \leqslant h} |\widehat{S}^n_t - \widehat{S}^n_r| \geqslant \epsilon\right) \leqslant \eta$.

c) $\forall \epsilon, \eta > 0 \; \exists h \in (0,1) \; \forall n \in \mathbb{N} \; t \in [0,1] : \dfrac{1}{h} \mathbb{P}\left(\sup_{r \in [t, t+h]} |\widehat{S}^n_t - \widehat{S}^n_r| \geqslant \epsilon\right) \leqslant \eta$.

Beweis. Wir überlegen uns erst, dass c) die Bedingung b) impliziert. Für festes $\epsilon, \eta > 0$ wählen wir h wie in c) angegeben. Wir können annehmen, dass $1/h \in \mathbb{N}$ und $r \leqslant t$. Wenn $|t - r| \leqslant h$ ist, dann gilt entweder $r, t \in [ih, (i+1)h]$ oder $r \in [ih, (i+1)h]$, $t \in [(i+1)h, (i+2)h]$ für ein $i \leqslant 1/h$. Mit der Dreiecksungleichung sehen wir, dass

$$\left\{ \sup_{|r-t| \leqslant h} |\widehat{S}^n_t - \widehat{S}^n_r| \geqslant 3\epsilon \right\} \subset \bigcup_{i=0}^{1/h-1} \left\{ \sup_{ih \leqslant r \leqslant (i+1)h} |\widehat{S}^n_{ih} - \widehat{S}^n_r| \geqslant \epsilon \right\}$$

und die Abschätzung

$$\mathbb{P}\left(\left\{ \sup_{|r-t| \leqslant h} |\widehat{S}^n_t - \widehat{S}^n_r| \geqslant 3\epsilon \right\} \right) \leqslant \frac{1}{h} \max_{0 \leqslant i \leqslant 1/h-1} \mathbb{P}\left(\left\{ \sup_{ih \leqslant r \leqslant (i+1)h} |\widehat{S}^n_{ih} - \widehat{S}^n_r| \geqslant \epsilon \right\} \right) \leqslant \eta$$

zeigt b).

Wir zeigen nun, dass a) und b) hinreichend für die Straffheit sind. Wir betrachten die Mengen

$$A_0 := \{w \in C : w(0) \leqslant a\} \quad \text{und} \quad A_k := \left\{ w \in C : \sup_{|t-r| \leqslant h_k} |w(t) - w(r)| \leqslant \frac{1}{k} \right\}$$

und wählen in b) h_k so, dass $\mathbb{P}(\widehat{S}^n_\bullet \in A_k) \geqslant 1 - \eta 2^{-k-1}$ gilt. Der Satz von Arzelà–Ascoli (Satz 15.12) zeigt, dass die Menge $K := \bigcap_{k=0}^\infty A_k$ relativ kompakt ist, und es gilt

$$\mu_n(K) = \mathbb{P}\left(\left\{ \widehat{S}^n_\bullet(\omega) \in C : \omega \in K^n \right\} \right) \geqslant 1 - \eta.$$

Das zeigt die Straffheit der Familie $(\mu_n)_{n\in\mathbb{N}}$. □

Wir zeigen schließlich, dass die Bedingungen von Lemma 15.13 für die Maße μ_n erfüllt sind, und wenden dann den Satz von Prohorov, Satz 15.11 an.

15.14 Satz (Donsker 1953). *Es sei $(X_n)_{n\in\mathbb{N}_0}$, $X_0 = 0$, eine symmetrische Irrfahrt mit Werten in $\mathbb{R}$ und Schritten $(\xi_n)_{n\in\mathbb{N}} \subset L^2(\mathbb{P})$. Die Familie der Verteilungen μ_n der linearen Interpolation $(\widehat{S}_t^n)_{t\in[0,1]}$ ist relativ kompakt bezüglich der schwachen Konvergenz von Maßen.*

Beweis. Wegen $X_0 = 0$ haben wir $S_0^n = 0$, und die Bedingung 15.13.a) ist stets erfüllt. Wir zeigen 15.13.c) bzw. 15.13.b). Im gesamten Beweis seien $\epsilon > 0$ und $\eta > 0$ fest.

1° Wir nehmen an, dass die Schritte der Irrfahrt gleichmäßig durch $\kappa > 0$ beschränkt sind. Je nach Lage des Intervalls $[t, t+h]$, $t \geqslant 0$ ist fest, unterscheiden wir zwischen zwei Fällen.

- *Fall 1.* Für ein $i \in \mathbb{N}$ gilt $i-1 \leqslant nt \leqslant n(t+h) < i$. In diesem Fall haben wir für alle $r \in [t, t+h]$

$$|\widehat{S}_r^n - \widehat{S}_t^n| \leqslant \frac{(nr-nt)}{\sqrt{n}}|\xi_{\lfloor nt\rfloor+1}| \leqslant \kappa\sqrt{n}h.$$

- *Fall 2.* Es gibt $i, k \in \mathbb{N}$, so dass $i-1 \leqslant nt \leqslant i \leqslant k \leqslant n(t+h) < k+1$. In diesem Fall gilt für alle $r \in [t, t+h]$

$$\begin{aligned}
|\widehat{S}_r^n - \widehat{S}_t^n| &\leqslant |\widehat{S}_r^n - \widehat{S}_{k/n}^n| + |\widehat{S}_{k/n}^n - \widehat{S}_{i/n}^n| + |\widehat{S}_{i/n}^n - \widehat{S}_t^n| \\
&\overset{\text{Fall 1}}{\leqslant} \kappa\sqrt{n}h + \frac{1}{\sqrt{n}}\sum_{l=i+1}^{k}|\xi_l| + \kappa\sqrt{n}h \\
&\leqslant 2\kappa\sqrt{n}h + \frac{k-i-1}{\sqrt{n}}\kappa \leqslant 3\kappa\sqrt{n}h.
\end{aligned}$$

In beiden Fällen haben wir

$$\frac{1}{h}\mathbb{E}\left[\sup_{r\in[t,t+h]}|\widehat{S}_r^n - \widehat{S}_t^n|^4\right] \leqslant 81\kappa^4 n^2 h^3,$$

und wenn wir $h = 1/n$ wählen, erhalten die Abschätzung 15.13.c) aus der Markov-Ungleichung

2° Wenn die Schritte ξ_n nur endliches zweites Moment haben, ohne uniform beschränkt zu sein, dann betrachten wir für beliebige $\kappa > 0$

$$\xi_n^\kappa := \xi_n \mathbb{1}_{[0,\kappa]}(|\xi_n|) \quad \text{und} \quad \eta_n^\kappa := \xi_n - \xi_n^\kappa$$

die zugehörigen symmetrischen Irrfahrten $X_n^\kappa := X_0 + \xi_1^\kappa + \cdots + \xi_n^\kappa$ und $Y_n^\kappa = \eta_1^\kappa + \cdots + \eta_n^\kappa$, sowie die zu X^κ und Y^κ gehörigen Prozesse

$$S_t^{\kappa,n} := \frac{1}{\sqrt{n}}X_{\lfloor nt\rfloor}^\kappa, \quad \widehat{S}_t^{\kappa,n} \quad \text{und} \quad U_t^{\kappa,n} := \frac{1}{\sqrt{n}}Y_{\lfloor nt\rfloor}^\kappa, \quad \widehat{U}_t^{\kappa,n}.$$

Wir betrachten nun den Ausdruck 15.13.b) für $\widehat{U}_t^{\kappa,n}$. Es gilt für alle $0 \leqslant t \leqslant r \leqslant 1$

$$|\widehat{U}_r^{\kappa,n} - \widehat{U}_t^{\kappa,n}| \leqslant |\widehat{U}_r^{\kappa,n}| + |\widehat{U}_t^{\kappa,n}| \leqslant 2 \sup_{t\in[0,1]} |\widehat{U}_t^{\kappa,n}| \leqslant \frac{2}{\sqrt{n}} \max_{1\leqslant m\leqslant n} |Y_m^\kappa|.$$

Für die letzte Abschätzung beachten wir, dass $\widehat{U}_t^{\kappa,n}$ die lineare Interpolation der Punkte Y_m^κ, $m = 1, \dots, n$ ist. Weil $(Y_m^\kappa)_{m\in\mathbb{N}}$ ein L^2-Martingal ist, können wir die Maximalungleichung für Martingale (Korollar 9.4) verwenden, und erhalten

$$\begin{aligned}\mathbb{P}\Big(\sup_{|t-r|\leqslant h} |\widehat{U}_r^{\kappa,n} - \widehat{U}_t^{\kappa,n}| \geqslant \epsilon\Big) &\leqslant \mathbb{P}\Big(\max_{1\leqslant m\leqslant n} |Y_m^\kappa| \geqslant \frac{1}{2}\epsilon\sqrt{n}\Big) \\ &\leqslant \frac{1}{\epsilon^2 n}\mathbb{E}\left[(Y_n^\kappa)^2\right] = \frac{1}{\epsilon^2}\mathbb{E}\left[(\xi_1 - \xi_1^\kappa)^2\right].\end{aligned}$$

Die letzte Gleichheit folgt weil $\mathbb{E}\left[(Y_n^\kappa)^2\right] = \mathbb{V}Y_n^\kappa$ gilt und Y_n^κ iid Schritte hat. Nach Voraussetzung ist $\xi_1 \in L^2(\mathbb{P})$, d.h. wir können $\kappa = \kappa(\eta, \epsilon)$ so groß wählen, dass

$$\mathbb{P}\Big(\sup_{|t-r|\leqslant h} |\widehat{U}_r^{\kappa,n} - \widehat{U}_t^{\kappa,n}| \geqslant \epsilon\Big) \leqslant \frac{1}{\epsilon^2}\mathbb{E}\left[(\xi_1 - \xi_1^\kappa)^2\right] \leqslant \eta.$$

Unsere Überlegungen aus Teil 1° und der Beweis der Richtung c)⇒b) in Lemma 15.13 zeigen für ein $h = h(\kappa, \eta, \epsilon) \in (0, 1)$ und das eben gewählte $\kappa > 0$, dass

$$\mathbb{P}\Big(\sup_{|t-r|\leqslant h} |\widehat{S}_r^{\kappa,n} - \widehat{S}_t^{\kappa,n}| \geqslant \epsilon\Big) \leqslant \eta.$$

Wenn wir die beiden letzten Abschätzung mit der Dreiecksungleichung kombinieren, erhalten wir 15.13.b) für $\widehat{S}_t^n$ mit 2ϵ. □

Satz 15.14 zeigt, dass jede Teilfolge der Folge $(\mu_n)_{n\in\mathbb{N}}$ eine schwach konvergente Teil-Teilfolge hat, und wegen (iii) stimmen diese Häufungspunkte überein. Es folgt, dass die Folge $(\mu_n)_{n\in\mathbb{N}}$ schwach konvergiert. Damit ist auch (ii) erledigt.

Wie wir gesehen haben, ist die Existenz des Wiener-Maßes äquivalent zur Existenz einer Brownschen Bewegung. Die Brownsche Bewegung ist einer der wichtigsten stochastischen Prozesse, die mit ihr zusammenhängenden Untersuchungen, Techniken und Konzepte haben die Forschung im Gebiet der stochastischen Prozesse nachhaltig geprägt. Dieses Kapitel ist aber erst der Anfang dieser Geschichte…

Vielleicht geht es Ihnen ja so, wie Rick Blaine, dem Besitzer von Rick's Café Americain im Film *Casablanca*:

> [...] I think this is the beginning of a beautiful friendship.

Aufgaben

1. Zeigen Sie, dass die Borelsche σ-Algebra $\mathscr{B}(C)$ des Raums $(C, \|\cdot\|_\infty)$ sowohl von den offenen Kugeln $\mathbb{B}(p, \delta) := \{w \in C : \|w - p\|_\infty < \delta\}$, $\delta > 0$ und $p \in$ Pol (die Menge der Polynome mit rationalen Koeffizienten) als auch von den abgeschlossenen Kugeln $\overline{\mathbb{B}}(p, \delta)$ erzeugt wird.

A Anhang

A.1 Konvergenz in Wahrscheinlichkeit

In diesem Abschnitt definieren wir die *Konvergenz in Wahrscheinlichkeit* und diskutieren den Zusammenhang mit der *fast sicheren Konvergenz* und der *Konvergenz in L^p*. Diese beiden Konvergenzarten sollten aus der Maß- und Integrationstheorie bekannt sein, vgl. [MI, Kapitel 14].

A.1 Definition. Es $(X_n)_{n\in\mathbb{N}_0}$ eine Folge von reellen ZV, die auf demselben W-Raum $(\Omega, \mathscr{A}, \mathbb{P})$ definiert sind. Die Folge

a) *konvergiert fast sicher* gegen eine ZV X, wenn $\mathbb{P}(\omega : \lim_{n\to\infty} X_n(\omega) = X(\omega)) = 1$ gilt. Notation $X_n \xrightarrow{\text{f.s.}} X$.
b) *konvergiert in Wahrscheinlichkeit* (oder *stochastisch*) gegen eine ZV X, wenn $\lim_{n\to\infty} \mathbb{P}(|X_n - X| > \epsilon) = 0$ für alle $\epsilon > 0$. Notation: $X_n \xrightarrow{\mathbb{P}} X$.
c) *konvergiert in L^p*, $1 \leqslant p < \infty$, gegen eine ZV $X \in L^p(\mathbb{P})$, wenn $(X_n)_{n\in\mathbb{N}} \subset L^p(\mathbb{P})$ und $\lim_{n\to\infty} \mathbb{E}(|X_n - X|^p) = 0$ gilt. Notation: $X_n \xrightarrow{L^p} X$.

Das folgende Lemma ist für die Untersuchung der Eigenschaften der $\mathbb{P}$-Konvergenz hilfreich.

A.2 Lemma. *Es seien $X, X_n : \Omega \to \mathbb{R}$ ZV mit $X_n \xrightarrow{\mathbb{P}} X$. Dann gilt*

$$f(X_i) \xrightarrow[i\to\infty]{L^1} f(X)$$

für alle gleichmäßig stetigen $f \in C_b(\mathbb{R})$.

Beweis. Es sei $f \in C_b(\mathbb{R})$ gleichmäßig stetig. Für jedes $\epsilon > 0$ gibt es daher ein $\delta > 0$, so dass

$$|f(x) - f(y)| \leqslant \epsilon \quad \text{für alle } |x - y| \leqslant \delta.$$

Daher gilt

$$\begin{aligned}
\mathbb{E}|f(X_i) - f(X)| &= \int_{|X_i - X| \leqslant \delta} \underbrace{|f(X_i) - f(X)|}_{\leqslant \epsilon} \, d\mathbb{P} + \int_{|X_i - X| > \delta} |f(X_i) - f(X)| \, d\mathbb{P} \\
&\leqslant \epsilon + 2\|f\|_\infty \mathbb{P}(|X_i - X| > \delta) \xrightarrow[i\to\infty]{} \epsilon.
\end{aligned}$$

Weil ϵ frei gewählt werden kann, folgt die Behauptung. □

A.3 Korollar. *Es seien $X_n, X : \Omega \to \mathbb{R}$ ZV. Dann gilt*

$$X_n \xrightarrow[n\to\infty]{\mathbb{P}} X \iff X_n - X \xrightarrow[n\to\infty]{\mathbb{P}} 0 \iff \mathbb{E}\frac{|X_n - X|}{1 + |X_n - X|} \xrightarrow[n\to\infty]{} 0.$$

Insbesondere sind $\mathbb{P}$-Limiten eindeutig.

https://doi.org/10.1515/9783110350685-016

Beweis. Die erste Äquivalenz folgt sofort aus der Definition der $\mathbb{P}$-Konvergenz. Die Richtung „⇒" folgt aus Lemma A.2 wenn wir die Funktion $f(x) := |x|/(1+|x|)$ verwenden, die wegen[18]

$$\left|\frac{|x|}{1+|x|} - \frac{|y|}{1+|y|}\right| \leqslant \frac{|x-y|}{1+|x-y|} \leqslant |x-y|, \qquad x, y \in \mathbb{R},$$

gleichmäßig stetig ist. Die Umkehrung „⇐" erhalten wir aus

$$\mathbb{P}(|X_n - X| > \epsilon) \leqslant \mathbb{P}(|X_n - X| \wedge \epsilon \geqslant \epsilon) \leqslant \frac{1}{\epsilon}\mathbb{E}(|X_n - X| \wedge \epsilon) \leqslant \frac{2}{\epsilon}\mathbb{E}\frac{|X_n - X|}{1+|X_n - X|},$$

wobei wir in der letzten Ungleichung $\epsilon \leqslant 1$ angenommen und dann die elementare Abschätzung $|x| \wedge \epsilon \leqslant |x| \wedge 1 \leqslant 2|x|/(1+|x|)$ verwendet haben.

Die Eindeutigkeit des $\mathbb{P}$-Limes folgt aus der Beobachtung, dass $\mathbb{P}(X = 0) = 1$ genau dann gilt, wenn $\mathbb{E}\,[|X|/(1+|X|)] = 0$. □

Wir kommen nun zum Zusammenhang zwischen den drei Konvergenzarten aus Definition A.1

A.4 Satz. *Es seien $X_n, X : \Omega \to \mathbb{R}$ ZV und $p \in [1, \infty)$. Dann gilt*

a) $X_n \xrightarrow{L^p} X \implies X_n \xrightarrow{\mathbb{P}} X$;

b) $X_n \xrightarrow{f.s.} X \implies X_n \xrightarrow{\mathbb{P}} X$;

c) $X_n \xrightarrow{\mathbb{P}} X \implies \exists (n(i))_{i\in\mathbb{N}} : X_{n(i)} \xrightarrow{f.s.} X$.

Beweis. Teil a) folgt wegen Korollar A.3 aus

$$\mathbb{E}\frac{|X|}{1+|X|} \leqslant \mathbb{E}|X| \leqslant \left[\mathbb{E}(|X|^p)\right]^{1/p}, \qquad p \geqslant 1.$$

Wenn $X_n \to X$ f.s., dann können wir Korollar A.3 und dominierte Konvergenz verwenden, um

$$\lim_{n\to\infty} \mathbb{E}\frac{|X - X_n|}{1+|X - X_n|} = 0$$

zu erhalten. Das zeigt die Aussage b).

Nun nehmen wir $X_n \xrightarrow{\mathbb{P}} X$ an. Korollar A.3 zeigt, dass die Folge $Y_n := \frac{|X-X_n|}{1+|X-X_n|}$ im L^1-Sinn gegen 0 konvergiert. Daher, vgl. [MI, Korollar 14.11], existiert eine Teilfolge $n(i)$, so dass $Y_{n(i)} \to 0$ f.s. Insbesondere folgt auch, dass $X_{n(i)} \to 0$ f.s. □

Die Implikationen aus Satz A.4.a) und b) lassen sich i.Allg. nicht umkehren.

---

18 Weil die Funktion $t \mapsto t/(1+t)$ monoton wachsend ist, folgt für alle $x, y \in \mathbb{R}$

$$\frac{|x|}{1+|x|} \leqslant \frac{|x-y|+|y|}{1+|x-y|+|y|} = \frac{|x-y|}{1+|x-y|+|y|} + \frac{|y|}{1+|x-y|+|y|} \leqslant \frac{|x-y|}{1+|x-y|} + \frac{|y|}{1+|y|}$$

und wenn wir die Rollen von x und y tauschen, erhalten wir die im Folgenden verwendete Ungleichung.

A.5 Beispiel. Wir betrachten den W-Raum $([0,1), \mathscr{B}[0,1), d\omega)$ und definieren die ZV

$$X_{n,k}(\omega) := \mathbb{1}_{[k/n,(k+1)/n)}(\omega), \quad n \in \mathbb{N}, k = 0, \dots, n-1, \quad \text{und} \quad Y_n(\omega) := n\mathbb{1}_{[0,1/n]}(\omega);$$

Indem wir die $X_{n,k}$ lexikographisch anordnen, erhalten wir zwei Folgen $(X_{n,k})_{n,k}$ und $(Y_n)_n$. Man sieht leicht, dass $X_{n,k}$ in Wahrscheinlichkeit (und in L^1) gegen 0 konvergiert, aber an keiner Stelle punktweise konvergiert. Die Folge Y_n konvergiert in Wahrscheinlichkeit gegen 0, nicht aber in L^1.

A.2 Konvergenz in Verteilung

Im Gegensatz zu den im vorangehenden Abschnitt diskutierten Konvergenzarten betrachten wir nun die Konvergenz der *Verteilungen* einer Folge von ZV. Weil wir nicht über die Konvergenz der ZV selbst sprechen, können diese auf verschiedenen W-Räumen definiert sein.

A.6 Definition. Es seien X, X_n ZV mit Werten in $\mathbb{R}^d$, die nicht notwendig auf demselben W-Raum definiert sein müssen. Die Folge X_n konvergiert gegen X *in Verteilung* bzw. die Verteilungen $\mathbb{P}_{X_n}$ konvergieren gegen $\mathbb{P}_X$ *schwach*, wenn

$$\forall f \in C_b(\mathbb{R}^d) : \quad \lim_{n\to\infty} \mathbb{E}f(X_n) = \mathbb{E}f(X). \tag{A.1}$$

Notation: $X_n \xrightarrow{\text{d}} X$, $X_n \Rightarrow X$ bzw. $\mathbb{P}_{X_n} \xrightarrow{\text{w}} \mathbb{P}_X$.

Der Grenzwert einer d-konvergenten Folge ist eindeutig, vgl. [WT, Lemma 9.4, Bemerkung 9.5.a)]. Wenn die ZV X_n auf demselben W-Raum definiert sind, dann gilt

$$X_n \xrightarrow[n\to\infty]{\mathbb{P}/L^p/\text{f.s.}} X \implies X_n \xrightarrow[n\to\infty]{\text{d}} X.$$

Wenn der Grenzwert $X \equiv c$ f.s. konstant ist, dann gilt auch die folgende Umkehrung: $X_n \xrightarrow{\text{d}} c$ impliziert $X_n \xrightarrow{\mathbb{P}} c$, vgl. [WT, Satz 9.7, Lemma 9.12].

Die Konvergenz in Verteilung lässt sich folgendermaßen mit Hilfe der charakteristischen Funktion $\phi_Z(\theta) := \mathbb{E}\, e^{i\langle\theta, Z\rangle}$, $\theta \in \mathbb{R}^d$, ausdrücken.

A.7 Satz. *Es sei $(X_n)_{n\in\mathbb{N}}$ eine Folge von ZV mit Werten in $\mathbb{R}^d$. Dann ist $X_n \xrightarrow{\text{d}} X$ äquivalent zu jeder der folgenden Aussagen*

a) $\forall\theta \in \mathbb{R}^d : \lim_{n\to\infty} \mathbb{E}\, e^{i\langle\theta, X_n\rangle} = \mathbb{E}\, e^{i\langle\theta, X\rangle}$.

b) $\forall\epsilon > 0 : \lim_{n\to\infty} \sup_{|\theta|\leqslant\epsilon} \left|\mathbb{E}\, e^{i\langle\theta, X_n\rangle} - \mathbb{E}\, e^{i\langle\theta, X\rangle}\right| = 0$.

c) $\forall t \in \mathbb{R},\ \theta \in \mathbb{R}^d,\ \mathbb{P}(\langle\theta, X\rangle = t) = 0 : \lim_{n\to\infty} \mathbb{P}(\langle\theta, X_n\rangle \leqslant t) = \mathbb{P}(\langle\theta, X\rangle \leqslant t)$.

Für $d = 1$ findet man einen Beweis in [WT, Satz 9.14, Satz 9.18 und Korollar 9.19]. Mit dem Cramér–Wold Trick [WT, Korollar 9.19] kann man die multivariaten Versionen von a), b) einfach auf den eindimensionalen Fall zurückführen.

Die Konvergenz in Verteilung ist eine relativ schwache Konvergenz, selbst die Linearität der Grenzwerte gilt nur unter zusätzlichen Annahmen.

A.8 Lemma. *Es seien X_n, Y_n ZV mit Werten in $\mathbb{R}^d$, die nicht auf demselben W-Raum definiert sein müssen. Wenn $(X_n, Y_n)^\top \xrightarrow{\mathrm{d}} (X, Y)^\top$, dann gilt auch*

$$X_n \xrightarrow{\mathrm{d}} X, \quad Y_n \xrightarrow{\mathrm{d}} Y \quad \textit{und} \quad X_n + Y_n \xrightarrow{\mathrm{d}} X + Y.$$

Beweis. Beachte, dass $\left\langle \binom{\theta}{\theta'}, \binom{X_n}{Y_n} \right\rangle = \langle \theta, X_n \rangle + \langle \theta', Y_n \rangle$ gilt. Aus Satz A.7 wissen wir, dass $(X_n, Y_n)^\top \xrightarrow{\mathrm{d}} (X, Y)^\top$ äquivalent ist zu

$$\lim_{n\to\infty} \mathbb{E} e^{i\langle \theta, X_n\rangle + i\langle \theta', Y_n\rangle} = \mathbb{E} e^{i\langle \theta, X\rangle + i\langle \theta', Y\rangle}.$$

Wenn wir $\theta' = 0$ bzw. $\theta = 0$ wählen, folgt die d-Konvergenz von $X_n \to X$ und $Y_n \to Y$. Für $\theta = \theta'$ sehen wir $X_n + Y_n \xrightarrow{\mathrm{d}} X + Y$. □

Für Anwendungen ist der folgende Satz von Slutsky wichtig.

A.9 Satz (Slutsky). *Es seien $X_n, Y_n : \Omega \to \mathbb{R}^d$, $n \in \mathbb{N}$ Folgen von ZV, so dass $X_n \xrightarrow{\mathrm{d}} X$ und $X_n - Y_n \xrightarrow{\mathbb{P}} 0$ gilt. Dann gilt $Y_n \xrightarrow{\mathrm{d}} X$.*

Beweis. Mit Hilfe der Abschätzung $|e^{iz} - 1| = \left|\int_0^{iz} e^{\zeta}\, d\zeta\right| \leqslant \sup_{|y|\leqslant|z|} |e^{iy}| \cdot |z| = |z|$ sehen wir, dass die Funktion $x \mapsto e^{i\langle \xi, x\rangle}$, $\xi \in \mathbb{R}^d$ Lipschitz-stetig ist:

$$\left|e^{i\langle \xi, x\rangle} - e^{i\langle \xi, y\rangle}\right| = \left|e^{i\langle \xi, x-y\rangle} - 1\right| \leqslant |\langle \xi, x-y\rangle| \leqslant |\xi| \cdot |x-y|, \qquad \xi, x, y \in \mathbb{R}^d. \tag{A.2}$$

Mithin gilt

$$\mathbb{E}\, e^{i\langle \xi, Y_n\rangle} = \mathbb{E}\left[e^{i\langle \xi, Y_n - X_n\rangle} e^{i\langle \xi, X_n\rangle}\right] = \mathbb{E}\left[\left(e^{i\langle \xi, Y_n - X_n\rangle} - 1\right) e^{i\langle \xi, X_n\rangle}\right] + \mathbb{E}\, e^{i\langle \xi, X_n\rangle}.$$

Aus Satz A.7 wissen wir $\lim_{n\to\infty} \mathbb{E}\, e^{i\langle \xi, X_n\rangle} = \mathbb{E}\, e^{i\langle \xi, X\rangle}$, d.h. es genügt zu zeigen, dass der erste Ausdruck auf der rechten Seite für $n \to \infty$ verschwindet. Es gilt

$$I := \left|\mathbb{E}\left[\left(e^{i\langle \xi, Y_n - X_n\rangle} - 1\right) e^{i\langle \xi, X_n\rangle}\right]\right| \leqslant \mathbb{E}\left|\left(e^{i\langle \xi, Y_n - X_n\rangle} - 1\right) e^{i\langle \xi, X_n\rangle}\right| = \mathbb{E}\left|e^{i\langle \xi, Y_n - X_n\rangle} - 1\right|.$$

Wir teilen nun den Integrationsbereich auf und verwenden die Lipschitz-Stetigkeit

$$\begin{aligned} I &\leqslant \mathbb{E}\left[\mathbb{1}_{\{|Y_n - X_n| \leqslant \delta\}} \left|e^{i\langle \xi, Y_n - X_n\rangle} - 1\right|\right] + \mathbb{E}\left[\mathbb{1}_{\{|Y_n - X_n| > \delta\}} \left|e^{i\langle \xi, Y_n - X_n\rangle} - 1\right|\right] \\ &\overset{(A.2)}{\leqslant} \delta\,|\xi| + 2\,\mathbb{E}\mathbb{1}_{\{|Y_n - X_n| > \delta\}} = \delta\,|\xi| + 2\,\mathbb{P}(|Y_n - X_n| > \delta) \xrightarrow[n\to\infty]{} \delta\,|\xi| \xrightarrow[\delta\to 0]{} 0, \end{aligned}$$

wobei im letzten Schritt die Konvergenz $X_n - Y_n \xrightarrow{\mathbb{P}} 0$ eingeht. □

A.3 Das Faktorisierungslemma

Das folgende aus der Maßtheorie bekannte Faktorisierungslemma [MI, Lemma 7.17] erlaubt es uns, die bedingte Erwartung $\mathbb{E}(X \mid \mathscr{F})$ einer ZV $X \in L^1(\mathscr{A})$ als Funktion von Y darzustellen, wenn $\mathscr{F} = \sigma(Y)$. Wie üblich schreiben wir in diesem Fall $\mathbb{E}(X \mid Y)$ an Stelle von $\mathbb{E}(X \mid \sigma(Y))$.

A.10 Satz (Faktorisierungslemma). *Es sei $(\Omega, \mathscr{A}, \mathbb{P})$ ein W-Raum, $Z : \Omega \to \overline{\mathbb{R}}$ eine reelle ZV und $Y : \Omega \to E$ eine ZV mit Werten in einem Messraum $(E, \mathscr{E})$. Wenn Z messbar ist bezüglich $\sigma(Y)$, dann gibt es eine messbare Funktion $g : (E, \mathscr{E}) \to (\overline{\mathbb{R}}, \mathscr{B}(\overline{\mathbb{R}}))$, so dass $Z = g(Y)$ f.s. Die Funktion g ist $\mathbb{P}_Y$-f.s. eindeutig.*

A.11 Korollar. *Es sei $(\Omega, \mathscr{A}, \mathbb{P})$ ein W-Raum, $X : \Omega \to \mathbb{R}$ eine ZV mit $\mathbb{E}|X| < \infty$ und $Y : \Omega \to E$ eine ZV mit Werten in einem Messraum $(E, \mathscr{E})$. Es gilt*

$$\mathbb{E}(X \mid Y) = g(Y)$$

für eine $\mathbb{P}_Y$-f.s. eindeutig bestimmte messbare Funktion $g : (E, \mathscr{E}) \to (\mathbb{R}, \mathscr{B}(\mathbb{R}))$.

Beweis von Satz A.10. In Anlehnung an die Konstruktion des Integrals konstruieren wir die Funktion g in drei Schritten: erst für ZV mit endlich vielen Werten (einfache ZV), dann für positive ZV und schließlich für beliebige ZV. Wir schreiben $\mathcal{E}(\mathscr{F})$ für die $\mathscr{F}$-messbaren ZV (bzw. Funktionen) mit endlich vielen Werten, sog. „einfache" ZV (bzw. Funktionen).

1° Angenommen $Z = \mathbb{1}_A$. Weil Z $\sigma(Y)$-messbar ist, haben wir $A \in \sigma(Y)$, und wegen $\sigma(Y) = Y^{-1}(\mathscr{E})$ gibt es ein $F \in \mathscr{E}$, so dass $A = Y^{-1}(F)$. Mithin

$$Z = \mathbb{1}_A = \mathbb{1}_{Y^{-1}(F)} = \mathbb{1}_F \circ Y \implies g = \mathbb{1}_F.$$

2° Nun sei $Z \in \mathcal{E}(\sigma(Y))$ eine einfache $\sigma(Y)$-messbare ZV. Für eine Standarddarstellung $Z(\omega) = \sum_{i=1}^n z_i \mathbb{1}_{A_i}(\omega)$, $z_i \in \mathbb{R}$, $A_i \in \sigma(Y)$, finden wir mit Hilfe von 1° und der Linearität ein geeignetes $g \in \mathcal{E}(\mathscr{E})$.

3° Schließlich sei $Z : \Omega \to \overline{\mathbb{R}}$ eine beliebige $\sigma(Y)$-messbare ZV. Das Sombrero-Lemma [MI, Korollar 7.12] zeigt $Z = \lim_{n\to\infty} Z_n$ für eine Folge $Z_n \in \mathcal{E}(\sigma(Y))$. Aus Schritt 2° wissen wir aber, dass $Z_n = g_n \circ Y$ für einfache Funktionen $g_n \in \mathcal{E}(\mathscr{E})$. Offensichtlich ist $g := \liminf_{n\to\infty} g_n$ eine $\mathscr{E}$-messbare Funktion mit Werten in $\overline{\mathbb{R}}$. Weiterhin gilt

$$g \circ Y = \big(\liminf_{n\to\infty} g_n\big) \circ Y = \lim_{n\to\infty} \underbrace{(g_n \circ Y)}_{=Z_n} = Z.$$

4° Eindeutigkeit. Wenn für $f, g : E \to \overline{\mathbb{R}}$ gilt $f(Y) = Z = g(Y)$ f.s., dann haben wir

$$0 = \mathbb{P}(g(Y) \neq f(Y)) = \mathbb{P}\left(Y \in \{y : g(y) \neq f(y)\}\right),$$

also $f(y) = g(y)$ für $\mathbb{P}_Y$-fast alle $y \in E$. □

A.4 Der Projektionssatz im Hilbertraum

Ein *Hilbertraum* $\mathcal{H}$ ist ein reeller (oder komplexer) Vektorraum, auf dem ein Skalarprodukt $(g, h) \mapsto \langle g, h \rangle$ definiert ist, so dass unter der dadurch induzierten Norm

$\|h\| := \sqrt{\langle h, h\rangle}$ der Raum $\mathcal{H}$ vollständig ist. Ein linearer Teilraum $\mathcal{F} \subset \mathcal{H}$ heißt *abgeschlossen*, wenn gilt

$$(f_n)_{n\in\mathbb{N}} \subset \mathcal{F}, \quad f_n \xrightarrow[n\to\infty]{\mathcal{H}} f \implies f \in \mathcal{F}.$$

Mit Hilfe der Polarisationsformeln lässt sich das Skalarprodukt aus der Norm rekonstruieren

$$\langle g, h\rangle = \frac{1}{4}\left(\|g+h\|^2 - \|g-h\|^2\right) = \frac{1}{2}\left(\|g+h\|^2 - \|g\|^2 - \|h\|^2\right). \tag{A.3}$$

Aus der zweiten Gleichheit von (A.3) ergibt sich unmittelbar die *Parallelogramm-Identität*:

$$\|g+h\|^2 + \|g-h\|^2 = 2\left(\|g\|^2 + \|h\|^2\right). \tag{A.4}$$

Wir interessieren uns für den Raum der quadrat-integrierbaren ZV auf einem W-Raum $(\Omega, \mathscr{A}, \mathbb{P})$,

$$\mathscr{L}^2(\Omega, \mathscr{A}, \mathbb{P}) = \left\{X : \Omega \to \mathbb{R} : X \text{ ist } \mathscr{A}\text{-messbare ZV}, \ \int X^2 \, d\mathbb{P} < \infty\right\},$$

und den Raum der Äquivalenzklassen $L^2(\Omega, \mathscr{A}, \mathbb{P}) := \mathscr{L}^2(\Omega, \mathscr{A}, \mathbb{P})/_\sim$, wobei wir zwei Elemente $X, Y \in \mathscr{L}^2$ äquivalent nennen, $X \sim Y \in \mathscr{L}^2$, wenn $\mathbb{P}(X = Y) = 1$ gilt. Wie üblich identifizieren wir Äquivalenzklassen mit ihren Repräsentanten, und daher können wir in L^2 „wie mit Funktionen" rechnen, vgl. [MI, Bemerkung 14.6].

A.12 Lemma. *Es sei $(\Omega, \mathscr{A}, \mathbb{P})$ ein W-Raum.*

a) *$L^2(\mathscr{A}) = L^2(\Omega, \mathscr{A}, \mathbb{P})$ ist ein Hilbertraum mit Skalarprodukt $\langle X, Y\rangle_{L^2} := \mathbb{E}(XY)$ und Norm $\|X\|_{L^2} := \sqrt{\mathbb{E}(X^2)}$.*

b) *Wenn $\mathscr{F} \subset \mathscr{A}$ eine σ-Algebra ist, dann ist $L^2(\mathscr{F})$ ein abgeschlossener, isometrisch eingebetteter Unterraum von $L^2(\mathscr{A})$.*

Beweis. a) Aus der Maß- und Integrationstheorie [MI, Kapitel 14] wissen wir, dass $X \mapsto \|X\|_{L^2} := \sqrt{\mathbb{E}(X^2)}$ eine Norm auf $L^2(\mathscr{A})$ ist. Jede Linearkombination $aX + bZ$ aus $X, Z \in L^2(\mathscr{A})$ und $a, b \in \mathbb{R}$ ist wieder $\mathscr{A}$-messbar, und wegen

$$\|aX + bZ\|_{L^2} \overset{\text{Minkowski}}{\leqslant} \|aX\|_{L^2} + \|bZ\|_{L^2} = |a|\|X\|_{L^2} + |b|\|Z\|_{L^2} < \infty$$

gilt $aX + bZ \in L^2$.

Die Cauchy–Schwarz Ungleichung zeigt, dass das Skalarprodukt wohldefiniert ist,

$$|\langle X, Z\rangle_{L^2}| \leqslant \mathbb{E}|XZ| \leqslant \sqrt{\mathbb{E}(X^2)}\sqrt{\mathbb{E}(Z^2)} = \|X\|_{L^2}\|Z\|_{L^2} < \infty,$$

und die Linearität des Erwartungswerts vererbt sich auf $(X, Z) \mapsto \langle X, Z\rangle$:

$$\langle aX + bZ, W\rangle = \mathbb{E}[(aX + bZ)W] = a\mathbb{E}[XW] + b\mathbb{E}[ZW] = a\langle X, W\rangle + b\langle Z, W\rangle.$$

Schließlich gilt

$$\langle X, X\rangle = 0 \iff \mathbb{E}(X^2) = 0 \iff X = 0 \text{ f.s.} \iff X = 0 \text{ im Raum } L^2.$$

Die Vollständigkeit von L^2, d.h.

$$X_n - X_m \xrightarrow[n,m\to\infty]{L^2} 0 \iff \exists X \in L^2(\mathscr{A}) : X_n \xrightarrow[n\to\infty]{L^2} X,$$

folgt aus dem Satz von Riesz–Fischer vgl. [MI, Satz 14.10].

b) Jedes $Y \in L^2(\mathscr{F})$ ist $\mathscr{F}$- und daher auch $\mathscr{A}$-messbar. Weiterhin gilt

$$\int Y^2\,d\mathbb{P} = \int \int_0^{Y^2} dt\,d\mathbb{P} = \int \int_0^{\infty} \mathbb{1}_{[0,Y^2]}(t)\,dt\,d\mathbb{P} = \int \int_0^{\infty} \mathbb{1}_{[t,\infty)}(Y^2)\,dt\,d\mathbb{P}$$

$$\overset{\text{Tonelli}}{=} \int_0^{\infty} \int \mathbb{1}_{[t,\infty)}(Y^2)\,d\mathbb{P}\,dt = \int_0^{\infty} \mathbb{P}(\underbrace{\{Y^2 \geqslant t\}}_{\in\mathscr{F}})\,dt = \int_0^{\infty} \mathbb{P}|_{\mathscr{F}}(\{Y^2 \geqslant t\})\,dt,$$

und mit derselben Rechnung folgt dann

$$\|Y\|^2_{L^2(\mathscr{A})} = \int Y^2\,d\mathbb{P} = \int Y^2\,d\mathbb{P}|_{\mathscr{F}} = \|Y\|^2_{L^2(\mathscr{F})},$$

d.h. $L^2(\mathscr{F})$ ist isometrisch eingebettet in den Raum $L^2(\mathscr{A})$. Da $L^2(\mathscr{F})$ vollständig ist, ist $L^2(\mathscr{F})$ ein abgeschlossener Unterraum von $L^2(\mathscr{A})$. □

A.13 Definition. $X, Z \in L^2(\mathscr{A})$ heißen *orthogonal*, $X \perp Z$, wenn $\mathbb{E}(XZ) = \langle X, Z\rangle_{L^2} = 0$.

Der folgende Satz gilt – sogar mit demselben Beweis – in jedem Hilbertraum, wir beschränken uns aber auf den Raum $L^2(\mathscr{A})$.

A.14 Satz (Orthogonale Projektion). *Es sei* $(\Omega, \mathscr{A}, \mathbb{P})$ *ein W-Raum und* $\emptyset \neq \mathfrak{F} \subset L^2(\mathscr{A})$ *ein abgeschlossener Unterraum. Dann existiert zu jeder ZV* $X \in L^2(\mathscr{A})$ *genau eine ZV* $Y \in \mathfrak{F}$ *mit*

$$\text{(i)} \quad \|X - Y\|_{L^2} = \inf\{\|X - \Phi\|_{L^2} : \Phi \in \mathfrak{F}\}$$
$$\iff \text{(ii)} \quad \forall \Phi \in \mathfrak{F} : X - Y \perp \Phi$$

A.15 Definition. Die Abbildung $P_{\mathfrak{F}} : L^2(\mathscr{A}) \to \mathfrak{F}$, $X \mapsto Y$ mit Y aus Satz A.14, heißt *orthogonale Projektion* von $L^2(\mathscr{A})$ auf den Unterraum $\mathfrak{F}$.

Beweis von Satz A.14. Wir wählen ein festes $X \in L^2(\mathscr{A})$ und schreiben $\|\cdot\| = \|\cdot\|_{L^2}$.
1° Existenz des Minimierers Y: Wir setzen $d := \inf_{\Phi\in\mathfrak{F}} \|X - \Phi\|$. Auf Grund der Definition des Infimums d gibt es eine Folge

$$(\Phi_n)_{n\in\mathbb{N}} \subset \mathfrak{F} : d = \lim_{n\to\infty} \|X - \Phi_n\|.$$

Da $\|\cdot\|$ stetig und $\mathcal{F}$ abgeschlossen ist, ist

$$Y := L^2\text{-}\lim_{n\to\infty} \Phi_n$$

ein Kandidat für den Minimierer. Wir zeigen zunächst, dass $(\Phi_n)_{n\in\mathbb{N}}$ eine Cauchyfolge ist. Dazu verwenden wir die Parallelogramm-Identität (A.4) für die Elemente

$$g = X - \Phi_i \quad \text{und} \quad h = X - \Phi_k$$

und erhalten

$$\underbrace{\underbrace{\|2X - \Phi_i - \Phi_k\|^2}_{=4\left\|X - \underbrace{\tfrac{1}{2}(\Phi_i + \Phi_k)}_{\in\mathcal{F}}\right\|^2}}_{\geqslant 4d^2 \text{ wg. inf}} + \|\Phi_i - \Phi_k\|^2 = \underbrace{2\|X - \Phi_i\|^2}_{\xrightarrow[i\to\infty]{} 2d^2} + \underbrace{2\|X - \Phi_k\|^2}_{\xrightarrow[k\to\infty]{} 2d^2} \xrightarrow[k,l\to\infty]{} 4d^2.$$

Wegen der Definition von d sehen wir, dass die linke Seite größer oder gleich $4d^2$ ist, während die rechte Seite für $i, k \to \infty$ gegen $4d^2$ konvergiert. Daher haben wir

$$4d^2 + \underbrace{\limsup_{i,k\to\infty} \|\Phi_i - \Phi_k\|^2}_{=0 \text{ d.h. Cauchy}} \leqslant 4d^2.$$

Da $L^2(\mathscr{A})$ vollständig ist, existiert $Y = L^2\text{-}\lim_{n\to\infty} \Phi_n$, wir haben $Y \in \mathcal{F}$, weil $\mathcal{F}$ abgeschlossen ist, und Y erfüllt (i), weil die Norm $\|\cdot\|$ stetig ist.

2^0 Eindeutigkeit des Minimierers: Es seien $Y, Y' \in \mathcal{F}$ zwei Elemente, die (i) erfüllen. Wegen der Parallelogramm-Identität gilt

$$4d^2 \leqslant 4\left\|X - \underbrace{\tfrac{1}{2}(Y + Y')}_{\in\mathcal{F}}\right\|^2 \leqslant 4\left\|X - \tfrac{1}{2}(Y + Y')\right\|^2 + \overbrace{\|Y - Y'\|^2}^{\geqslant 0}$$

$$\stackrel{\text{(A.4)}}{=} 2(\|X - Y\|^2 + \|X - Y'\|^2) = 4d^2,$$

d.h. überall in der Ungleichungskette gilt „=“, somit $\|Y - Y'\|^2 = 0$ oder $Y = Y'$ in L^2.

3^0 Äquivalenz (i)$\Leftrightarrow$(ii): Durch direktes Nachrechnen ergeben sich die untenstehenden Äquivalenzen. In der Richtung „$\Rightarrow$“ beachten wir in der ersten Zeile, dass wegen $Y \in \mathcal{F}$ auch $Y + t\Phi \in \mathcal{F}$ für alle $t \geqslant 0$ gilt, die letzte Zeile folgt durch den Grenzübergang $t \to 0$.

In der Gegenrichtung „$\Leftarrow$“ beachten wir in der ersten Zeile, dass man jedes $\Phi \in \mathcal{F}$ in der Form $Y + \mathbb{R}^+ \cdot \mathcal{F}$ schreiben kann.

$$\begin{aligned}
\text{(i)} &\iff \forall \Phi \in \mathcal{F}, t \geqslant 0 \,:\, \|X - (Y + t\Phi)\|^2 \geqslant \|X - Y\|^2 \\
&\iff \forall \Phi \in \mathcal{F}, t \geqslant 0 \,:\, \|X - Y\|^2 + t^2\|\Phi\|^2 - 2t\langle X - Y, \Phi\rangle \geqslant \|X - Y\|^2 \\
&\iff \forall \Phi \in \mathcal{F}, t \geqslant 0 \,:\, t^2\|\Phi\|^2 - 2t\langle X - Y, \Phi\rangle \geqslant 0 \\
&\iff \forall \Phi \in \mathcal{F}, t \geqslant 0 \,:\, t\|\Phi\|^2 - 2\langle X - Y, \Phi\rangle \geqslant 0 \\
&\iff \forall \Phi \in \mathcal{F} \,:\, \langle X - Y, \Phi\rangle = 0 \quad \text{d.h. (ii).}
\end{aligned}$$

□

A.5 Zwei nützliche Integralformeln

In diesem Abschnitt wollen wir die beiden Integralformeln

$$t^{-\beta} = \frac{1}{\Gamma(\beta)} \int_0^\infty e^{-ut} u^{\beta-1}\, du, \qquad t > 0,\ \beta > 0, \tag{A.5}$$

$$t^{\alpha} = \frac{\alpha}{\Gamma(1-\alpha)} \int_0^\infty \left(1 - e^{-ut}\right) \frac{du}{u^{1+\alpha}}, \qquad t > 0,\ \alpha \in (0, 1), \tag{A.6}$$

herleiten.

Wir beginnen mit der aus [MI, Beispiel 12.5] bekannten Formel für die Eulersche Gammafunktion

$$\Gamma(\beta) = \int_0^\infty x^{\beta-1} e^{-x}\, dx, \quad \beta > 0.$$

Wenn wir den Variablenwechsel $x = tu$ und $dx/x = du/u$ vornehmen und die resultierende Gleichheit umstellen, folgt unmittelbar (A.5).

Für $0 < \alpha < 1$ definieren wir $\beta := 1 - \alpha$ und integrieren (A.5) über $(0, x)$. Das ergibt dann

$$\begin{aligned} x^{\alpha} = \alpha \int_0^x t^{\alpha-1}\, dt &\overset{\text{(A.5)}}{=} \frac{\alpha}{\Gamma(1-\alpha)} \int_0^x \int_0^\infty e^{-ut} u^{-\alpha}\, du\, dt \\ &\overset{\text{Tonelli}}{=} \frac{\alpha}{\Gamma(1-\alpha)} \int_0^\infty \int_0^x e^{-ut}\, dt\, u^{-\alpha}\, du \\ &= \frac{\alpha}{\Gamma(1-\alpha)} \int_0^\infty \left(1 - e^{-ux}\right) \frac{du}{u^{1+\alpha}}, \end{aligned}$$

und es folgt die Gleichheit (A.6).

Literatur

[MI] R. L. Schilling: *Maß und Integral. Eine Einführung für Bachelor-Studenten.* De Gruyter, Berlin 2014.

[WT] R. L. Schilling: *Wahrscheinlichkeit. Eine Einführung für Bachelor-Studenten.* De Gruyter, Berlin 2017.

[BM] R. L. Schilling, L. Partzsch: *Brownian Motion. An Introduction to Stochastic Processes.* De Gruyter, Berlin 2014 (2. Aufl.).

[MIMS] R. L. Schilling: *Measures, Integrals and Martingales.* Cambridge University Press, Cambridge 2017 (2. Aufl.).

[5] D. André: Solution directe du problème résolu par M. Bertrand. *Comptes Rendus de l'Academie des Sciences Paris* **105** (1887) 436–437.

[6] K. Azuma: Weighted sums of certain dependent random variables. *Tohoku Mathematical Journal* **19** (1967) 357–367.

[7] R. Bañuelos, B. Davis: Donald Burkholder's work in martingales and analysis. In: B. Davis, R. Song (Hg.): *Selected Works of Donald L. Burkholder.* Springer, New York 2011, S. 1–22.

[8] J. Bertrand: Solution d'un problème. *Comptes Rendus de l'Academie des Sciences Paris* **105** (1887) 369.

[9] R. Brown: Mikroskopische Beobachtungen über die im Pollen der Pflanzen enthaltenen Partikeln, und über das allgemeine Vorkommen activer Molecüle in organischen und unorganischen Körpern. *Annalen der Physik und Chemie* **14** (1828) 294–313. Dt. Übersetzung des englischen Originalartikels, erschienen als Privatdruck von R. Brown 1828, Nachdruck *Edinburgh New Philosophical Journal* **5** (1828) 358–371 und in anderen Journalen.

[10] D. L. Burkholder: Martingale transforms. *The Annals of Mathematical Statistics* **37** (1966) 1494–1504. Nachdruck in: B. Davis, R. Song (Hg.): *Selected Works of Donald L. Burkholder.* Springer, New York 2011, S. 97–107.

[11] D. L. Burkholder: Distribution function inequalities for martingales. *The Annals of Probability* **1** (1973) 19–42. Nachdruck in: B. Davis, R. Song (eds.): *Selected Works of Donald L. Burkholder.* Springer, New York 2011, S. 217–240.

[12] D. L. Burkholder, R. F. Gundy: Extrapolation and interpolation of quasi-linear operators on martingales. *Acta Mathematica* **124** (1970) 249–304. Nachdruck in: B. Davis, R. Song (Hg.): *Selected Works of Donald L. Burkholder.* Springer, New York 2011, S. 108–163.

[13] R. Courant, K. Friedrichs, H. Lewy: Über die partiellen Differenzengleichungen der mathematischen Physik. *Mathematische Annalen* **100** (1928) 32–74. Nachdruck in: C. S. Morawetz (Hg.): *Kurt Otto Friedrichs – Selecta I.* Birkhäuser, Boston 1986, S. 49–95.

[14] K. L. Chung, W. H. J. Fuchs: On the distribution of values of sums of random variables. *Memoirs of the American Mathematical Society* **6** (1951) 12 pp. Nachdruck

https://doi.org/10.1515/9783110350685-017

in: F. AitSahlia, E. Hsu, R. Williams (Hg.): *Selected Works of Kai Lai Chung*. World Scientific, New Jersey 2008, S. 157–168.

[15] K. L. Chung, D. Ornstein: On the recurrence of sums of random variables. *Bulletin of the American Mathematical Society* **68** (1962) 30–32. Nachdruck in: F. AitSahlia, E. Hsu, R. Williams (Hg.): *Selected Works of Kai Lai Chung*. World Scientific, New Jersey 2008, S. 327–329.

[16] B. Davis: On the integrability of the martingale square function. *Israel Journal of Mathematics* **8** (1970) 187–190.

[17] J. Dieudonné: Sur un théorème de Jessen. *Fundamenta Mathematicae* **37** (1950) 242–248. Nachdruck in: J. Dieudonné: *Choix d'œuvres mathématiques I*. Hermann, Paris 1981, S. 369–375.

[18] M. Donsker: An invariance principle for certain probability limit theorems. *Memoirs of the American Mathematical Society* **6** (1951) 12 pp. (paper no. 4).

[19] J. L. Doob: *Stochastic Processes*. Wiley–Interscience, New York (NY) 1953 (seit 1990 mehrere Nachdrucke in der Wiley Classics Library).

[20] L. E. Dubins, D. A. Freedman: A sharper form of the Borel–Cantelli lemma and the strong law. *The Annals of Mathematical Statistics* **36** (1965) 800–807.

[21] A. Einstein: Über die von der molekularkinetischen Theorie der Wärme geforderte Bewegung von in ruhenden Flüssigkeiten suspendierten Teilchen. *Annalen der Physik* **17** (1905) 549–560. Nachdruck in [22] sowie in J. Stachel (Hg.): *The Collected Papers of Albert Einstein II*. Princeton University Press, Princeton (NJ) 1989, S. 224–236.

[22] R. Fürth (Hg.), A. Einstein, M. von Smoluchowski: *Untersuchungen über die Theorie der Brownschen Bewegung – Abhandlung über die Brownsche Bewegung und verwandte Erscheinungen*. Harri Deutsch, Ostwalds Klassiker Bd. **199** (Reprint der Bände 199 and 207), Frankfurt am Main 1997.

[23] W. Feller: Note on the law of large numbers and "fair" games. *The Annals of Mathematical Statistics* **16** (1945) 301–304. Nachdruck in: R. L. Schilling, Z. Vondraček, W. Wojczyński: *William Feller – Selected Papers I*. Springer, Cham, S. 717–720.

[24] W. Feller: *An Introduction to Probability Theory and Its Applications. Volume I*. John Wiley, New York (NY) 1968 (3. Aufl.).

[25] W. Hoeffding: Probability inequalities for sums of bounded random variables. *Journal of the American Statistical Association* **58**.301 (1963), 13–30.

[26] A. Khintchine: Über dyadische Brüche. *Mathematische Zeitschrift* **18** (1923), 109–116.

[27] A. Kolmogoroff: *Grundbegriffe der Wahrscheinlichkeitsrechnung*. Springer, Ergebnisse der Mathematik und Ihrer Grenzgebiete, Band **2**, Heft 3, Berlin 1933.

[28] K. Krickeberg: Convergence of martingales with a directed index set. *Transactions of the American Mathematical Society* **83** (1956) 313–337.

[29] P. Lévy: Propriétés asymptotiques des sommes de variables aléatoires enchainées. *Bulletin des Sciences Mathematiques* **59** (1935) 84–96 & 109–128. Nach-

druck in: D. Dugué (Hg.): *Œuvres de Paul Lévy, III*, Gauthier–Villars, Paris 1976, S. 201–232.

[30] P. Lévy: *Théorie de l'Addition des Variables Aléatoires.* Gauthier–Villars, Paris 1937.

[31] J. E. Littlewood: On bounded bilinear forms in an infinite number of variables. *The Quarterly Journal of Mathematics* **1** (1930) 164–174. Nachdruck in: A. Baker *et al.* (Hg.): *Collected Papers of J. E. Littlewood, II.* Oxford University Press, Oxford 1982, S. 720–731.

[32] J. Marcinkiewicz, A. Zygmund: Sur les fonctions indépendantes. *Fundamenta Mathematicae* **29** (1937) 60–90. Nachdruck in: A. Zygmund (Hg.): *J. Marcinkiewicz – Collected Papers.* PWN Warsaw 1964, S. 233–259.

[33] J. Marcinkiewicz, A. Zygmund: Quelques théorèmes sur les fonctions indépendantes. *Studia Mathematica* **7** (1938) 104–120. Nachdruck in: A. Zygmund (Hg.): *J. Marcinkiewicz – Collected Papers.* PWN Warsaw 1964, S. 374–388.

[34] D. S. Ornstein: Random walks I. *Transactions of the American Mathematical Society* **138** (1969) 1–43.

[35] R. E. A. C. Paley, A. Zygmund: On some series of functions, (1). *Proceedings of the Cambridge Philosophical Society* **26** (1930) 337–357. Nachdruck in: A. Hulanicki *et al.* (Hg.): *Selected Paprers of Antoni Zygmund, I.* Kluwer, Dordrecht 1989, S. 337–357.

[36] K. R. Parthasarathy: *Introduction to Probability and Measure.* Hindustan Book Agency, New Delhi 2005.

[37] G. Pólya: Über eine Aufgabe der Wahrscheinlichkeitsrechnung betreffend die Irrfahrt im Straßennetz. *Mathematische Annalen* **84** (1921) 149–160. Nachdruck in: G. C. Rota (Hg.): *George Pólya – Collected Papers IV.* The MIT Press, Cambridge (MA) 1984, S. 69–80.

[38] Yu. V. Prohorov: Convergence of random processes and limit theorems in probability theory. *Theory of Probability and its Applications* **1** (1956) 157–214.

[39] W. Rudin: *Reelle und Komplexe Analysis.* Oldenbourg, München 2009 (2. Aufl.).

[40] M. von Smoluchowski: Zur kinetischen Theorie der Brownschen Molekularbewegung und der Suspensionen. *Annalen der Physik (4. Folge)* **21** (1906) 756–780. Nachdruck in [22].

[41] F. Spitzer: *Principles of Random Walk.* Springer, New York 1976 (2. Aufl.; Erstauflage 1964).

[42] C. J. Stone: On the potential operator for one-dimensional recurrent random walks. *Transactions of the American Mathematical Society* **136** (1969) 413–426.

[43] W. M. Thackeray: *The History of Pendennis: His Fortunes and Misfortunes, His Friends and His Greatest Enemy.* Bradbury and Evans, London 1850.

[44] W. M. Thackeray: *The Newcomes. Memoirs of a most Respectable Family.* Bradbury and Evans, London 1855.

[45] J. Ville: *Étude critique de la notion de collectif.* Gauthier–Villars, Paris 1939.

[46] N. Wiener: Differential-space. *Journal of Mathematics and Physics* (1923) **58**, 131–174. Nachdruck in: N. Wiener, P. Masani (Hg.): *Collected Works With Commentaries I*. The MIT Press, Cambridge (MA) 1976–86, S. 455–498.

Stichwortverzeichnis

Alle Zahlenangaben beziehen sich auf Seitennummern, (Pr. $m.n$) verweist auf die Aufgabe n (im Kapitel m) auf der jeweils angegebenen Seite. Wir verwenden die Abkürzungen „CLT“ – zentraler Grenzwertsatz, „ggi“ – gleichgradig integrierbar, „MG“ – Martingal, „sMG“ – Sub- oder Supermartingal und „SLLN“ starkes Gesetz der großen Zahlen.

https://doi.org/10.1515/9783110350685-018

www.ingramcontent.com/pod-product-compliance
Lightning Source LLC
Chambersburg PA
CBHW061814210326
41599CB00034B/6998